Die Grundlagen zur Besserung der städtischen Wohnverhältnisse

Veröffentlicht mit Unterstützung der rheinischen Gesellschaft
für wissenschaftliche Forschung

Von

Professor Dr. W. Gemünd
Dozent für Bau- und Wohnungshygiene an der
Kgl. Technischen Hochschule zu Aachen

Mit 5 Stadtplänen

Springer-Verlag Berlin Heidelberg GmbH

1913

Alle Rechte, insbesondere das der Übersetzung
in fremde Sprachen, vorbehalten.

Additional material to this book can be downloaded from http://extras.springer.com.

ISBN 978-3-642-89742-9   ISBN 978-3-642-91599-4 (eBook)
DOI 10.1007/978-3-642-91599-4
Softcover reprint of the hardcover 1st edition 1913

Vorwort.

Die vorliegende Schrift behandelt die Frage, wie sich durch allerlei städtebauliche und Verwaltungsmaßnahmen, insbesondere durch entsprechende Gestaltung der Bebauungspläne und Bauordnungen, ein den modernen Forderungen und Entwickelungsmöglichkeiten angepaßtes Städtebausystem und eine sachgemäße Bau- und Bodenpolitik eine Verbesserung der städtischen Wohnungsverhältnisse, zunächst in hygienischem Sinne, erreichen lasse. Wegen der grundlegenden Bedeutung, welche den angeführten Maßnahmen hierbei zukommt, ist es wohl berechtigt, dieselben als die Grundlagen zur Besserung der städtischen Wohnverhältnisse zu bezeichnen. Neben denselben werden aber auch die übrigen „kleinen Mittel" der Wohnungsreform mitbehandelt.

Mit Absicht wurde es im Titel dieser Schrift vermieden, die Gesamtheit der auf eine Besserung der Wohnverhältnisse hinzielenden Maßnahmen als Wohnungsreform zu bezeichnen. Das Wort Reform kennzeichnet im allgemeinen in wenig zutreffender Weise das Wesen all dieser Besserungsbestrebungen. Bei der Mehrzahl derselben handelt es sich keineswegs darum, die bestehenden Verhältnisse von Grund auf zu reformieren, also alles Bestehende niederzureißen und an seine Stelle etwas durchaus Neues und noch nie Dagewesenes treten zu lassen, als vielmehr um eine ruhige und gleichmäßige Weiterentwickelung solcher Grundsätze und Maßnahmen, welche seit vielen Jahren in den verschiedensten Städten erprobt und für richtig befunden wurden, allerdings unter völliger Anpassung an die modernen und gegenüber den früheren Verhältnissen wesentlich geänderten Siedelungsbedingungen. Es würde deshalb viel richtiger sein, dieselben den wohnungshygienischen Bestrebungen zuzurechnen, um so mehr, als das letzte und bedeutsamste Ziel derselben die Besserung der Wohnverhältnisse in hygienischer Beziehung darstellt, und die Absicht, dadurch dem Volkswohle und der Volksgesundheit zu nutzen.

Diese wohnungshygienischen Bestrebungen lassen sich nicht von den wirtschaftlichen Fragen trennen, letztere bilden vielmehr die notwendige und unerläßliche Voraussetzung derselben. In diesem Sinne habe ich in einer früheren Arbeit [1]): „Bodenfrage und Bodenpolitik

[1]) Gemünd, Bodenfrage und Bodenpolitik in ihrer Bedeutung für das Wohnungswesen und die Hygiene der Städte. Berlin 1911, Verlag von Julius Springer.

in ihrer Bedeutung für das Wohnungswesen und die Hygiene der Städte"
die wirtschaftlichen Voraussetzungen der Wohnungs- und Städtehygiene
behandelt. Da die vorliegende Schrift sich auf die dort entwickelten
Grundsätze aufbaut und die Fortführung und praktische Nutzanwendung derselben darstellt, erschien es öfters geboten, auf diese früheren
Darlegungen zu verweisen. Anderseits ließen sich im Interesse einer
einheitlichen und abgerundeten Darstellung einige Wiederholungen
nicht vermeiden.

Im übrigen lassen sich die wohnungshygienischen Fragen, soweit
sie auf eine Besserung der städtischen Wohnverhältnisse hinzielen, nur
dann in einer für die praktische Nutzanwendung zweckdienlichen Weise
behandeln, wenn die gesundheitlichen, technischen, sozialen und wirtschaftlichen Fragen dieses Problems im Zusammenhang erörtert und
zu einem einheitlichen Ganzen verarbeitet werden. Nur dann kann man
zu Besserungsvorschlägen und Maßnahmen gelangen, die auf wirklich
realer, praktisch ausführbarer Basis stehen. Gerade der Wohnungshygieniker kann es sich deshalb nicht nehmen lassen, insbesondere
diejenigen wirtschaftlichen Fragen, von denen die Durchführung hygienischer Forderungen in letzter Linie beeinflußt wird oder abhängig ist,
mit in den Kreis seiner Betrachtungen zu ziehen. Es will mir scheinen,
als wenn sich auch die zünftige Nationalökonomie damit zufrieden geben
könnte, wenn es nicht in der Absicht geschieht, die Bedeutung einer
besonderen, nationalökonomischen Wissenschaft herabzusetzen, als
vielmehr ihre anerkannten und wichtigen Gesetze und Forschungsergeb-
nisse für die Behandlung einzelner konkreter, praktisch-technischer
Fragen und spezieller Anwendungsgebiete zu verwerten.

In der gegenwärtigen Zeit fängt man ohnehin an einzusehen,
daß die übertriebene Spezialisierung in Wissenschaft und Praxis zu
einer einseitigen und parteiischen Behandlung vieler Wissenschaftsgebiete
führen muß, wenn der Blick nicht gleichzeitig aufs Ganze und den großen
Zusammenhang der Dinge gerichtet bleibt. Insbesondere gilt das für die
Behandlung wohnungshygienischer Fragen. Hier sind es der Zweck und
die prägnante Zielvorstellung, zu einer hygienischen Gestaltung der Wohnverhältnisse zu gelangen, welche das heterogene und den verschiedensten
Disziplinen entnommene Material zu einem einheitlichen Ganzen zu-
sammenschweißen. Eine derartige zusammenfassende Behandlung erscheint auch deshalb richtig, weil sich mit den Fragen des Wohnungswesens und seiner Verbesserung nicht nur Fachleute, sondern vielfach
auch Laien befassen, z. B. all die Personen, welche im Neben- oder
Ehrenamt als Mitglieder städtischer Körperschaften und Ausschüsse
an der Verwaltung der Städte und der Festlegung der das Wohnungswesen betreffenden Maßnahmen teilnehmen. Diese haben meist keine
Ahnung von den eng gezogenen und oft künstlich konstruierten Schranken,
welche heutzutage die einzelnen Wissenschaften trennen und häufig
eifersüchtig bewacht werden. Ihnen erscheint die Gesamtheit der das

Wohnungswesen betreffenden Fragen mit Recht als ein einheitliches Arbeitsgebiet und sie würden es in keiner Weise verstehen, wenn man dieses in seiner praktischen Anwendungsweise einheitliche und zusammengehörige Gebiet künstlich in eine Reihe abstrakter und auf die Aufstellung allgemeiner, theoretischer Gesetze sich beschränkender Einzelwissenschaften auflösen wollte. Mit Recht können sie statt eines solchen Flickwerks eine zusammenfassende und abgerundete Darstellung verlangen.

Die vorliegende Schrift wendet sich vor allem an den Kreis der genannten Personen, darüber hinaus aber auch an alle diejenigen, welche sich ohne besondere Vorkenntnisse und spezielle Fachbildung lediglich aus Interesse für die öffentlichen Angelegenheiten mit dem Problem der städtischen Wohnverhältnisse befassen wollen. Diese Absicht rechtfertigt eine gewisse Breite der Darstellung und die ausführliche Behandlung mancher Fragen, welche dem Fachmann vielleicht überflüssig oder zu weitgehend erscheinen mag.

Als die Drucklegung des Buches bereits beginnen sollte, wurde der neue preußische Wohnungsgesetzentwurf bekannt gegeben; ich sah mich dadurch veranlaßt, die Veröffentlichung der Arbeit noch etwas hinauszuschieben, um in derselben zu den wichtigsten Forderungen des Entwurfs Stellung nehmen zu können. Die Aufnahme, welche derselbe in der Fachliteratur und der Tagespresse gefunden hat, scheint nach den bis jetzt vorliegenden Besprechungen im allgemeinen eine günstige zu sein, soweit es sich um die zur Besserung der Wohnverhältnisse selbst vorgesehenen Entwurfsbestimmungen handelt. Dagegen stößt die Absicht des Entwurfs, die Zuständigkeit der Städte in wichtigen das Wohnungswesen betreffenden Verwaltungsgebieten einzuschränken, statt dieselbe vielmehr zu erweitern, mit Recht auf lebhaften Widerspruch. Im übrigen wurde diese letztere, rein verwaltungsrechtliche Seite des Entwurfs, welche dem Thema der Arbeit etwas fern liegt, nicht weiter behandelt.

Einem Wunsche der betreffenden Verlagsanstalten folgend, erwähne ich hier, daß die Stadtpläne von Paris und London auf S. 198 und S. 200 dem Dierkeschen Schulatlas (Verlag von George Westermann) und die Umgebungs- und Verkehrskarten von Paris und London auf S. 223 und S. 225 den Bädekerschen Reisebüchern (Verlag von Karl Bädeker, Leipzig) entnommen sind.

Aachen, im Juni 1913.

Wilhelm Gemünd.

Inhaltsverzeichnis.

Dritter Teil.
Die städtischen Kleinwohnungen.

Vierter Teil.
Die Dezentralisation der Städte und die Bebauung der Außengelände.

Fünfter Teil.
Die städtische Bodenpolitik.

Sechster Teil.
Rückblick und Ausblick.

Einleitung.

Kritik und Einteilung der zur Besserung der Wohnverhältnisse vorgeschlagenen Maßnahmen.

Zu keiner Zeit noch hat man der Frage, wie man insbesondere der großstädtischen Bevölkerung gute, d. h. hygienisch einwandfreie und entsprechend ausgestattete Wohnungen zu relativ niederem Preis zur Verfügung stellen könne, ein so weitgehendes und vielseitiges Interesse entgegengebracht als gerade in den letzten Jahren. Das ist um so erfreulicher, als früher das Wohnungswesen, insbesondere das Kleinwohnungswesen unserer Städte recht vernachlässigt wurde. Früher schienen dem Architekten und der Bauwelt die großen Monumentalbauten und der Bau herrschaftlicher Wohnungen dankbarere und bedeutsamere Aufgaben zuzuweisen als der Kleinwohnungsbau. Das wurde erst anders, als man durch Statistiken darüber belehrt wurde, daß 70—80%, in einzelnen Fällen selbst 90 % der städtischen Bevölkerung auf Kleinwohnungen. d. h. Mietwohnungen von etwa 1—4 Zimmer Größe, angewiesen sind. Dadurch kam man dann zur Überzeugung, daß man diesem Umstande weit mehr als bisher beim Ausbau der Städte Rechnung tragen müsse, und gegenwärtig ist man sich wohl in allen beteiligten Kreisen klar darüber, daß eine einigermaßen befriedigende Lösung der Kleinwohnungsfrage zu den bedeutsamsten, allerdings auch schwierigsten Aufgaben unserer Zeit gehört. Unter anderem kommt diese Auffassung auch in den Anträgen zum Ausdruck, wie sie in letzter Zeit von seiten verschiedenster Körperschaften (Gartenstadtgesellschaft, Verband deutscher Architekten- und Ingenieurvereine) an die Unterrichtsverwaltung unserer Hochschulen gerichtet wurden und übereinstimmend eine stärkere Betonung des Wohnungswesens und Kleinwohnungswesens im Unterrichte der Technischen Hochschulen fordern.

Auch wenn man die Literatur des Städtebaues verfolgt, fällt auf, wie wenig man früher vielfach die Wohninteressen berücksichtigte. Bei der Durchsicht älterer Schriften hat man förmlich den Eindruck, als stelle der Städtebau lediglich rein künstlerische Aufgaben, als sei es erste und wichtigste Aufgabe der Städte, den Anforderungen der Ästhetik zu genügen. Nur vereinzelt findet man dagegen früher die Auffassung, daß die Städte vor allem doch das Wohnbedürfnis befriedigen sollen, daß sie der Bevölkerung ausreichende und hygienisch einwandfreie Wohnungen gewähren müssen. Die Fragen, ob die Straßen krumm oder gerade geführt, die Umrahmung der Straßen und Plätze, schließlich die ganze Stadtanlage offen oder geschlossen gehalten werden solle, das Streben, malerische Wirkungen und Silhouetten im Stadtbilde zu erzeugen und ähnliches mehr, wurden lange Zeit fast nur vom ästhetischen Standpunkt beurteilt oder erschienen als die wichtigsten Aufgaben des Städtebaues. Erst in den letzten Jahrzehnten hat die zunehmende Bedeutung und Beachtung, welche die Hygiene und öffentliche Gesundheitspflege gewannen, dahingeführt, daß man auch den teilweise außerordentlich unbefriedigenden Wohnverhältnissen der städtischen Bevölkerung ein immer lebhafteres Interesse entgegenbrachte, und gegenwärtig sieht man es wohl als die vornehmste Aufgabe des Städtebaues an, diese Frage in vollem Einklang mit den künstlerischen und wirtschaftlichen Problemen zu einer befriedigenden Lösung zu bringen.

Aber auch über den Kreis der direkt beteiligten Fachleute hinaus wächst das Interesse und das Verständnis für die Bedeutung der Wohnungsfrage. Durch die zahlreichen Erörterungen derselben in der Tagespresse und in den großen gesetzgebenden Körperschaften wurden auch weiteste Kreise der Bevölkerung auf diese für das Volkswohl so bedeutsame Frage aufmerksam und haben ihr teilweise leidenschaftliches Interesse entgegengebracht. So ist denn die Wohnungsfrage, die in ihren Grundlagen jedenfalls einen wissenschaftlichen, in gleicher Weise auf wirtschaftliche, hygienische und technische Erkenntnisse sich aufbauenden Charakter trägt, aus der stillen Gelehrten- und Beamtenstube hinausgewandert in die große Welt, in geräuschvolle Vereins- und Volksversammlungen. Sicherlich ist dadurch für die Sache selbst in außerordentlich wirksamer Weise Propaganda gemacht worden. Anderseits war es naheliegend, daß eine derartige Behandlung der Wohnungsfrage in der breiten Öffentlichkeit bei dem engen Zusammenhange derselben mit sozialen und sozialpolitischen Fragen und dadurch auch schließlich solchen der inneren Politik die politischen Leidenschaften entflammen und die Gemüter in hochgradige Erregung versetzen würde. Diese Erregung verdichtete sich dann des öfteren zu mehr oder weniger heftigen, selbst leidenschaftlichen Anklagen gegen diejenigen staatlichen, kommunalen und privaten Institutionen und Körperschaften, von denen man annahm, daß sie die Ursache der im Wohnungswesen zutage tretenden Mißstände seien.

Ob eine derartige Behandlung wissenschaftlicher Streitfragen in der breiten Öffentlichkeit und vor einem mit dem Gegenstand wenig vertrauten und meist mit irgend welchen vorgefaßten Meinungen an denselben herantretenden Publikum für die definitive und sachliche Lösung derselben immer von Vorteil ist, darüber kann man gewiß im Zweifel sein. Es kommt dann sicherlich sehr leicht dazu, daß an Stelle des ruhigen, nüchternen Strebens nach Wahrheit und Erkenntnis die einseitige und leidenschaftliche Parteinahme zugunsten der einen oder anderen Lösung tritt, wie sie dem Gefühlsleben, den subjektiven Anschauungen und den politischen Instinkten der Mehrheit der betreffenden Vereins- oder Volksversammlung entspricht. Vor allem kann eine Vermengung mit naheliegenden politischen Fragen in keiner Weise erwünscht sein.

Beispiele für die Folgen einer derartigen Behandlungsweise sind in der Wohnungsliteratur genügend vorhanden. Man denke nur an die auch heute noch vielfach vertretene Anschauung mancher Boden- und Wohnungsreformer, daß eine wirklich befriedigende Lösung der Wohnungsfrage nur bei völliger oder teilweiser Aufhebung des Privateigentums im Grund und Boden oder wenigstens der Grundrente erzielt werden könne, Anschauungen, welche bei weiterer Fortentwickelung konsequenterweise zur Forderung weitgehender Einschränkung des Privateigentums überhaupt und damit zur sozialistischen Gesellschaftsordnung führen müßten. Gerade derartige und verwandte politische Fragen sind aber, wie Pohle [1]) sie einmal genannt hat, Weltanschauungs- oder Staatsauffassungsfragen und in ihren letzten Grundlagen vielfach überhaupt unbeweisbar, weil sie sich eben als das Produkt der mehr individualistischen oder sozialistischen Weltanschauung des einzelnen ergeben, oder, wie Pohle sagt, der beiden entgegengesetzten Staatsauffassungen, des Individualismus und Nationalismus. Nach ihm geben „diese beiden entgegengesetzten Staatsauffassungen, welche in der Formel vom Gemeinwohl friedlich nebeneinander schlummern, auf die Frage, welche Politik zum Gedeihen eines Landes und seinem Fortschritt am besten beiträgt, in den meisten Fällen gerade die entgegengesetzte Antwort". Deshalb können auch die Vertreter dieser beiden entgegengesetzten Anschauungen niemals zu einer Übereinstimmung gelangen, wenn es sich um die Klarstellung irgendwelcher politischer Maßnahmen handelt. Die gleiche Meinungsverschiedenheit tritt natürlich auch bei der Beurteilung wohnungspolitischer Fragen auf, also z. B. der Frage, wie weit der Staat und die gesetzgebenden Faktoren durch gesetzliche, teilweise in das Privateigentum weit eingreifende Bestimmungen eine gesetzliche Regelung des Wohnungswesens erzielen können, welcher Maßnahmen sie sich dabei im einzelnen bedienen müssen und dergleichen. Es könnte deshalb dem Wohnungs- und Kleinwohnungswesen nur förderlich sein, wenn diese Fragen möglichst wenig mit politischen Fragen vermengt und den politischen Leidenschaften als Spielball ausgeliefert würden.

Wenn z. B. gelegentlich der Besprechung einer Arbeit über Fragen des Wohnungswesens [2]) gesagt wird: „Es wird auch nicht der leiseste Versuch gemacht zu erklären, auf Grund welcher Gesetze der verhältnismäßig wenig zahlreiche soziale Stand der Grundbesitzer einen ungeheuer großen Anteil des gesamten Erzeugnisses der Volkswirtschaft

---

[1]) L. Pohle, Die gegenwärtige Krisis in der deutschen Volkswirtschaftslehre, Leipzig 1911, S. 59 ff.

[2]) Berliner Tageblatt, v. 2. Aug. 1911.

als Grundrente beziehen darf", wenn weiterhin ausgeführt wird: „Die tiefgreifendste Reform des Eigentums, möglichst auf dem Boden der bestehenden Rechtsgrundlage wird nicht ausbleiben können", so sind derartige Bemerkungen typisch für die Vermengung der Wohnungsfrage mit politischen Fragen. Obige Sätze machen doch mit anderen Worten die Lösung der Wohnungsfrage von einer mehr oder weniger weitgehenden Beseitigung des privaten Eigentums im Grund und Boden abhängig, einer Forderung, die bei weiterer Verfolgung zu der Frage führen muß, ob denn überhaupt noch Privateigentum und private Nutznießung irgendwelcher Güter, die man für die Allgemeinheit in Anspruch nehmen möchte, zulässig sind. Damit wird dann die Wohnungsfrage auf ein Gebiet hinübergespielt, auf dem sich eben wegen der Gegensätze zwischen individualistischer und sozialistischer Staatsauffassung doch niemals eine Einigung erzielen und ausfechten läßt. Ganz abgesehen davon laufen in solchen Bemerkungen aber auch noch allerlei Unrichtigkeiten unter, wie im obigen Beispiel die Vorstellung, daß der wenig zahlreiche Stand der Grundbesitzer nun für sich allein die Grundrente beziehe. Der betreffende Autor ist sich offenbar nicht klar darüber, einen wie verhältnismäßig geringen Teil der Grundrente der von ihm so benannte, wenig zahlreiche Stand der Grundbesitzer selbst bezieht, daß die meisten städtischen Haus- und Grundbesitzer vielmehr nur mit einem sehr geringen Kapital selbst an ihrem „Besitz" beteiligt, im übrigen aber weiter nichts sind als die Vermögensverwalter all der Personen, welche die von ihnen verwalteten Häuser hypothekarisch beliehen haben. Alle diese Hypothekengläubiger profitieren mit an der Grundrente. Das sind nicht nur Einzelpersonen, sondern auch die großen Hypothekenbanken etc., welche städtische Grundstücke beleihen, bzw. die durch den Verkauf ihrer Pfandbriefe ihnen zufließenden Kapitalien dazu verwenden. Auf diese Weise profitiert schließlich jeder kleine Sparer, der seine Ersparnisse in den Pfandbriefen irgendwelcher Hypothekenbanken anlegt, in Gestalt der ihm zufallenden Pfandbriefzinsen von der Grundrente. Demnach bezieht sicherlich ein recht erheblicher Teil unseres Volkes einen mehr oder weniger großen Teil der Grundrente, ohne im übrigen selbst Grundbesitzer zu sein.

Es liegt mir aber fern, auf diese offenliegenden Verhältnisse hier näher eingehen zu wollen. Die oben zitierte Bemerkung wurde nur angeführt, weil sie ein typisches Beispiel dafür abgibt, wie der Streit um die Wohnungsfrage häufig auf ein ganz anderes Gebiet hinübergezogen und mit wie wenig stichhaltigen Argumenten da oft gekämpft wird.

Im übrigen zeigen aber gerade die Erfolge, welche in manchen Städten neuerdings auf Grund moderner städtebaulicher Ideen auch in der Wohnungsfrage, und zwar durchaus auf dem Boden der jetzigen Eigentumsverhältnisse im Grund und Boden erzielt wurden, daß sich das Problem der Wohnungsfrage sehr wohl auch ohne Verquickung mit unfruchtbaren, politischen Streitfragen erfolgreich in Angriff nehmen läßt. So kann man nur wünschen, daß man sich bei Behandlung der Wohnungsfrage immer mehr von derartigen, meist irgendwelcher Gefühlspolitik entsprungenen sozialistischen Anwandlungen frei zu machen und mit dem praktisch Erreichbaren und auch völlig Ausreichenden zu begnügen lernt. Ganz abgesehen von den Meinungsverschiedenheiten, die sich ergeben, wenn man die Wohnungsfrage mit politischen Fragen vermengt, bleiben ja ohnehin noch Streitpunkte genug, sowohl wenn es sich darum handelt, die Ursachen der Wohnungsmißstände in den großen Städten zu ermitteln, als die vorgeschlagenen Reformmaßnahmen zu prüfen. Deshalb kann es nur in höchstem Maße erwünscht sein, wenn das Urteil über diese Fragen nicht durch die bedauernswerten, wenn auch anscheinend unvermeidbaren Begleiterscheinungen politischen Kampfes, persönliche Gereiztheit und persönliche Angriffe an Stelle rein sachlicher Erwägungen getrübt wird.

Die folgenden Darlegungen wollen versuchen, das Wohnungsproblem ohne eine derartige politische Färbung und damit zusammenhängende mehr oder weniger bewußte Parteinahme zu behandeln. Es soll lediglich von den zweifellos noch recht bedeutenden Mißständen im Wohnungswesen unserer Städte ausgegangen und im Anschlusse daran der Versuch gemacht werden, die Ursache dieser Mißstände, die wir als teilweise sehr weit zurückliegend erkennen werden, aufzuklären. Es wird sich dann zeigen lassen, daß unter den heutigen, wesentlich veränderten Verhältnissen die meisten dieser Ursachen mit Leichtigkeit vermeidbar sind und daß man weiter aus der so gewonnenen Erkenntnis heraus zu einer Reihe von Reformvorschlägen und Maßnahmen gelangen kann, die im wesentlichen als Korrekturen früher auf diesem Gebiet gemachter Fehler anzusehen sind. Es wird sich zeigen, daß man bei einer derartigen Behandlungsweise absolut nicht nötig hat, gleich mit dem schweren Geschütz extremer, politisch und sozialistisch gefärbter Forderungen, einer weitgehenden Änderung der Bodenbesitzverhältnisse, Wegsteuerung der Grundrente und dem sonstigen Repertoir bodensozialistischer Bestrebungen aufzufahren, sondern daß sich auch auf dem Boden der jetzigen Eigentums- und Rechtsverhältnisse und der jetzigen Gesellschaftsordnung durchaus befriedigende Verhältnisse anbahnen und mit der Zeit in immer vollkommenerem Maße durchführen lassen werden.

Gewiß ist auch bei einer derartigen Behandlungsweise eine gewisse persönliche Auffassung und subjektive Stellungnahme bei der Annahme oder Ablehnung der einzelnen Reformmaßnahmen kaum zu umgehen. Es handelt sich ja vielfach um Verhältnisse und Vorschläge, die noch nicht praktisch erprobt, deshalb in ihrer Wirkung im voraus oft recht schwer zu beurteilen und nicht mit mathematischer Exaktheit zu beweisen

sind. Immerhin scheinen sich gerade in den letzten Jahren aus der
Fülle von Reformvorschlägen gewisse Forderungen herauszukristalli-
sieren, welche in ihrer Wirkung bis zu einem gewissen Grade verbürgt
oder doch berechenbar erscheinen und sich anderseits von extremen,
die politischen Leidenschaften erregenden Forderungen fernhalten.
Diese sich gewissermaßen auf einer mittleren Linie bewegenden und deshalb allen Wohnungsreformern annehmbaren Kompromisse könnte man,
weil ohne weiteres durchführbar, wohl als die Grundlagen zur Lösung
der Wohnungsfrage bezeichnen.

Diesen Grundlagen im erwähnten Sinne sind die nachfolgenden
Darlegungen gewidmet. Auch sonst kann es nicht angestrebt werden,
das Wohnungsproblem nach all seinen Verzweigungen hin erschöpfend
zu behandeln und all den Fäden nachzugehen, die sich von ihm zu verwandten Disziplinen hinüberziehen. Unterzieht man die mannigfachen
zur Lösung der Wohnungsfrage oder weniger euphemistisch zur Beseitigung der Wohnungsmißstände vorgebrachten Vorschläge und Maßnahmen
einer kritischen Würdigung, so fällt es nicht schwer, sie in zwei nach
ihrem mutmaßlichen Wirkungsgrade grundverschiedene Gruppen
zu sondern. Zunächst solche, welche sich ganz auf den Boden der nun
einmal im Wohnungswesen unserer Städte bestehenden Verhältnisse
stellen und mit ihnen rechnen, also ganz davon absehen, zu prüfen,
ob sich etwa durch andersartige Stadterweiterungs- und sonstige Verwaltungsmaßnahmen früherer Zeit viele der jetzt zutage tretenden Mißstände hätten vermeiden lassen. So erblicken sie ihre Aufgabe vor
allem in der Bekämpfung der auf dem Gebiete des Wohnungswesens
heutzutage besonders hervortretenden Mißstände, also der Wohnungsüberfüllung, des Kleinwohnungsmangels, der Auswüchse der Bodenspekulation, der angeblich wucherischen Tendenzen der Hausagrarier, der
mangelhaften baulichen und hygienischen Beschaffenheit vieler aus älterer
Zeit stammenden Wohnungen und ähnlichem mehr. Sie suchen also
nur die hauptsächlichsten Symptome des zweifellos in vieler
Beziehung krankenden Wohnungswesens unserer Zeit zu bekämpfen
und zu beseitigen. Hierzu gehören die Bestrebungen, durch Wohnungsaufsicht und Wohnungspolizei verbessernd auf die Qualität der Wohnungen und der Wohnungsbenutzung einzuwirken, die Versuche, dem
notorischen Mangel an Kleinwohnungen durch den Bau derselben durch
Baugenossenschaften, die Kommunen und den Staat abzuhelfen, die
Baugeldbeschaffung etc. zu diesem Zwecke zu erleichtern und ähnliches
mehr. Gewiß können alle diese Maßnahmen außerordentlich viel zur
Besserung der einmal bestehenden Verhältnisse beitragen, aber eine
wirklich grundlegende Änderung im Wohnungswesen unserer
Städte werden sie, wie von den verschiedensten Seiten in letzter Zeit
des öfteren betont wurde, nicht bewirken können. Man kann sie deshalb
nur als kleine und unterstützende Mittel der Wohnungsreform gelten
lassen. Mehr zweifelhaft in ihrer Wirkung dagegen müssen aus

später zu erörternden Gründen solche Reformmaßnahmen sein, die sich nur gegen einzelne der mit der großstädtischen Wohnungsproduktion unbedingt verknüpften Erscheinungsformen auf wirtschaftlichem Gebiet wenden, z. B. gegen die Auswüchse der Bodenspekulation, i. e. der privaten Terrainunternehmung, gegen allerlei Geschäftsmanipulationen des gewerbsmäßigen Hausbesitzer- und Bauunternehmerstandes und die eigentümlichen Beziehungen, in denen diese Kreise zueinander stehen (die Eberstadtsche Kette, s. S. 139). Hier gilt erst recht, daß bei dem Bestreben, die großstädtische Wohnungsproduktion und damit das Wohnungswesen zu bessern, nur einzelne besonders krasse Symptome, die wir als Auswüchse eines an sich durchaus leistungsfähigen Systems auffassen müssen, bekämpft werden, ohne daß dadurch an den Wohnverhältnissen selbst viel geändert wird. Im Gegenteil, die rücksichtslose und weit über das Ziel hinausgehende Bekämpfung dieser Auswüchse hat vielfach direkt die Wohnungsproduktion und damit das Wohnungswesen selbst empfindlich geschädigt.

Im Gegensatz zu diesen und anderen Reformvorschlägen, welche alle mehr oder weniger nur einzelne besonders hervortretende Symptome im Wohnungswesen unserer Städte beseitigen können, ergeben sich bei einer sorgfältigen Prüfung der städtischen Entwickelung und der darauf beruhenden Grundlagen der Wohnungsproduktion eine Reihe von Änderungsmöglichkeiten, welche vor allem darauf beruhen, daß sich die Siedelungs- und Stadterweiterungsbedingungen gegen früher aus allerlei später zu erörternden Gründen außerordentlich geändert haben. Diese gewähren uns die Aussicht, bei entsprechender Benutzung und Ausgestaltung zu einer gegen früher wesentlich geänderten und besseren Gestaltung der Wohnverhältnisse zu gelangen. Im wesentlichen handelt es sich dabei um die Frage, wie man durch moderne, den hygienischen Forderungen in weitgehendster Weise genügende Bauordnungen und Bebauungspläne, durch eine entsprechende Bodenparzellierung, vor allem aber durch ein der ungeheuren Entwickelung und zukünftigen Entwickelungsmöglichkeit des Lokal- und Fernverkehrs Rechnung tragendes und demnach gegen früher gänzlich geändertes Städtebau- und Stadterweiterungssystem zu einer weitgehenden Verbesserung der städtischen Siedelungen gelangen könne, Verhältnisse, bei denen auch die Gesamtheit der Maßnahmen, welche wir heutzutage als städtische Bau- und Bodenpolitik bezeichnen, eine ausschlaggebende Rolle spielen. Die Gesamtheit dieser Faktoren eröffnet uns zunächst allerdings nur für Neuanlagen und die Stadterweiterungsgebiete erfreuliche Zukunftsperspektiven; es ist aber aus allerlei Gründen anzunehmen, daß dieselben mit der Zeit auch auf die bereits bestehenden Verhältnisse zurückwirken und so zu einer nachhaltigen Besserung derselben führen werden. Dabei handelt es sich hier um Reformbestrebungen, die ohne eingreifende Änderungen der Bodenbesitz- und Eigentumsverhältnisse erzielbar sind, also ohne

Reformen, die, mag man sonst über sie denken, wie man will, sich doch nur durchführen lassen, wenn unsere ganze zurzeit bestehende Gesellschaftsordnung von Grund auf umgewälzt wird. Gewiß werden mit der weiteren Entwickelung der Stadtbaukunst und ihrer Anwendung auf die Millionenstädte immer weitgehendere Eingriffe und Beschränkungen des freien Verfügungsrechtes über den Besitz im Grund und Boden, wie sie eben das Wesen der Bauordnungen darstellen, nötig. Aber derartige Beschränkungen sind schon vorhanden, solange es größere Ortsansiedelungen gibt, und bedeuten etwas ganz anderes als die völlige Aufhebung des Privateigentums im Grund und Boden oder die Konfiskation der aus ihrem Besitz sich ergebenden Grundrente.

Ausdrücklich sei hervorgehoben, daß die letztgenannten Maßnahmen, welche man ihrer fundamentalen, die wichtigsten Vorbedingungen der großstädtischen Wohnungsproduktion erfassenden Bedeutung wegen die Grundlagen der Wohnungsreform nennen könnte, die vorgenannten kleinen Mittel der Wohnungsreform keineswegs überflüssig und wertlos machen, im Gegenteil, namentlich im Anfangs- und Übergangsstadium vom alten zum neuen Städtebausystem, wenn wir das einmal so nennen wollen, unbedingt einer Ergänzung und Unterstützung durch dieselben bedürfen.

Wenn gleichwohl diese kleinen Mittel der Wohnungsreform mehr kursorisch und nebenher behandelt werden, so geschieht das nicht aus Voreingenommenheit oder Ablehnung derselben, sondern in der bewußten, auch im Titel dieser Schrift angedeuteten Absicht, vor allem diejenigen Vorschläge und Maßnahmen zu behandeln, welche dadurch, daß sie das Wohnungswesen und die Wohnungsproduktion in ihren letzten Ursachen zu erfassen suchen, von wirklich grundlegender Bedeutung für die Neugestaltung der städtischen Siedelungsweise und damit der städtischen Wohnverhältnisse zu werden versprechen. Dabei kommt noch weiterhin in Betracht, daß die kleinen Mittel der Wohnungsreform bereits seit langem und des öfteren in der Wohnungsliteratur behandelt worden sind, während die Grundlagen in obigem Sinne noch eine verhältnismäßig dürftige und keineswegs erschöpfende und zusammenfassende Darlegung gefunden haben.

Schon einmal hatte ich bei früherer Gelegenheit[1]) den Versuch gemacht, gewisse wirtschaftliche Grundlagen der Wohnungsreform, namentlich, soweit sie mit der städtischen Bodenfrage zusammenhängen, zu behandeln. Gegen diese Ausführungen wurde eingewandt[2]), daß mich der einmal eingenommene Standpunkt über die Grundfragen des Wohnungswesens zu einer merkbaren Einseitigkeit führe,

---

[1]) Gemünd, Bodenfrage und Bodenpolitik in ihrer Bedeutung für das Wohnungswesen und die Hygiene der Städte, Berlin, 1911; s. darin: Dritter Teil: Die Grundlagen der kommunalen Boden- und Wohnungspolitik, zugleich die Grundzüge der Besserung der jetzigen Zustände.

[2]) Techn. Gemeindeblatt, Jahrg. XIV, Nr. 19, S. 288.

welche manches Näherliegende in den Hintergrund treten lasse und mir für eine Reihe praktischer Fragen die Augen verschließe. Ich mußte schon damals erwidern [1]), daß es allerdings meine Absicht war, unter Verzichtleistung auf untergeordnete oder oft behandelte Fragen das Problem der städtischen Bodenfrage bis in seine letzten großen und einfachen Grundursachen zu verfolgen und auf die so gewonnene Erkenntnis dann Vorschläge zur Verbesserung der Wohnverhältnisse aufzubauen. — Noch mehr gilt das für die folgenden Ausführungen, welche nun den Versuch machen, im Anschluß an meine früheren bodenwirtschaftlichen Untersuchungen das Wohnungswesen und die Grundlagen der Wohnungsreform zu behandeln.

---

[1]) Techn. Gemeindeblatt, Jahrg. XIV, Nr. 22, S. 336.

Erster Teil.

Die Mißstände im Wohnungswesen unserer Städte und ihre Ursachen.

Erster Abschnitt.

Einleitende Bemerkungen, insbesondere zur wohnungspolitischen Kampfesweise.

Ehe man an die Lösung der Frage herantritt, in welcher Weise sich die modernen wohnungshygienischen Forderungen beim weiteren Ausbau unserer alten Städte und bei Neuanlagen verwirklichen lassen, erscheint es zweckmäßig und in gewissem Sinne unerläßlich, auf die Hauptursachen und charakteristischen Merkmale der in unseren großen Städten zweifellos bestehenden Wohnungsmißstände hinzuweisen. Reformbestrebungen gehen immer am einfachsten von einer Schilderung der bestehenden Zustände aus, analysieren diese und untersuchen, wo tatsächlich Abänderungen und Verbesserungen nötig sind.

Bei einem derartigen Vorgehen dürfte es von vornherein zweckmäßig erscheinen, sich vor naheliegenden Übertreibungen zu bewahren. Das ist besonders nötig bei der leidenschaftlichen Art, mit der seit einiger Zeit die Wohnungsfrage in der breiten Öffentlichkeit, in Vereinen und Volksversammlungen erörtert wird, und ihrem engen Zusammenhang mit allgemeinen sozialen und sozialpolitischen Fragen, die ohnehin meist die Gemüter sehr erregen. Im anderen Falle liegt die Gefahr nahe, daß die zweifellos vorhandenen Mißstände verallgemeinert und damit die bestehenden Verhältnisse in ihrer Gesamtheit verurteilt werden. Infolgedessen werden dann weit eingreifendere Reformmaßnahmen gefordert, als nötig und durchführbar sind. Auf keinem Gebiete haben derartige Verallgemeinerungen mehr geschadet, als auf dem des Wohnungswesens. Wer die Wohnungsliteratur des letzten Jahrzehnts verfolgt hat, wird dieses Moment zu würdigen wissen.

Gewiß haben derartige Übertreibungen auch ihr Gutes. Sie rütteln das Gewissen der Allgemeinheit auf, geben nicht selten den Anstoß dazu, daß überhaupt einmal etwas geschieht, daß insbesondere der durch die Mitarbeit von allerlei Körperschaften immer etwas schwerfällige Verwaltungsapparat der Städte an die Beseitigung der bestehenden Mißstände herantritt. Aber in diesem edlen Streben und der Annahme, daß der Zweck die Mittel heilige, kann man auch zu weit gehen. Die übertriebene und einzelne krasse Mißstände verallgemeinernde Schilderung der Wohnverhältnisse bedeutet anderseits eine bedauerliche Irreführung der öffentlichen Meinung, führt zu hochgradiger Erregung der Gemüter, und diese verdichtet sich dann auf der Suche nach irgend einem schuldigen Teil, den man zur Verantwortung ziehen möchte, häufig zu einer agitatorischen Hetze gegen einzelne Unternehmungsformen und Gesellschaftsklassen, z. B. die Grundbesitzer. Bauunternehmer, Terrainunternehmer, Hausbesitzer, schließlich überhaupt die besitzenden Klassen, alles Stände, die in ihrer Gesamtheit diese Angriffe keineswegs verdienen und zum Teil ebenfalls unter den beklagenswerten Verhältnissen, wie sie im Wohnungswesen unserer Städte zutage treten, zu leiden haben. So werden dann aus diesen Übertreibungen heraus leicht Reformmaßnahmen gefordert. die keineswegs rein sachlichen Erwägungen entsprechen, sondern von Mißtrauen und Haß gegen die erwähnten Berufsklassen und Stände diktiert sind, deshalb meist viel zu weit gehen und zum Teil zu ganz utopischen Reformideen (z. B. der völligen Beseitigung des Privateigentums im Grund und Boden) geführt haben, Ideen, die sich nur nach einer weitgehenden Umwälzung unserer bestehenden Wirtschafts- und Gesellschaftsordnung durchführen ließen und wohl zu ihrer völligen Auflösung führen würden.

Die aus derartigen Übertreibungen und einseitiger Stellungnahme hervorgehenden scharfen Angriffe gegen die eine oder die andere der an der Wohnungsproduktion beteiligten Berufsklassen haben meist zur Folge, daß sich die Angehörigen derselben zu einer Art Schutz- und Trutzbündnis zusammenschließen und nun, entsprechend der alten Wahrheit, daß Druck Gegendruck erzeugt, ihrerseits die Macht ihrer Organisation zu ihrem Vorteile auszunützen suchen. So haben die scharfen und größtenteils unberechtigten Anklagen gegen den gewerbsmäßigen Hausbesitzerstand, wie sie lange Zeit bei vielen Wohnungspolitikern üblich waren und teilweise noch sind, insbesondere die Versuche, sie vor allem für die im Wohnungswesen unserer Städte zutage tretenden Mißstände verantwortlich zu machen, sicherlich dazu geführt, daß die bestehenden Hausbesitzerorganisationen sich noch fester zusammenschlossen und eine straffere Disziplin einführten, oder an anderen Orten sich überhaupt erst derartige Organisationen bildeten. Dadurch haben die Hausbesitzerorganisationen in vielen Fällen zweifellos erheblich an Machtstellung und Einfluß gewonnen und mancherorts vielleicht erst die wirtschaftliche Überlegenheit in dem Kampf zwischen Vermieter und Mieter erlangt. die man ihnen früher allgemein zur Last legte.

Noch deutlicher tritt diese Reaktion auf einseitige und übertriebene

Angriffe im wohnungspolitischen Kampfe in dem kürzlich erfolgten Zusammenschluß der deutschen Haus- und Grundbesitzer zutage. Am 1. April 1912 schlossen sich dieselben zu dem **Verband zum Schutze des deutschen Grundbesitzes und Realkredits** (E. V. Berlin) zusammen.

In dem Aufruf, der gelegentlich der Gründung dieses Verbandes veröffentlicht wurde, wird dementsprechend auch ausdrücklich betont, daß es der Zweck desselben sei, die Gesamtinteressen des deutschen Grundbesitzes und Realkredites gegen Angriffe zu verteidigen und gegen Schädigungen zu schützen; des weiteren, daß es sich als völlig falsch erwiesen habe, soziale Mißstände im Wohnungswesen dadurch beseitigen zu wollen, daß man den Grundbesitz und Realkredit mit stetig neuen Lasten belege usw. Es handelt sich also um ein regelrechtes Schutz- und Trutzbündnis gegenüber den Anklagen, wie sie von vielen Wohnungspolitikern immer wieder gegen die städtischen Grundbesitzer und nahestehende Kreise erhoben wurden. Ausschlaggebend war für diesen Zusammenschluß wohl auch die von Jahr zu Jahr wachsende steuerliche Belastung des Haus- und Grundbesitzes. So hielt der neugegründete Verband am 25. Nov. 1912 in Berlin eine „**Protestversammlung des deutschen Haus- und Grundbesitzes gegen seine steuerliche Überlastung**" ab, die er wie folgt begründete: „Die steuerliche Belastung des deutschen Haus- und Grundbesitzes hat von Jahr zu Jahr in einer Weise zugenommen, die seine Leistungsfähigkeit vollkommen unberücksichtigt läßt und seine gesunde Entwickelung behindert. Immer von neuem hat man auf den offen daliegenden Grundbesitz zurückgegriffen, um den Finanzbedarf von Reich, Staat und Gemeinde zu decken. Dieses tragische Schicksal wird noch dadurch verschlechtert, daß eine bodensozialistische Partei die starke Besteuerung des Grundbesitzes als notwendig bezeichnet und in dieser Besteuerung das wesentlichste Mittel zur Herabdrückung der Mietpreise erblickt."

Man ersieht ohne weiteres, daß es hauptsächlich die wohnungspolitischen Bestrebungen der **Bodenreformer** waren, welche zur Gründung des Verbandes und zur Einberufung der erwähnten Protestversammlung Veranlassung gaben. So ließen sich noch manche Beispiele dafür anführen, daß eine einseitige und zu mehr oder weniger ungerechten und übertriebenen Anklagen führende Behandlung der Wohnungsfrage meist wieder zu Gegen- und Abwehrmaßnahmen der angegriffenen Berufsklassen und Erwerbsstände führt. Nun wäre es gewiß verfehlt, von vornherein behaupten zu wollen, daß derartige **Interessentenvereinigungen**, wie man sie wohl meist nennen wird, immer nur rücksichtslos ihre Sonderinteressen verfolgen und denen der Allgemeinheit gegenüberstellen würden.

So gibt auch der **Verband zum Schutze des deutschen Grundbesitzes und Realkredits** ausdrücklich der Überzeugung Ausdruck, daß sich seine Ziele nicht mit den Interessen der Allgemeinheit in Widerspruch befinden, und erklärt, daß er an der Beseitigung der Schäden mitarbeiten wolle, welche sich auf dem Gebiete des Wohnungswesens für die minderbemittelte Bevölkerung zeigen. Daß das nicht nur leere Worte sind, hat er unter anderem durch ein Preisausschreiben zur Erlangung von Bearbeitungen der Frage: „Wie verschafft man der minderbemittelten Bevölkerung die billigste und zweckmäßigste Wohngelegenheit?", des weiteren auch durch die Gründung einer Bauauskunftsstelle für Großberlin bewiesen, welche Ende 1912 von dem Verband zum Schutze des deutschen Grundbesitzes und Realkredits gemeinsam mit dem Schutzverein Berliner Bauinteressenten eingerichtet wurde (s. S. 147). Bei entsprechender Benutzung würde diese Bauauskunftsstelle sicherlich in wirksamster Weise eine Bekämpfung des Bauschwindels ermöglichen und das solide Bauunternehmertum vor der unlauteren Konkurrenz der besitzlosen und unzuverlässigen Elemente schützen. In diesem Sinne dient sie also auch direkt dem Interesse des Wohnungswesens und des Allgemeinwohls, trotzdem sie zunächst von Interessentenvereinigungen ins Leben gerufen ist.

In ähnlicher Weise haben auch die Hausbesitzerorganisationen sich bemüht, über den Rahmen ihrer Sonderinteressen hinaus an den bedeutsamen Fragen des städtischen Wohnungswesens mitzuwirken. Man braucht nur das Programm des II. internationalen Hausbesitzerkongresses, welcher vom 5.—8. Mai 1912 in Berlin abgehalten wurde, die dort gehaltenen Vorträge und die günstige Aufnahme, welche die meisten derselben in der Tagespresse fanden, zu beachten, um den Eindruck zu gewinnen, daß auch diese Kreise, welche „die historische Entwickelung der Wohnungsfrage selbst und unmittelbar mit durchgemacht haben, und die praktischen Anforderungen, in deren Grenzen sich die Weiterentwickelung und Verbesserung des Wohnungswesens notgedrungen bewegen muß, besonders genau kennen"[1]), gewillt sind, an den großen Kulturaufgaben auf dem Gebiete der Wohnungsfrage mitzuarbeiten.

Derartige Beispiele zeigen, daß der Zusammenschluß derartiger Interessentengruppen keineswegs immer eine gegen das Allgemeinwohl gerichtete Tendenz zu haben braucht, und daß alle an der städtischen Wohnungsfrage interessierten Kreise, die Wohnungsproduzenten sowohl wie die Konsumenten, bestrebt sind, dieselbe zu einer befriedigenden Lösung zu bringen. Anderseits läßt sich aber auch nicht bestreiten, daß solche Vereinigungen nun zunächst doch zum Schutze ihrer eigenen und Sonderinteressen begründet wurden, und daß demnach immer die Gefahr besteht, daß sie bei weiterem Ausbau und Erstarken ihrer Machtmittel dieselben auch einmal in einer Weise gebrauchen, die in rücksichtsloser Betonung ihrer Sonderinteressen mit der Allgemeinheit in Konflikt gerät.

Ob das im einzelnen Fall geschehen ist, dafür sollen hier keine Beispiele angeführt werden. Es genügt auf diese Möglichkeit hinzuweisen und nochmals hervorzuheben, daß sich solche Verbände vielfach erst infolge einseitiger und mehr oder weniger ungerechter Anklagen zusammenschließen. Man kann sich dann nicht wundern, daß derartige Angriffe zunächst Abwehr- und Verteidigungsmaßnahmen der beteiligten Berufsstände hervorrufen, die aber im weiteren Verlauf bei der sich meist einstellenden persönlichen Gereiztheit der Gegner nun ihrerseits zu Angriffen und rücksichtsloser Benutzung der Machtmittel führen können.

Aber auch abgesehen davon ist es bedauerlich, daß auf diese Weise die Kreise, die nun doch ein gleiches Interesse an einer alle Teile befriedigenden Lösung der Wohnungsfrage haben und deshalb gemeinsam

---

[1]) Siehe die Einladungsschrift zum II. internationalen Hausbesitzerkongreß.

arbeiten sollten, in feindliche Lager gespalten werden. Die daraus folgende Uneinigkeit über die Wirkung irgendwelcher Reformmaßnahmen, die Versuche, das Publikum und die Tagespresse bald auf die eine, bald auf die andere Seite zu ziehen, und der damit zusammenhängende Zwiespalt der öffentlichen Meinung erschweren in hohem Maße die Durchführung solcher Reformen, die rein sachlicher Natur sind und sich meist als ein Kompromiß zwischen dem Kampf und Hader der Parteien auf einer mittleren Linie bewegen.

So erscheint es doch aus mancherlei Gründen richtiger, sich bei den Bestrebungen zur Herbeiführung besserer Wohnverhältnisse von allen Übertreibungen fernzuhalten, mag man sie auch noch so gut meinen und nur als Unterstreichung zweifellos vorhandener Mißstände benutzen. Im allgemeinen wird der Sache sicher mehr gedient, wenn man die bestehenden Verhältnisse in einer absolut sachlichen und leidenschaftslosen Weise schildert, die weder zu Schönfärberei noch Schwarzseherei neigt, das Schlechte nicht verbirgt, aber auch das Gute zu würdigen weiß.

Berlin hat im Anfang des Jahres 1912 das Schauspiel eines solch heftigen Kampfes auf dem Gebiete der Wohnungsfrage beobachten können. Es war hier die vom Propaganda - Ausschuß für Groß - Berlin gegebene Schilderung der Berliner Wohnverhältnisse und Kinderspielplätze, welche zu lebhaftesten Auseinandersetzungen führte. Ohne hier irgendwie Stellung dazu nehmen zu wollen, sei auf eine kleine Schrift hingewiesen, die ganz interessante Streiflichter auf die Kampfesweise wirft, die bei derartigen Auseinandersetzungen geübt wird und in manchem die oben gegebene Darlegung des wohnungspolitischen Kampfes bestätigen könnte: Karl Krauß, die maßlosen Übertreibungen des Propaganda-Ausschusses „für Groß-Berlin", Deutscher Verlag Berlin. Auf dem Titelblatt führt sie die Worte des Bürgermeisters Dr. Reicke in der „Voss. Zeitg." vom 22. Februar 1912 an: „Wir alle . . . wollen sicher gerne mithelfen, daß es besser werde . . . Aber man dient der Sache nicht, wenn man sie mit Angaben diskreditiert, die Eingeweihte belächeln müssen . . . Ich kann nur wiederholen, was ich schon in der Versammlung sagte: Das kann uns schaden bei den Gutgesinnten."

Bei der Prüfung der bestehenden Verhältnisse im Wohnungswesen unserer Städte ist es weiterhin sehr bedeutsam, daß man sich nicht mit der Konstatierung der Tatsachen begnügt, sondern auch das ursächliche Moment in weitgehendster Weise mitberücksichtigt. Man soll sich stets die Frage vorlegen, wie die bestehenden Mißstände überhaupt entstehen konnten und wodurch sie speziell im Werdegang unserer Städte und der städtebaulichen Entwickelung verursacht wurden. Während die einfache Hervorhebung und übertreibende Unterstreichung einzelner krasser Wohnungsmißstände sich meist zu heftigen Anklagen gegen bestehende staatliche und städtische Institutionen oder irgendwelche der an der Wohnungsproduktion beteiligten Berufsstände verdichtet, führt die Ursachenforschung auf Grund der historischen Entwickelung unserer Städte in der Regel zu völlig anderen Ergebnissen. Sie zeigt, daß die Schuld für viele beklagenswerte Mißstände nicht in der Gegenwart und nicht in Unterlassungssünden irgendwelcher derzeitiger Verwaltungszweige zu suchen ist, sondern in allerlei besonderen Verhältnissen der Entwickelung unserer Städte, die teilweise sehr weit zurückliegen. Insbesondere spricht dabei in hohem Maße der Umstand mit, daß in früheren Zeiten eine ganze Reihe von Bedingungen nicht oder nur in Anfängen vorhanden waren, die heutzutage allerdings eine ganz andere Lösung der städtischen Wohnungsfrage gestatten würden, z. B. die Entwickelung des Verkehrswesens, insbesondere der lokalen Verkehrsmittel, die dadurch gegebene Möglichkeit einer weitgehenden Dezentralisation der städtischen Siedelungen, andere Wohnsitten und Wohnansprüche der Bevölkerung, großer kommunaler Grundbesitz, stabilere Verhältnisse auf dem Grundstückmarkt, die Fortschritte auf dem Gebiete der Kunst und Wissenschaft des Städtebaues etc., alles Dinge, die in den einmal vorhandenen und ausgebauten Städten nachträglich sehr schwer zur Geltung zu bringen sind.

So scheint mir eine derartige, auf eine exakte „historische" Ursachenforschung aufgebaute Schilderung der bestehenden Wohnungsmißstände mehr geeignet, die in letzter Linie dieselben veranlassenden Momente aufzudecken, als die agitatorische Hervorhebung einzelner krasser Mißstände mit den häßlichen Folgeerscheinungen des wohnungspolitischen Kampfes. Es sollen deshalb im folgenden einige charakteristische Punkte aus der Entwickelung der städtischen Wohnverhältnisse im vorigen Jahrhundert herausgegriffen werden, die für die Würdigung der gegenwärtig noch bestehenden Verhältnisse von ausschlaggebender Bedeutung sind, und im Anschlusse daran der Versuch gemacht werden, die so gewonnene Erkenntnis der früher gemachten Fehler zur Begründung einiger praktisch durchführbarer und Erfolg versprechender Reformvorschläge zu benutzen.

Zweiter Abschnitt.

Die Entwickelung des Wohnungswesens unserer Städte und ihre Folgen.

1. Der Zug vom Lande in die Städte.

Bei einer Betrachtung des Entwickelungsganges unserer großen Städte im vorigen Jahrhundert fällt als charakteristisches Merkmal die außerordentlich starke Bevölkerungszunahme, und im Zusammenhang damit das geradezu stürmische Größenwachstum einzelner derselben auf. An anderer Stelle[1] habe ich einige statistische Angaben darüber zusammengestellt, hier will ich nur darauf hinweisen, daß die Bevölkerung des deutschen Reichs (auf dem heutigen Reichsgebiet) sich von ca. 25 Millionen im Jahre 1816 auf ca. 65 Millionen im

---

[1] Bodenfrage und Bodenpolitik, 1. Teil, 1. Abschnitt.

Jahre 1910 vermehrt und dieser ganze Bevölkerungszuwachs von 40 Millionen sich fast ausschließlich in den Städten und Großstädten angesiedelt hat. So haben denn auch viele derselben eine geradezu ungeahnte und stürmische Entwickelung genommen. Im Jahre 1871 wohnten z. B. noch nicht 5% der Gesamtbevölkerung in Großstädten von 100 000 und mehr Einwohnern, 1910 waren es bereits ca. 20%, jeder fünfte Deutsche lebt also bereits in der Großstadt; 1871 hatten wir erst 8 Städte von 100 000 und mehr Einwohnern, 1910 bereits 46. Das sind oft gesagte Dinge, und gleichwohl würdigt man beim Lesen dieser Zahlen meist nicht genügend, was sie für die bauliche Entwickelung und das davon abhängige Wohnungswesen unserer Städte bedeuten. Es waren in erster Linie die Großstädte, welche all die Millionen Menschen anlockten, die auf dem Lande nicht mehr genügende oder befriedigende Lebensbedingungen fanden; ihnen galt vor allem der oft geschilderte Zug vom Lande in die Städte. Hier fand die aufblühende Industrie eine kaufkräftige Bevölkerung, Kapital, Kredit, geeignete Arbeitskräfte und tüchtige Unternehmer, also alle Bedingungen zur gedeihlichen Entfaltung, und konnte so mit der Zeit immer mehr Menschen Beschäftigung und lohnenden Erwerb geben. Aber auch abgesehen davon, sprach für viele der Wunsch mit, das eintönige und gleichmäßige Leben auf dem Lande mit den Vergnügungen, geselligen und politischen Anregungen der großen Städte zu vertauschen. Man muß sich einmal vorstellen, was dieser Zug vom Lande in die Städte für deren Entwickelung in baulicher und wohnungshygienischer Beziehung bedeutete, insbesondere, welche Schwierigkeiten es bei dem damaligen Stande der Bautechnik und Verwaltungstechnik machen mußte, diesem sich unablässig vom Lande in die Städte ergießenden Menschenstrom daselbst geeignete Wohnstätten zu schaffen. Dazu kommt, daß die Wohnansprüche der so zuwandernden Bevölkerung in den meisten Fällen die denkbar bescheidensten waren. Ob die Wohngelegenheiten gut oder schlecht, menschenwürdig oder nicht waren, mag vielen ziemlich gleichgültig gewesen sein, wenn es nur überhaupt einmal gelang, in der Stadt unterzukommen und so an den Erwerbsmöglichkeiten, Vorteilen und Vergnügungen des städtischen Lebens teilzunehmen. Diese weitgehende Anspruchslosigkeit der damaligen Bevölkerung muß für viele jetzt noch vorhandene Mängel im Wohnungswesen unserer Städte, namentlich in den alten Stadtteilen, mit verantwortlich gemacht werden. Und doch mögen vielen dieser Leute, die vom Lande mit seinen elenden Wohnverhältnissen in die Städte einwanderten, die großstädtischen Mietkasernen geradezu wie Paläste erschienen sein, gegenüber ihren früheren Behausungen. Insbesondere hatte man früher auf dem Lande Luft und Licht in so ausgiebiger Fülle und als etwas so Selbstverständliches genossen, daß man mit diesen Faktoren und ihrer Beeinträchtigung durch das städtische Leben zunächst gar nicht rechnete. Erst als man bei weiterem Wachstum der Großstädte immermehr von Luft und Licht und der umgebenden Natur abgeschlossen wurde, kam manchen das Verständnis für den Wert dieser früher auf dem Lande so ausgiebig genossenen Güter zurück.

Entsprechend diesen bescheidenen Wohnansprüchen der städtischen Bevölkerung konnte natürlich auch weder bei den damaligen Hausbesitzern und Bauunternehmern, noch auch bei den Stadtverwaltungen genügendes Verständnis dafür vorausgesetzt werden, ob die neu geschaffenen Wohnverhältnisse auch nur einigermaßen den gesundheitlichen Bedingungen genügten, um so mehr, als die hygienische Wissenschaft erst in den Anfängen ihrer Entwickelung stand. So hatten die Hausbesitzer im allgemeinen keine Veranlassung, beim Bau ihrer Mietwohnungen über die von den Wohnungssuchenden gestellten Ansprüche hinauszugehen.

Es war auch durchaus natürlich, daß die Hauptmasse der Bevölkerung versuchte, möglichst nahe dem Zentrum der Städte, dem sich hier entwickelnden Geschäftsviertel, unterzukommen. Hier pulsierte das städtische Leben am stärksten, hier versprach man sich am ehesten Arbeit, Nebenverdienst und Unterhaltung; hier bot sich gleichsam die Konzentration all dessen, was die Massen in die Städte lockte. So kam es in den zentralen Stadtteilen alsbald zu einer hochgradigen Zusammendrängung der Bevölkerung, die ihrerseits wieder zu der übertriebensten Bebauungsintensität führen mußte.

Die nächste Folge dieser steten Zuwanderung und des stürmischen Drängens nach dem Zentrum war eine entsprechend starke Wohnungsnachfrage, welcher nur durch eine ebenso lebhafte Bautätigkeit entsprochen werden konnte. Diese verlief aber in damaliger Zeit unter wesentlich anderen Bedingungen als heutzutage. Das lag an einem weiteren bedauernswerten, wenn auch durchaus verständlichen Fehler der damaligen städtischen Entwickelung, nämlich der Unbrauchbarkeit, um nicht zu sagen dem völligen Mangel geeigneter, auf genügender Erfahrung beruhender Baupolizeivorschriften und ortsstatutarischer Bestimmungen.

2. Die Mangelhaftigkeit der früheren Bauordnungen.

Zwar gab es auch früher schon Bauordnungen und Baupolizeivorschriften, aber zu einer zweckentsprechenden Gestaltung des Wohnungswesens konnten sie nicht führen. Sie alle dienten mehr oder weniger nur den Interessen der Standfestigkeit und Feuersicherheit, während die Berücksichtigung der gesundheitlichen Momente, die wir heutzutage in erster Linie betont wissen wollen, naturgemäß sehr unzulänglich war. Erst seit Mitte des vorigen Jahrhunderts haben wir in Deutschland ja eine hygienische Wissenschaft. Dementsprechend war auch kaum genügendes Verständnis dafür vorhanden, in wie hohem Maße die Wohnverhältnisse auf die Gesundheit der städtischen Bevölkerung zurückwirken. Das Wohnungswesen und die Wohnungsfrage waren auch noch nicht im heutigen Sinne Gegenstand des öffentlichen Interesses geworden, und so fehlten schließlich alle Grundlagen, um eine hygienisch einwandfreie Bebauung der Städte herbeiführen zu können.

Gewiß ist man aus unserem modernen Empfinden heraus geneigt, die Stadtverwaltungen der damaligen Zeit für diese Mängel der Entwickelung verantwortlich zu machen, ihnen absolute Verständnislosigkeit und Hilflosigkeit bezüglich der ihnen obliegenden Aufgaben vorzuwerfen, aber auch da muß man sich vor Ungerechtigkeiten bewahren. So wie die Verhältnisse lagen, standen die Stadtverwaltungen vor einer geradezu unmöglichen Aufgabe. Man muß sich einmal in diese Sturm- und Drangperiode unserer großen Städte zurückversetzen. Alles, was da in wenigen Jahrzehnten vor sich ging, die stürmische Flucht vom Lande in die Städte, die lebhafte Bautätigkeit, das Emporblühen von Technik, Wissenschaft, Handel, Gewerbe und Industrie, der ganze kulturelle und wirtschaftliche Aufschwung, welcher diese Entwickelung begleitete, war etwas völlig Neues und Unerwartetes, eine Entwickelung so ohne jeden Vergleichspunkt in der Vergangenheit, daß niemand dieselbe auch nur im Entferntesten hätte vorausahnen können. So fehlten den verantwortungsvollen Leitern der Städte naturgemäß die Erfahrungen und Kenntnisse, um das ungeahnte und stürmische Wachstum derselben in hygienische Bahnen zu lenken und es erscheint durchaus verständlich, daß sie gegenüber diesen neuen, riesenhaften Aufgaben zunächst versagten. So kranken denn unsere heutigen Städte auch jetzt noch in vieler Beziehung an den Folgen dieser früheren Entwickelung und nur sehr allmählich konnte sich da eine Wandlung zum Besseren vollziehen.

Diese setzte ein, als die aufblühende hygienische Wissenschaft ein grelles und erschreckendes Licht auf die gesundheitlichen Mißstände in den Städten warf, als Statistiken über die Gesundheitsverhältnisse der städtischen Bevölkerung belehrten und die Resultate von Wohnungserhebungen bekannt wurden. Sehr allmählich begann man dann einzusehen, was man früher für Fehler gemacht hatte und was alles versäumt worden war. Leider kam diese Erkenntnis für viele Verhältnisse schon zu spät, und die einmal eingeleitete Entwickelung ließ sich nicht mehr aufhalten. Erst als die Früchte dieser Erkenntnis und der hygienischen Wissenschaft sich langsam und allmählich bei den Stadtverwaltungen und gesetzgebenden Körperschaften Eingang verschafften, konnte sich eine Wendung zum Besseren vollziehen. Bis dahin waren und blieben die baupolizeilichen Bestimmungen absolut ungenügend, um die bauliche Entwickelung der Städte in zweckentsprechende Bahnen zu leiten.

Die Folgen dieser mangelhaften Bauordnungen und wohnungspolizeilichen Bestimmungen machten sich vor allem nach zwei Richtungen hin bemerkbar:

1. In einer hochgradigen Überfüllung der schon aus älterer

Zeit vorhandenen Wohnungen, da die Wohnungsproduktion wenigstens zeitweise der stürmischen Wohnungsnachfrage nicht folgen und was Neubauten anbelangt, sich im wesentlichen auch nur an der Stadtperipherie vollziehen konnte, während der Menschenstrom vor allem in das Innere der Städte hineinzog. So wurden die dort vorhandenen Wohnungen, zum Teil auch unter dem Druck der alsbald steigenden Mieten mehr und mehr bevölkert, so daß sich schließlich jene Wohnverhältnisse entwickelten, wie wir sie in vielen großstädtischen Mietkasernen älterer Zeit noch jetzt vorfinden.

2. In einer völlig regellosen und teilweise die unhygienischsten Verhältnisse herbeiführenden Wohnungsproduktion. Man muß sich nur einmal in die Lage der damaligen Haus- und Grundbesitzer hineinversetzen. Noch durch keinerlei soziale, hygienische und ästhetische Empfindungen und Zeitströmungen beeinflußt, war es naheliegend, daß sie der Verlockung, durch An- und Umbauten die nutzbare Wohnfläche ihrer Grundstücke zu vergrößern und dadurch entsprechende Mehreinnahmen zu erzielen, nicht widerstehen konnten. So vollzog sich denn auch, durch die damaligen Bauordnungen kaum nennenswert beeinflußt, die bauliche Entwickelung vieler Städte in einer Weise, die in ästhetischer und hygienischer Beziehung zu den traurigsten Folgeerscheinungen führen mußte. Konnten die alten Gebäude der stets stürmischer werdenden Wohnungsnachfrage nicht mehr genügen, so wurden sie abgebrochen und an ihre Stelle traten immer höhere und die Grundfläche immer mehr ausnutzende Etagenhäuser, Miethäuser, Mietkasernen. Auch der freie Raum im Innern der Baublöcke wurde immer mehr mit zur Bebauung herangezogen; Hinterhäuser, Seiten-, An- und Flügelbauten bedeckten den ursprünglich freien Raum in immer ausgedehnterem Maße, bis schließlich nur noch enge, finstere Schächte und Höfe übrig blieben, die keineswegs mehr imstande waren, den angrenzenden Gebäudeteilen und Wohnräumen auch nur einigermaßen ausreichende Luft- und Lichtversorgung zu gewähren.

Auch die Straßenbreite trat zu den anliegenden Gebäuden in ein immer ungünstigeres Verhältnis. Die alten Städtebauer hatten ihren Straßen für die ursprünglichen Verhältnisse meist ganz zweckentsprechende Breitenmaße gegeben, wohl nicht in der bewußten Absicht einer ausreichenden Luft- und Lichtversorgung, denn man lebte noch nicht im Zeitalter der Hygiene, aber doch ausreichend für den Verkehr. Und das genügte meist auch für die damaligen Gebäudehöhen.

Je mehr die Gebäude dann mit der Zeit emporwuchsen, fünf-, sechsstöckige und höhere Mietkasernen sich an Stelle der ursprünglichen niederen Einfamilienhäuser setzten, um so ungünstiger wurde dieses Verhältnis, bis dann die Straßen ebenfalls zu den engen Lichtgassen wurden, wie sie vielfach die aus älterer Zeit stammenden Stadtteile durchziehen, bei denen die Gebäudehöhe die Straßenbreite oft um ein Vielfaches überragt.

Am ausgesprochensten entwickelten sich diese Verhältnisse im Zentrum der Städte, den sich später meist als Geschäftsviertel, früher vielfach auch Industrieviertel, herausbildenden Teilen. Was hier im Innern der Baublöcke nicht mit Wohngebäuden bedeckt wurde, mußte vielfach noch als Lagerraum, Schuppen, Stallung, Werkstatt, Remise dienen, ein Bild, wie man es auch jetzt noch in älteren, nicht sanierten Stadtteilen vorfinden kann.

Das sind längst bekannte Dinge, die nur deshalb angeführt werden, um den Nachweis zu erbringen, daß sich gerade die beklagenswertesten Mißstände in den baulichen Verhältnissen und damit auch dem Wohnungswesen unserer Städte zum größten Teil auf die fehlenden oder absolut ungenügenden Bauordnungen ihrer Entstehungszeit zurückführen lassen. Meist sind es gerade diese in den alten Stadtteilen noch aus früherer Zeit vorhandenen schmutzigen und elenden Wohnungen, welche als Beispiele erschreckenden, städtischen Wohnungselends heutzutage vorgeführt und nicht selten zu einer agitatorischen Verurteilung der städtischen Wohnverhältnisse in toto benutzt werden. Ein Teil der hier gelegenen Gebäude hat mit der Zeit an dem Umwandlungsprozeß in das moderne Geschäftsviertel, die City, teilgenommen und modernen Geschäfts- und Kontorhäusern Platz gemacht. Diese City umsteht dann meist noch ein Kranz ebenfalls aus älterer Zeit stammender Gebäude, welche im höchsten Grade baufällig und veraltet sind und meist die Gesamtheit der eben angedeuteten Mängel der Bauweise zur Schau tragen. Diese Wohnungen, für welche Eberstadt den Begriff „unternormale Wohnungen" eingeführt hat, stellen meist die elendsten und armseligsten Wohnstätten der betreffenden Städte dar und werden in der Regel vom ärmsten Proletariat und dem großstädtischen Verbrechertum bewohnt, das sich stets im Herzen der Großstadt am wohlsten fühlt.

3. Hausbesitzer und Stadtverwaltungen.

Es hat Zeiten gegeben, in denen die Schilderung derartiger elender Wohnungszustände meist von mehr oder weniger heftigen Anklagen gegen die städtischen Hausbesitzer und Bauunternehmer begleitet war. Da diese die betreffenden Wohnungen erbaut haben, glaubte man dieselben auch für alle Fehler und Mängel derselben verantwortlich machen zu dürfen. Diese Auffassung, welche dem Laien in der Wohnungsfrage zunächst gewiß am nächsten liegt, bedarf aber bei näherer Betrachtung in vieler Beziehung einer Richtigstellung. Der gewerbsmäßige städtische Hausbesitzer- und Bauunternehmerstand ist nicht das eigentlich treibende Moment bei der städtischen Wohnungsproduktion und keineswegs ist er für alle Eigentümlichkeiten und Besonderheiten derselben allein verantwortlich. Das ist auch heutzutage nicht der Fall und war es erst recht nicht in früherer Zeit. Viel eher könnte man das Verhältnis so darstellen, daß die Wohnungskonsumenten, die Mieter, das treibende Moment der städtischen Wohnungsproduktion darstellen; sie beeinflussen dieselbe im weitesten Sinne durch ihre mehr oder weniger weitgehenden Wohnansprüche und ihre Zahlungsfähigkeit und -willigkeit. Diesen Faktoren folgt innerhalb der ihm durch die Bauordnung gesteckten Grenzen der gewerbsmäßige städtische Hausbesitzer und Bauunternehmer, wobei er naturgemäß an einem größtmöglichen Gewinn aus seiner Unternehmung interessiert ist. Es wäre töricht, diese Gewinnansprüche des städtischen Wohnungsproduzenten verurteilen zu wollen.

Die eigenartige Natur der großstädtischen Wohnverhältnisse bringt es mit sich, daß die Mehrzahl der städtischen Wohnungen nicht zum eigenen Gebrauch, sondern zum gewerbsmäßigen Vermieten erbaut werden. Dadurch wird das städtische Hausbesitzer- und Bauunternehmertum ein besonderes und für die Befriedigung des städtischen Wohnbedürfnisses unentbehrliches Gewerbe, das nun wie jedes andere Gewerbe vom Gewinn seines Unternehmens leben will und muß und deshalb an einem größtmöglichen Gewinn interessiert ist. Im allgemeinen wird man auch kaum erwarten dürfen, daß dasselbe sich in diesem Gewinnstreben selbst freiwillig Beschränkungen auferlegt, etwa aus sozialem Empfinden heraus oder in Rücksichtnahme auf die Interessen der Mieter. Das mögen einzelne in guten Verhältnissen befindliche Hausbesitzer gewiß tun, die große meist hart um ihre Existenz kämpfende Masse derselben will das nicht und kann das auch gar nicht, weil man bei ihr nicht genügendes Verständnis dafür erwarten kann, wann durch die von ihnen beabsichtigte Bebauung ihrer Grundstücke die Allgemeininteressen und die wohnungs- und städtehygienischen Interessen gefährdet werden. So lange jeder Hausbesitzer nur die Verhältnisse seines bebauten Grundstückes allein berücksichtigt, wird er immer der Meinung sein, daß durch eine etwas weitergehende Intensität der Bebauung in horizontalem oder vertikalem Sinne noch keineswegs gesundheitliche Mängel entstehen. Vielfach werden diese erst ersichtlich, wenn man die so geschaffenen Bedingungen auch auf die Nachbargebäude und die sämtlichen Wohngebäude eines ganzen Stadtteils überträgt und prüft, wie dadurch die äußeren hygienischen Wohnungsqualitäten beeinflußt werden. Zu einer derartigen Beurteilung gehört aber unbedingt ein Überblick über das Ganze, den der einzelne Hausbesitzer in der Regel nicht hat und nicht haben kann.

Die Stelle, welche diesen Überblick haben muß, ist dagegen die Stadtverwaltung bzw. die Bauverwaltung. Ihre Sache ist es zu prüfen, wieweit bei der Bebauung der einzelnen Grundstücke gegangen werden kann, ohne die Wohninteressen zu gefährden, und das Mittel, welches ihr gestattet, die für richtig erkannten Grundsätze auch zur allgemeinen Durchführung zu bringen, ist die Summe der baupolizeilichen Vorschriften. Sie geben bei entsprechender Ausbildung der

Stadtverwaltung die Handhabe, dem an sich berechtigten Gewinnstreben der Wohnungsproduzenten die unbedingt nötige obere Grenze zu ziehen und dafür Sorge zu tragen, daß dasselbe nicht in rücksichtslosester Weise gegenüber den Interessen der Allgemeinheit und der Mieter in den Vordergrund gerückt wird. Jedenfalls kann man sich auf eine derartige, durch die Bauordnung bewirkte Beschränkung der Gewinnansprüche der Wohnungsproduzenten weit mehr verlassen, als auf ihr etwaiges soziales oder hygienisches Empfinden, das selbst bei bestem Wollen doch sehr häufig irregeleitet sein wird.

So muß man wohl zugeben, daß für die Mängel im Wohnungswesen und dem baulichen Ausbau unserer Städte nicht eigentlich die Hausbesitzer verantwortlich zu machen sind, sondern vielmehr die Verwaltungen der Städte, welche das Entstehen dieser Zustände duldeten und durch ungenügende Bauvorschriften begünstigten. Ihre Sache wäre es gewesen, dem Gewinnstreben der Hausbesitzer und sonstigen Wohnungsproduzenten die wünschenswerten Beschränkungen aufzuzwingen.

Aber auch da muß man bei der Beurteilung der jetzigen Wohnverhältnisse und der Frage, wieweit die bestehenden Mißstände den Stadtverwaltungen zur Last zu legen sind, sorgfältig prüfen, ob dieselben als die unerwünschte Folge gegenwärtiger, mehr oder weniger mangelhafter Verwaltungsmaßnahmen anzusehen sind, oder ob sie sich auf frühere mangelhafte und ungenügende Bauvorschriften zurückführen lassen. So sind z. B. gerade die früher erwähnten unternormalen Wohnungen fast immer ein Erbteil, welches die Stadtverwaltungen von ihren Vorfahren übernommen haben und das sie bei bestem Wollen nicht ohne weiteres beseitigen können. Es wäre deshalb gänzlich verfehlt, für diese üblen Folgen der damaligen Entwickelung die Gegenwart anklagen zu wollen. Aber leider ist es in manchen Kreisen üblich, bei einer Erörterung der städtischen Wohnverhältnisse und der zweifellos bestehenden Wohnungsmißstände die bestehenden Zustände in keiner Weise auf ihre Entstehungsursachen zu prüfen, sondern alle Mißstände unbesehen einem jetzigen fehlerhaften Verwaltungssystem zur Last zu legen und es dafür in Grund und Boden zu verdammen. Daß die verantwortlichen Leiter unserer Städte sich mit Recht gegen solch einseitige und gehässige Angriffe zur Wehr setzen, kann ihnen wohl niemand verübeln.

Will man sich ein Bild davon machen, was die Gegenwart auf dem Gebiete der städtebaulichen Entwickelung und der Wohnungsbeschaffung leistet und anstrebt, so ist es gerecht und billig, daß man die Neubauten in den Randbezirken und auf den Außengeländen unserer Städte zur Beurteilung heranzieht. Gewiß bleiben auch da noch viele Wünsche unbefriedigt. Und doch kann man sich bei der Durchwanderung solcher im letzten Jahrzehnt erbauter Stadtteile, insbesondere auch beim Studium der modernen, großzügigen Stadterweiterungsprojekte der

Erkenntnis nicht verschließen, daß bereits außerordentliche Fortschritte gegenüber der oben skizzierten Bauweise der alten Stadtteile gemacht worden sind.

Es wäre ja auch sonderbar, wenn man in unserer auf allen anderen Gebieten so emsig voranschreitenden Zeit gerade auf dem Gebiet der städtebaulichen Entwickelung stehen geblieben wäre.   Man kann auch in den gemachten Fortschritten unschwer die Erfolge der im letzten Jahrzehnt, dank der Tätigkeit hervorragender Lehrer des Städtebaues und der an den meisten technischen Hochschulen abgehaltenen Städtebaukurse, außerordentlich entwickelten Kunst und Wissenschaft des Städtebaues erkennen.

Leider lassen sich die Früchte dieser Bestrebungen nicht ohne weiteres auf die alten Stadtteile und Gebäude anwenden.   Das übersehen viele unserer Wohnungspolitiker und die von ihnen beeinflußte öffentliche Meinung noch sehr oft bei ihren heftigen Anklagen und sich darauf gründenden Forderungen.   Die infolge der früher nun einmal zugelassenen übertriebenen Bebauungsintensität teilweise außerordentlich hohen Boden- und Gebäudewerte repräsentieren enorme Kapitalien, die auch später eine angemessene Rente abwerfen müssen.   Deshalb kann es hier auf dem hochwertigen Innenboden unserer Städte nur sehr langsam und allmählich gelingen, Besserung zu erzielen und unsere modernen wohnungshygienischen Grundsätze zur Anwendung zu bringen. Weder kann man die alten Stadtteile völlig und auf einmal niederreißen und neues, besseres Leben aus den Ruinen erstehen lassen, noch auch dieselben entvölkern und die Inwohner auf den hygienisch bebauten Außengeländen ansiedeln, wie eine übertriebene und weit über das Ziel hinausschießende Dezentralisationsbewegung anstreben könnte.   Dadurch würden enorme wirtschaftliche Werte zerstört, die Entwickelung der Städte und ihre Finanzkraft, die unerläßliche Vorbedingung auch ihres hygienischen Schaffens aufs schlimmste gefährdet und so dem Volkswohl weit größere Wunden geschlagen, als durch jene zweifellos schlechten Wohnverhältnisse verursacht werden.   Hier bleibt, abgesehen von einer verständig gehandhabten Wohnungspolizei, vor allem der Weg zur Abhilfe, wie er sich in rasch wachsenden, aufblühenden Städten meist von selbst ergibt, daß nämlich der fortschreitende Prozeß der Citybildung mehr und mehr diese alten Stadtteile in seinen Bereich zieht.   Dann wird im Lauf der Zeit eines der alten Häuser nach dem anderen in moderne Geschäfts- und Kontorhäuser umgewandelt, während die Bevölkerung derselben in entsprechendem Maße in entlegeneren Wohnvierteln hygienische Siedelungsgelegenheiten findet.

Wer also einer Schilderung der großstädtischen Wohnverhältnisse die krassen und extremen Zustände dieser unternormalen Wohnungen zugrunde legt, sie geradezu als charakteristisch hinstellt, und mit keinem Worte darauf hinweist, welchen weit zurückliegenden Umständen sie ihre Entstehung verdanken, macht sich in hohem Maße der Übertreibung und Unsachlichkeit schuldig. Die einzig richtige Stellungnahme zu diesen gewiß höchst bedauerlichen Wohnungsmißständen ist vielmehr der Versuch, die Ursachen ihrer Entstehung in der Vergangenheit aufzuklären, sie insbesondere auf die Mangelhaftigkeit der früheren Bauordnungen zurückzuführen. Daraus ergibt sich dann immer wieder die Lehre, wie außerordentlich bedeutsam für die moderne Entwickelung unserer Städte und das Wohnungswesen derselben eine allen Ansprüchen genügende, insbesondere auch die hygienischen Forderungen in weitgehendster Weise berücksichtigende Bauordnung ist.   In gleicher Weise gilt das auch für die Aufstellung sachgemäßer Bebauungspläne.   Das ist jedenfalls eine der bedeutsamsten Lehren, die wir aus der Vergangenheit unserer Städte ziehen müssen. Bei der Durchsicht der gegenwärtig gültigen Bauordnungen unserer Großstädte und Landesteile muß jeder unbefangene Beobachter aber auch konstatieren, daß wir auf diesem Gebiete entschieden erfreuliche Fortschritte machen und bestrebt sind, die in der Vergangenheit gemachten Fehler und Unterlassungssünden zu vermeiden.

Allerdings kann man nicht erwarten, daß sich die Erfolge dieser fortschrittlichen Bauordnungen nun sofort in greifbarer Weise in einer Besserung der Wohnverhältnisse bemerkbar machen.   Aber es kann gar nicht ausbleiben, daß sie bei weiterem Ausbau unserer Städte mit der Zeit zu einer völligen Neugestaltung des Wohnungswesens in hygienischerem Sinne führen müssen. Bei dem üblichen Raisonnieren auf die städtischen Wohnverhältnisse wird aber fast nie auf diese, wenn auch allmählich, so doch sicher eintretende Besserung derselben auf Grund der Umgestaltung unserer Bauordnungen hingewiesen, und so beim Laienpublikum der Glaube geweckt, als sei überhaupt noch nichts auf diesem Gebiete zur Anbahnung besserer Verhältnisse geschehen. Gerade der Laie gibt sich fast niemals darüber Rechenschaft, wie schwer es ist, einmal bestehende und durch alle möglichen wirtschaftlichen Konsequenzen konsolidierte Mißstände in der baulichen Entwickelung und dem Wohnungswesen unserer Städte auszumerzen.

Unsere Städte befinden sich mit anderen Worten in einem Übergangsstadium zwischen der alten Zeit mit ihren höchst mangelhaften, den wohnungshygienischen Forderungen absolut nicht genügenden Bauordnungen und dementsprechenden Wohnverhältnissen und der neuen, auf diesem Gebiete weit vorgeschrittenen Zeit. Wenn auch für den aufmerksamen Beobachter überall die Zeichen der neuen, besseren Zeit sich bemerkbar machen, so leidet doch der Gesamteindruck noch sehr unter den aus früherer Zeit übernommenen Mißständen und Scheußlichkeiten. Anderseits liegt darin aber auch die Zuversicht begründet, daß mit der Zeit unsere Städte verjüngt und verschönt mit weit hygienischeren Wohnverhältnissen aus diesem Übergangsstadium hervorgehen werden.

4. Die Stadterweiterung in früherer Zeit.

Ein weiteres Charakteristikum der früheren Stadtanlagen, das in engstem Zusammenhange mit den eben geschilderten Zuständen steht, ist die weitgehende Zentralisation, Geschlossenheit und räumliche Konzentration derselben. Erzeugt wurde dieselbe durch den Wunsch der in die Stadt einströmenden Menschenmassen, möglichst nahe dem Zentrum derselben zu wohnen, begünstigt durch das Fehlen geeigneter, ein solches Zusammendrängen erschwerender baupolizeilicher Bestimmungen und eine Reihe weiterer bedeutsamer Begleitumstände. Es sollen hier nicht im einzelnen die Ursachen des Zuges vom Lande in die Städte und der staunenswerten großstädtischen Entwickelung behandelt werden, die ich an anderer Stelle ausführlich erörtert habe[1]), sondern nur diejenigen Momente hervorgehoben werden, welche bei uns in Deutschland. teilweise in direktem Gegensatz zu anderen Ländern (insbesondere England und Belgien), diese eigenartige Form der städtischen Entwickelung hervorgerufen haben. Sicherlich wurden dafür in erster Linie die Wohnsitten und Wohnansprüche der Bevölkerung selbst maßgebend, ihr mangelhaftes Verständnis für die Vorzüge eines behaglichen. weiträumigen Wohnens in den Randbezirken der Städte. Auch heutzutage findet man die Erscheinung, daß der überwiegende Teil der Bevölkerung sich eng im Zentrum der Städte zusammendrängt, hier mit den elendsten und schlechtesten Wohnungen vorlieb nimmt, selbst zu hohem Preis. statt weiter draußen besser und billiger zu wohnen. Mitbestimmend mag dafür die auch heute noch vielfach bestehende Abneigung gewesen sein, weit außerhalb des Stadtganzen in isoliert gelegenen Häusern sich anzusiedeln, wofür sich namentlich im Hinblick auf die früheren Verhältnisse allerlei Gründe anführen lassen: mangelhafte Straßen. schlechte oder überhaupt nicht vorhandene Verkehrsgelegenheiten, ungenügende Bewachung der Außengebiete, Unsicherheit etc. Unterstützend wirkte dabei gerade bei uns in Deutschland das geringe Verständnis. welches man früher für die Schönheit und Vorzüge des Landlebens hatte, eng zusammenhängend mit dem früher nur bei einem sehr kleinen Bruchteil der städtischen Bevölkerung anzutreffenden Bedürfnis nach sportlicher und touristischer Betätigung in freier Natur. Für viele mag auch die dem Deutschen namentlich der früheren Zeit eigentümliche Vorliebe für das Wirtshausleben mit seinen Frühschoppen, Abendschoppen und Skatabenden ein weiterer Grund gewesen sein, sich innerhalb der Städte in der Nähe der dort gelegenen frequentierten Wirtshäuser anzusiedeln.

Gewöhnlich wird als Hauptgrund für die geschlossene, zentralisierte Stadtanlage der früheren Zeit das Fehlen entsprechender lokaler Verkehrsgelegenheiten angeführt. So sicher dadurch auch jede weitgehende Besiedelung der Außengelände und Auseinanderziehung

---

[1]) Siehe Bodenfrage und Bodenpolitik, S. 168 ff.

der Stadtanlage unmöglich gemacht wurde, so darf man doch anderseits die Bedeutung dieses Moments nicht überschätzen. Die heutzutage auch bei uns in kleineren Orten ohne besondere lokale Verkehrsgelegenheiten einsetzende Dezentralisation und Besiedelung der Außengelände zeigt, daß Entfernungen selbst bis zu 15 und 30 Minuten Gehzeit nicht als Hindernis einer bescheidenen Dezentralisation angesehen werden können. Erst recht beweisen das viele kleinere Orte Englands und Belgiens, die auch schon in der früheren verkehrsarmen oder verkehrslosen Zeit eine viel weiträumigere und sich weit in die Umgebung hinauserstreckende Stadtanlage aufzuweisen hatten, als das bei uns der Fall war. Das zeigt doch immer wieder, daß das ausschlaggebende Moment für die starke räumliche Zusammendrängung der früheren Stadtanlagen bei uns die Wohnsitten der Bevölkerung, speziell ihre Abneigung gegen das Wohnen auf den Außengeländen und ihre Vorliebe für das Wohnen innerhalb der Städte gewesen sind.

Naheliegend ist auch der Gedanke, der schon mehrfach in der Wohnungsliteratur vertreten wurde, die Geschlossenheit der früheren Stadtanlagen auf eine Reihe von Maßnahmen zurückzuführen, welche von seiten der damaligen Stadtverwaltungen durch die von ihnen befolgte Stadterweiterungspolitik die Ansiedelung außerhalb der Städte erschwert haben sollen. Gewiß mag früher manchmal das Verbot des wilden Bauens, also des Anbaues an unfertigen, nicht genügend entwässerten Straßen etc. in diesem Sinne gewirkt haben, nicht minder auch manche diesbezügliche Baubeschränkungen und baupolizeiliche Bestimmungen, aber es ist doch wohl ein Irrtum, in diesen Faktoren die Hauptursache der genannten Entwickelung zu erblicken, sie sind meines Erachtens mehr sekundärer Natur, Folgen obiger Verhältnisse, nicht Ursachen. Die Stadtverwaltungen hatten damals, entsprechend den allgemeinen Wohnsitten, wenig Ursache, eine Dezentralisation der Städte zu begünstigen; wäre wirklich ein dringendes Verlangen danach vorhanden gewesen, so wäre man demselben mit der Zeit sicher nachgekommen. Schließlich leben die Beamten und sonstigen Personen, welche in den Ausschüssen und Kommissionen der Stadtverwaltung mitzuraten haben, doch in derselben Zeit wie ihre Schutzbefohlenen, haben dieselben Lebensanschauungen und Gewohnheiten, und folgen demnach bis zu einem gewissen Grade deren Wünschen und Meinungen.

5. Die städtischen Bodenwerte.

Diese durch die aufgezählten Ursachen bedingte räumliche Geschlossenheit und Zentralisation der früheren Stadtanlagen hatte nun bei uns, teilweise auch wieder im Gegensatz zu Belgien und England, eine hochgradige und weit übertriebene Bebauungsintensität und ihr entsprechende Bevölkerungsdichte zur Folge, die zu den übelsten Erscheinungen unserer älteren Stadtanlagen zu rechnen ist. Die weitere unausbleibliche Folge war die sukzessive Steigerung der Bodenwerte als Ausdruck der mit der zunehmenden Bebauungsintensität sich stets steigernden Ertragsfähigkeit desselben. Es war das das naturgemäße Ergebnis des stürmischen Zuges der Bevölkerung in die großen Städte und ihres Zusammendrängens in und um das Zentrum derselben, der Konkurrenz, die sie sich dabei um den Besitz des Bodens machen mußten. Pohle hat diesen Entwickelungsgang auf dem Frankfurter Wohnungskongreß [1]) treffend in die Worte gekleidet: „In einer Stadt. deren Einwohnerzahl fortwährend wächst und in der daher vor allem im Stadtinnern die Besiedelungsdichtigkeit zunimmt, ist das Anwachsen der Bodenwerte eine durchaus natürliche und notwendige Erscheinung, zu deren Erklärung es in keiner Weise des Heranziehens der Bodenspekulation bedarf. Bewirkt wird die Steigerung der Bodenwerte durch die Konkurrenz, die sich die wachsende Menschenzahl um den Besitz des Bodens macht."

In dem Maße. wie es den Grundbesitzern in der Stadt möglich wurde. infolge der hochgradigen Bevölkerungskonzentration und damit zusammenhängenden stürmischen Wohnungsnachfrage durch fortwährend Vergrößerung und Erweiterung ihrer Baulichkeiten ihre nutzbare und vermietbare Wohnfläche zu vergrößern, je mehr die Wohnungssuchenden selbst gewillt waren, unter dem Drucke ihrer gegenseitigen Konkurrenz die Vorzüge der Lage dieser Wohnungen in der Nähe des Stadtkerns mit höheren Mieten zu bezahlen, um so mehr ließen sich naturgemäß mit der Zeit die Erträgnisse der bebauten Grundstücke in der Stadt steigern. Damit ergab sich ein immer größerer Überschuß über den zur Verzinsung und Amortisation des Gebäudewertes erforderlichen Betrag, welcher als Grundrente die Verzinsung des gleichsam am Boden haftenden Grundrentenwerts darstellt. Dieser Grundrentenwert oder einfach Bodenwert muß da am höchsten sein, wo einmal die Bevölkerungskonzentration und Bebauungsintensität am höchsten ist, und anderseits die zusammengedrängte Bevölkerung bereit war, die von ihr offenbar hochgeschätzten Vorzüge des Wohnens gerade an diesen Konzentrationspunkten entsprechend teuer zu bezahlen. Da nun die übertriebene und vielfach über die Grenze des Zulässigen weit hinausgehende Bebauungsintensität unserer älteren Städte lediglich durch die damaligen mangelhaften und ungenügenden Bauordnungen ermöglicht wurde. so sind diese alten Bauordnungen auch in letzter Linie für die übertriebene Höhe der Bodenwerte verantwortlich zu machen. Gewiß lagen die Ursachen der starken Bevölkerungskonzentration in den Neigungen der Bevölkerung selbst, gewiß haben die Haus und Grundbesitzer diese durch eine hochgradige Steigerung der Bebauungsintensität zu ihrem Vorteile ausgenutzt; aber das konnte doch nur deshalb geschehen. weil die damaligen Stadtverwaltungen es nicht ver

---

[1]) Siehe Kongreßbericht, S. 171.

standen, durch entsprechende Bauordnungen derartige Übertreibungen zu verhindern. Und so ermöglichte nur die von ihnen zugelassene weitgehende Grundausnutzung das Ansteigen der Bodenwerte zu der bekannten extremen Höhe.

Es ist dieser Auffassung gegenüber behauptet worden[1]), es könne nicht richtig sein, daß das Zusammendrängen der Menschen um ein gegebenes politisches und industrielles Zentrum den Bodenpreis in der Hauptsache bestimme (was sinngemäß übertragen auch für das Zusammendrängen um ein städtisches Zentrum gilt). Denn dann müsse der Wohnboden der 7 Millionenstadt London mehr als doppelt so hoch im Preise stehen als der Groß - Berlins mit seinen 3 Millionen, dann müßten unter anderem auch in Belgien, dem dichtest bevölkerten Land des Kontinents, mit einer noch älteren industriellen Entwickelung als wir sie aufzuweisen haben, die Bodenpreise entsprechend höher sein als bei uns. Das Umgekehrte sei aber der Fall, ebenso wie die Bewohner Londons in vielen Fällen nur den zehnten Teil der Grundrente aufzubringen hätten wie der Berliner, wenn er sich ein Eigenheim leisten wolle. Und so wird dann weiter gefolgert: „Natürlich verursacht das Drängen der Bevölkerung nach einem gegebenen Zentrum gesteigerte Bodenpreise, aber über diese hinaus haben wir in Deutschland eine künstliche Steigerung, hervorgerufen zum Teil durch zu engherzige baupolizeiliche Vorschriften . . ., in der Hauptsache aber durch ein rückständiges Grundsteuersystem und ein Hypothekenrecht, das unseren Grund und Boden zu einer Handelsware gemacht hat.“

Unserer Auffassung nach sind diese Einwände nicht stichhaltig. Selbstverständlich verursacht das Zusammendrängen der Menschen um ein gegebenes industrielles oder städtisches Zentrum auch bei annähernd gleicher Einwohnerzahl durchaus nicht immer die gleichen Bodenwerte. Das hat wohl niemand behauptet. Abgesehen von der Menschenzahl kommt es doch vor allem auf den Grad der Bevölkerungskonzentration, die dadurch bedingte Bebauungsintensität und ihre Zulässigkeit durch die Bauordnungen an. Von all diesen Faktoren zusammen wird es abhängen, bis zu welcher Höhe sich der Ertrag eines bebauten Grundstückes, auf die Flächeneinheit berechnet, steigern lassen kann. Nur wenn bei gleicher Bevölkerungszahl auch die letztgenannten Faktoren annähernd die gleichen sind, können wir dieselbe Bodenwerthöhe erwarten. Die Bevölkerungskonzentration ist aber aus allerlei später noch anzuführenden Gründen in den meisten englischen und belgischen Städten eine viel geringere als bei uns, und demnach sind auch die Bodenwerte, wenn sie auch vielleicht für das gesamte, viel ausgedehntere Stadtgebiet berechnet die gleichen sind, doch auf die Flächeneinheit berechnet geringer, als in deutschen Städten gleicher

---

[1]) Die Bodenreform auf der Städte-Ausstellung. Erläuterungen zu den vom Landesverbande Rheinland-Westfalen des Bundes deutscher Bodenreformer auf der Städteausstellung zu Düsseldorf 1912 ausgestellten Plänen. S. 10.

Einwohnerzahl. Das widerspricht also keineswegs dem Grundsatz, daß die Bodenwerte im wesentlichen durch das Zusammendrängen der Bevölkerung um ein gegebenes städtisches Zentrum bedingt werden. Im Gegenteil, genau wie dieses Zusammendrängen in verschiedenen Städten Abstufungen zeigt, je nachdem stärker oder schwächer ausgesprochen ist, zeigen dementsprechend auch die Bodenwerte eine größere oder kleinere Werthöhe. der Parallelismus ist also ein sehr weitgehender. Allerdings muß man bei Vergleichen, wie den oben zitierten, auch die Verschiedenheit der Bevölkerungskonzentration und nicht nur die Verschiedenheit der Bevölkerungszahlen berücksichtigen.

6. Die Verhältnisse in England und Belgien.

Diese Bevölkerungskonzentration nun ist, wie oben schon erwähnt wurde, in anderen Ländern, insbesondere eben in Belgien und England, in den meisten Städten eine wesentlich geringere als bei uns. Es würde zu weit führen. hier die Grundursachen dieser Verschiedenheit genauer zu behandeln und auch die Tatsachen selbst durch ein umfassendes, statistisches Zahlenmaterial zu beweisen, da es sich ohnehin um Verhältnisse handelt, die jedem Kenner des englischen Wohnungswesens bekannt sind. So sollen hier nur einige bedeutsame Punkte herausgegriffen und die verschiedenen Möglichkeiten, welche für die Verschiedenartigkeit der beiderseitigen städtischen Siedelungsweise in Betracht kommen, mit einigen Worten angedeutet werden. Es muß späteren Einzelarbeiten vorbehalten werden, den zahlenmäßigen Nachweis dafür beizubringen.

So ist z. B. bekannt, daß England auf dem Gebiete der städtischen Entwickelung, insbesondere in der Einführung und dem Ausbau städtehygienischer Einrichtungen den kontinentalen Mächten, insbesondere auch Deutschland, weit vorangeschritten war und von jeher die Führung übernommen hatte. Das gilt insbesondere auch für Einrichtungen auf dem Gebiete des Wohnungswesens und der Wohnungsgesetzgebung. So wurde schon 1844 auf Betreiben von Sir Robert Peel eine Kommission zur Untersuchung der städtischen Wohnverhältnisse begründet. 1848 der Public Health Act erlassen, der für das gesamte Gebiet der Städtehygiene von fundamentaler Bedeutung wurde. und bald darauf auch schon mit der englischen Wohnungsgesetzgebung begonnen. zu einer Zeit also, wo man sich in Deutschland noch so gut wie gar nicht mit diesen Dingen befaßte. Wenn diese Wohnungsgesetzgebung etc. nun natürlich keineswegs sofort zu der jetzigen Vervollkommnung ausgebildet war, so wurden dadurch doch die extremen Mißstände, wie sie das Wohnungswesen der damaligen Zeit bei uns charakterisieren, frühzeitig erkannt und teilweise von Anfang an unmöglich gemacht, insbesondere auch auf eine entsprechende Weiträumigkeit der Bebauung hingearbeitet. Aber auch sonst hatte sich in England infolge der frühzeitigen Industrialisierung, des großen Kolonialbesitzes, weit früher als bei uns ein größerer Wohlstand und im Gefolge desselben eine verfeinerte Kultur entwickelt. Damit mag es zusammenhängen, daß schon früh die Wohnsitten und Wohnansprüche eines großen Teiles der Bevölkerung, namentlich auch in bezug auf Behaglichkeit und Weiträumigkeit des Wohnens, weit höhere waren als bei uns. Das zeigt sich vor allem in der ausgesprochenen Vorliebe des Engländers für das Wohnen im Einfamilienhaus und seiner Abneigung gegen das Wohnen im Etagenhaus. Auch die der englischen Nation eigentümliche und von alters her bestehende Vorliebe für Sport und Bewegungsspiele in freier Natur, die dort weit früher als bei uns bis in die untersten Volksstände zu verfolgen ist, mag dazu beigetragen haben, daß man dort einen instinktiven Widerwillen gegen das übertriebene Zusammendrängen in den großen Städten hatte und sich eine ausgesprochene Vorliebe für das Landleben bewahrte. So hat dort die städtische Dezentralisation, also die räumliche Auseinanderziehung der Stadtanlagen, infolge weitgehender Besiedelung der Außengelände viel früher Eingang gefunden als bei uns; zum Teil hat sich die Entwickelung der Städte von Anfang an auf dieser Basis vollzogen. Als außerordentlich bedeutsamer Faktor hat dann vor allem auch die frühzeitige und ausgiebige Entwickelung der Verkehrsmittel, insbesondere der lokalen Verkehrsmittel, mitgewirkt, die in vielen der englischen Städte weit früher als in den kontinentalen Städten zu entsprechender, teilweise mustergültiger Ausbildung gelangten. Man denke nur an das Netz der Untergrundbahnen in London. Weitere psychologische Momente sollen nur angedeutet werden. So fehlte in England das deutsche Bierphilisterium und die damit zusammenhängende Vorliebe für das Wirtshaus- und Stammtischleben fast völlig, oder nahm doch ganz andere Formen an. Der Engländer bevorzugte von jeher mehr das gesellige Zusammensein im eigenen Hause, auf den Landsitzen usw., Eigentümlichkeiten, welche ihm das Wohnen außerhalb der Städte auf den Außengeländen annehmbarer und weniger langweilig erscheinen ließen, als das bei uns der Fall war.

So lassen sich also mannigfache Gründe dafür anführen, daß das stürmische Anwachsen der Großstädte in Deutschland und England trotz mancher Übereinstimmung in den zu ihrer Entwickelung führenden Faktoren wesentlich verschiedene Formen angenommen und in England im allgemeinen zu einer weit geringeren Konzentration und Zentralisation der Bevölkerung auf dem städtischen Boden geführt hat. Entsprechend der geringeren Bebauungsintensität und damit gegebenen geringeren Ertragsfähigkeit der bebauten städtischen Grundstücke hielten sich dann dort auch die städtischen Bodenwerte im allgemeinen auf niederer Höhe als bei uns, eine Tatsache, die in der Wohnungsliteratur von jeher eine große Rolle gespielt, allerdings meist eine ganz andere Deutung, als die oben entwickelte, erfahren hat. So wird von vielen Autoren als Grund für die niederen englischen Boden-

werte die andersgeartete Gestaltung der Bodenbesitz- und Bodenrechtsverhältnisse, der Institutionen des Realkredits und Grundbuchwesens und die fehlende oder in anderer Form auftretende Bodenspekulation angeführt. Momente, die aber alle nicht den Kernpunkt der Sache
treffen, wenn sie im einzelnen auch gewiß kleine Verschiedenheiten
erklären mögen. Ausschlaggebend ist dort genau wie bei uns für die
Höhe der Bodenwerte in letzter Linie nur die Ertragsfähigkeit des
bebauten Bodens, die ihrerseits wieder von dem Grade der baulichen
Ausnutzung und Ausnutzbarkeit abhängt. Diese ist aus den angegebenen
Gründen in den englischen Städten meist eine wesentlich geringere
als bei uns, und das erklärt zur Genüge alle Verschiedenheiten; alles andere,
was als Gründe für die andersgearteten Bodenwerte angeführt wird,
sind nur Folge- und Begleiterscheinungen dieses wesentlichsten Moments.

7. Ausblick und Zusammenfassung.

Da ist es denn im höchsten Grade erfreulich und meines Erachtens
von ungeheurer Tragweite für die weitere Entwickelung unserer Städte
und der städtischen Wohnverhältnisse, daß sich in den Faktoren, welche
bei uns im Gegensatz zu England zu der übertriebenen Bevölkerungskonzentration in den Städten mit all ihren üblen Folgeerscheinungen
geführt haben, eine allmähliche und teilweise schon seit Jahrzehnten
wahrnehmbare Wandlung vollzieht. Es scheinen jetzt bei uns in
manchem die Verhältnisse eine ähnliche Entwickelung zu nehmen, wie
sie sich in England, dank dem Umstande, daß es sich dort um ein viel
älteres Kulturland handelt, schon weit früher herausgebildet hat. So
können wir hoffen, daß auch bei uns das Problem der städtischen
Dezentralisation und damit zusammenhängenden Weiträumigkeit
der Stadtanlage seiner Lösung wesentlich näher gerückt wird und sich
bei Neuanlagen die vielen üblen Begleiterscheinungen der früheren
übertriebenen Bebauungsintensität, insbesondere auch die übertriebene
Höhe der städtischen Bodenwerte vermeiden lassen. In späteren Abschnitten soll der Zusammenhang und die Tragweite dieser sich an-
bahnenden neuen Verhältnisse eingehender behandelt werden. Im Zusammenhange dieses Abschnitts genügt es, nochmals darauf hinzuweisen,
daß sich als zweite bedeutsame Lehre aus der Vergangenheit unserer
Städte die Forderung ziehen läßt, durch eine möglichst weitgehende
Begünstigung der städtischen Dezentralisation ein Äquivalent gegen die
Folgen der früheren Zentralisation der Städte und damit zusammenhängenden Bevölkerungskonzentration auf dem städtischen Wohnboden
zu schaffen. Das muß dann schließlich zu den niederen Bodenpreisen der
englischen Städte führen und damit hygienischere Wohnformen ermöglichen. Der Gedankengang dieses Abschnitts über die frühere Entwickelung unserer Städte läßt sich in folgender Weise zusammenfassen.

Leitsätze:

Die teilweise noch immer sehr erheblichen Mißstände im Wohnungswesen unserer Städte lassen sich im wesentlichen auf folgende Begleiterscheinungen ihrer früheren Entwickelung zurückführen:

1. Die außerordentlich rasche Größenzunahme derselben als Folge einer starken Volksvermehrung und einer entsprechenden Abwanderung vom Lande in die Städte,

2. die früheren üblen Wohnsitten und geringen Wohnansprüche der Bevölkerung,

3. die Vorliebe derselben, in möglichster Nähe des Stadtzentrums zu wohnen,

4. die mangelhaften und die hygienischen Forderungen in absolut ungenügender Weise berücksichtigenden Bauordnungen früherer Zeit.

Charakteristisch für die deutschen Verhältnisse, wenigstens im Gegensatz zu Belgien und England, wurde die ausgesprochene Zentralisation und Geschlossenheit der städtischen Siedelungen; ihre bauliche Weiterentwickelung vollzog sich früher im allgemeinen in konzentrischen Ringen im engsten Anschluß an das bereits bebaute Gebiet. Dementsprechend fehlten fast überall, einige wenige Teile Deutschlands ausgenommen, Bestrebungen, durch Auseinanderziehung der Stadtanlage und Vorschieben von zerstreut liegenden Siedelungsgruppen und Vororten in das umliegende offene Land eine ausreichende Dezentralisation zu schaffen. Hierfür lassen sich folgende Gründe anführen:

1. Die Neigungen, Liebhabereien und Wohnsitten der Bevölkerung,

2. ungenügende Entwickelung des Lokalverkehrs,

3. mangelhafte Aufschließung der Außengelände.

Die Folge dieser Verhältnisse war eine außerordentlich starke Bebauungsintensität und Bevölkerungskonzentration auf dem städtischen Boden, die ihrerseits wieder infolge der gesteigerten Ertragsfähigkeit der bebauten Grundstücke zu übertrieben hohen Bodenwerten führte.

In anderen Ländern, Belgien und England, war die Entwickelung der Städte von vornherein eine dezentralisiertere und weiträumigere. Die Gründe lagen in den anders gearteten Wohnsitten und Liebhabereien der Bevölkerung, besseren Bauordnungen und besserer Ausbildung des Lokalverkehrs. Dementsprechend blieb die Ertragsfähigkeit des städtischen Wohnbodens im allgemeinen eine geringere und hielten sich auch die Bodenwerte auf geringerer Höhe.

Aus diesem Rückblick auf den historischen Werdegang unserer Städte ergeben sich folgende Forderungen und Reformmaßnahmen:

1. Durch Bauordnungen, welche in weitgehendster Weise den hygienischen Forderungen im Rahmen der wirtschaftlichen Möglichkeiten entgegenkommen, sind bauliche Mißstände der geschilderten Art, insbesondere im Sinne einer übertriebenen Bebauungsintensität, zu verhüten.

2. Für die dadurch beschränkte Wohnungsproduktion auf dem innenstädtischen Wohnboden muß durch Erschließung der Außengelände durch sachgemäße Bebauungspläne ein Äquivalent geschaffen werden.

3. Es ist also der früheren Zentralisation der Stadtanlagen durch weitgehende Dezentralisationsbestrebungen entgegenzuarbeiten. Dieselben werden ermöglicht durch:

a) Andere Wohnsitten, Neigungen und Liebhabereien der Bevölkerung, die sich zwar nicht erzwingen lassen, im übrigen aber, soweit sie sich von selbst anbahnen, in jeder Weise zu fördern sind, unter anderem durch Aufklärung und Belehrung über den Wert gesunden Wohnens, der Bewegung in freier Natur, der Pflege von Sport und Spiel bei der heranwachsenden Jugend,

b) eine weitgehende und die Außengelände nach den verschiedensten Richtungen hin erschließende Ausbildung der lokalen Verkehrsmittel,

c) Erleichterung der Ansiedelung auf den Außengeländen durch entsprechende Bebauungspläne, Bauordnungen und ortsstatutarische Vorschriften,

d) Eingemeindungen und Zweckverbände,

e) Einführung der ungeteilten Arbeitszeit,

f) bodenpolitische. speziell die Außengelände berücksichtigende Maßnahmen.

Zweiter Teil.

Die Bauordnung in ihrer Bedeutung für die Wohnungsfrage.

Erster Abschnitt.

Die abgestuften oder Staffelbauordnungen.

1. Einheitliche und Zonenbauordnungen.

Fehlende und mangelhafte Bauordnungen sind, wie wir im vorigen Teil sahen, die Hauptursache der aus früherer Zeit übernommenen Wohnungsmißstände. Hier muß also vor allem die Reform einsetzen. Es muß aber auch von vornherein betont werden, daß auf diesem Gebiete bereits außerordentlich viel geschehen ist, wenn auch aus gleichfalls erwähnten Gründen die günstigen Folgen sich in den alten Stadtteilen erst nach und nach zeigen können und auch auf den Außengeländen die Bodenwerte, welche sich zum Teil noch in Hinsicht auf die früheren Bauordnungen gebildet haben, für mehr oder weniger lange Zeit die strikte Durchführung der wohnungshygienischen Forderungen erschweren. Gleichwohl kann man in vielen neuentstandenen Stadtteilen die günstigen Wirkungen der modernen Bauordnungen in immer zunehmendem Maße feststellen.

Hier soll im übrigen das weitverzweigte und auch schon oft behandelte Gebiet der Bauordnung keineswegs erschöpfend behandelt werden, da eine derartige, eingehende und durch statistisches Material und Bauordnungspläne erläuterte Darstellung den Rahmen dieser zusammenfassenden Schrift weit überschreiten würde und daher späteren Monographien vorbehalten werden muß. Es kann sich auch hier nur darum handeln, die Grundlagen und den innigen Zusammenhang, in dem die Bauordnungsfrage zur Wohnungsfrage steht, zu erörtern, insbesondere die Bedeutung derselben für die hygienische Gestaltung der Wohnverhältnisse in den Vordergrund zu rücken.

An und für sich entspricht es dem Rechtsbewußtsein des Volkes, daß man dem Eigentümer einer Sache, so auch dem eines Grundstückes, ein möglichst freies Verfügungsrecht über seinen Besitz einräumt.

Darin liegt es begründet, daß sich die baupolizeilichen Bestimmungen infolge der durch sie eintretenden Beschränkung dieser Verfügungsgewalt und des bei beliebiger Ausnutzung sich ergebenden Höchstertrages bei allen Interessenten des Baugewerbes einer weitgehenden Mißliebigkeit erfreuen. Nichts pflegt ihre Gemüter so sehr aufzuregen, als der Erlaß neuer, die bauliche Ausnutzbarkeit der Grundstücke herabsetzender Bestimmungen, und es fehlt meist nicht an entsprechenden Protestversammlungen und Resolutionen. Die darin ausgesprochenen Beschwerden entbehren meist nicht einer gewissen Berechtigung, vor allem dann, wenn durch die neue Bauordnung im Gegensatz zu den früher bestehenden die Ertragsfähigkeit der betroffenen Grundstücke tatsächlich erheblich herabgesetzt wird und dieser Umstand für viele nicht nur die Schmälerung eines erhofften größeren Gewinnes, sondern eine tatsächliche Vermögensschädigung und einen Verlust bedeutet. Anderseits haben gerade die in ihrem historischen Werdegang geschilderten und auf ihre letzte Ursache, eben das Fehlen geeigneter Bauvorschriften und ortsstatutarischer Bestimmungen zurückgeführten Mißstände in der Bauweise und im Wohnungswesen unserer alten Städte gezeigt, wie unbedingt nötig es ist, dem freien Verfügungsrecht der städtischen Grundbesitzer im Interesse der Allgemeinheit und des öffentlichen Wohles je nachdem weitgehende Beschränkungen aufzuerlegen. Hier in gerechter Weise zwischen den Interessen der Allgemeinheit und denen der Grundbesitzer zu vermitteln und eine beide Teile befriedigende Lösung zu finden, ist zweifellos eine der schwierigsten Aufgaben der städtischen Verwaltungen. Es ist liegt aber auch in der Natur der Sache begründet, daß man niemals zu einer vollständigen Anerkennung der erlassenen Verordnungen von seiten der Interessenten gelangen kann und deshalb ist eine gewisse Hartherzigkeit gegenüber den ewigen Beschwerden wohl am Platze.

So ist also das Wesen aller baupolizeilichen Bestimmungen eine Einschränkung der freien Verfügungsgewalt über den Grund und Boden. Diese Beschränkungen bewegen sich in mannigfacher Richtung, können sich z. B. auf die Fernhaltung irgendwelcher die Nachbarschaft durch Staubbildung, übelriechende Gase, Ruß, Lärm und dergleichen belästigender Gewerbebetriebe, Fabriken und Industriewerke beziehen. Am bedeutsamsten sind aber heutzutage unter diesen Beschränkungen diejenigen, welche die bauliche Ausnutzbarkeit der Grundstücke im Interesse der öffentlichen Gesundheitspflege und einer den hygienischen Forderungen entsprechenden Bebauung, je nach Lage mehr oder weniger herabsetzen und damit auch einen weitgehenden Einfluß auf die Bildung der Bodenwerte ausüben.

Die Gestaltung der modernen Bauordnungen führt sich bei uns in Deutschland im wesentlichen auf die Anregungen zurück, wie sie in dem auf dem Gebiet der öffentlichen Hygiene rühmlichst bekannten Deutschen Verein für öffentliche Gesundheitspflege in zahlreichen Verhandlungen gegeben wurde (siehe das Literaturverzeichnis am Ende dieses Abschnittes, S. 51). Von besonderem Interesse sind hier die Gedankengänge, welche in allmählichem Ausbau über die ursprüngliche Zonenbauordnung zu den modernen abgestuften oder Staffelbauordnungen geführt haben. Sie zeigen, in wie weitgehender Weise das Bauordnungswesen mit der Bodenwertbildung und den Bodenwerten verknüpft ist, und daß man nur bei weitgehendster Rücksichtnahme auf diese wirtschaftlichen Interessen zu einigermaßen befriedigenden Lösungen gelangen kann. Wegen dieser grundsätzlichen Bedeutung will ich hier diesen im Zusammenhange noch kaum dargestellten Entwickelungsgang in seinen Hauptpunkten und den Äußerungen der für seine Gestaltung maßgebenden Persönlichkeiten festlegen.

Ursprünglich waren und sind auch heute noch vielerorts die baupolizeilichen Bestimmungen für den ganzen Stadtbezirk die gleichen. In kleineren Gemeinden braucht dieser Zustand durchaus keine ernstlichen Mängel hervorzurufen. Es ist dort die Verschiedenartigkeit der wirtschaftlichen Verhältnisse und damit der Bodenwerte in den einzelnen Stadtteilen noch keineswegs so ausgesprochen, wie in großen, rasch wachsenden Städten mit ihrer weitgehenden Gliederung in die verschiedensten Stadtviertel. Immerhin wird auch hier sehr bald zum mindesten eine gesonderte Behandlung der Außengelände und der Innenstadt wünschenswert. Je größer dann ein Ort wird, je rascher er wächst, um so mehr machen sich in den einzelnen Stadtteilen immer größere Verschiedenheiten, namentlich bezüglich der Gestaltung der Bodenwerte, bemerkbar, um so mehr ergibt sich das Bedürfnis, auch im Bebauungsplan und der diesen ergänzenden Bauordnung die einzelnen wirtschaftlich und sozial verschiedenen Stadtteile gesondert zu behandeln.

Gestaltet man nämlich die Bauordnungsvorschriften einheitlich, erläßt man also für das ganze Stadtgebiet die gleichen Bestimmungen, so müssen diese von den Verhältnissen, wie sie sich in der einmal dichtbesiedelten Innenstadt herausgebildet haben, ausgehen. Hier haben die im ersten Teil geschilderten Verhältnisse zu einer übertrieben starken Bebauungsintensität und damit zu einer teilweise außerordentlich weitgehenden Steigerung der Bodenwerte geführt, die als einmal vorhanden angesehen werden muß und sich nachträglich ohne schwerste Schädigung der betreffenden Grundbesitzer und rückwirkend auch der Kommunen nicht mehr willkürlich herabsetzen läßt. Hier ist also die einmal vorhandene Grundausnutzung beizubehalten, wenn auch für Neu- und Umbauten wesentlich strengere Anforderungen an die bauliche Ausstattung und Einrichtung der Gebäude zu stellen sind. Bei einer einheitlichen Gestaltung der Bauordnung müßten also diese Verhältnisse, speziell die einmal geduldete starke Grundausnutzung den betreffenden Vorschriften über die bauliche Ausnutzbarkeit der Grundstücke zugrunde gelegt werden, und damit würde gewissermaßen eine

Norm geschaffen, die nun auch für alle anderen Stadtteile, insbesondere
auch die Außengebiete zur Anwendung kommt. Es würde nach und nach
in allen Stadtteilen das gewerbsmäßige, an einer möglichst weitgehenden
Grundausnutzung interessierte Bauunternehmertum bei Neubauten bis
an diese höchst zulässige Grenze der Bebauungsintensität herangehen;
und so findet man denn auch tatsächlich als Folge der früheren
einheitlichen Bauordnungen in den betreffenden Orten die in der
Literatur oft beklagte Erscheinung, daß sich weit draußen im freien
Felde plötzlich vereinzelte, vielstöckige Mietkasernen erheben,
auf einem Gelände, das auf Grund seiner noch relativ niederen Bodenwerte
und seiner Lageverhältnisse, nicht minder der dort vorhandenen Wohnungsnachfrage eine so weitgehende Grundausnutzung in keiner Weise
rechtfertigt. Hier liegt also doch durchaus kein Grund vor, den betreffenden Grundbesitzern eine derartige, im Sinne der Allgemeinheit als Mißbrauch zu bezeichnende Ausnutzung ihres Eigentumsrechtes zu gewähren. Vielmehr kann und soll man hier die im hygienischen Sinne
unbedingt wünschenswerte Weiträumigkeit der Bebauung so lange als
möglich durchführen, ohne daß man damit gegen berechtigte wirtschaftliche Interessen verstößt.

Es war also durchaus folgerichtig und im Interesse einer einwandfreien Stadterweiterung nötig, daß sich die Bauordnungsvorschriften
und damit die von ihnen zugelassene Bebauungsintensität in weitgehendster Weise an die wirtschaftlichen Verhältnisse, insbesondere
die Gestaltung der Bodenwerte in den einzelnen Stadtgebieten anlehnten.
Es muß demnach mit anderen Worten für die verschiedenen Stadtteile
ein durchaus verschiedener Grad der baulichen Ausnutzbarkeit
des Grund und Bodens zugelassen, unter Umständen im Interesse einer
gleichartigen, harmonischen Ausgestaltung auch vorgeschrieben werden.
Das waren die Überlegungen, die vor allem in den Verhandlungen des
Deutschen Vereins für öffentliche Gesundheitspflege zu der ursprünglichen sog. Zonenbauordnung führten. Dabei war es naheliegend,
daß man in diesem Bestreben, in der geschilderten Weise eine Abstufung
der baupolizeilichen Bestimmungen zu erzielen, anfangs ziemlich
schematisch vorging, schon deshalb, weil ja geeignete Vorbilder für
diese neuen und eigenartigen Bauordnungen fehlten. So teilten denn
auch die älteren Zonenbauordnungen die Stadt in eine Reihe mehr oder
weniger regelmäßiger Zonen, welche den Innenkern, das Geschäftsviertel, als hochwertigsten Boden in der ungefähren Gestalt konzen-
trischer Ringe umlagerten, bis dann schließlich die äußerste Zone das
noch unbebaute Gebiet außerhalb der Städte einheitlich erfaßte. Für
jede dieser Zonen schrieb man dann gesonderte Bestimmungen
vor, gestattete z. B. in der Innenzone eine sechsstöckige Bauweise, in
der nächsten eine fünfstöckige, in der folgenden eine vierstöckige usw.
bei gleichzeitig immer geringerer Grundausnutzung auch der Fläche
nach. In den äußeren Zonen wurde dann in immer zunehmendem Maße

an Stelle der geschlossenen die offene Bauweise vorgeschrieben, bis schließlich die äußerste Zone, die Außengelände, nur der landhausmäßigen, offenen Bebauung, eventuell unter Zulassung von nur zwei Geschossen, reserviert blieben.

Ein derartiger Schematismus mußte natürlich alsbald auf energischen Widerspruch stoßen. Man warf dieser Zonenbauordnung vor, daß sie die städtische Entwickelung in eine Schablone zwinge, daß sie jede freie künstlerische Betätigung im Ausbau der Städte unmöglich mache, daß sie die Forderung: „Gleiches Recht für alle" in gröbster Weise verletze. Und mit Recht, denn die Abstufung der Bodenwerte, auf die sie sich gründet, vollzieht sich gewiß im großen und ganzen ziemlich gleichartig und ungefähr konzentrisch nach außen hin, läßt aber im einzelnen große lokale Verschiedenheiten und Abweichungen von diesem Schema erkennen, je nach dem besonderen Charakter und den besonderen Eigentümlichkeiten der betreffenden Stadtgegend und den Wohnsitten der dort angesiedelten Bevölkerung. Zweifellos hat aber zur Entstehung dieser ursprünglichen und schon ziemlich weit zurückdatierenden Form der Zonenbauordnungen der Umstand beigetragen, daß früher die Entwickelung unserer Städte tatsächlich, wie schon im ersten Teil erwähnt wurde, eine ausgesprochene Zentralisation und konzentrische Weiterentwickelung erkennen ließ, so daß eben dadurch der Gedanke der Ringzonen nahegelegt wurde. Schon seit längerer Zeit aber breiten sich die modernen Städte keineswegs mehr nur zirkulär und konzentrisch aus, sondern in immer zunehmendem Maße auch in radialer Richtung und exzentrisch, indem ihre Entwickelung den großen Landstraßen und Verkehrslinien, insbesondere den lokalen Verkehrsgelegenheiten folgt, und abgesehen von dem Hauptzentrum im Inneren der Altstadt, sich auch kleinere Nebenzentren in den Vororten und vorgeschobenen Stadtteilen bilden. Infolgedessen sind dann wirtschaftlich und topographisch zusammengehörige Stadtgebiete durchaus nicht immer konzentrisch gelagert, stellen vielmehr sehr häufig mehr oder weniger breite, unregelmäßig begrenzte Geländeteile dar, die eine überwiegend radiale Richtung erkennen lassen und sich häufig den großen Richtlinien des Verkehrs anschmiegen.

Würde man durch solche Stadtbezirke rücksichtslos Ringzonen legen, so würde dadurch das an sich gleichartige Gebiet in zwei, drei, selbst mehr Bauordnungsklassen oder Bauzonen auseinandergerissen, was den tatsächlichen Bodenwert- und Bodenertragsverhältnissen absolut nicht entspräche und demnach eine große Härte und Ungerechtigkeit für einzelne Grundbesitzer mit sich brächte. So waren die anfänglichen Zonenbauordnungen sicherlich ein Mißgriff. Einer der Hauptgegner derselben, Rettich, hat diese Bedenken auf dem internationalen Wohnungskongreß in Düsseldorf in die Worte gekleidet[1]):

---

[1]) Deutsche Vierteljahrsschr. f. öff. Gesundheitspflege, 1913, S. 348.

„Verlangt man eine Zonenbauordnung in dem bisherigen Sinne, daß man einfach grundsätzlich um jede Stadt Gürtel immer dünner werdender Bebauung legt, so ist das wirtschaftlich, sozialpolitisch und hygienisch gleich gefährlich und würde zum Ruin und zur Auflösung der großen Städte führen.“

Auf Grund dieser und ähnlicher Einwände ist man dann in der Folgezeit immer mehr dazu übergegangen, bei der Festsetzung der Zonen nicht mehr an der ursprünglich geometrischen Gürtelform festzuhalten, sondern dieselben den mannigfachen Verschiedenheiten der einzelnen Stadtteile soweit als möglich anzuschmiegen. So äußerte sich Stübben[1]) bereits 1896 zu dieser Frage wie folgt:

„Die Zonen sind nicht etwa im geometrischen Sinne des Wortes Ringflächen, sondern es sind Geländeteile von unregelmäßiger Gestalt, deren Grenzen sich danach richten, ob für Fabrikbauten oder Villenbezirke die geeigneten Bedingungen vorhanden sind, ob es sich um reine Geschäftslage oder um bloße Wohngegend, um billigere oder teuere Grundstücke handelt.“

Und an anderer Stelle betont er, daß sowohl die Bauvorschriften für die einzelnen Klassen, als besonders die örtliche Bemessung der Zonen nur auf Grund genauester Ortskenntnis geschehen und daß nur eine die vorhandenen wirtschaftlichen und topographischen Verhältnisse aufmerksam berücksichtigende Zonenbauordnung ihren sozialen und gesundheitlichen Zweck vollauf erfüllen könne.

Eine derartige Zonenbauordnung geht also völlig mit der verschiedenartigen Behandlung der einzelnen Stadtteile im Bebauungsplan, auf die heutzutage mit Recht so großer Wert gelegt wird, zusammen. Beide Faktoren müssen ineinander wirken und keiner ist ohne den anderen durchführbar.

Dieser modifizierten und verbesserten Zonenbauordnung haben dann auch die ursprünglichen Gegner ihre Zustimmung nicht versagt. Als Beispiel dafür mögen wieder die Worte Rettichs gelten [2]):

„Wenn man einen Erweiterungsplan und eine Bauordnung wolle, die abgestuft sei nach den lokalen Verhältnissen, insbesondere den wirtschaftlichen Möglichkeiten und nach den sozialen Bedürfnissen der Einwohnerschaft, so sei das zweifellos einer der Wege, die mit anderen zusammen zur praktischen Lösung der Wohnungsfrage führen.“

2. Die abgestufte Bauordnung.

Wie bei den meisten Fragen des öffentlichen Lebens, ist es also auch auf diesem Gebiete auf Grund der praktischen Erfahrungen, welche man mit den ursprünglichen fehlerhaften Zonenbauordnungen machte, und der Auseinandersetzungen in der Fachliteratur, zum Teil auch in der Tagespresse, zu einer Klärung und Übereinstimmung der ursrpünglichen gegenteiligen Anschauungen gekommen. Es ist also durchaus nicht richtig, wenn man über die früheren Zonenbauordnungen mit ein paar

---

[1]) Hygiene des Städtebaues, im Handbuch der Hygiene von Th. Weyl, 4. Bd., S. 450/51.

[2]) Deutsche Vierteljahrsschr. f. öffentl. Gesundheitspflege. 1903. S. 348.

wegwerfenden Worten aburteilt; das Prinzip, welches ihnen zugrunde lag und ihre Einführung veranlaßte, hat sich durchaus bewährt; die üblen Erfahrungen, welche anfänglich damit gemacht wurden, lagen lediglich an der zu weitgehenden und schematischen Durchführung dieses Prinzips. Immerhin ist es ganz erfreulich, daß den früheren Auseinandersetzungen über den Wert oder Unwert der Zonenbauordnungen späterhin dadurch der Boden entzogen wurde, daß man das Wort Zonenbauordnung ganz fallen ließ und durch abgestufte oder gestaffelte oder Staffelbauordnung ersetzte. Diese Staffelbauordnung stellt gewissermaßen einen Kompromiß der früheren gegenteiligen Anschauungen dar. Stübben äußert sich zu dieser Entwickelung wie folgt[1]):

„Der Begriff der abgestuften Bauordnung hat sich bei den Stadtverwaltungen erst allmählich geklärt und entwickelt. Die ursprünglich und auch heute noch vielfach übliche Bezeichnung Zonenbauordnung ist eben ungeeignet und irreführend. Die Worte Bezirksbauordnung und Staffelbauordnung sind vorzuziehen, am treffendsten aber ist die Bezeichnung abgestufte Bauordnung.“ Und an anderer Stelle: „Die Umgrenzung der Bezirke für verschiedene Bauklassen ist in der Folgezeit immer verschiedener nach den lokalen Verhältnissen, insbesondere nach den wirtschaftlichen Möglichkeiten und den sozialen Bedürfnissen der Einwohnerschaft festgesetzt worden, so daß die irrtümliche, dem Wortsinn entnommene Ansicht, die Zonenbauordnung im bisherigen Sinne lege einfach grundsätzlich um jede Stadt Gürtel immer dünner werdender Bebauung von der tatsächlichen Entwickelung längst überholt ist. Die Abstufung der Bauordnungen geschieht zudem seit einiger Zeit nicht mehr bloß nach örtlichen Bezirken, sondern zugleich nach Gebäudegattungen, indem das große und das kleine Haus, das Familienhaus und das Massenmiethaus verschiedenartig behandelt und hierdurch die sozialen Wohnbedürfnisse besonders berücksichtigt werden.“

In den letztzitierten Äußerungen ist also der Standpunkt festgelegt, wie er im wesentlichen auch für die heutigen abgestuften oder Staffelbauordnungen noch Gültigkeit beansprucht, wenn derselbe auch naturgemäß im Laufe der Jahre noch eine mannigfache Weiterentwickelung und Ergänzung erfahren hat. Daß dieser Gedanke der abgestuften Bauordnung sehr an Verbreitung gewonnen hat, zeigt die Tatsache, daß 1905 auf der Städteausstellung in Dresden erst 20 Städte, 1911 auf der dortigen Hygieneausstellung aber bereits 98 Städte derartige Staffelbauordnungen ausgestellt hatten. Dabei darf man nicht unberücksichtigt lassen, daß auch ohne ausgesprochene, in einem besonderen Bauzonenplan in Erscheinung tretende Staffelung doch in vielen Städten eine ziemlich weitgehende Abstufung der Bauordnungen dadurch bewirkt wurde, daß für die einzelnen Straßen besondere Bestimmungen bezüglich der maximalen Gebäudehöhe, Straßenbreite, von der Bebauung frei zu haltenden Hofflächen etc. erlassen wurden, die auch eine ziemlich weitgehende Verschiedenartigkeit in der Behandlung der einzelnen Stadtteile ermöglichten. Modern gesprochen wäre das eine Abstufung der Bauordnung lediglich nach Straßenklassen.

---

[1]) Deutsche Vierteljahrsschr. f. öffentl. Gesundheitspflege, 1903, Zur Frage der Stuttgarter Bauordnung, S. 349.

a) Die Systemlosigkeit der älteren Stadtanlagen.

Es ist natürlich unbedingt erforderlich, daß sich diese Festsetzung der Baustaffeln im engsten Anschluß an einen den jeweiligen Verschiedenheiten der einzelnen Stadtbezirke Rechnung tragenden Bebauungsplan vollzieht, denselben also gewissermaßen ergänzt, und dafür Sorge trägt, daß sich die Bebauung der betreffenden Stadterweiterungsgebiete auch tatsächlich in dem von Planentwerfer beabsichtigten Sinne vollzieht. Wenn eine abgestufte Bauordnung richtig in diesem Sinne angewandt wird, muß es zweifellos mit der Zeit gelingen, einmal eine den hygienischen Forderungen im Rahmen der wirtschaftlichen Möglichkeiten entsprechende Bebauung zu erzielen, anderseits auch die Regel- und Systemlosigkeit der älteren Stadtanlagen zu vermeiden, in denen Geschäfts-, Industrie- und Wohngebäude meist regellos durcheinandergewürfelt sind, und infolgedessen in den meisten Straßen ein ungestörtes und behagliches Wohnen unmöglich ist. Diese Regellosigkeit der alten Stadtanlagen infolge ungeeigneter, den Verschiedenheiten der einzelnen Stadtteile nicht Rechnung tragender Bauordnungen und Bebauungspläne ist ein weiteres Charakteristikum der älteren Zeit, und die Vermeidung dieser Fehler bei Neuanlagen eine weitere beachtenswerte Lehre, die aus der Vergangenheit gezogen werden muß. Wie außerordentlich störend wirken z. B. heutzutage die noch aus älterer Zeit stammenden, oft überall in der Stadt zerstreuten Industriewerke, die mit ihrem Lärm, ihrer Rauch- und Rußentwickelung die Nachbarschaft belästigen, nicht minder die überall in die Wohnviertel eingesprengten Gewerbebetriebe. So ist es recht erfreulich, daß heutzutage unter den maßgebenden Autoren eine völlige Übereinstimmung darüber besteht, daß es eine der bedeutsamsten Aufgaben der Bauordnungen und der Bebauungspläne sein müsse, eine Sonderung und Gliederung der Stadt in einzelne, den verschiedensten Bedürfnissen der Bewohner Rechnung tragende Viertel, insbesondere also in Geschäfts-, Wohn- und Industrieviertel zu begünstigen.

Zunächst ist es natürlich Aufgabe des Stadtplanentwerfers, auf Grund genauester Lokalkenntnis und der Eigentümlichkeiten der einzelnen Stadtbezirke eine solche straffe Gliederung im Bebauungsplan anzustreben; in völliger Übereinstimmung damit muß dann die Abstufung der Bauvorschriften vollzogen werden, damit die Absichten des Planentwerfers auch wirklich zur Geltung kommen.

b) Abstufung nach Ortsteilen und Straßenklassen.

Zu dem Zwecke ist zunächst eine Abstufung der baupolizeilichen Bestimmungen nach Ortsteilen nötig, indem die einzelnen, durch ihren besonderen Charakter und die Eigentümlichkeiten ihrer Lage je nachdem für Geschäfts-, Wohn- und Industrieviertel besonders geeigneten Stadtgebiete dementsprechend eine gesonderte Behandlung in den baupolizeilichen Bestimmungen und im Bauzonenplan erfahren. Da sich aber auch innerhalb dieser an sich gleichartigen Viertel doch wieder für einzelne Straßenzüge ganz verschiedenartige Bedingungen ergeben, so ist vielleicht noch wichtiger eine Abstufung nach dem besonderen Charakter der einzelnen Straßen, also nach sog. Straßenklassen, indem für Geschäfts-, Wohn-, Kleinhausstraßen etc. gesonderte Bestimmungen getroffen werden müssen.

Diese Abstufung nach Straßenklassen geht in neueren Bauordnungen teilweise schon recht weit und entwickelt sich immer mehr zu einer ihrer Hauptaufgaben. Um aus dem oft behandelten Gebiet einige der wichtigsten Punkte hervorzuheben, soweit sie hier in diesen Zusammenhang (Lösung der Wohnungsfrage) hineingehören, so wird man im allgemeinen in den Geschäftsstraßen der Innenstadt, insbesondere im eigentlichen Geschäftsviertel, der City der Großstädte, die weitgehendste Grundausnützung gestatten. Hier ist die größte Rücksichtnahme auf die einmal festgelegten, meist sehr hohen Bodenwerte und das Erwerbsleben nötig. Anderseits können hier die hygienischen Rücksichten, z. B. bezüglich der Hof- und Straßenbreite, der von der Bebauung auszuschließenden Grundstückfläche, der Freihaltung des Blockinneren von Nebengebäuden usw. mehr zurücktreten. Der sich in allen größeren Städten immer mehr bemerkbar machende Prozeß der Citybildung führt ja meist dazu, daß die dort gelegenen Grundstücke nach Abbrüchen und Neubauten fast ausschließlich nur mehr mit Geschäftshäusern, also Ladenlokale, Kontor- und Bureauräume enthaltenden Gebäuden bebaut werden, in denen Wohnräume überhaupt nicht oder nur mehr in einzelnen Teilen vorgesehen werden. Damit fällt dann die Rücksichtnahme auf die Wohninteressen, insbesondere das Familienleben und die Unterbringung der in besonderem Maße auf hygienische Verhältnisse angewiesenen Kinder fort. Die City unserer Millionenstädte besteht in ihren zentralen Teilen fast nur mehr aus solchen Geschäfts- und Kontorgebäuden, welche zum Teil Musterbeispiele einer großzügigen, monumentalen Architektur sind und der Innenstadt ihr modernes charakteristisches Weltstadtgepräge verleihen.

Dieser Eigenart der City entsprechend können hier, namentlich auch bezüglich der Gebäudehöhe und Stockwerkzahl, weitgehende Konzessionen gewährt werden. Ich habe schon früher[1]) darauf hingewiesen, daß sich, solange man nur die Verhältnisse innerhalb der Wohnungen selbst ins Auge faßt, eine ganze Reihe von Momenten aufzählen lassen, die als Vorzüge der Höhenlage einer Wohnung anzuführen sind. Das sind die günstigeren Lichtverhältnisse, der ungehindertere Zutritt der Sonnenstrahlen, die bessere Durchlüftungsmöglichkeit, die besseren Qualitäten zunächst der die Wohnung umgebenden äußeren Luft, damit

---

[1]) Hygienische Betrachtungen über offene und geschlossene Bauweise, über Kleinhaus und Mietkaserne, Deutsche Vierteljahrsschr. f. öffentl. Gesundheitspflege, 1906, S. 471 ff.

aber schließlich auch der Wohnungsluft selbst, weil entsprechend der Erhebung über den Erdboden die Reinheit und Staubfreiheit der Luft zunimmt, endlich auch eine entsprechende Abschwächung des Straßenlärms. Was ferner die innere Ausstattung und die bauliche Beschaffenheit der Wohnungen anbelangt, so lassen sich diese überall zu entsprechender Ausführung bringen, da sie von der Höhenlage nahezu unabhängig sind. Unter gewöhnlichen Verhältnissen, d. h. bei Wohngebäuden, müssen aber neben den genannten Wohnungsqualitäten, die man wohl als ihre inneren hygienischen (s. S. 62) bezeichnen könnte, noch eine Reihe anderer Qualitäten, welche mehr mit der Umgebung und der Lage der Wohnung zu den Nachbargebäuden und im Stadtbilde zusammenhängen und deshalb als die äußeren hygienischen Wohnungsqualitäten zu bezeichnen sind, berücksichtigt werden. Das ist vor allem die Möglichkeit, von jeder Wohnung innerhalb kürzester Zeit das Freie, geeignete Garten-, Park- und sonstige Erholungsflächen erreichen zu können. Speziell ist dabei auch an die Kinder und die Möglichkeit, sie auf geeignete Spielplätze zu bringen, zu denken. Unter gewöhnlichen Verhältnissen gestalten sich diese und andere äußere hygienische Wohnungsqualitäten um so ungünstiger, je höher die Stockwerklage einer Wohnung ist, und schon deshalb erscheint eine möglichste Beschränkung der Gebäudehöhe in Wohnvierteln geboten. Für städtische Geschäfts- und Kontorhäuser kommen aber nur die inneren hygienischen Qualitäten in Betracht, da die dort beschäftigten Menschen hier nur ihre Arbeitszeit zubringen, innerhalb deren sie ohnehin an ihre Aufenthaltsräume gefesselt sind. So kann man hier die äußeren hygienischen Qualitäten völlig außer acht lassen im Gedanken daran, daß sie in den Wohnvierteln um so mehr berücksichtigt werden müssen. All das, was also für letztere in diesem Sinne zu fordern ist, Weiträumigkeit der ganzen Anlage, möglichst viele Spiel-, Grün- und Erholungsflächen, womöglich bei jedem Hause und jeder Wohnung ein für die kleinsten Kinder geeigneter Tummelplatz, wo sie unter Kontrolle der in der Wohnung beschäftigten Mutter in freier Luft spielen können und dergleichen mehr, fällt in den Geschäftsvierteln fort. Hier wird die ganze Gestaltungsweise neben der Rücksichtnahme darauf, daß die dort Arbeitenden in ihren Geschäfts- und Kontorräumen hygienische Arbeitsbedingungen vorfinden, von dem Gedanken beherrscht, dem Erwerbsgeist und dem kaufmännischen Unternehmungsgeist der großstädtischen Bevölkerung ein möglichst geeignetes Betätigungsfeld zu schaffen. An anderer Stelle werde ich zeigen, daß das Wesen der Großstädte überhaupt auf eine gewisse Konzentration der Bevölkerung hindrängt. Das gilt erst recht für das Geschäftsviertel. Auch aus dem Grunde ist hier die weitgehendste Raumausnutzung geboten. Dabei darf auch der Gesichtspunkt nicht unberücksichtigt bleiben, daß das Geschäftsviertel derjenige Stadtteil ist, in dem täglich ein sehr erheblicher Bruchteil der großstädtischen Bevölkerung zusammenströmt, um abends wieder in die Wohnviertel zurückzuströmen. Auch diese seine Rolle als **Konzentrationsmittel-punkt** macht es nötig, dasselbe räumlich auf einen verhältnismäßig kleinen Teil des Stadtgebietes zusammenzudrängen, um die Entfernungen zu ihm und seinen einzelnen Teilen aus den dasselbe umlagernden Wohnvierteln nicht allzu groß werden zu lassen.

So sieht man, daß die intensive Raumausnutzung und weitgehende Konzentration, wie sie sich in allen modernen großstädtischen Geschäftsvierteln findet, keineswegs nur etwa auf die Gewinnabsichten der dortigen Grundbesitzer und Hausbesitzer zurückzuführen ist, sondern sich mit Notwendigkeit aus den zwingenden Bedingungen der großstädtischen Arbeitsteilung herausgebildet hat. Daher ist diese Entwickelung auch keineswegs aus falschen oder mißverstandenen hygienischen Gründen zu bekämpfen, sondern nach Möglichkeit zu fördern. Diesen Gesichtspunkten muß insbesondere auch beim Erlaß **baupolizeilicher Bestimmungen für die Geschäftsviertel**, namentlich was die Ausnutzbarkeit des vorhandenen Raumes im horizontalen und vertikalen Sinne anlangt, unbedingt Rechnung getragen werden. Man darf bei der Beurteilung der hygienischen Tragweite dieser Entwickelung auch nie vergessen, daß eine derartige Ausbildung der Geschäftsviertel, welche das gewerbliche und geschäftliche Leben auf einen verhältnismäßig geringen Bruchteil der städtischen Bodenfläche zusammendrängt und dadurch um so mehr Raum für die umliegenden Wohnviertel schafft, durchaus im Sinne einer Lösung der Wohnungsfrage liegt.

Unmittelbar vor der Drucklegung dieser Arbeit kam mir eine Broschüre: „Berlins dritte Dimension" in die Hände, in der im Anschluß an einen Artikel der „Berliner Morgenpost" über die **bauliche Ausgestaltung der Berliner City** eine Reihe von Äußerungen maßgebender Persönlichkeiten über diese Frage, die ebenfalls in der „Berliner Morgenpost" veröffentlicht wurden, zusammengestellt sind. Manche der dort zitierten Äußerungen enthalten Gedanken, welche mit den oben ausgeführten in wesentlichen Punkten übereinstimmen. In anderen geht allerdings namentlich der Artikel der „Berliner Morgenpost": „Berlins dritte Dimension", ein offener Brief an Seine Exzellenz Herrn Oberbürgermeister **Wermuth**, weit darüber hinaus, indem er die Bebauungsintensität der City im vertikalen Sinne noch erheblich weiter treiben will und als Ziel der Entwickelung die Zulassung von **Wolkenkratzern amerikanischen Vorbildes** hinstellt, welche „vom tüchtigen Geschlecht unserer Architekten ausgebildet, der inneren Stadt den Stempel einer eigenen, monumentalen Schönheit verleihen würden". Die Idee hat zunächst etwas Verblüffendes und erweckt beim ersten Lesen wohl bei den meisten instinktiv eine gewisse Opposition. Bei näherer Überlegung, namentlich wenn man sich sagt, daß man nun keineswegs gleich die extrem hohen amerikanischen Wolkenkratzer in jeder Beziehung nachahmen müsse, sondern sich mit einer gewissen Erhöhung der Stockwerkzahl über die bei uns bisher bei Geschäftshäusern übliche Höhe begnügen könne, kann man sich leicht mit dem Gedanken befreunden. Es handelt sich bei dieser Frage ja lediglich um Geschäfts- und Kontorhäuser — zu Wohnzwecken dienen auch die amerikanischen Wolkenkratzer nicht —, und all das, was oben über die Unabhängigkeit der inneren hygienischen Qualitäten von der Höhenlage eines Aufenthaltsraumes gesagt wurde, gilt natürlich ebensogut für ein noch so hoch gelegenes Stockwerk des Wolkenkratzers. Die dort gelegenen Räume lassen sich in jeder Weise, was Ausstattung, Luft- und Lichtversorgung etc. anlangt, zu geeigneten und hygienischen Arbeitsräumen ausgestalten.

So berührt diese ganze Frage der Zulassung vielstöckiger Geschäftshäuser, wie wir sie vielleicht nennen können, weder hygienische noch Wohninteressen, sondern muß lediglich vom Standpunkte der Ästhetik, Standfestigkeit, Feuersicherheit und Verkehrstechnik beurteilt werden. Dazu bringen die in der erwähnten Broschüre zusammengestellten Äußerungen allerlei beachtenswerte Gesichtspunkte. Zu beachten ist vor allem, daß der gegenseitige Abstand derartiger, hochgeschossiger Gebäude ein so großer sein muß, daß sie weder sich gegenseitig, noch den umliegenden kleineren Gebäuden Licht und Luft wegnehmen. Von diesem Gesichtspunkte aus ist der geeignetste Standpunkt für dieselben das Innere oder vielmehr das Zentrums je eines Baublocks. Wird dieser rundum von verhältnismäßig niederen Gebäuden umstanden, wobei auch hier zweckmäßigerweise die oberen Stockwerke schon mehr oder weniger gegen die Straßenfront zurücktreten können, türmt sich dann in der Mitte des Baublocks die Hauptmasse der hochgeschossigen Teile des Bauwerks auf, gekrönt von dem hier als Turm wirkenden zentral gelegenen „Wolkenkratzer‘‘, so ergibt sich bei einer solchen Bauweise zweifellos der günstigste Lichteinfallswinkel für die vis-à-vis liegenden Gebäudeteile zweier benachbarten Baublöcke und dementsprechend auch die günstigste Luftversorgung. Natürlich muß in einem solchen Falle die ganze Blockbebauung nach einheitlichem Plan erfolgen, wie das ja auch sonst wünschenswert ist (s. S. 69). Auch für die zwischen derartig bebauten Baublöcken liegenden Straßenzüge ergibt sich dann noch die relativ günstigste Luftversorgung, da der Einschnitt, als welcher die Straße zwischen den angrenzenden Gebäudemassen erscheint, nach oben hin sich immer mehr erbreitert und so dem Zutritt der Luftströmungen verhältnismäßig wenig Widerstand bietet. Im ganzen genommen scheint es mir, als ob sich diesem Gedanken, den amerikanischen Wolkenkratzer, natürlich nach entsprechender Korrektur, auch bei uns in den großstädtischen Geschäftsvierteln hier und da zur Einführung zu bringen, keine ernstlichen Gründe entgegenstellen ließen.

Die vorstehenden Ausführungen bezogen sich im allgemeinen nur auf das großstädtische Geschäftsviertel, die eigentliche City. Es verdient aber hervorgehoben zu werden, daß mit der Zeit auch in den sekundären Geschäftsvierteln und Geschäftsstraßen, wie sie sich in den peripheren Stadtteilen, in den Vororten und Siedelungen im Stadterweiterungsgebiet herausbilden, ähnliche Verhältnisse entstehen und eine entsprechende Berücksichtigung des Geschäfts- und Erwerbslebens erforderlich machen. Die Geschäftsstraßen der City beherbergen ja meist nur das Kontor- und Engrosgeschäft, sowie die großen Warenmagazine, während der Kleinhandel und das Detailgeschäft dem aus der City auswandernden Menschenstrom in die Vororte folgen. In diesen Außengebieten bestehen aber meist schon erheblich schärfere Bestimmungen als in der Innenstadt; gerade deshalb müssen hier für derartige Geschäftsstraßen besondere und erleichternde Bestimmungen getroffen werden, ein Umstand, der jetzt meist noch nicht genügende Berücksichtigung findet. Vielfach besteht z. B. für die ganzen Außenbezirke jetzt nur eine einzige Bauklasse, ohne gesonderte Behandlung der sich auch hier bei weiterem Ausbau notwendigerweise ergebenden Differenzierungen. Auch hier werden aber Geschäftsstraßen, kleine sekundäre Geschäftsviertel, Bezirke geschlossener Bauweise etc. nötig und verlangen entsprechende baupolizeiliche Behandlung.

Auf diesem Gebiete sind im Interesse einer zweckmäßigen Besiedelung der Außengelände noch weitgehende Reformen nötig (s. spätere Ausführungen in dem Abschnitt über die Dezentralisation).

Vom wohnungshygienischen Standpunkte interessiert natürlich am meisten die Behandlung der Wohnviertel und Wohnstraßen. Unter letzteren unterscheidet man dann wieder solche mit geschlossener Bebauung — je nachdem für Einfamilienhäuser, bessere Etagenwohnungen, sog. „Herrschaftswohnungen", und Kleinwohnungen — und solche mit offener Bebauung. Es darf wohl als eine der wichtigsten Errungenschaften des letzten Jahrzehnts auf dem Gebiete des Städtebaues bezeichnet werden, daß man mit der Zuweisung einzelner Stadtteile ausschließlich für offene, landhausmäßige Bebauung heutzutage wieder wesentlich zurückhaltender geworden ist, als es eine Zeitlang modern war. Dazu führte die Überlegung, daß sich unter den städtischen Verhältnissen diese Wohnform doch nur für einen relativ sehr kleinen Bruchteil der gutsituierten Einwohnerschaft eignet.

Im übrigen sind in diesen Wohnvierteln und Wohnstraßen die Festsetzung geeigneter Baublocktiefen, je nach Größengattung und Zweckbestimmung der zu errichtenden Wohngebäude, um schon allein durch diese Anordnung die Freihaltung des Blockinnern von Hinter- und Seitengebäuden zu erzwingen, und die Gestaltung des Blockinnern zu einem großen, zusammenhängenden Luftraum, eventuell Innenpark, die wichtigsten und schon oft hervorgehobenen Gesichtspunkte.

Wenn solche Wohnstraßen natürlich auch einzelne kleinere Läden und Geschäftslokale enthalten müssen, die den kleinen täglichen Bedürfnissen dienen, so sind doch eigentliche Geschäfts- und Gewerbebetriebe, die zur Entwickelung lästiger Geräusche und Gerüche oder sonstiger Luftverunreinigung Veranlassung geben könnten, absolut fernzuhalten. Entsprechend der Lage und Bestimmung dieser Wohnviertel, abseits des großen, geräuschvollen Verkehrs ein ruhiges und behagliches Wohnen zu ermöglichen, dürfen die dortigen Wohnstraßen nicht dem Durchgangsverkehr dienen, höchstens Seitenstraßen größerer Verkehrs- und Geschäftsstraßen darstellen, und es können deshalb auch die Anforderungen an Breite und Befestigung derselben entsprechend geringe sein. Es ist oft genug betont worden, daß man den nötigen Abstand der beiderseitigen Gebäudefronten in einfachster und billigster, dazu wegen der geringeren Staubbildung auch hygienischster Weise durch Vorgärten erreichen kann. Diese sind zur Verhütung der Staubentwickelung natürlich in geeigneter Weise zu bepflanzen, eventuell genügt auch ihre Ausbilduug als Rasenstreifen, welche bei Kleinwohnungsbauten zweckmäßigerweise in städtische Regie genommen werden.

Außerordentlich bedeutsam für den gesundheitlichen Ausbau der Städte ist die Anlage besonderer Industrieviertel, was sich eben auch wieder nur durch entsprechende Berücksichtigung der dazu disponierten Geländeteile im Bebauungsplan und der Bauordnung erreichen läßt. Daß hier bezüglich der Zahl und Anlage der Straßen, der Tiefe der Baublöcke, der Lage des ganzen Industrieviertels zu den Eisenbahnen und Wasserstraßen besondere Verhältnisse vorliegen und weitgehende Berücksichtigung erheischen, ist selbstverständlich, ebenso, daß man derartige Viertel an solche Punkte der Stadtperipherie hinlegt, wo bei der vorherrschenden Windrichtung die Industriegase etc. von der übrigen Stadt weggetrieben werden. Da aber doch schließlich Winde jeder Richtung vorkommen, so ist noch mehr Wert darauf zu legen, daß das Industrieviertel vor allem in genügender Entfernung von benachbarten Wohnvierteln geplant wird. In jedem Falle kommen dann die Industriegase nur in stark verdünntem Zustande dort an.

Mit dieser Ausbildung besonderer Industrieviertel erledigt sich mit der Zeit auch von selbst die bedeutsame Frage, wie man die älteren in der Stadt noch zerstreut liegenden Industriewerke aus dieser herausziehen könne. An und für sich bahnen sich ja Verhältnisse an, welche der Industrie das Verweilen in der Großstadt selbst immer unbequemer und unrentabler machen. Einmal liegt das an den hohen Bodenwerten daselbst, welche Neugründungen innerhalb der Städte, bei Großstädten sogar noch innerhalb der nächsten Umgebung für größere Werke fast ausgeschlossen erscheinen lassen, aber auch für die bereits vorhandenen Industriewerke wegen der Unmöglichkeit, innerhalb der Städte später Vergrößerungen vornehmen zu können, sehr bedeutsam werden können. Dazu kommen die mannigfachen Polizeivorschriften, die in zunehmendem Maße in den Städten der Industrie das Leben recht sauer oder ganz unmöglich machen, z. B. das Verbot, die Nachbarschaft mit irgendwelchen Abgasen, Säuredämpfen, starkem Geräusch zu belästigen, Bestimmungen gegen das Qualmen der Fabrikschornsteine, also die Rauch- und Rußbelästigung usw., alles Bestimmungen, die entweder schon vorhanden sind oder deren Einführung zu erwarten ist. Mit zunehmender Vergrößerung der Städte mehren sich auch die Transportschwierigkeiten von und zu den betreffenden Werken. So günstig also früher in den Städten die Bedingungen für die Industrie waren, so ungünstig gestalten sich dieselben vielfach heutzutage. Es tritt deshalb für die älteren in der Stadt liegenden Werke mit der Zeit die Frage auf, ob es nicht rentabler ist, das in der Stadt gelegene wertvolle Terrain als Bauplätze zu verkaufen und den erzielten Gewinn dazu zu benutzen, weiter draußen auf noch billigem Grund und Boden eine Neuanlage mit modernsten technischen Einrichtungen zu errichten. Dieser Fall wird namentlich bei älteren, gut gehenden Betrieben eintreten, wenn die zunehmenden Gewinne und Aufträge eine Vergrößerung des Werkes als vorteilhaft erscheinen lassen, die sich in der Stadt in dem allseits bebauten Terrain von selbst verbietet. Für kleinere, nicht prosperierende Werke dagegen wird es mit der Zeit rentabler sein, den ohnehin nicht mehr lohnenden Betrieb einzustellen und das wertvoll gewordene Terrain zu verkaufen. Diese Auswanderung der Industrie aus den Städten kann zweifellos durch die Einrichtung besonderer, für die Industrie möglichst günstige Verhältnisse und Bauvorschriften bietender Industrieviertel erheblich beschleunigt und gefördert werden. Auch dieses Moment wird mit der Zeit immer mehr zu einer Besserung der städtischen Wohnverhältnisse beitragen.

Bezüglich der auf diese Weise zu treffenden Einteilung der Stadt in verschiedene Viertel gilt übrigens der Satz, daß die einzelnen Stadtteile sich keineswegs immer scharf voneinander abgrenzen lassen. So werden zum Beispiel gerade Geschäfts- und Wohnviertel sich vielfach durchdringen müssen. Große Verkehrsstraßen, welche einen Stadtteil und darin gelegene stille Wohnviertel durchsetzen, bilden sich häufig im Laufe der Zeit zu Geschäftsstraßen heraus. Eine gleiche Entwickelung nehmen je nachdem auch die auf sie einmündenden Querstraßen, wenigstens in ihrem angrenzenden Teil. In einem solchen Falle wäre es durchaus verfehlt, starr an den einmal getroffenen Bestimmungen für die betreffenden Straßen festhalten zu wollen, es muß vielmehr diesem Bedürfnis nach einer weiteren Ausdehnung des Geschäfts- und Erwerbslebens, welches das finanzielle Rückgrat der Städte darstellt, unbedingt nachgegeben werden und sollen demnach dann die milderen Bestimmungen der Geschäftsstraßen zur Anwendung kommen. Daraus folgt, daß es sehr verhängnisvoll werden könnte, wenn man die Staffelung der Bauordnungen ein für allemal als etwas Starres und für ewige Zeiten Festliegendes betrachtete. Dieselbe muß sich vielmehr in weitgehendster Weise dem Entwickelungsgang der Städte und ihrer einzelnen Teile anschmiegen. Im anderen Falle kann sie sehr leicht zu einer Lahmlegung von Handel und Gewerbe führen, je nach Umständen auch ein sehr schwerwiegendes Hindernis für eine der Nachfrage entsprechende

Wohnungsproduktion werden, beides Dinge, welche die unerläßliche Voraussetzung einer gedeihlichen Weiterentwickelung der Städte darstellen. Insbesondere ist es immer sehr bedenklich, durch die Abstufung der Bauordnung allzusehr in das Erwerbsleben der Städte und ihrer Einwohnerschaft einzugreifen, da nur eine genügende steuerfähige Bevölkerung die Städte zur Erfüllung ihrer großen sozialen und hygienischen Aufgaben befähigt.

Eine derartige immer wieder von Zeit zu Zeit nötig werdende **Abänderung der Baustaffeln und zugehörigen baupolizeilichen Bestimmungen** stellt jedenfalls eine der schwierigsten und verantwortungsvollsten Aufgaben dar, welche die Stadtverwaltungen zu lösen haben. Zu ihrer befriedigenden Lösung bedarf es genauester Kenntnis der lokalen Verhältnisse, der wirtschaftlichen Entwickelung der Stadt und ihrer einzelnen Teile. Insbesondere müssen auch die Zukunftsmöglichkeiten jederzeit mitberücksichtigt werden. Für jeden, der den Verwaltungsapparat unserer Städte mit seiner pflichtmäßigen Rücksichtnahme auf alle möglichen Kommissionen und Körperschaften, in denen zweifellos vom besten Wille beseelte, aber durchaus nicht immer sehr sachverständige Leute sitzen, in Erwägung zieht, wird es klar sein, daß ein derartiges Anschmiegen und Anpassen der baupolizeilichen Bestimmungen an die im Fluß und steter Änderung begriffene städtische Entwickelung sehr schwer durchzuführen ist. Es widerspricht das dem ganzen bureaukratischen Charakter jedweder Verwaltung, wo es doch auf die rigorose Durchführung einmal getroffener und dann meist untergeordneten Instanzen zur Durchführung übergebener Bestimmungen ankommt.

In diesem Sinne scheint mir in einer zu weitgehenden **Staffelung** (manche Städte unterscheiden zwölf und mehr Bauklassen) eine nicht zu unterschätzende Schwierigkeit, um nicht zu sagen Gefahr zu liegen, die nämlich, daß eine nicht glücklich zusammengesetzte, je nach Umständen auch rückständige Verwaltung, besonders wenn sie mit anderen Arbeiten überlastet ist, zäh an den einmal getroffenen Bestimmungen festhält und sich absolut nicht darum kümmert, wenn die Weiterentwickelung der Stadt längst eine Abänderung und Neugestaltung erforderlich macht. Hier scheinen mir auch die Grenzen für eine noch **weitergehende Behandlung der Bauordnung im Sinne der Abstufung** zu liegen. So lange dieselbe den einzelnen Grundbesitzern noch eine gewisse Bewegungsfreiheit läßt, werden diese selbst der Konjunktur folgend beim Ausbau ihrer Grundstücke, bei Umbauten und Abbrüchen den inzwischen veränderten Bedingungen Rechnung tragen.

c) Abstufung nach Gebäudegattungen und Raumteilen.

Eine weitere bedeutsame Abstufung der Bauordnungen ist die nach **Gebäudegattungen**[1]), indem für das kleine und große Haus, das

---

[1]) Siehe die Leitsätze von **Rumpelt** und **Stübben**, Deutsche Vierteljahrsschr. f. öffentl. Gesundheitspflege, 1904, Heft 1.

Einfamilienhaus und die Mietkaserne besondere Bestimmungen getroffen werden. Die frühere einheitliche Behandlung all dieser verschiedenen Hausformen, welche notgedrungen auf die Verhältnisse der großstädtischen Mietkasernen Rücksicht nehmen mußte, bedeutete eine unnötige und völlig ungerechtfertigte Erschwerung und Verteuerung des Kleinhausbaues. Will man den Bau derartiger Kleinhäuser begünstigen, vor allem auch dem gewerbsmäßigen Bauunternehmertum wieder rentabel und damit verlockend machen, so sind weitgehende diesbezügliche Bauerleichterungen nötig. Solche können sich beziehen auf die Mauerstärke, Verwendung von Fachwerkbau, die Breite der Treppen und Flure, die Mindesthöhe der Wohngeschosse, die Benutzung des Dachgeschosses etc. Sie werden noch an verschiedenen anderen Stellen des Buches behandelt.

Endlich ist sehr wichtig die Abstufung nach Raumgattungen oder Raumteilen. Dieselbe unterscheidet vor allem solche Räume, welche zum dauernden und solche, die nur zum vorübergehenden Aufenthalt von Menschen bestimmt sind. Für dauernd benutzte Räume, wie Wohnzimmer, Schlaf- und Arbeitsräume, je nachdem auch Küchen, Wirtszimmer und Verkaufsläden sind bezüglich der Geschoßhöhe, des Lichteinfallswinkels, der Fenstergröße, der Möglichkeit der Durchlüftung entschieden schärfere Anforderungen zu stellen, als für vorübergehend benutzte Räume. Solche, z. B. Treppen, Flure, Vorratsräume, Waschküchen, Badezimmer können Luft und Licht auch von kleineren Höfen, sog. Lichthöfen unter geringerem Lichtwinkel beziehen. Auch für Keller- und Dachräume sind besondere Bestimmungen zu treffen.

Viele der in den vorhergehenden Kapiteln im Anschluß an die mehrfach genannten Verhandlungen des Deutschen Vereins für öffentliche Gesundheitspflege behandelten Gesichtspunkte finden im neuen preußischen Wohnungsgesetzentwurf (v. 25. Jan. 1913) Berücksichtigung. In ihm heißt es im Artikel 2:

§ 1. Durch die Bauordnungen kann insbesondere geregelt werden:

1. Die Abstufung der baulichen Ausnutzbarkeit der Grundstücke.

2. Die Ausscheidung besonderer Ortsteile, Straßen und Plätze, für welche die Errichtung von Anlagen nicht zugelassen ist, die beim Betriebe durch Verbreitung übler Dünste, durch starken Rauch oder ungewöhnliches Geräusch Gefahren, Nachteile oder Belästigungen für die Nachbarschaft oder das Publikum überhaupt herbeizuführen geeignet sind.

3. Der Verputz und Anstrich oder die Ausfugung der vornehmlich Wohnzwecken dienenden Gebäude und aller an Straßen liegenden Bauten.

§ 2. Sofern die bauliche Entwickelung es erfordert, sollen die Bauordnungen für die Ausführung der Wohngebäude, besonders hinsichtlich der Standfestigkeit und der Feuersicherheit unterschiedliche Vorschriften geben, je nachdem sich diese auf Gebäude größeren oder geringeren Umfangs beziehen.

Geben Bauordnungen für größere Bezirke gleichzeitig Bestimmungen für größere und kleinere Gemeinden, so sollen sie hinsichtlich der Höhe der Gebäude und der Geschoßzahl unterschiedliche Bestimmungen treffen, welche die besonderen Verhältnisse der Gemeinden berücksichtigen.

§ 3. Sofern die Verhältnisse es erfordern, sollen durch Polizeiverordnung für die Herstellung und Unterhaltung der Ortsstraßen abgestufte Vorschriften je nach deren Bestimmung (Verkehrsstraßen, Wohnstraßen) gegeben werden. Aus der Begründung vorstehender Bestimmungen ist besonders beachtenswert: „Gegenwärtig lassen zahlreiche Bauordnungen noch eine durch die örtlichen Verhältnisse nicht gerechtfertigte Höhe der Gebäude und eine weitgehende Bebaubarkeit der Grundstücke hinsichtlich der Fläche auch in den Stadterweiterungsgebieten zu, wo die Höhe der Bodenpreise noch nicht zu einer stärkeren Ausnutzung des Grund und Bodens nötigt. Demgegenüber wird mehr als bisher durch Abstufung der Bauvorschriften für das Stadtinnere, die Außenbezirke und die Umgebung der schnell wachsenden Gemeinden Vorsorge dafür zu treffen sein, daß nicht die hohen Bodenpreise aus dem Stadtinnern auf die neuen Stadtteile übertragen werden. Auf diese Weise wird die erforderliche Ergänzung zu den Verkehrserleichterungen nach den Außenbezirken geschaffen und die Möglichkeit gewahrt, mit der Herstellung billiger Kleinwohnungen auch das in gesundheitlicher wie sozialer Hinsicht zu fördernde kleine Wohnhaus und Einzelhaus in der Bauordnung zu berücksichtigen. Die örtliche Abstufung der Bauvorschriften erfolgt in manchen Fällen zweckmäßig auch nach einzelnen Straßen und Plätzen. Auch in dieser Beziehung soll der Entwurf eine einwandfreie Rechtsgrundlage schaffen. Zugleich bietet die Nr. 1 die rechtlich zweifelsfreie Handhabe zum Erlaß von Vorschriften über die Einhaltung seitlicher Mindestabstände bei den Gebäuden (Bauwich). Die Abstufung der Bauvorschriften nach Gebäudegattungen ist schon nach dem bestehenden Recht zulässig.“

„Die Ausscheidung besonderer Wohnviertel, -straßen und -plätze und die Anordnung, daß für diese die Errichtung von Anlagen aller Art nicht zugelassen ist, die beim Betriebe durch Verbreitung übler Dünste, durch starken Rauch oder ungewöhnliches Geräusch Gefahren, Nachteile oder Belästigungen für die Nachbarschaft oder das Publikum überhaupt herbeizuführen geeignet sind, hat sich vielfach als wünschenswert im Interesse eines den Anforderungen der öffentlichen Gesundheitspflege Rechnung tragendes Ausbaues der Städte erwiesen.“

Wenn auch all diese Vorschriften und Gesichtspunkte längst in die Bauordnungen der meisten nach modernen Grundsätzen verwalteten Städte Eingang gefunden haben, so ist es doch sehr zu begrüßen, wenn dieselben durch ein Wohnungsgesetz auch säumigen und rückständigen Gemeinden zur Pflicht gemacht werden, um so mehr als es sich hier um erprobte und die Wohnverhältnisse sicher in günstigstem Sinne beeinflussende Forderungen handelt.

Anschließend folgt eine Zusammenstellung derjenigen Verhandlungen des Deutschen Vereins für öffentliche Gesundheitspflege, welche für die Entwickelung der modernen Bauordnungen von ausschlaggebender Bedeutung geworden sind.

Stübben, Über Städteerweiterung, besonders in hygienischer Beziehung. 12. Versammlung zu Freiburg i. Br., Sept. 1885. Bericht in der Deutschen Vierteljahrsschrift für öffentliche Gesundheitspflege, 1886, H. 1.

Miquel u. Baumeister, Maßregeln zur Erreichung gesunden Wohnens. 15. Versammlung zu Straßburg i. E., Sept. 1889. Bericht wie oben, 1890, H. 1.

Stübben u. Zweigert, Handhabung der gesundheitlichen Wohnungspolizei. 17. Versammlung zu Leipzig, Sept. 1891. Bericht wie oben, 1892, H. 1.

Adickes u. Baumeister, Die unterschiedliche Behandlung der Bauordnungen für das Innere, die Außenbezirke und die Umgebung der Städte. 18. Versammlung zu Würzburg, Mai 1893. Bericht wie oben, 1894, H. 1.

Adickes, Hinkeldeyn u. Classen, Die Notwendigkeit weiträumiger Bebauung bei Stadterweiterungen und die rechtlichen und technischen Mittel zu ihrer Ausführung. 19. Versammlung zu Magdeburg, Sept. 1894. Bericht wie oben, 1895, H. 1.

Stübben u. Küchler, Maßnahmen zur Herbeiführung eines gesundheitlich zweckmäßigen Ausbaues der Städte. 20. Versammlung zu Stuttgart. 1895. Bericht wie oben, 1896, H. 1.

Reincke, Stübben u. Adickes, Die kleinen Wohnungen in Städten, ihre Beschaffung und Verbesserung. 25. Versammlung zu Trier, Sept. 1900. Bericht wie oben, H. 1.

Rumpelt u. Stübben, Die Bauordnung im Dienste der öffentlichen Gesundheitspflege. 28. Versammlung zu Dresden 1903. Bericht wie oben, 1904, H. 1.

Zweiter Abschnitt.

Offene und geschlossene Bauweise und der Reihenhausbau.

Bei der Projektierung der Wohnviertel und dem Erlaß der zugehörigen Bauordnungen wird vielfach zu wenig Rücksicht darauf genommen, für eine genügende Zahl von Kleinwohnungen, darunter auch bescheidensten Einfamilienhäuschen Sorge zu tragen. Bei weitem die überwiegende Masse der städtischen Bevölkerung ist auf derartige Wohnungen angewiesen. Es ist deshalb erfreulich, daß in letzter Zeit immer mehr die Vorzüge des Reihenhausbaues gerade für diese Wohnformen gewürdigt werden und damit der die Wohnungshygieniker seit langem beschäftigende Streit, ob die offene oder die geschlossene Bauweise die zu bevorzugende Bauform sei, keineswegs mehr so ausschließlich zugunsten der ersteren entschieden wird, als das lange Zeit der Fall war. Es ist besonders das Verdienst Nußbaums, immer wieder darauf hingewiesen zu haben, daß auch die zweckmäßig gestaltete geschlossene Bauweise, wie sie der Reihenhausbau darstellt, zweifellose Vorzüge hat und in mannigfacher Hinsicht mit dem freistehenden, frei im Gärtchen liegenden Einfamilienhaus konkurrieren kann. Bei der Bedeutung dieser Verhältnisse für die Praxis der Wohnungsbeschaffung in den Städten sollen hier einige Bemerkungen über die offene und geschlossene Bauweise und den Reihenhausbau folgen.

Dem Laien und nicht minder manchen Wohnungspolitikern und Hygienikern gilt als selbstverständlicher Satz, daß offene Bebauung identisch sei mit weiträumiger, also hygienischer Bauweise und geschlossene Bebauung mit unhygienischer und übertrieben dichter Bauweise[1]. Es mag das daher kommen, daß viele ohne weiteres die Bebauung, wie sie in den ältesten und verbautesten Teilen der Altstädte angetroffen wird, also enge, winkelige Straßen, schmale, zugebaute Höfe, enge Lichtschächte an Stelle eines freibleibenden zusammenhängenden Luftraumes im Blockinneren mit geschlossener

---

[1] Siehe auch meinen Aufsatz über Wohnungshygiene und Hochsommerklinik etc. in der Zeitschr. f. Sozialwissenschaft, 1912, H. 9, S. 606 ff.

Bauweise identifizieren. Andererseits denken sie bei offener Bebauung immer nur an eine Gruppe freiliegender Landhäuser, die in einen Naturpark von Wiesen und Wäldern eingebettet sind und ihnen demnach mit Recht das Ideal des Wohnens verkörpern. Aber das sind nach beiden Richtungen extreme Verhältnisse, die sich keineswegs verallgemeinern lassen. Die Frage, ob ein Stadtteil weiträumig und hygienisch oder engräumig und unhygienisch gebaut sei, beantwortet sich keineswegs allein danach, ob die Bauweise eine offene oder geschlossene ist. Ausschlaggebend ist vielmehr der Grad der baulichen Ausnutzung des Bodens, also das Verhältnis des mit Gebäuden bedeckten Teiles zum unbebauten Teil, und das kann sowohl bei der offenen wie bei der geschlossenen Bauweise ein günstiges und ungünstiges sein.

So kann insbesondere auch die geschlossene Bauweise weiträumig, sogar sehr weiträumig sein. Das ist z. B. der Fall, wenn ein entsprechend großer, an breiten und hellen Straßen gelegener Baublock rundum von kleinen Einfamilienhäusern, eventuell auch Mehrfamilienhäusern umstanden ist und im Innern einen großen, völlig unbebauten und zusammenhängenden Luftraum, der eventuell noch als Innenpark ausgebildet ist, aufweist. Umgekehrt kann auch die offene Bebauung dicht und engräumig sein. Man denke nur an die Bauweise, wie sie lange Zeit bei uns, dank einer übereifrigen Propaganda für das freiliegende Haus, beliebt war, daß man nämlich größere städtische Miethäuser zwar völlig frei stellte, sie aber in Wahrheit nur durch einen denkbar schmalen Bauwich voneinander und durch nicht minder schmale Höfe von den rückwärts an sie angrenzenden Gebäuden trennte. Das sind oft gesagte Dinge, die aber immer noch Anlaß zu Verwechslung und überflüssiger Polemik gegen die geschlossene Bauweise und das Reihenhaus geben.

Was nun die Vorzüge der geschlossenen Bauweise und des Reihenhausbaues anlangt, wenigstens für gewisse Verwendungsarten, so kommen als solche in Betracht: geringere Herstellungskosten infolge gemeinsamer Benutzung der Zwischenmauern, geringere Straßenbaukosten infolge Fortfall des Bauwichs, da die Straßenbaukosten meist von den Anliegern erhoben und nach der Länge der Straßenfront berechnet werden, Schutz des Blockinnern und der daselbst anzubringenden Gärten und Spielplätze vor dem Staub und Lärm der Straßen. Der durch Wegfall der Bauwiche gewonnene Raum wird viel zweckmäßiger zur Vergrößerung des im Innern des Baublocks frei zu haltenden Raums verwandt. In reinen Wohnvierteln ist dieser Raum unbedingt von Hinter- und Seitengebäuden völlig frei zu halten, und wenn irgend möglich, zur Anlage von Gärten, die in ihrer Gesamtheit eventuell auch als Innenpark auszubilden sind, auszunutzen. Wenn hier durch regelmäßiges Sprengen für Abkühlung und eine frische, grüne Pflanzendecke gesorgt wird, so läßt sich auch in der heißen Zeit des Hochsommers eine relativ kühle Temperatur und staubfreie Luft erzielen, von der alle anliegenden Wohnungen profitieren. Wer einmal Gelegenheit hatte, in einer unser Mittelstädte, in denen man noch häufig derartige Blockausbildungen antreffen kann, von heißer, sonniger und staubiger Straße in einen solch schattigen und kühl gehaltenen Garten im Innern eines Baublocks einzutreten, wird die Vorzüge dieser Bauweise gerade auch für den Hochsommer und das sich dann oft recht unangenehm bemerkbar machende **Hochsommerklima der Städte** zu würdigen wissen.

Auch bezüglich der **Wärmeökonomie** ist das eingebaute Haus im Vorteil, da es infolge des Umstandes, daß es nur zwei freiliegende, Wind und Wetter exponierte Umfassungswände hat, im Winter erheblich leichter zu heizen ist, als das freiliegende Haus, aber auch im Sommer zur Zeit extremer Sonnenbestrahlung günstigere Verhältnisse aufweist. Nehmen wir einmal die **Nord - Südlage** an, so ist das freiliegende Haus auf der Ost-, Süd- und Westseite der Sonnenbestrahlung ausgesetzt und kann[1]) dadurch bei längerem Fortbestand des sonnigen Wetters enorme, sich von Tag zu Tag steigernde Wärmemengen in diesen 3 Umfassungswänden aufspeichern, welche dann ihrerseits auf die Temperatur der anliegenden Wohn- und Schlafräume zurückwirken und hier unter Umständen sehr hochgradige Temperatursteigerungen hervorrufen. Bei gleicher Lage kommt für das eingebaute Reihenhaus nur eine, die Südseite, als wärmeaufspeichernde Fläche in Betracht, während die freiliegende, kaum von der Sonne bestrahlte Nordseite als entwärmende Fläche aufzufassen ist und die Ost- und Westseite durch die anliegenden Häuser vor der Sonnenbestrahlung geschützt sind. Bei solcher Bauweise sind also die nach Norden gerichteten Räume völlig vor Sonnenbestrahlung geschützt und können deshalb auch im Hochsommer keine über die durchschnittliche Außenlufttemperatur ansteigenden Wärmegrade aufweisen. Daß das Vorhandensein derartiger, relativ kühler Räume in extrem heißen Sommern außerordentlich bedeutsam ist, speziell auch vom Standpunkte der Bekämpfung der eng mit der extremen Temperatur verknüpften **Säuglingssterblichkeit**, haben die Verhältnisse des Sommers 1911 mit ihrer außerordentlichen Steigerung der Säuglingssterblichkeit gezeigt. Mannigfache Untersuchungen[2]) haben dargetan, daß dieses Auftreten der Sommersterblichkeit in engem Zusammenhange steht mit dem sog., hauptsächlich unter dem Einfluß der direkten Sonnenbestrahlung, auftretenden **Hochsommerklima der Wohnungen**. Deshalb verdient wohl die Nord-Südlage für das Reihenhaus besondere Berücksichtigung, weil bei ihr in der kühleren Jahreszeit sonnige Südzimmer, im heißen Sommer dagegen, insbesondere zur Unterbringung

---

[1]) Siehe meinen a. O. a. Aufsatz in der Zeitschr. f. Sozialwissenschaft, 1912, H. 7/8 u. 9.

[2]) Liefmann u. Lindemann, Der Einfluß der Hitze auf die Sterblichkeit der Säuglinge in Berlin etc., Deutsche Vierteljahrsschrift f. öffentl. Gesundheitspflege, 1911. — H. Kathe, Sommerklima und Wohnung in ihrer Beziehung zur Säuglingssterblichkeit, Jena, Verlag von Fischer, 1911.

der hitzegefährdeten Säuglinge, die mit einiger Sorgfalt leicht kühl zu haltenden Nordzimmer zur Verfügung stehen. Voraussetzung ist allerdings, daß sämtliche, auch die kleinsten Wohnungen, in solchen Reihenhäusern durch die ganze Tiefe des Gebäudes hindurchgehen und also sowohl nach Norden als Süden gelegene Zimmer aufweisen, eine Forderung, die aber auch schon deshalb unerläßlich ist, weil sich nur so eine Lüftung durch Gegenzug für alle Räume erzielen läßt. Näher kann hier auf diese bedeutsamen Verhältnisse nicht eingegangen werden, zu weiterer Information verweise ich auf meine a. O. erwähnte Arbeit in der Zeitschrift für Sozialwissenschaft.

Auch für Mehrfamilienhäuser ist dieser Reihenhausbau bei zweckentsprechender Ausgestaltung durchaus geeignet. In diesem Falle ist ganz besonderer Wert auf die Anbringung genügend großer Balkons und Altanen zu legen, um namentlich den Bewohnern der oberen Stockwerke den Aufenthalt in freier Luft auch ohne Verlassen der Wohnung zu ermöglichen. Auf diesen Punkt wird bei der Anlage städtischer Etagenwohnungen noch viel zu wenig Rücksicht genommen, und doch legen gerade die Verhältnisse des Hochsommers und Hochsommerklimas diesen Gedanken nahe. Es wird sich leider in unserem Klima kaum vermeiden lassen, daß in der extrem heißen Zeit des Hochsommers nicht gelegentlich hochgradige Temperatursteigerungen in den Wohnungen vorkommen und es erscheint deshalb für diese Fälle erwünscht, wenn man jede einzelne Familienwohnung, womöglich nach zwei entgegengesetzten Himmelsrichtungen hin, mit entsprechenden Balkons — oder Altanen — versieht. Dann liegt immer einer im Schatten und kann von den Bewohnern bei der Ausführung vieler häuslicher Arbeiten, insbesondere auch zur Unterbringung der hitzegefährdeten Säuglinge benutzt werden. Bei einer derartigen Ausgestaltung schafft der Reihenhausbau und die geschlossene Bauweise also recht günstige Verhältnisse, sowohl für innenstädtische als auch für außenstädtische Wohnbezirke, und es ist sehr zu begrüßen, daß seine Vorzüge gerade in letzter Zeit von verschiedenster Seite[1] in der Wohnungsliteratur gewürdigt werden. Damit wird dann wohl auch die fast ausschließliche Verwendung des Villen- und Landhausbaues in den Außenbezirken unserer Großstädte, die gegenwärtig den unteren Einkommenklassen die Ansiedelung daselbst fast unmöglich macht, etwas in den Hintergrund treten.

---

[1] Siehe Stübben, Zentralbl. f. allgem. Gesundheitspflege, 1910, S. 157.

Dr. Luppe auf dem 2. Deutschen Wohnungskongreß Leipzig in s. Referat: „Was können die Behörden durch Bebauungspläne und Bauordnungen zur Schaffung gesunder und billiger Wohnungen beitragen?"

Latteyer. Das Eigenhaus als Lösung der städt. Eigenheimfrage in: Die Bodenreform auf der Städteausstellung in Düsseldorf. 1912.

Dritter Abschnitt.

Bauordnung und Bodenwerte.

In diesem Abschnitt soll die viel diskutierte und strittige städtische Bodenfrage weder erschöpfend behandelt, noch auch der später eingehend zu erörternden Bodenwertbildung in den Städten vorgegriffen werden. Es sind hier vielmehr nur einige wichtige Fragen in spezieller Rücksichtnahme auf die Praxis zu erörtern, die außerdem als einigermaßen sichergestellt angesehen werden können.

Mag man über die Ursachen der Bodenpreisbildung und die besonderen Faktoren, welche bei ihrer Auftreibung in Wirksamkeit treten, denken, wie man will, so viel ist sicher, daß die Bodenwerte in letzter Linie von der Ertragsfähigkeit der betreffenden Grundstücke nach ihrer Bebauung abhängig sind, und daß die höchsten Bodenwerte da vorhanden sind, wo aus dem bebauten Grundstück unter den jeweils vorhandenen besonderen Bedingungen die größtmöglichen Erträgnisse erzielt werden können. Dieser zu erzielende Höchstertrag wird, genügende Wohnungsnachfrage und eine je nach den besonderen Verhältnissen des Wohnungsmarktes gegebene Miethöhe vorausgesetzt, im höchsten Maße beeinflußt durch die baupolizeilichen Bestimmungen, bzw. den durch dieselben gestatteten Grad der baulichen Ausnutzbarkeit, mit anderen Worten der Bebauungsintensität. Je größer dieselbe ist, je mehr qm Wohnfläche oder cbm Wohnraum auf demselben Grundstück gewonnen und vermietet werden können, eine um so höhere Grundrente läßt sich, wenigstens innerhalb gewisser Grenzen, erzielen. Umgekehrt setzen weitgehende Baubeschränkungen, die Vorschrift weiträumiger Bauweise etc., die Ertragsfähigkeit herab und lassen die Bodenwerte auf niederer Höhe stehen. Allerdings nur unter der Voraussetzung, daß durch derartige Baubeschränkungen die Wohnungsproduktion gegenüber der in der betreffenden Stadt oder dem betreffenden Stadtteil herrschenden Wohnungsnachfrage nicht allzusehr eingeschränkt wird, ein Fall, der z. B. dann gegeben wäre, wenn das zur Erweiterung der betreffenden Stadt verfügbare Terrain aus irgend einem Grunde räumlich beschränkt ist (man denke z. B. an die früheren umwallten Festungsstädte, bei denen außerhalb der Umwallung nicht gebaut werden durfte).

In einem solchen Falle würde der Erlaß strenger, die bauliche Ausnutzbarkeit der Grundstücke sehr schmälernder Baubeschränkungen die Wohnungsproduktion erheblich einschränken und, da kein genügender Ersatz auf anderem Gelände vorhanden ist, dazu führen, daß bei weiterem Wachstum der Stadt das Wohnungsangebot immer mehr hinter der Nachfrage zurückbliebe. Das muß dann zu steigenden Mieten und damit schließlich auch zu steigenden Bodenpreisen führen. In einem solchen Falle hätten die Baubeschränkungen also den gegenteiligen Effekt auf die Bodenwerte, wie gewöhnlich angenommen wird.

Glücklicherweise kommen unter heutigen Verhältnissen derartige Fälle im allgemeinen nicht mehr vor, schon deshalb, weil heutzutage wohl in allen Städten. auch den Festungsstädten, in stets zunehmendem Maße die Außengelände bei gleichzeitiger Schaffung entsprechender Verkehrsgelegenheiten erschlossen und zur Bebauung mit herangezogen werden, so daß sich dadurch der städtische Wohnboden beliebig vermehren läßt. Damit ist allerdings noch nicht gesagt, daß das nun von seiten aller Stadtverwaltungen auch immer in wünschenswerter Weise begünstigt wird.

Unter dieser Voraussetzung also sind Baubeschränkungen, welche die bauliche Ausnutzbarkeit eines Grundstückes und damit seine Ertragsfähigkeit herabsetzen, zweifellos imstande, verbilligend auf die Bodenwerte einzuwirken.

Der neue Wohnungsgesetzentwurf bestimmt in Artikel 2 § 1:

Durch die Bauordnungen kann insbesondere geregelt werden:

1. Die Abstufung der baulichen Ausnutzbarkeit der Grundstücke. . .

Hierzu führt die Begründung aus: „Als ein besonders wirksames Mittel, um die Bodenpreise dauernd in angemessenen Grenzen zu halten, haben sich baupolizeiliche Beschränkungen der Ausnutzbarkeit des Grund und Bodens hinsichtlich der bebaubaren Fläche und der Stockwerkzahl erwiesen. Bei entwickelter Boden- und Bauspekulation werden die Bodenpreise, abgesehen von dem Einfluß der Lage und der besonderen Verwendbarkeit des Grundstücks für bestimmte Zwecke, in erster Linie durch die nach den bestehenden Baunormen zugelassene Ausnutzbarkeit bestimmt." Man vermißt in dieser Begründung und auch den folgenden, hier nicht zitierten Ausführungen, den außerordentlich bedeutsamen Hinweis darauf, daß derartige Baubeschränkungen nur dann die ihnen zugesprochenen Wirkung haben können, wenn sie mit entsprechender Baulanderschließung und Erleichterung der Ansiedelung daselbst verbunden sind.

Eine wesentlich andere Frage ist nun, ob eine derartige, durch Baubeschränkungen bewirkte Herabsetzung der Bodenwerte auch zu einer entsprechenden Verbilligung der Mieten führt, ob die Bevölkerung also von niederen Bodenwerten immer einen greifbaren Vorteil auch in Gestalt billigerer Wohnungen hat. Diese Frage läßt sich zunächst keineswegs bejahen. Vielmehr ist der nächste und augenfälligste Vorteil einer durch Baubeschränkungen erzwungenen Weiträumigkeit der Bebauung zunächst ein rein hygienischer, indem mit dem Grade der Weiträumigkeit die Luft- und Lichtversorgung der Gebäude, die Größe der Freiflächen, die Reinheit der Luft usw. zunimmt, nicht minder die Möglichkeit, das Klein- und Einfamilienhaus zur Geltung zu bringen. Ob sich dazu noch wirtschaftliche Vorteile in Gestalt niederer Mieten hinzugesellen, hängt von allerlei weiteren Maßnahmen der Stadtverwaltungen ab, die früher meist unterlassen wurden. Bei dieser Gelegenheit muß übrigens darauf hingewiesen werden, daß diese durch Baubeschränkungen erzielten hygienischen Vorteile schon allein in vielen Fällen ihre Auferlegung rechtfertigen und als Gewinn bezeichnen lassen, selbst dann, wenn sie nicht zu einer Erniedrigung der Mieten führen, wie denn überhaupt nicht eine größtmögliche Verbilligung der Mieten in allen Stadtteilen (s. auch S. 116) das Ziel einer städtischen Wohnungspolitik sein kann.

Was nun die Maßnahmen der Stadtverwaltungen anlangt, so wurde früher bei der Auferlegung von Baubeschränkungen meist darin gefehlt, daß man irgend welche Stadtteile der weiträumigen Bauweise, z. B. in Gestalt der landhausmäßigen Bebauung zuwies, ohne zu berücksichtigen, ob diese Wohnform in solcher Ausdehnung auch den Wohnbedürfnissen der Bevölkerung entsprach, daß man ferner das betreffende Gelände nur sehr langsam und allmählich erschloß, so daß stets nur ein geringer Vorrat sofort bebaubarer fertiger Baustellen vorhanden war. Bei einem solchen Vorgehen war es den betreffenden Grundbesitzern freilich leicht gemacht, sich für die geringere bauliche Ausnutzbarkeit ihrer Grundstücke durch entsprechend höhere Mieten für die erstellten Wohnungen schadlos zu halten. Trotz des absolut niederen Bodenwertes hatten die Mieter in solchen Fällen von seiner Verbilligung keinen pekuniären Vorteil, auch schon deshalb nicht, weil für sie nicht der absolute Bodenwert, sondern der relative, d. h. der auf die Einheit des Wohnraumes oder der Wohnfläche entfallende Anteil in Betracht kommt, wie A. Voigt[1]) schon überzeugend nachgewiesen hat. In vielen Fällen handelte es sich dabei noch um landschaftlich bevorzugte Gelände, welche für den Teil der Stadtbevölkerung, welcher dem Häusermeer entrinnen und wieder mehr Anschluß an die Natur suchen wollte, in erster Linie in Frage kamen. Kam dann noch hinzu, daß die übrigen Außengelände überhaupt nicht erschlossen wurden, daß in dem in Frage stehenden Gebiet der Grund und Boden nur in wenigen Händen, manchmal auch in denen einer sehr fiskalisch vorgehenden Stadtverwaltung lag, so kann man sich allerdings nicht wundern, daß dann ein förmliches Monopol dieser Grundbesitzer erzeugt wurde, das sie befähigte, fast beliebige Grundpreise zu diktieren. Die Folge waren dann entsprechend hohe Mieten, trotz oder eben wegen der Baubeschränkungen und ihrer fehlerhaften Anwendung.

Derartige Verhältnisse sind also unbedingt zu vermeiden. Es muß stets ein genügend großer Teil des Stadterweiterungsgebietes gleichzeitig mit dem Erlaß der baupolizeilichen Beschränkungen erschlossen und, was sehr wesentlich ist, nicht nur für eine bestimmte Bauklasse gesorgt werden, sondern der Bau verschiedenster, den Bedürfnissen aller Bevölkerungsklassen entsprechender Gebäudegattungen bald hier, bald dort ermöglicht werden. Dazu gehört einmal eine entsprechende Erschließung und Parzellierung des Baugeländes, anderseits eine entsprechende Wohnungsproduktion, einerlei ob von seiten der privaten Unternehmer, von Genossenschaften, Aktiengesellschaften mit und ohne „Gemeinnützigkeit" oder im Notfalle selbst von

---

[1]) A. Voigt, Kleinhaus und Mietkasernen, 1905, S. 9.

seiten der Kommunen. Das auf diese Weise erzielte, große Angebot
an Bauland und Wohnungen verschiedenster Qualitäten wird schon
von selbst dafür sorgen, daß die Mietpreise eine angemessene Höhe nicht
überschreiten. Es ist also der Erlaß baupolizeilicher Beschränkungen
stets mit weitgehenden Dezentralisationsbestrebungen zu verbinden,
wenn man eine preissteigernde Wirkung derselben auf die Mieten verhindern will.

Erst recht gilt das von weitgehenden Baubeschränkungen innerhalb der Städte und bestimmter Stadtteile, für dort eventuell noch
vorhandene unbebaute Terrains. Hier, wo die Bebauung der umliegenden
Stadtteile meist abgeschlossen ist, ist ohnehin nur ein geringer, nicht
weiter vermehrbarer Vorrat an Bauland vorhanden. Herrscht nun infolge irgendwelcher Vorzüge der Lage eine starke Wohnungsnachfrage
nach den hier neu zu schaffenden Wohnungen, so müssen weitgehende
Baubeschränkungen naturgemäß zu einem Ansteigen der Mieten
und damit der Bodenwerte führen. Bei solchen Gelegenheiten ist
bei der Auferlegung baupolizeilicher Beschränkungen also äußerste
Vorsicht am Platze, es ist aber auch dann zu versuchen, durch allerlei
Maßnahmen einen Teil der hier Wohnung begehrenden Bevölkerung
auf andere Gebiete abzulenken.

Deshalb ist es unerläßlich, daß mit jeder weitgehenden
Baubeschränkung im Innern der Städte eine sehr erhebliche
Erleichterung der Ansiedelung und des Wohnungsbaues auf
den Außengeländen und Stadterweiterungsgebieten verbunden wird. Je mehr es unseren modernen Dezentralisationsbestrebungen, speziell der Entwickelung der städtischen Verkehrsverhältnisse, des Vorortverkehrs usw. gelingt, einen großen Teil der städtischen
Bevölkerung nach draußen abzulenken, um so weniger werden sich die
oben erwähnten Nachteile der Baubeschränkungen im Innern der Städte
fühlbar machen. So wies ich schon früher[1]) darauf hin, daß erst durch
die immer stärker hervortretende Besiedelung der Außengelände auch
die ganze Frage der Baubeschränkungen in der Innenstadt in ein neues,
aussichtsreicheres Stadium trete. Es muß mit anderen Worten die durch
Baubeschränkungen verringerte Nutzungsmöglichkeit des innenstädtischen Wohnbodens durch eine erleichterte Benutzbarkeit des
außenstädtischen Wohnbodens ausgeglichen werden. Leider hat
man das früher vielfach versäumt, daher die üblen Folgen der Baubeschränkungen in Gestalt höherer Mieten und Bodenwerte. Nun wird
es gewiß immer mehr möglich sein, durch die erwähnten Maßnahmen
einen erheblichen Teil der städtischen Bevölkerung auf den Außengeländen anzusiedeln und dadurch die Stadt zu entlasten. Wir können
sogar annehmen, daß dieser Zug von der Stadt hinaus aufs Land mit
der Zeit noch stärkere Dimensionen annehmen wird, Anzeichen dafür

---

[1]) Bodenfrage und Bodenpolitik, 1911, S. 161.

sind vorhanden (s. S. 189), aber gleichwohl wird sich immer eine gewisse, nicht unerhebliche Bebauungsintensität des innenstädtischen Wohnbodens aus allerlei noch zu erörternden Gründen (s. S. 81) als nötig erweisen, und es kann vor allzu weitgehenden Baubeschränkungen im Innern der Städte nur gewarnt werden. Ganz anders liegen natürlich die Verhältnisse auf den Außengeländen.

Allerdings braucht man auch nicht so weit zu gehen, daß man nun jede geringfügige, durch Baubeschränkungen, Innehaltung gesundheitlicher Mindestforderungen, Wohnungspolizei etc. erzeugte Verteuerung der Wohnungen als im höchsten Grade bedenklich ansieht. Man hat es ja in der Hand, gerade in solchen Fällen durch Ausnahmebestimmungen und Bauerleichterungen den für die ärmeren Volksklassen bestimmten Kleinwohnungen weitgehende Begünstigungen zu gewähren, die zu einer entsprechenden Verbilligung derselben führen können. Ebenso gibt das mit der Zeit immer mehr durchzuführende Prinzip der Verteilung der Bevölkerung nach der wirtschaftlichen Leistungsfähigkeit (s. S. 119) die Beruhigung, daß man sich in dem Bestreben nach einer besseren hygienischen Gestaltung der Wohnungen nicht gleich durch den Hinweis auf die dadurch bewirkte Verteuerung abschrecken zu lassen braucht.

Unter allen Umständen muß daran festgehalten werden, daß überall da, wo im Innern der ausgebauten Städte auf Grund der einmal zugelassenen Bebauung bestimmte Bodenwerte sich herausgebildet haben, diese in der Bauordnung zu respektieren sind und nicht nachträglich die Ertragsfähigkeit dieser Grundstücke durch Baubeschränkungen, die etwa bei Neu- und Umbauten zur Anwendung zu kommen hätten, herabgesetzt werden darf. Das würde eine völlig unverdiente und deshalb ungerechte Vermögensschädigung der jetzigen Besitzer zur Folge haben, damit aber auch auf die städtischen Finanzen zurückwirken, und außerdem doch nicht zu einer Verbilligung der Mieten führen, eher infolge der Verringerung des Wohnungsangebots bei gleicher Nachfrage zum Gegenteil. Etwas anderes ist es in solchen Fällen (Umbauten etc.) mit der Durchführung der früher nicht innegehaltenen gesundheitlichen Mindestforderungen. Diese setzen, selbst wenn sie geringe Mehrkosten machen, im allgemeinen die Ertragsfähigkeit nicht herab, erhöhen sie im Gegenteil, weil die betreffenden Wohnungen dadurch hygienischer und wertvoller werden.

Die Ausführungen der vorangehenden Abschnitte haben gezeigt, daß eine sachgemäß und mit größter Rücksichtnahme auf die wirtschaftlichen Verhältnisse aufgestellte Staffelbauordnung, die im allgemeinen nach dem Prinzip der nach außen hin allmählich steigernden Weiträumigkeit abgestuft ist und demnach nach dorthin immer stärkere Baubeschränkungen auferlegt, am ehesten noch die Möglichkeit bietet, zu einer befriedigenden Gestaltung der städtischen Boden- und Wohnverhältnisse zu gelangen. Sie ermöglicht es, die meist übertriebene Besiedelungsdichte der Innen- und Altstädte durch entsprechende Weiträumigkeit der äußeren Stadtteile zu kompensieren, hier für Freiflächen, wie Parks, Spiel-, Sportplätze, Promenaden etc. zu sorgen, alles Dinge, die man früher bei der Anlage der Altstädte zu schaffen versäumt hat, und läßt so auch die innenstädtische Bevölkerung, insbesondere die Jugend, an diesen Vorteilen der weiträumigen Bauweise teilnehmen.

Vierter Abschnitt.

Hochbau und Flachbau, Kleinhaus und Mietkaserne, innere und äußere hygienische Wohnungsqualitäten.

Die zum Überdruß erörterte Frage, ob das Kleinhaus oder die Mietkaserne mehr den Bedingungen entspricht, wie sie die Befriedigung des städtischen Wohnbedürfnisses erheischt, soll hier nur in Kürze behandelt werden[1]). Einerseits ist sich heute wohl jeder klar darüber, daß das Kleinhaus, speziell das Einfamilienhaus das Ideal des Wohnens verkörpert, namentlich wenn man an die Forderungen der Hygiene, der Sittlichkeit und des Familienlebens denkt, und anderseits hat man sich auch bezüglich des Miethauses zu einem etwas günstigeren Urteil bequemt, als es noch vor einiger Zeit der Fall war. Kein Mensch will heutzutage mehr Mietkasernen in ihres Wortes schlimmster Bedeutung, etwa in dem Sinne, wie sie durch die aus älterer Zeit stammenden, großstädtischen Massenmiethäuser dargestellt werden, die manchmal bis zu 100 und mehr Menschen unter einem Dache vereinigten, deren Wohnungen in keiner Beziehung den hygienischen Forderungen Genüge leisteten und obendrein meist noch entsetzlich überfüllt waren. Die Zustände in derartigen Behausungen sind ja in der Wohnungsliteratur zur Genüge geschildert worden und haben zur Prägung des Schlagwortes Mietkaserne geführt. Eine Zeitlang schien es, als wolle man unter dem Eindruck dieses Schlagwortes überhaupt alle Miet- und Etagenhäuser verdammen. Jetzt denkt man ruhiger darüber und hat eingesehen gelernt, daß Mietskasernen und städtische Miet- und Etagenhäuser durchaus nicht dasselbe sind, daß es nicht unsere Aufgabe sein kann, die Miethäuser und die Mietwohnungen aus den Städten zu verdrängen, sondern dieselben so umzugestalten, daß ihnen der Fluch gesundheitlicher Minderwertigkeit nicht mehr anhaftet. Und das läßt sich bei sachgemäßer, den hygienischen Forderungen soweit als möglich Rechnung tragender Ausführung auch in durchaus befriedigender Weise erreichen. Wenn es demnach unter dem Zwang der wirtschaftlichen Verhältnisse innerhalb der Städte auf dem teuren innenstädtischen Boden einzig und allein durch Errichtung größerer Etagenmiethäuser

---

[1]) S. u. a. auch: Gemünd, Hygienische Betrachtungen über offene und geschlossene Bauweise, über Kleinhaus und Mietkaserne. Deutsche Vierteljahrsschrift für öffentl. Gesundheitspflege. 1906.

gelingen kann, die nötige Zahl geräumiger und billiger Wohnungen, speziell Kleinwohnungen, zu beschaffen, so kann man sich unter obigem Vorbehalt auch vom Standpunkte der Hygiene damit zufrieden geben, wenn gewiß auch allerlei Wünsche unerfüllt bleiben müssen. Man will mit anderen Worten dort die Mietwohnungen, nicht weil sie die beste, sondern die unter diesen Verhältnissen einzig mögliche Wohnform darstellen. Darin liegt auch schon das Zugeständnis, daß man sich überall da, wo die wirtschaftlichen Verhältnisse weniger ungünstig liegen, mehr und mehr dem Ideal des Wohnens zu nähern sucht, bis schließlich unter den günstigsten Verhältnissen, z. B. auf den Außengeländen und dem offenen Lande, überwiegend das Einfamilienhaus zur Durchführung gelangt. Das sind ja auch die Gedanken, welche der abgestuften Bauordnung zugrunde liegen, die eine nach außen hin stets zunehmende Weiträumigkeit der Bebauung in unseren Städten erzielen und auf den Außengeländen immer mehr den Flachbau an Stelle des in den Städten vorherrschenden Hochbaues treten lassen soll[1]).

Diese Frage, ob der Hochbau oder Flachbau zu begünstigen sei, deckt sich einigermaßen mit der des großen Miethauses, bzw. des Kleinhauses, und soll deshalb mit ihr zusammen behandelt werden. Zweifellos lassen sich auch beim Hochbau im vielstöckigen Etagenhaus, genau wie beim Flachbau im Kleinhaus, Wohnräume und Wohnverhältnisse schaffen, die durchaus den hygienischen Anforderungen genügen, solange man nur an die Qualitäten der Wohnungen selbst, d. h. Größe, nutzbare Wohnfläche und nutzbaren Wohnraum, bauliche und innere Ausstattung, Luft- und Lichtversorgung, hygienische Zutaten und dergleichen mehr denkt. Das ließe sich alles im 10. und 20. Stock eines amerikanischen Wolkenkratzers genau ebenso gut einrichten wie im Kleinhaus; was Luft- und Lichtversorgung, Staubfreiheit und Fernhaltung des Straßengeräusches anlangt, ständen die ersteren Wohnungen sogar noch besser da. All die genannten Wohnungsqualitäten möchte ich die inneren hygienischen Wohnungsqualitäten nennen. Bisher hat man bei der Beurteilung der hygienischen Eigenschaften einer Wohnung fast ausschließlich an diese gedacht. Es ist ersichtlich, daß sie innerhalb sehr weiter Grenzen von der Höhenlage der Etagenwohnung unabhängig sind oder doch unabhängig gemacht werden können.

In neuerer Zeit bricht sich aber dank der wieder erwachten Liebe zur Natur, dem Bestreben, unserer Jugend durch ausreichende Gelegenheit zu Spiel, Sport und Herumtummeln in der freien Luft zu einer Erstarkung und körperlichen Ertüchtigung zu verhelfen, nicht minder auch dank der Erkenntnis, daß man auch der erwachsenen Großstadtbevölkerung ein Äquivalent für das viele Stuben- und Bureausitzen ermöglichen müsse, die Empfindung Bahn, daß außer den erwähnten,

---

[1]) Siehe auch Bodenfrage und Bodenpolitik, S. 144.

das Wohnungsinnere betreffenden Qualitäten auch noch sehr bedeutsame andere Verhältnisse zu berücksichtigen sind. Das sind sozusagen die äußeren hygienischen Qualitäten einer Wohnung, d. h. die Beschaffenheit ihrer Umgebung, die Art und Weise, wie dieselbe bzw. das Gebäude, in dem sie liegt, sich dem Stadtplane einfügt, zu den Nachbargebäuden und dem Blockinnern in Beziehung tritt, wie sie sich insbesondere bezüglich der Erreichbarkeit der nächstgelegenen Freiflächen und Erholungsflächen verhält. Wir haben heutzutage das Gefühl, daß zum hygienischen Wohnen noch etwas mehr gehört als ein genügend großer Luftraum usw., der vielleicht dem Einzelstehenden, der seine Wohnung nur als Schlafstätte benutzt, genügen mag, nicht aber kinderreichen Familien. Für diese kommt die Möglichkeit, mit einem möglichst geringen Aufwand von Kraft und Zeit das Freie, geeignete Gärten, Spiel- und Erholungsplätze zu erreichen, mindestens ebenso sehr in Betracht, als die oben angeführten inneren hygienischen Qualitäten der Wohnung, und zwar um so mehr, je ärmer die Leute sind, je weniger Gelegenheit sie haben, einem entsprechenden Mangel durch Aufsuchen weit abgelegener, öffentlicher Anlagen oder durch Anstellen besonderer, mit dem Hinausführen der Kinder beauftragter Personen abzuhelfen, oder auch sich durch längere Erholungsreisen, Sommer- und Winterfrischen für die Absperrung von der Natur schadlos zu halten.

Um die Bedeutung dieser äußeren hygienischen Wohnungsqualitäten voll und ganz würdigen zu können, braucht man sich nur einmal eine kinderreiche Arbeiterfamilie in einer sonst glänzend ausgestatteten Familienwohnung in dem oben erwähnten 10. oder 20. Stock eines Wolkenkratzers vorzustellen. Die Frau ist den ganzen Tag in der Küche mit Kochen, Waschen und sonstigen häuslichen Arbeiten beschäftigt, es fehlt ihr absolut an Zeit, ihre kleineren Kinder, die noch der Aufsicht bedürfen, selbst ins Freie auf Spielplätze, in Volksgärten etc. zu bringen, geschweige denn, sie dort zu beaufsichtigen. So würden diese Kinder den größten Teil ihrer Tage völlig in der Wohnung eingesperrt sein, blieben Zimmerpflanzen, die trotz aller sonstigen hygienischen Vorzüge der Wohnung verkümmerten.

In diesem Sinne wird das Einfamilienhaus, dem ein wenn auch noch so kleines Gärtchen beigegeben ist, immer das Ideal einer Familienheimstätte darstellen, weil bei ihm innere und äußere hygienische Wohnungsqualitäten den berechtigten Forderungen entsprechen. Insofern ist es gewiß erfreulich, daß die Vorbilder englischer und belgischer Städte, nicht minder auch analoge Verhältnisse mancher westdeutscher Städte, gezeigt haben, daß sich unter gewissen Voraussetzungen auch in den Wohnvierteln der Städte und selbst der Großstädte immer noch eine genügende Zahl solcher Wohnformen ermöglichen lassen wird. Freilich nur dann, wenn man die für das Stadtinnere utopische und unzweckmäßige Forderung des frei im

Garten liegenden Einfamilienhauses aufgibt und den hier große wirtschaftliche und hygienische Vorzüge darbietenden Reihenhausbau anwendet. In Verbindung mit einer zweckentsprechenden Blockgestaltung und Verwendung des Blockinneren zu Familiengärten ermöglicht derselbe selbst auf noch relativ teurem Boden in den abseits gelegenen Wohnvierteln der Großstadt den Bau kleiner Einfamilienhäuschen mit eigenem Garten. Allerdings hier im Innern der Städte nur für die oberen und mittleren Einkommenklassen. Für die unteren Einkommenklassen tritt bei gleicher Bauweise und Blockgestaltung das Mehrfamilienhaus für 2—4 Familien in seine Rechte und schafft bei zweckentsprechender Grundrißgestaltung durchaus annehmbare Verhältnisse. Besonderer Wert ist hier darauf zu legen, daß jede einzelne Familienwohnung durch die ganze Tiefe des Gebäudes hindurchgeht und an der rückwärts gelegenen, gegen die Gärten im Blockinnern gerichteten Küche einen großen Küchenbalkon besitzt. Auf die Weise wird es der geplagten Familienmutter, welche ohne jede Hilfskraft Küche, Haushalt und Wartung der Kinder zu besorgen hat, ermöglicht, einen Teil der häuslichen Arbeiten auf diesem Balkon vorzunehmen und dabei gleichzeitig die Vorgänge auf dem Küchenherd und die im Garten spielenden Kinder beaufsichtigen zu können. Wenn bei neueren Stadtanlagen von vornherein einzelne Stadtbezirke für derart auszubauende Wohnviertel bestimmt werden und ein für allemal im Bauzonenplan als solche festgelegt sind, ist infolge eben dieser Baubeschränkungen ein Ansteigen der Bodenpreise auf eine diese Bebauungsart ausschließende Höhe nicht zu befürchten, da die Bodenwerte sich sehr bald nach der dabei zu erzielenden Rentabilität einstellen werden.

Auf teurem, innenstädtischen Boden dagegen und in nächster Nähe der City, wo die dortigen hohen Bodenpreise auch die der Umgebung und Nachbarschaft beeinflussen, wird immer der Hochbau in Form größerer Etagenhäuser in seine Rechte treten und seine unbestreitbaren wirtschaftlichen Vorzüge, Verteilung des hohen Bodenwerts auf eine entsprechend größere Bewohnerzahl und dadurch bewirkte relative Verbilligung desselben, zur Geltung bringen müssen. Daß auch in solchen „Mietkasernen“, sofern sie nach modernen hygienischen Grundsätzen gebaut sind, die inneren hygienischen Qualitäten der Wohnungen allen berechtigten Ansprüchen, was Bauweise, Ausstattung, selbst einen gewissen Komfort anlangt, genügen können, wird wohl niemand ernstlich in Abrede stellen wollen. Gerade die neueren, von größeren Genossenschaften gebauten derartigen Anlagen zeigen, was auf diesem Gebiete von großzügig geleiteten, mit entsprechendem Kapital und entsprechenden Arbeitskräften versehenen Gesellschaften selbst unter ungünstigsten Bedingungen, d. h. auf hochwertigem Boden, inmitten volkreicher Großstädte, geleistet werden kann. Ich nenne nur den vielbesprochenen Häuserblock des Vereins für Erbauung billiger Wohnungen in Leipzig-Lindenau, die Wohnhausanlage des Berliner

Spar- und Bauvereins (Ecke Proskauer- und Schreinerstraße), die Graf-Posadowsky-Wehner Häuser des Dresdener Spar- und Bauvereins und all die anderen, von gemeinnützigen Baugesellschaften errichteten Kleinwohnungsblocks, wie sie in fast allen Großstädten anzutreffen sind. Was die inneren hygienischen Qualitäten der in ihnen beschafften Wohnungen anlangt, so entsprechen sie meist allen berechtigten Anforderungen, aber in vielen Fällen ist es auch gelungen, selbst unter diesen ungünstigsten Verhältnissen die äußeren hygienischen Qualitäten wenigstens einigermaßen befriedigend zu gestalten, indem das Blockinnere als großer zusammenhängender Luftraum ausgebildet wurde und in ihm Gärten, Spiel- und Turnplätze für die Blockbewohner und ihre Kinder vorgesehen wurden.

Bezüglich noch weitergehender Besserung der äußeren hygienischen Wohnungsqualitäten, was z. B. die Nähe größerer Spiel- und Erholungsplätze, Volksgärten usw. anlangt, sind die betreffenden Gesellschaften allerdings ziemlich machtlos und können dieselben höchstens durch die Auswahl eines entsprechend gelegenen Bauplatzes beeinflussen. Leider ist aber im Innern der Städte die Auswahl meist nicht sehr groß. Deshalb ist es bei neueren Stadtanlagen Sache des Bebauungsplans, dafür zu sorgen, daß in solchen, ihrer ganzen Lage nach als Mietkasernenviertel in Betracht kommenden Stadtteilen ein Äquivalent für die hochgradige Bebauungsintensität und die Absperrung von Gärten und Natur geboten wird. Dazu gehört in erster Linie das Vorhandensein genügend großer, überall verteilter und ohne erheblichen Zeitverlust erreichbarer Freiflächen in ihren mannigfachen Formen, einerlei ob sie nun als Innenparks im Blockinnern oder als Promenaden, Volksgärten, Spiel- und Sportplätze ausgebildet sind. Auf solch hochwertigem Boden ist es entschieden rationeller, lieber an einzelnen Stellen eine größere Bebauungsintensität und größere Stockwerkzahl in Kauf zu nehmen und den dadurch gewonnenen Raum zu entsprechend großen und auch wirklich benutzbaren Frei- und Erholungsflächen zu verwenden, als an der fixen Idee festzuhalten, es müsse jedes Haus sein Gärtchen für sich haben, was unter diesen Verhältnissen doch nur in kümmerlichster und unbefriedigendster Weise möglich ist, und im Gedanken daran auf größere Freiflächen Verzicht zu leisten.

Es ist aber glücklicherweise eine der bedeutsamsten Errungenschaften des lebhaften Meinungsaustausches auf dem Gebiete des Städtebaues und der Wohnungsfrage, daß die außerordentliche Bedeutung entsprechender Frei- und Erholungsflächen für eine befriedigende Gestaltung der Wohnverhältnisse immer mehr zur Würdigung gelangt. Zweifellos haben die mannigfachen Städtebauausstellungen der letzten Jahre mit den vielen englischen und amerikanischen Vorbildern auf diesem Gebiete außerordentlich befruchtend gewirkt. So wird es wenigstens bei neueren Stadtanlagen nicht mehr an genügender Zahl und Beschaffenheit von Freiflächen fehlen. Je mehr diese Grundsätze zur Durchführung kommen, um so mehr werden dann auch die in der Nachbarschaft solcher Flächen und nach hygienischen Grundsätzen erbauten größeren Miethäuser ihre teils wirklich vorhandenen, teils auch nur angedichteten, üblen Eigenschaften verlieren.

Gewiß läßt sich einwenden, daß derartige Frei- und Erholungsflächen, auch wenn sie in wenigen Minuten erreichbar sind, doch nur für Erwachsene und Kinder höheren Lebensalters in Betracht kommen, gerade aber Familien mit kleinen, noch der Aufsicht bedürfenden Kindern wenig oder nichts von ihnen haben, weil die Familienmutter nicht die Zeit hat, die Kinder dorthin zu bringen und zu beaufsichtigen. Für solche Familien komme also nur der unmittelbar am Haus gelegene, wenn auch noch so kleine Garten in Betracht. Es mag deshalb darauf hingewiesen werden, in welcher Weise in manchen, speziell amerikanischen Städten, diese Schwierigkeit zu umgehen gesucht wird. So berichtet Professor Dr. Lennhoff [1]), daß Chicago sich rühmen könne, von keiner Stadt der Welt an kleinen Parks, die ausschließlich als Kinderspielplätze benutzt würden, erreicht zu werden. Es seien gegen siebzig dieser Art über die ganze Stadt zerstreut. Dieselben seien zum Schutze der Spielenden eingegittert und ständen alle unter ständiger Aufsicht, so daß Mütter, die zur Arbeit gehen, die Kinder hinbringen, dort verwahren lassen und später wieder abholen können. Von dieser Möglichkeit werde auch reichlicher Gebrauch gemacht.

Bei der Beurteilung dieser Fragen darf man übrigens nicht vergessen, daß in ähnlicher Weise, wie eine Verteilung der Bevölkerung nach der wirtschaftlichen Leistungsfähigkeit über das Stadtgebiet hin anzustreben ist (s. S. 115), auch eine solche nach den Wohnansprüchen und Wohnbedürfnissen zweckmäßig und möglich erscheint und sich auch meist von selbst ergibt. Auch das ist ein zwar selbstverständliches, deshalb aber doch nicht unbedeutendes Mittel zur Lösung der Wohnungsfrage. Gerade auf diesem Gebiet kann die Wohnungsaufsicht belehrend und aufklärend wirken. Familien mit kleinen, jederzeit der Aufsicht bedürfenden Kindern gehören eben nicht in größere, städtische Miethäuser ohne Gärtchen hinein. Je mehr eine Stadtverwaltung dafür Sorge trägt, daß an den verschiedensten Stellen der Stadt, namentlich in den Vororten, auch bescheidensten Verhältnissen erschwingliche Kleinwohnungen mit Gärtchen vorhanden sind, um so mehr wird sich auch eine entsprechende Verteilung der Bevölkerung durchführen lassen. Wenn wir Deutsche auch gewiß eine kinderreiche Nation sind, so gibt es doch Familien genug, welche aus dem Stadium der kleinen Kinder heraus sind und weder für sich noch auch ihre erwachsenen Kinder eines Gartens bedürfen, weil sich diese lieber in ihrer freien Zeit auf größeren Erholungs- und Spielplätzen herumtreiben und hier auch ganz anders austoben können. Von solchen Familien werden entsprechend eingerichtete Etagenwohnungen sehr häufig dem Einzelhaus mit Gärtchen vorgezogen. Andererseits ist mehrfach statistisch nachgewiesen worden, daß in den Vororten die jüngsten Altersklassen erheblich stärker vertreten sind, als in der Innenstadt, ein Beweis dafür, daß die kinderreichen Familien ganz von selbst bei der Wahl eines Wohnsitzes die ihren kleinen Kindern günstigere Verhält-

---

[1]) Voss. Ztg. v. 5. Jan. 1913.

nisse bietenden und außerdem auch billigeren Vorstadtwohnungen bevorzugen.

Eine derartige zweckentsprechende Verteilung der Bevölkerung nach ihren speziellen Wohnbedürfnissen muß demnach in jeder Weise gefördert werden, anderseits kann man sich aber auch unter entsprechenden Voraussetzungen bis zu einem gewissen Grade auf sie verlassen.

Wenn eine Stadtverwaltung in diesem Sinne für entsprechende, den verschiedensten Wohnansprüchen nach inneren und äußeren Qualitäten genügende Wohngelegenheiten gesorgt hat, so hat sie im allgemeinen ihre Schuldigkeit getan. Werden dann gegen die nicht zu umgehenden „Mietkasernenviertel" noch immer Einwände, speziell unter Hinweis auf die elende Lage der dort untergebrachten Kinder erhoben, so kann sie dieselben mit dem Hinweis entkräften, daß es auch gar nicht erwünscht und beabsichtigt sei, daß dort Familien mit kleinen Kindern wohnen, da für diese andere und zweckentsprechendere Wohnungen in anderen Stadtgegenden und zu gleichen Preisen vorhanden seien.

Die hier getroffene Unterscheidung in innere und äußere hygienische Wohnungsqualitäten spielt bei der Beurteilung der städtischen Wohnverhältnisse eine nicht unwesentliche Rolle. So ist ersichtlich, daß die sog. „herrschaftlichen" Etagenwohnungen in vielen großstädtischen Miethäusern, was die inneren Qualitäten anlangt, oft geradezu glänzend ausgestattet sind, dagegen bezüglich der äußeren hygienischen Qualitäten sehr viel zu wünschen übrig lassen, ein Umstand, unter dem auch viele der „herrschaftlichen" Kinder zu leiden haben. Weit schlimmer sieht es natürlich in vielen städtischen Kleinwohnungsvierteln aus, wo die Wohnungen weder nach inneren noch äußeren Qualitäten befriedigen. Umgekehrt sind die Wohnungen auf dem Lande bezüglich der inneren Qualitäten oft geradezu trostlos, stehen aber natürlich in bezug auf äußere hygienische Qualitäten fast ausnahmslos sehr günstig da, ein Umstand, der namentlich den Kindern auf dem Lande sehr zu statten kommt und den Einfluß der ungünstigen inneren Qualitäten größtenteils wieder kompensiert.

Wenn man demnach schlechtweg von einer Besserung der städtischen Wohnverhältnisse spricht, so wird es sehr darauf ankommen, ob man dabei mehr an die inneren oder die äußeren Qualitäten denkt. So können wissenschaftliche Gegner auf diesem Gebiet tatsächlich völlig aneinander vorbei reden. Denkt man nur an die inneren hygienischen Qualitäten, so wird man eine Besserung der städtischen Wohnverhältnisse konstatieren, sobald z. B. die Statistik lehrt, daß die Zahl der überfüllten Wohnungen abgenommen, die auf den Kopf entfallende Wohnfläche sich vergrößert hat usw. Denkt man aber mehr an die äußeren Qualitäten, an den Umstand, daß mit der zunehmenden Vergrößerung der Städte die Absperrung von der Natur immer größer, die Möglichkeit ins Freie zu gelangen immer ungünstiger wird, die Bebauungsintensität in der Regel immer mehr zunimmt, so wird man zu einem direkt entgegengesetzten Urteil gelangen und die geringfügige Besserung der inneren Qualitäten für belanglos und unwesentlich halten. Wer die Literatur der Wohnungsfrage verfolgt hat, weiß, daß diese verschiedene Auffassung des öfteren zu lebhaften und ergebnislosen Auseinandersetzungen geführt hat.

Daß man jetzt auf die hier sogenannten äußeren hygienischen Wohnungsqualitäten so großen Wert legt, hängt eng zusammen mit dem außerordentlichen Interesse, welches man gegenwärtig der Pflege und körperlichen Ertüchtigung der Kinder, namentlich auch der in vieler Beziehung recht ungünstig dastehenden Großstadtkinder entgegenbringt. Die Beziehung und die Bedeutung der Wohnung für das Familienleben und den Familiensinn spielt schon seit langem in der Erörterung der Wohnungsfrage eine große Rolle; mit Recht wird immer wieder darauf hinzuweisen sein, daß sich nur bei einigermaßen befriedigenden Wohnverhältnissen, insbesondere, was Größe, Ausstattung und völligen Abschluß anlangt, das Familienleben ungestört entfalten und Heimatgefühl und das Gefühl des Behagens am eigenen Herd sich entwickeln können. Immer mehr denkt man dabei jetzt auch an die besonderen Bedürfnisse und Ansprüche der Kinderwelt. Den Anstoß dazu gaben die Angaben, wie sie durch die Schulärzte über die physische Beschaffenheit der in die Schule eintretenden Großstadtkinder gewonnen wurden.

So wurden im Jahre 1910/11 33 671 Berliner Schulanfänger ärztlich untersucht. Wegen körperlicher oder geistiger Schulunfähigkeit wurden 3193 = 10,55 % zurückgestellt, in Überwachung wurden 7964 Schulanfänger = 23,5 % genommen; im ganzen wurden also 34 % der Schulrekruten als nicht voll schulfähig erachtet [1]).

Hinzu kamen die allerdings auf Widerspruch stoßenden Angaben über die ständige Abnahme der Militärtauglichkeit der großstädtischen Bevölkerung, die Einblicke, die man in manchen älteren Industrieländern (z. B. England) in die physische Minderwertigkeit der Industriearbeiter gewinnen kann, wo es sich nicht, wie bei uns noch um die erste, sondern bereits um die dritte oder vierte Industriegeneration handelt, und die Befürchtung, daß sich später auch bei uns solche Zustände herausbilden werden.

Mögen auch manche dieser Beobachtungen sich noch in anderer Weise deuten lassen, so viel ist sicher, daß sich überall innerhalb der wirtschaftlich schwachen Bevölkerungskreise der Großstädte eine physische Minderwertigkeit der Jugend konstatieren läßt, die zu Abwehrmaßnahmen herausfordert. Dies um so mehr, als es sich nach Ansicht der meisten Autoren dabei nicht um eine Degeneration im eigentlich biologischen Sinne, sondern um eine Schädigung infolge ungünstiger wirtschaftlicher und sozialer Einflüsse, eine physische Verelendung handelt, welche durch Bessergestaltung des die Wachstumsperiode beeinflussenden Milieus zweifellos beseitigt werden könnte.

Zu diesen ungünstig wirkenden Einflüssen gehören vor allem die städtischen Wohnverhältnisse, und zwar macht sich ihre Ungunst am meisten bemerkbar für das Kleinkinderalter, die Zeit zwischen Säuglingsalter und schulpflichtigem Alter. Für die Säuglinge sorgt an den meisten Orten schon die soziale Fürsorge und entzieht sie in schlimmsten Fällen den schädlichen Einflüssen der Wohnungen. Die Schulkinder dagegen finden in den Wegen hin und zurück zur Schule, in der dort gebotenen Gelegenheit zu Spiel, Turnen, Sport und Wandern ein Äquivalent gegen die Ungunst ihrer Wohnverhältnisse, außerdem kommt ihnen die schulärztliche Kontrolle zugute. Aber das dazwischen liegende Kindesalter steht noch sehr ungünstig da. Die Kinder stehen in einem Alter, wo sie beim Spielen auf öffentlichen Plätzen oder den in vielen Städten als solche dienenden Straßen unbedingt der Aufsicht bedürfen; es kommt deshalb unter ärmeren Verhältnissen sicher öfters vor,

---

[1]) Nach Fischer, Grundriß der sozialen Hygiene, Berlin 1913, S. 196.

daß die Kinder wochenlang nicht in die frische Luft kommen, sondern in der dumpfen, vielfach überhitzten Wohnung eingesperrt bleiben, weil die Mutter nicht die Zeit hat, sie herauszuführen. Es macht sich deshalb gerade für diese Altersklasse die Ungunst der äußeren hygienischen Wohnungsqualitäten, das Fehlen auch des kleinsten und bescheidensten Tummelplatzes unmittelbar bei der Wohnung am meisten bemerkbar. So ist es kein Wunder, daß sich als Folge dieser Verhältnisse in vielen Fällen eine körperliche Minderwertigkeit der Kinder herausbildet, wie sie bei der oben zitierten Untersuchung der Schulrekruten auch zahlenmäßig in Erscheinung tritt und sicherlich oft ausschlaggebend ist für die ganze weitere Wachstumsperiode.

Fünfter Abschnitt.

Abstufung nach Baublockklassen und die einheitliche Blockgestaltung.

In diesem Zusammenhange bedarf noch ein weiterer Punkt der Behandlung, welcher bis jetzt relativ wenig Beachtung in der sonst recht umfangreichen Literatur über Bauordnungen gefunden hat. Es ist das die Frage, inwieweit man durch Bauvorschriften die einheitliche und hygienisch zweckmäßigste Ausgestaltung des ganzen Baublocks, also z. B. in dem oben beim Reihenhausbau geschilderten Sinne erreichen bzw. erzwingen kann. Und doch ist das sowohl vom Standpunkte der Hygiene, als der Wirtschaftlichkeit und Ästhetik eine der brennendsten Fragen. Ich erinnere zur Würdigung dessen nur an die in den alten Stadtteilen noch vielfach vorhandene Blockbebauung übelster Art mit ihrem Gewirr von Hinter-, Seiten- und Flügelbauten, den schmalen finsteren Lichtschächten, den dumpfen, muffigen Höfen und der sich daraus ergebenden Forderung nach einem großen, gemeinsamen, frei bleibenden Luftraum im Innern. So lange aber die baupolizeilichen Bestimmungen nur auf das einzelne Haus und die einzelne Bauparzelle zugeschnitten sind, wird sich in den wenigsten Fällen eine hygienisch einwandfreie und zweckdienliche Bebauung des ganzen Blocks erzielen lassen. Durch die Festsetzung rückwärtiger Fluchtlinien, das Verbot von Seiten- und Hintergebäuden gemeinsam mit einer entsprechenden, durch den Bebauungsplan festzulegenden Parzellierung und Tiefe der einzelnen Baublöcke läßt sich ja vielleicht die Freihaltung des Blockinnern von Gebäudeteilen erreichen, aber das genügt noch keineswegs. Soll der Vorteil des freien Innenraums für die angrenzenden Wohnungen so recht zur Geltung kommen, so muß derselbe auch nach einheitlichen Gesichtspunkten behandelt und für die Anwohner nutzbar gemacht werden. Wenigstens ist diese Forderung für die Wohnviertel aufzustellen. Solange es aber dem Ermessen des einzelnen Baustellenbesitzers überlassen bleibt, wie er den rückwärts gelegenen, unbebauten Teil der Baustelle verwendet, also je nachdem als Hof, Garten, Rasenfläche, solange er nach eigenem Gutdünken die Art und Höhe der Umzäunung oder Ummauerung seines Gartens gegen die Nachbargärten bestimmen kann, wird sich der anzustrebende Endeffekt einer derartigen Blockbebauung, hier im Innern eine einheitliche, zusammenhängende, dem Straßenlärm und Straßenstaub entrückte Grün- und Gartenfläche zu schaffen, nur in höchst unvollkommener Weise erreichen lassen.

Hier können nur baupolizeiliche Bestimmungen helfen, welche gestatten, den ganzen Baublock als architektonische Einheit zu erfassen, und ihre Einführung dürfte bei dem leicht zu erbringenden Nachweis, daß es sich dabei um ein im allgemeinen Interesse liegendes Bedürfnis handelt, nicht auf erhebliche Schwierigkeiten stoßen und diesen weiteren Eingriff in die Rechte des Baustellenbesitzers rechtfertigen. In diesem Sinne wäre es wohl zweckdienlich, noch eine weitere Abstufung der Bauordnungen nach Baublockklassen vorzunehmen, in welchen für die verschiedenen in Betracht kommenden Baublockkategorien gesonderte Bestimmungen erlassen werden, je nachdem ob es sich bei ihnen überwiegend um Geschäftshäuser, Gewerbebetriebe, herrschaftliche Wohnhäuser oder Kleinwohnungsbauten handelt. Diese Bestimmungen hätten also nicht nur die baulichen Verhältnisse der einzelnen, den Baublock zusammensetzenden Gebäude- und Gebäudeteile, sondern vor allem auch die einheitliche, architektonische Durchbildung des ganzen Blocks zu regeln, sowohl was die gleichartige und harmonische Fassadenbehandlung, als namentlich auch die Ausbildung der erwähnten Innengärten und Innenparks anbelangt. Auch vom rein ästhetischen Standpunkte wäre es am zweckmäßigsten, wenn es sich immer mehr durchführen ließe, die Plangestaltung für den ganzen Baublock in eine Hand zu legen, eventuell zum Gegenstand eines Wettbewerbs zu machen.

In diesem Zusammenhang mag es berechtigt sein, auf einige Verhältnisse hinzuweisen, welche zwar nicht direkt die hygienischen und Wohninteressen berühren, aber doch in naher Beziehung zu ihnen stehen. Von jeher haben sich die Baupolizeivorschriften infolge der in ihnen liegenden Bevormundung des architektonischen Schaffens bei den Architekten einer weitgehenden Unbeliebtheit erfreut. Namentlich von seiten der Ästhetiker des Städtebaues ist oft betont worden, daß durch die Bauordnungen an Stelle der früheren malerischen Städtebilder ein langweiliger Schematismus und ein schablonenhaftes Aussehen der Straßenfronten hervorgerufen werde, daß man überhaupt jedes künstlerische Schaffen dadurch in die baupolizeiliche Zwangsjacke stecke.

Diese Anklagen sind bis zu einem gewissen Grade nicht unberechtigt. Gewiß führt jede Bauordnung, erst recht die Staffelbauordnung mit der Zeit zu einem gewissen Schematismus und einer einheitlichen Gestaltung der durch sie erfaßten Gebäudegattungen. Das liegt vor allem daran, daß die überwiegende Mehrzahl unserer städtischen Wohngebäude von dem gewerbsmäßigen Bauunternehmertum auf „Spekulation" gebaut wird und es demnach natürlich ist, daß beim Bau

eines städtischen Miethauses in all den Punkten, welche einen höheren
Ertrag versprechen, also bezüglich Ausnutzbarkeit der Grundfläche,
Stockwerkzahl, Geschoßhöhe, Zimmergröße, Mindestluftraum usw. bis
an die je nachdem obere oder untere Grenze herangegangen wird,
wie sie eben von der Bauordnung noch zugelassen wird. So wird z. B.
die Zulassung von vier Stockwerken in einer Bauzone zwar nicht sofort,
aber doch beim allmählichen Ausbau und Umbau des betreffenden
Viertels dazu führen, daß alle Gebäude auch tatsächlich diese Höhe
erreichen.   Es wird die von der Bauordnung eben nach als zulässig
bezeichnete Grenze mit der Zeit zu einer baupolizeilich sank-
tionierten Norm. zum Schema, welches dem ganzen Bezirk sein Gepräge verleiht.

Es läßt sich aber doch die Frage aufwerfen, ob die auf diese Weise
entstehende gleichartige Behandlung der Bauwerke tatsächlich als ein
künstlerischer Verlust aufzufassen ist, ob dieselbe nicht vielmehr
eine Erscheinung darstellt, die aufs innigste mit der ganzen baulichen
Entwickelung der modernen Großstadt verknüpft ist, demnach geradezu
ihr Wesen charakterisiert, und so nach dem heutzutage oft vertretenen
Grundsatz, daß alles, was wirklich zweckmäßig und aus dem Bedürfnis
herausgewachsen ist, in der Regel auch schön ist, einer gewissen
Schönheit nicht entbehrt.   So gab ich schon früher dem Gedanken
Ausdruck[1]), daß sich in diesem nicht wegzuleugnenden Schematismus,
wie er durch die Bauordnung erzwungen werde, auch äußerlich die
Gleichartigkeit und zunehmende Verwischung der Klassenunterschiede
ausdrücke, der die Menschen in der Großstadt heutzutage weit mehr
als früher unterworfen sind, der soziale, fast demokratische Zug, der
durch unser ganzes, modernes Kulturleben hindurchgeht.   Warum soll
sich das nicht auch im architektonischen Bild der Städte ausdrücken?

Inzwischen ist man auch von seiten der ästhetischen Betrachtung
des Städtebaues zu der Erkenntnis gekommen, daß das einzelne,
eingebaute Haus auch in der künstlerischen Erscheinung als
Einzelindividuum keine Existenzberechtigung mehr hat oder
wenigstens nur in besonderen Fällen, sondern durch die einheitliche
Behandlung der Blockfront oder des ganzen Baublocks zu ersetzen
ist; man faßt es mit Recht heutzutage nicht mehr als Verschönerung
des Straßenbildes auf, wenn jedes Haus und Häuschen eine andere Höhe,
Fassadenbehandlung, Farbe und Materialbeschaffenheit hat.   Dazu ist
die Zahl der Gebäude in der Großstadt viel zu groß.   Vielmehr strebt
man nach englischen Vorbildern immer mehr danach, die gesamte Straßenfront eines ganzen Baublocks auch in der architektonischen Behandlung
als Einheit aufzufassen und unter Verzicht auf überflüssige Besonderheiten jedes einzelne Haus ruhig und harmonisch zu gestalten.   Diesen

---

[1]) Siehe Hygienische Betrachtungen über offene und geschlossene Bauweise.
über Kleinhaus und Mietkaserne. Deutsche Vierteljahrsschr. f. öffentl. Gesundheitspflege. 1906. S. 457.

Gedanken haben insbesondere Goecke, Brinkmann und Behrendt vertreten.

So hat Brinkmann in einem Aufsatze im Aachener politischen Tageblatt 1911 ausgeführt, daß die künstlerische Gestaltungskraft sich nicht darin zeige, daß man Raum an Raum wie Klötzchen füge und Fassaden darüber hin komponiere. Gehe man bei geschlossener Bebauung vom Einzelhaus aus und füge eines mit schlichter Fassade an das andere, so komme man zum Reihenhaus und damit zur einheitlichen Bildung einer ganzen Fassadenflucht. Prag und Essen hätten darüber bereits feste Bestimmungen an neu zu bebauenden Straßen getroffen. Dieser äußeren Einheitlichkeit müsse auch die einheitliche Behandlung des ganzen Baublocks entsprechen, und so erwüchsen der einheitlichen Fassade auf eine ganze Straßenabschnittlänge zwei Aufgaben: einmal das Gesicht des Blocks abzugeben, dann Begrenzungswand des Straßenraums zu sein, zu dem sie in ihrer Einheitlichkeit in engste Beziehung trete. In ähnlichem Sinne bewegen sich die Ausführungen von W. C. Behrendt [1]).

Entsprechend obigen Ausführungen lassen sich also wesentliche Verbesserungen der in einem Baublock gegebenen Wohnverhältnisse erzielen, sowohl nach der hygienischen als nach der ästhetischen Seite, wenn der Baublock möglichst als Ganzes erfaßt und demselben eine einheitliche Plangestaltung zugrunde gelegt wird. All diese, jetzt noch relativ wenig gewürdigten Gesichtspunkte werden mit der Zeit zweifellos nicht unerheblich zur Lösung der städtischen Wohnungsfrage beitragen, wenn sie erst einmal allgemeine Anwendung gefunden haben und im großen in die Praxis übersetzt sind.

In diesem Sinne dürfte vielleicht auch die Einführung der oben befürworteten Baublockklassen in der Bauordnung an Stelle der bisherigen Straßenklassen oder je nachdem in Verbindung mit denselben wirken. Erwünscht sind dann weiter nach dem Vorbild mancher Städte Bestimmungen, welche der Baupolizei das Recht geben, in weitgehender Weise die Formengebung der Fassaden zu beeinflussen und dafür zu sorgen, daß sie sich zu einem harmonischen Ganzen zusammenfügen. Küster [2]) hat einige derartige Verordnungen zusammengestellt. So enthält z. B. die Bauordnung der Stadt Essen folgende Bestimmung:

„Alle von öffentlichen Straßen, Wegen oder Plätzen aus sichtbaren Einfriedigungen, Gebäude oder Gebäudeteile, gleichviel ob sie zum Vorderhaus oder zu Seiten- oder Hintergebäuden gehören, müssen in Form und Ausstattung ein gefälliges, ansprechendes Äußere erhalten.“

und in Karlsruhe kann die Genehmigung versagt werden,

„wenn die von Straßen oder Plätzen aus sichtbaren Bauteile keinen ästhetisch befriedigenden Eindruck machen oder sich nicht harmonisch in das Straßen- oder Platzbild eingliedern würden; sie dürfen sich nicht in einem verwahrlosten oder sonst das Straßen- oder Stadtbild verunzierenden Zustande befinden“.

Noch weiter geht Fürth in Bayern. Hier heißt es in der Bauordnung:

---

[1]) W. C. Behrendt, Die einheitliche Blockfront als Raumelement im Stadtbau, Berlin 1912.

[2]) Der Einfluß der Bauordnungen auf den Städtebau, Techn. Gemeindeblatt, Jahrg. XV, H. 12, S. 170.

„Die von der Straße aus sichtbaren Gebäudeteile der Vorder- und Rückgebäude müssen eine angemessene Ausgestaltung erhalten; im Interesse der Verschönerung können Abänderungen der Baupläne, die die Kosten der Bauführung nicht wesentlich vermehren, verlangt werden."

Derartige Bestimmungen räumen also der Baupolizei einen weitgehenden Einfluß auf die ästhetische Gestaltung der Bauwerke und Baublöcke ein. Von besonderer Bedeutung in diesem Sinne ist auch der Erlaß des preußischen Gesetzes gegen die Verunstaltung von Ortschaften und landschaftlich hervorragenden Gegenden vom 15. Juli 1907, welches auf Grund der dazu erlassenen Ortsstatute den Stadtverwaltungen die Möglichkeit gibt, gegen Verunstaltungen des Straßen- und Städtebildes vorzugehen.

Immerhin bleibt auch bei weitgehender Anwendung derartiger Bestimmungen der Übelstand bestehen, daß jedes einzelne Gebäude eines Baublocks unter den heutigen Verhältnissen von einem anderen Architekten entworfen wird und deshalb eine völlige Einheitlichkeit der Blockbebauung überhaupt nicht oder nur nach langen Verhandlungen zu erreichen sein wird. Viel leichter läßt sich dieses Resultat erzielen, wenn der ganze Baublock einem Besitzer gehört, z. B. städtischer Grundbesitz ist. Dann würde sich die zweckmäßigste Blockgestaltung erreichen lassen, wenn die Stadt nicht jede einzelne Baustelle irgend einem Bauunternehmer unter Innehaltung der betreffenden Bauvorschriften zur Bebauung überläßt, sondern zunächst, eventuell auf dem Wege des Wettbewerbes, ein Projekt für den ganzen Block ausarbeiten läßt, und dann die einzelnen Baustellen mit der Auflage verkauft, die Bebauung im Sinne dieses Projekts durchzuführen.

Bei zersplittertem Besitz ließe sich vielleicht manchmal auf gütlichem Wege eine Einigung der Besitzer zu gemeinsamem Vorgehen in diesem Sinne erzielen, in ähnlicher Weise etwa wie bei dem Umlegungsverfahren. Günstiger liegen natürlich die Verhältnisse, wenn die in Frage kommenden Baustellen irgend einer großen Terraingesellschaft gehören, wie das bei modernen Stadterweiterungen wohl sehr häufig der Fall sein wird. Derartige kapitalkräftige Gesellschaften werden für solch großzügige Projekte im allgemeinen leichter zu gewinnen sein, als die meist mit knappen Mittel versehenen kleinen Unternehmer, namentlich wenn ihnen die Stadt in anderer Weise, z. B. durch Kreditgewährung, eventuell auch Bauerleichterungen, die bei einer solch einheitlichen Plangestaltung unter Umständen einzelnen Teilen des Baublocks gewährt werden können, entgegenkommt. In diesem Sinne zu vermitteln und sich zu betätigen ist eine Hauptaufgabe der Stadterweiterungsämter, wie sie gegenwärtig für die Großstädte angestrebt werden, und eines in Berlin-Schöneberg bereits 1911 geschaffen wurde. Der Leiter dieses Amtes, Stadtbauinspektor P. Wolf, hat kürzlich einige interessante Mitteilungen aus der Praxis dieses städtebaulichen Bureaus veröffentlicht [1]). Von besonderem Interesse sind darin die sog.

[1]) Stadterweiterungsämter, Techn. Gemeindeblatt, Jahrg. XV., H. 12, S. 174.

Regulierungsverträge, wie sie die Stadt auf Grund der zu dem
Gesetz gegen die Verunstaltung von Ortschaften etc. vom 15. Juli 1907
erlassenen Ortsstatute und des Bauverbotes des Fluchtliniengesetzes mit
den privaten Grundbesitzern abschließt, um über den Bebauungsplan
hinaus Einfluß auf die Erschließung eines Geländes in wirtschaftlicher,
hygienischer und künstlerischer Beziehung zu gewinnen. Da in Groß-
Berlin der Terrainmarkt vorwiegend in den Händen von Bodengesellschaften liegt, so werden solche Verträge vorwiegend mit den einzelnen
Terraingesellschaften abgeschlossen, die das betreffende Gelände zumeist
von den Urbesitzern erworben haben. Da es sich bei diesen Fragen um
Verhältnisse handelt, welche meines Erachtens von fundamentaler und
grundsätzlicher Bedeutung für den weiteren Ausbau unserer Städte
und die Gestaltung ihres Wohnungswesens sind, soll hier einer der
angeführten Verträge kurz nach den diesbezüglichen Mitteilungen Wolfs
geschildert werden.

Es handelte sich um das in Schöneberg gelegene, ca. 10 ha große Will-
mannsche Gelände, welches vor kurzem an die Boden-Aktiengesellschaft Berlin-
Nord übergegangen war. Der bereits früher von den städtischen Körperschaften
für dieses Gelände genehmigte Bebauungsplan entsprach aus allerlei Gründen nicht
mehr den modernen Anforderungen des Städtebaues, und es lag deshalb für die Stadt
der Wunsch nahe, für dieses Gelände einen besseren, neuen Bebauungsplan aufzustellen,
der natürlich aber der Bodengesellschaft dieselben wirtschaftlichen Vorteile sicherte
wie der alte Plan. Schließlich gelang es denn auch einen Weg zu finden, dem beide
Teile, Stadt und Bodengesellschaft zustimmten. Dabei ist in diesem Zusammenhang
von besonderem Interesse die Behandlung der Hinterterrains und des Blockinnern. Auf dem ganzen Gelände werden die Hofeinfriedigungen im Innern der
Baublöcke fortfallen; durch Grundbuch-Eintragung wird sichergestellt, daß die
einzelnen Hausbesitzer eines Baublockes ihre Hofflächen dauernd zur Einrichtung
eines von der Stadtgemeinde Schöneberg zu unterhaltenden Innenparks für die
Bewohner der den Baublock umschließenden Häuser verwenden werden. In besonderen Fällen sind davon kleine Wirtschaftshöfe abgetrennt, im übrigen wird das
Blockinnere aber vorwiegend Erholungsgrünflächen für die Blockbewohner bilden.
Ein kleiner Teil davon wird als Kinder-, Spiel- und Turnplätze eingerichtet.

Für eine einheitliche Gestaltung der Blockfronten und einheitliche Vorgartenanlage sorgen durchlaufende Hauptgesimse, durchlaufende
Dachflächen, rhythmische Gestaltung der Frontansichten, Vorschrift einheitlicher
Verwendung von Baustoffen und Farben bei der Fassadenbehandlung, Wegfall
der seitlichen Grenzzäune bei den Vorgartenanlagen und einheitliche Einfriedigungen nach der Straße hin.

Die Anlage der Innengärten, überhaupt sämtlicher vorgesehenen gärtnerischen
Anlagen, erfolgt auf Kosten der Bodengesellschaft nach den Plänen und unter Aufsicht der Stadtgemeinde. Die Unterhaltung dieser Anlagen übernimmt ebenfalls
die Stadt auf Kosten der Eigentümer der Hausgrundstücke.

All diese und ähnliche Bestimmungen sind durch Vertrag zwischen Stadt
und Bodengesellschaft vereinbart worden, wobei die letztere die Verpflichtung
übernommen hat, die einzelnen Bestimmungen ihren Käufern durch eine besondere
Klausel im Kaufvertrag aufzulegen und die nötigen Grundbuch-Eintragungen
zu bewerkstelligen. Die Gesellschaft verkauft dann die einzelnen Bauparzellen mit
den genehmigten Projekten.

Dieser Vertrag bietet also ein mustergültiges Beispiel für das
Zusammenarbeiten von Kommune und privatem Unternehmertum, und

es läßt sich wohl nicht bezweifeln, daß ein weiterer Ausbau dieses Systems hoffnungsvolle Zukunftsperspektiven für den hygienisch und ästhetisch befriedigenden Ausbau unserer städtischen Wohnviertel eröffnet und auch Erhebliches zur Besserung der städtischen Wohnverhältnisse und damit der Lösung der Wohnungsfrage beitragen wird. Das rechtfertigt seine etwas eingehende Behandlung.

So geht die ganze Tendenz unserer städtebaulichen Entwickelung anscheinend immer weiter im Sinne einer weitgehenden baupolizeilichen Bevormundung. Von der einheitlichen, summarischen Erfassung des ganzen Stadtgebietes durch die Bauordnung kamen wir zu der rohen und schablonenhaften Sonderung desselben in einige wenige Bauzonen. Es folgte die immer weitergehende Unterteilung in einzelne Stadtviertel und innerhalb dieser wieder die Abstufung nach Straßengattungen, Gebäudegattungen und Raumgattungen. Auch das wird auf die Dauer nicht mehr genügen, immer mehr zeigt sich, daß sich die Gesamtheit der hygienischen, ästhetischen und wirtschaftlichen Forderungen in wirklich idealer Weise nur dann befriedigen läßt, wenn jeder Baublock einheitlich und selbständig behandelt wird, in dem vorher besprochenen und aus diesen Anläufen sich mit der Zeit heraus entwickelnden Sinne. Durch diese immer mehr hervortretende Spezialisierung der Bauvorschriften, nicht minder durch das auch noch darüber hinausgehende Bestreben der Stadtverwaltungen, Einfluß auf die Gestaltung der Bauweise zu gewinnen, wird allerdings die künstlerische Bewegungsfreiheit und individuelle Formensprache des den einzelnen Bauteil ausführenden Architekten auf ein Minimum reduziert, wenn nicht ganz aufgehoben. Dafür erwachsen den Architekten aber wieder in der Plangestaltung der ganzen Baublöcke große und monumentale Aufgaben, die ein äußerst dankbares Betätigungsfeld bieten. Im übrigen besteht aber gerade bei einer derartigen, einheitlichen Behandlung der ganzen Baublöcke für die Baupolizeibehörde die Möglichkeit und Berechtigung, von den allgemeingültigen baupolizeilichen Bestimmungen, je nach dem besonderen Zweck des betreffenden Blocks, Erleichterungen zu gewähren, da diese sich infolge der einheitlichen Plangestaltung leicht kompensieren lassen. So wird es in einem solchen Falle z. B. ohne weiteres statthaft sein, zur stärkeren architektonischen Hervorhebung oder im Sinne einer stärkeren Raumausnutzung mit einzelnen Gebäudeteilen wesentlich über die sonst zulässige Höhe emporzugehen [1]), eine andere als die vorgeschriebene Dachneigung zu wählen, an einzelnen Stellen hinter die Fluchtlinie zurückzutreten und ähnliches mehr, wenn dabei die „zwingenden" Vorschriften bezüglich der Licht- und Luftversorgung etc. für benachbarte Gebäudeteile beobachtet werden. So scheint es mir, als könne man auf diesem Wege doch mit der Zeit zu einer Vermittlung zwischen

---

[1]) Vergleiche auch die Ausführungen auf S. 44 über die Wolkenkratzer und ihre Stellung im Baublock.

den in der Bauordnung vor allem Berücksichtigung findenden hygieni-schen Interessen und den für den Architekten eine möglichst große Bewegungsfreiheit verlangenden künstlerischen Interessen kommen. Es wird eben mit anderen Worten die individuelle Behandlungsmöglichkeit und der Bewegungsspielraum, der früher in der an Bauvorschriften armen Zeit beim Bau des früheren Raumelementes im Städtebau, des Einzel-hauses, gegeben war, immer mehr zu ersetzen sein durch entsprechende Freiheiten in der Plangestaltung des neuen Raumelements der modernen Großstadt, des einheitlich und harmonisch aufgefaßten Baublocks. Dadurch eröffnen sich auch für die künst-lerischen Aufgaben des modernen Städtebaues gewaltige und früher kaum dagewesene Zukunftsaussichten.

Daß übrigens auch wirtschaftlich die einheitliche Behandlung des ganzen Baublocks dem bisherigen Modus weit überlegen ist, braucht kaum erwähnt zu werden, namentlich wenn auch die Bauausführung selbst von einer Stelle aus erfolgt. Dann ist die große und kapitalkräftige Unternehmung in vieler Hinsicht, z. B. was Material- und Kreditbe-schaffung, Anstellung und Ausnutzung der Arbeitskräfte anlangt, dem kleinen, kapitalschwachen Unternehmer gegenüber wesentlich im Vorteil.

Es ist deshalb leicht verständlich, daß auf dem Gebiete der ein-heitlichen Blockbebauung die großen, meist gemeinnützigen Bau-gesellschaften und Bauvereine die Führung übernommen und in vieler Hinsicht mustergültige Anlagen, namentlich was die Verwendung derartiger Baublöcke zu Kleinwohnungszwecken anlangt, geschaffen haben. Ich führe nur einige deratige Bauten auf, welche in mancher Hinsicht bahnbrechend auf dem Gebiete des Kleinwohnungs-wesens gewirkt haben. Hierzu rechnet die Wohnhausanlage des Ber-liner Spar- und Bauvereins an der Ecke der Proskauer- und Schreiner-straße, welche im ganzen 120 Familien Unterkommen gewährt und nach Plänen des Architekten A. Messel erbaut wurde. Noch ausgedehnter sind die nach Plänen von Schilling und Gräbner vom Dresdener Spar- und Bauverein erbauten sog. Graf Posadowsky-Wehner Häuser in Dresden-Löbtau, welche einen Baublock von mehr als 8000 qm bedecken und aus 19 fünfgeschossigen Einzelhäusern bestehen, welche den ca. 100 m langen und 50 m breiten, völlig frei gehaltenen und größtenteils gartenmäßig ausgebildeten Innenraum des Baublocks in geschlossener Zeile umstehen und ihn vom Staub und Lärm der Straßen abschließen. Diese Häusergruppe enthält fast 300 Einzelwohnungen, ein Kasino mit Nebenräumen, eine Badeanstalt, Lesezimmer, Bibliothek, einen Kinderhort usw. Auch die architektonische Durchbildung ist eine durchaus befriedigende. Ähnliche großzügige Anlagen sind jetzt fast in allen großen Städten, zumeist von den gemeinnützigen Baugesell-schaften geschaffen worden. Nun ist man sich heutzutage ja wohl all-gemein klar darüber, daß diese gemeinnützigen Baugesellschaften nicht die Kleinwohnungsfrage lösen können, sondern die überwiegende

Masse der Kleinwohnungen nach wie vor von dem privaten Unternehmertum gebaut werden muß. Es ist aber zu erwarten, daß die von jenen geschaffenen mustergültigen Anlagen vorbildlich bilden und dem privaten Unternehmertum, welches sich eventuell zu großen Aktiengesellschaften zusammenschließen könnte, den Weg gezeigt haben, auf dem hier vorgegangen werden muß. Anläufe dazu sind, auch behufs anderweitiger Verwendung der Baublöcke als zu Kleinwohnungszwecken, bereits vorhanden. Das zeigt unter anderem folgender Bericht, welcher dem Aachener Politischen Tageblatt vom 31. Dez. 1912 entnommen ist.

Köln, 31. Dez. Ein finanziell gut fundiertes Konsortium beabsichtigt, den großen, günstig gelegenen **Häuserblock,** begrenzt vom Frankenplatz, Frankenturm, Bischofsgartenstraße und Domhof, **einheitlich zu bebauen.** Das Eisenbahnverwaltungsgebäude soll dem geplanten großen Neubau zum Opfer fallen, und die Verhandlungen mit den Eigentümern des Hotels Du Nord sind dem Vernehmen nach soweit gediehen, daß ein modern ausgestattetes, erstklassiges Hotel neu erstehen wird. Die Gebäudeseite am Frankenplatz, der Rampe entlang, wird als Wandelgang mit Verkaufsläden ausgestattet und das erste Stockwerk einen großen Konzertsaal mit der Front nach der Brücke zu erhalten; auch Gesellschafts- und Klubräume sind vorgesehen. Nach der Bischofsgartenstraße zu soll im Erdgeschoß in reich ausgestatteten Räumen die bis heute im Gürzenich befindliche Kölner Börse ihr Unterkommen finden und in dem oberen Stockwerk sind die nötigen Bureauräume unterzubringen. Was den äußeren Bau anbelangt, so werden die Fassaden harmonisierend mit Dom und Brücke ausgestaltet und der Bau wird so in jeder Weise eine Zierde unserer Großstadt werden. Die Durchführung des Projekts erfordert einen Kostenaufwand von etwa 15 Millionen. Die bayerische Hypothekenbank ist finanziell stark beteiligt; es werden ihr besondere Zinsgarantien geboten werden. Die Leitung des Baues wird der Düsseldorfer Architekt Pipping übernehmen.

Dritter Teil.

Die städtischen Kleinwohnungen.

———

Erster Abschnitt.

Allgemeine Ausführungen.

1. Die Fortschritte im städtischen Wohnungsbau.

Bei einer Kritik der städtischen und großstädtischen Wohnverhältnisse läßt sich konstatieren, daß die letzten Jahrzehnte uns einen
außerordentlichen Fortschritt in alle dem gebracht haben, was man
als Hygiene und Komfort des herrschaftlichen Wohnhauses
zusammenfassen kann. Es ist der modernen Bautechnik und Gesund-
heitstechnik ein leichtes, da wo genügende Mittel zur Verfügung
stehen, z. B. beim Bau einzelner herrschaftlicher Wohnhäuser und
Villen, Wohnungen herzustellen, die in hygienischer Hinsicht, was
Grundrißlösung, Materialverwendung, Innenausstattung, Heizung, Lüftung, Beleuchtung, Bade- und Warmwassereinrichtungen, Entstaubungs-
anlagen etc. anbelangt, keinerlei Wünsche mehr aufkommen lassen,
vielmehr geradezu als Musterbeispiele hygienischer, aber auch
behaglicher und schöner Ausstattung bezeichnet werden können.

In dieser Beziehung sind erhebliche Fortschritte kaum mehr denkbar; weitere Vervollkommnungen fallen kaum mehr unter den Begriff
der Wohnungshygiene, sondern den des Luxus, und in dieser Beziehung
kann man demnach von einem gewissen Abschluß der wohnungshygienischen Bestrebungen sprechen.

Der Gegenwart und Zukunft fallen aber auch ganz andere Aufgaben zu. Da handelt es sich weniger darum, immer noch neue Materialien
dem Wohnungsbau und der Innenausstattung nutzbar zu machen,
immer noch neue gesundheitstechnische Apparate und Einrichtungen
zu ersinnen, als vielmehr darum, die bisherigen Errungenschaften
in immer weitgehenderem Maße allen Wohnungskategorien nutzbar
zu machen. So wie die Dinge jetzt liegen, weisen aber nur die besseren
Einfamilienhäuser und besseren Etagenwohnungen, die sog. Herrschaftswohnungen, eine teilweise recht zufriedenstellende Ausstattung und

genügenden hygienischen Komfort auf, allerdings auch bei entsprechenden Preisen.

Ganz anders liegen die Verhältnisse bezüglich der Kleinwohnungen, der bei weitem überwiegenden Zahl der städtischen Wohnungen. Hier, wo das wirtschaftliche Moment in erster Linie mitberücksichtigt werden muß, stehen der Einführung der wohnungshygienischen Errungenschaften außerordentliche Schwierigkeiten im Wege, da jede bessere Ausstattung, jede hygienische Verbesserung der Wohnungen notgedrungen zu einer Verteuerung derselben führen muß. Das Bestreben, auch diesen Kleinwohnungen und ihrer Bevölkerung so viel als möglich die Vorteile der Hygiene zukommen zu lassen, gehört zu den bedeutsamsten Problemen des Wohnungswesens und der Wohnungshygiene; hier zeigt sich, daß trotz aller vorher aufgezählten Errungenschaften die Wohnungsfrage, d. h. die Frage, wie man auch der minderbemittelten Bevölkerung ausreichend große, hygienisch einwandfreie und zu ihrem Einkommen im richtigen Verhältnis stehende Wohnungen verschaffen kann, erst in den Anfängen ihrer Lösung steckt.

2. Die Kleinwohnungsfrage in der Innenstadt und auf den Außengeländen.

Bei der städtischen Wohnungsfrage ergeben sich zwei große und völlig verschiedene Probleme, die meines Erachtens nicht scharf genug voneinander getrennt werden können. Bei dem einen handelt es sich darum, die im Innern der Städte auf meist hochwertigem Boden gelegenen, zum Teil noch aus älterer Zeit stammenden Wohnungen soweit zu verbessern und umzugestalten, daß sie einigermaßen den gesteigerten hygienischen Ansprüchen genügen. Da infolge der hohen Bodenwerte ihr Preis meist ohnehin schon ein recht hoher ist, so ist gerade hier weitgehende Rücksichtnahme auf die wirtschaftlichen Verhältnisse nötig, und es kann sich deshalb meist nur um die Durchführung der sog. gesundheitlichen Mindestforderungen handeln. Und selbst da wird man bei bereits vorhandenen Wohnungen in älteren Gebäuden oft noch weitgehende Nachsicht walten lassen müssen. Besser liegen schon die Verhältnisse bei Umbauten, Abbrüchen und an ihre Stelle tretenden Neubauten. Aber auch dann muß den einmal festgelegten Gebäude- und Bodenwerten Rechnung getragen werden, da jede erhebliche Ertragsschmälerung, z. B. durch eine weniger weitgehende bauliche Ausnutzung des betreffenden Grundstücks, eine Herabsetzung des Gebäudewerts und damit unter Umständen große und unverdiente Vermögensschädigung der betreffenden Besitzer zur Folge haben würde.

Das andere Problem ist die Lösung der Kleinwohnungsfrage auf Neuland, dem bisher unbebauten Boden in der Umgebung der Städte, in den Vororten und Stadterweiterungsgebieten. Gerade die Erkenntnis, welch außerordentliche Schwierigkeiten sich der Ver-

besserung der Wohnungen in den einmal ausgebauten Städten ohne gleich
zeitige Verteuerung derselben entgegenstellen, führt mit Notwendigkeit
dazu, daß man heutzutage vor allem von einer systematisch und großzügig betriebenen Dezentralisation der Städte, dem Hinausziehen
eines großen Teiles der städtischen Bevölkerung auf das umliegende
Land, in die Vororte, Villenkolonien und Gartenstädte, eine erhebliche
Besserung der Wohnverhältnisse, insbesondere der großstädtischen Bevölkerung erwarten kann. Hier liegen die wirtschaftlichen Verhältnisse natürlich weit günstiger, hier ist es möglich, durch sachgemäße
Ausgestaltung der Bebauungspläne und Bauordnungen Siedelungs-
möglichkeiten auch für Kleinhausbauten und Kleinwohnungen zu schaffen,
welche die Fehler der früheren Zeit vermeiden und völlig den modernen
hygienischen Anforderungen entsprechen. Hier kann man bezüglich
der Größe und hygienischen Ausgestaltung der Wohnungen, nicht minder
auch der Weiträumigkeit der ganzen Anlage naturgemäß weit höheren
Anforderungen genügen, als innerhalb der bereits ausgebauten
Stadtteile. Nicht zuletzt verbindet sich damit die Hoffnung, daß es
infolge einer großzügig betriebenen Dezentralisation der Städte gelingen
könne, ein weiteres, monopolartiges Ansteigen der Bodenpreise
auch im Innern der Städte zu verhüten, indem es durch dieselbe
ermöglicht wird, solche Personen, welche nicht unbedingt in der Stadt
wohnen müssen, aus derselben herauszuziehen, so die Stadt zu entlasten und dadurch auf die Wohnungs- und Bodenpreise daselbst
zurückzuwirken.

Viel unnützige Polemik und manche scharfen Gegensätze unter
den Wohnungsreformern und -politikern hätten vermieden werden können,
wenn diese Trennung der beiden grundverschiedenen Aufgaben
immer durchgeführt worden wäre. Nicht selten aber reden die eigentlich
das gleiche anstrebenden, wissenschaftlichen Gegner völlig aneinander
vorbei oder stehen sich verständnislos gegenüber, weil der eine bei seinen
Ausführungen mehr oder weniger nur an die ersterwähnte, der andere
nur an die letzterwähnte Seite der Kleinwohnungsfrage denkt, der eine
also, mehr auf dem Boden der Wirklichkeit stehend, auf die realen Verhältnisse der Vergangenheit und Gegenwart in unseren Städten Bezug
nimmt, der andere aber mehr die Reformtätigkeit und die sich aus ihr
entwickelnden Zukunftsmöglichkeiten auf bisher unbebautem Boden
im Auge hält.

Nun läßt sich gewiß die Scheidung dieser beiden Probleme
nicht überall so scharf durchführen, namentlich nicht an der Peripherie
der Städte, wo bebautes und unbebautes Gebiet aneinandergrenzen.
Vielmehr erfolgt vielfach ein allmählicher Übergang. Gleichwohl sollen
aber im folgenden im Interesse einer besseren Klarstellung der Verhältnisse diese beiden Seiten der Kleinwohnungsfrage völlig getrennt
voneinander behandelt und zunächst nur die innenstädtische Kleinwohnungsfrage erörtert werden.

3. Das Konzentrationsbedürfnis der städtischen Bevölkerung.

Die Beschaffung einer genügenden Zahl von Kleinwohnungen im Innern der Städte stellt entschieden den wenigst befriedigenden Teil der Kleinwohnungsfrage dar, namentlich wenn man sie vom Standpunkt einer grundlegenden, großzügigen Wohnungsreform aus betrachtet, und doch ist er zurzeit der bedeutsamste. Unsere Groß- und Millionenstädte sind nun einmal gebaut, Millionen und Milliarden von Kapitalien in ihren Grundstücken und Gebäuden angelegt, und der Zug vom Lande in die Städte geht noch immer weiter. Es wäre auch töricht, verkennen zu wollen, daß das Geschäfts- und Erwerbsleben, die grundlegenden Bedingungen jedes städtischen Gemeinwesens nun einmal eine gewisse Konzentration der Bevölkerung auf ein räumlich eng begrenztes Gebiet erfordern, wenn auch insbesondere durch die Entwickelung des Verkehrs- und Nachrichtenwesens in dieser Beziehung weitgehende Änderungen denkbar sind, und sich tatsächlich anzubahnen scheinen. Diese heute im Sinne einer weniger starken Bevölkerungskonzentration wirkenden Faktoren werden aber zum Teil dadurch wieder kompensiert, daß die modernen Städte einmal einer weit größeren Menschenmenge als früher Aufnahme gewähren müssen, anderseits eben wegen des Konzentrationsbedürfnisses des Geschäftslebens überall mehr und mehr die City bildung, die Ausbildung eines zentral gelegenen, mehr oder weniger nur Geschäfts- und Erwerbszwecken dienenden Geschäftsviertels vor sich geht, in dessen nächster Umgebung ein erheblicher Teil der dort erwerbstätigen Bevölkerung wohnen will und muß.

Trotz aller wohnungshygienischen und Dezentralisationsbestrebungen wird man nichts daran ändern können, daß immer ein sehr erheblicher Teil der städtischen Bevölkerung den Wunsch haben wird, möglichst nahe ihrer Arbeitsstätte zu wohnen. Solange sich jemand in harter Arbeit erst seine Existenzbedingungen und das Brot für sich und seine Familie erkämpfen muß, solange es sich für ihn darum handelt, sich gegen die in den Großstädten oft übermächtige Konkurrenz durchzukämpfen, tritt für ihn vielfach das Streben nach ideellen Gütern zurück. Leuten dieser Lebenslage kommt es meist weniger auf das Wie, als das Wo des Wohnens an; wenn ihnen auch auf den Außengeländen und in den Vororten Einfamilienhäuser mit Gärten für billiges Geld zur Verfügung stehen, so ziehen sie doch oft eine weit schlechtere Wohnung in nächster Nähe des Geschäfts oder der Arbeitsstätte vor, die sie ohne lange Eisenbahn- oder Trambahnfahrt erreichen können.

Andere wieder, das sind namentlich die jüngeren Angestellten und Beamten, wollen in möglichster Nähe der City wohnen, um nach Geschäftsschluß ohne Zeitverlust die großstädtischen Promenaden, Vergnügungsetablissements, Nachtlokale und Restaurants erreichen zu können; sie wollen möglichst wenig vom Abend verlieren und morgens möglichst lange in den Federn bleiben. Noch andere, das sind meist

Angehörige der Arbeiterbevölkerung, wollen in der Stadt, in nächster Nähe des Geschäftsviertels wohnen, weil sie sich hier mehr Gelegenheit zum Nebenverdienst für sich, ihre Frauen und Kinder versprechen.

Charakteristisch dafür ist folgende Notiz im 20. Jahresbericht der gemeinnützigen Baugesellschaft für Aachen und Burtscheid: „Wir haben erfahren müssen, daß Familien mit großer Kinderzahl, nachdem sie viele Jahre in unseren an der Stadtperipherie luftig gelegenen Häusern gewohnt haben, wieder nach den geliebten, engen Straßen der alten Innenstadt in schlechtere und teuere Wohnungen zurückzogen. Für dieselbe Miete, die eine Familie bei uns für vier Zimmer erster Etage mit Balkonloge und freier Aussicht zahlte, bezog sie in der dichtest bewohnten Altstadt eine niedere Wohnung in dritter Etage und teilweise im Dachraum."

Ähnliche Beobachtungen werden in den meisten Städten gemacht. Von besonderem Interesse sind folgende Angaben über diese Verhältnisse in Brüssel, weil in Belgien sonst infolge seiner guten Verkehrseinrichtungen und ausgiebigen städtischen Dezentralisation in weitgehendem Maße dem Arbeiter die Fernarbeit, d. h. die Beschäftigung außerhalb seines Wohnsitzes, ermöglicht und auch in großem Umfange davon Gebrauch gemacht wird (s. S. 166 dieses Buches). Von Brüssel dagegen wird berichtet, daß dort trotz aller Versuche, durch Schaffung neuer Verkehrsstraßen und Kommunikationsmittel zwischen der Stadt, den Vororten und dem umliegenden Lande die Ansiedelung auf den Außengeländen zu ermöglichen, der Arbeiter in dem Stadtviertel wohnen bleibt, wo er geboren wurde.

„En vain ouvre-t-on de grandes artères nouvelles, en vain multiplie-t-on les moyens de communications entre la ville, les faubourgs et la campagne, pour permettre aux Bruxellois d'aller plus aisément respirer le grand air, l'ouvrier reste attaché au quartier de la ville qui l'a vu naître." Habitations ouvrières, rapport présenté, au nom du collège, par M. Lemonnier, Echevin des travaux publics, Bruxelles, 1910.

Als Gründe hierfür führt der gleiche Bericht unter anderem auch an, daß die unterstützungsbedürftigen Arbeiter in der Stadt auf die Hilfsmittel der Wohltätigkeit, der Armen- und Krankenhäuser rechnen können, die sie an andern Orten nicht immer in gleichem Maße finden, des weiteren, daß es dem Arbeiter widerstrebt, viermal täglich den Weg von den Vororten zur Stadt entweder zu Fuß zurückzulegen oder die Trambahnkosten zu tragen. Als bedeutsamen Grund sieht er auch die großstädtischen Vergnügungs- und Unterhaltungsmöglichkeiten an, welche den Arbeiter reizen.

„Il faut tenir compte également des fêtes, des rejouissances, des théâtres, des lieux de réunions, des sociétés d'art, d'agrément, professionnelles, d'hygiène, de mutualité qui ont leur siège social au coeur de la cité et qui sollicitent le travailleur."

Im Anschlusse daran betont der Bericht, daß es unbedingt nötig sei, dieser Tatsache Rechnung zu tragen, wenn man in geeigneter Weise die Arbeiterwohnungsfrage lösen wolle. Man müsse deshalb auf die an sich verführerische Idee verzichten, die übervölkerten Stadtviertel

Brüssels dadurch zu entlasten, daß man in den Vororten oder auf den Außengeländen billige Wohnhäuser errichte; der Brüsseler Arbeiter werde sie doch nicht benutzen.

„Partant de cette situation, il faut renoncer à l'idée, assurément séduisante, de désengorger les quartiers populeux de Bruxelles en créant aux faubourgs ou à la campagne des maisons à bon marché destinées à la population bruxelloise; l'ouvrier bruxellois ne les occupera pas."

Dementsprechend hat man sich auch in dem besonderen Falle, auf welchen sich der Bericht bezieht, damit begnügt, auf einem Terrain innerhalb Brüssels selbst große Etagenhäuser zu errichten, welche dem Arbeiter allen nötigen Komfort bieten und dabei keine höhere Miete erfordern, als er sonst für die unsauberen und abstoßenden Wohnungen zahlen muß.

„Etant donnée la valeur du terrain ..., il faudra superposer les étages, pour répartir le loyer du terrain sur un plus grand nombre d'appartements. Dans ces conditions, nous avons cherché, dans Bruxelles, un terrain, où l'on pourrait établir des constructions à logements multiples, bien disposés, bien aérés, offrant à l'ouvrier tout le comfort nécessaire et n'exigeant pas le loyer plus élevé que celui, qui grève actuellement le budget du travailleur, occupant un logement incommode, insalubre et, souvent d'aspect repoussant."

Die Verhältnisse liegen in Brüssel also genau so, wie in unseren Großstädten und ich habe dieses Beispiel nur deshalb so ausführlich angeführt, weil, wie spätere Ausführungen zeigen werden, bei uns über die belgischen Verhältnisse ganz sonderbare Anschauungen bestehen und daraus weitgehende, verallgemeinernde Schlüsse gezogen werden.

Zu den bisher aufgezählten Personen und Berufsklassen, welche am Wohnen in der Stadt interessiert sind, kommen nun alle die, welche nicht der Wunsch nach redlicher Arbeit, sondern nach Zerstreuung und großstädtischen Vergnügungen, selbst Lastern in die Städte führt, endlich all das Volk, das in die Städte strömt, um hier von den städtischen Wohlfahrtseinrichtungen zu profitieren und vom Bettel, Diebstahl, Prostitution und sonstigen Verbrechen zu leben.

Unter diesen hier nur in einigen Haupttypen angeführten Kategorien von Leuten, denen das Wohnen in nächster Nähe der City die Hauptsache und das Wie meist Nebensache ist, befinden sich Leute des verschiedensten Einkommens und des verschiedensten Wohnbedürfnisses. Ihre Zahl, die mit der Größe der Stadt wächst, wird immer dafür sorgen, daß die Wohnungen in nächster Nähe der City, überhaupt in der Stadt, die begehrtesten sein werden, daß sich stets ein gewisses Konzentrationsbedürfnis der Bevölkerung herausbildet, dem bis zu einem gewissen Grade nachgegeben werden muß, auch in der Wohnungsbeschaffung und Wohnungsqualität, so sehr man auch sonst die Dezentralisationsbestrebungen begünstigen mag.

4. Einiges zur Psychologie des Großstädters.

So muß man sich immer Rechenschaft darüber geben, daß die psychologischen Momente, welche vielen Stadtbewohnern das Wohnen innerhalb der Stadt trotz verlockendster Wohngelegenheiten in den Vororten und Außenbezirken als das Angenehmere und Vorteilhaftere erscheinen lassen, auch in Zukunft fortbestehen werden. Sie bilden den charakteristischen Zug des größten Teils unserer modernen, großstädtischen Bevölkerung, und zwar überwiegend des kleinen und mittleren Bürgerstandes, dem eigentlich unsere ganzen Bestrebungen zur Verbesserung des Wohnungswesens gelten. Manchem echten Großstadtkinde würde sogar bei dauerndem Aufenthalt außerhalb der Großstadt etwas fehlen, es würde, so merkwürdig das auch manchen klingen mag, an Heimweh nach der Großstadt kranken. In diesem Sinne stimme ich Baurat Diestel vollkommen zu, wenn er sagt[1]:

„Überdies gibt es eine Großstadtschönheit, die dem, der ihr verfallen ist, nicht durch Gärten und Wälder aufgewogen werden kann. Diese Großstadtschönheit von Paris, Wien, Köln, London, Hamburg ist von gewaltiger Anziehungskraft gerade für diejenigen Bevölkerungskreise, denen Gartenstädte hauptsächlich zugedacht werden."

Vielen Großstadtkindern ist eben die Großstadt mit all ihren Leiden und Freuden die Luft, in der allein sie leben können, das, was dem Landmann die heimatliche Scholle ist. Mit dieser Psychologie des Großstädters muß gerechnet werden, auch bei der Lösung der Wohnungsfrage.

Meist findet man eine Vorliebe für das Landleben, den Wunsch, im Einfamilienhause außerhalb der Großstadt zu wohnen, erst bei den im wirtschaftlichen Konkurrenzkampf Emporgekommenen, denen, die über die gröbste Sorge hinaus sind, vor allem den Gebildeten und den Angehörigen der oberen Gesellschaftsklassen. Es ist aber durchaus irrig, dieses Bestreben ohne weiteres auch bei den übrigen Bevölkerungsklassen vorauszusetzen. So muß man auch darin Diestel (a. a. O.) recht geben, wenn er bemerkt, die Gartenstadtbewegung dichte innerlichste Beziehungen zur freien Natur einer Bevölkerungsschicht an, die sie notwendigerweise gar nicht besitzen könne, die vielmehr die Lebensauffassung der Gartenstadtfreunde bilde. Diese Annahme, alle Menschen müßten tief innerliches Verständnis für die Werte eines Gartenheims besitzen, sei demnach ein schöner, wenn auch durchaus verständlicher Irrtum.

Wer über diese Psychologie der großstädtischen Bevölkerung und über die Gründe ihrer Konzentration einmal genügend nachgedacht hat, dem wird klar sein, daß größere Städte im Stil der Gartenstädte

---

[1] Kurt Diestel, Bauordnung und Wohnungshygiene; Techn. Gemeindeblatt, Jahrg. XIV, Nr. 18, S. 273.

als selbständige Stadtindividuen nur in wenigen Ausnahmefällen möglich sein werden, im allgemeinen aber nur als Anhängsel einer Großstadt bestehen können. Mit dieser Bemerkung soll der Gartenstadtbewegung keineswegs ihre große Bedeutung für die Beschaffung hygienischer Wohnungen abgesprochen werden. Es ist ja auch das Ziel der in dieser Schrift noch besonders zu behandelnden städtischen Dezentralisation, einem möglichst großen Teil der städtischen Bevölkerung auf den Außengeländen die Ansiedelung in gartenstadtmäßig bebauten Vororten zu ermöglichen. Viele Gartenstadtfreunde gehen aber wesentlich weiter und glauben, daß es mit der Zeit gelingen müsse, den Ausbau der Städte in der Weise zu bewirken, daß man das Geschäftsleben in der City auf einen möglichst dichtbesiedelten Raum konzentriere, im übrigen aber die dasselbe umgebenden Wohnviertel völlig nach den Grundsätzen der Gartenstädte ausbilde. Der Verwirklichung dieses Gedankens stehen aber auch bei noch weiterer Ausbildung der Verkehrsmittel schwerwiegende Hindernisse entgegen.

Die Wohnansprüche des überwiegenden Teils der städtischen Einwohnerschaft sind eben ganz andere, als sie sich in den Köpfen mancher Wohnungsreformer und Weltverbesserer malen; ebenso stellt das frei im Gärtchen außerhalb der Städte liegende Einfamilienhäuschen für einen großen Teil der im Erwerbsleben stehenden Bevölkerung eine unzweckmäßige und von ihnen selbst auch nicht angestrebte Wohnform dar. Es kann deshalb auch nicht das Ziel der städtischen Dezentralisation sein, unsere Städte an der Peripherie immer mehr in ein Meer kleiner und kleinster, in Gärtchen eingebetteten Häuschen aufzulösen. Vielmehr wird auch hier eine gewisse Konzentration an einzelnen, räumlich bevorzugten Stellen in Gestalt von Siedelungsgruppen, kleineren und größeren Vororten, selbst Vorstädten nötig, welche den Wohnansprüchen aller Bevölkerungskreise entsprechende Wohnverhältnisse bieten.

So sehr es also auch manchem Wohnungshygieniker widerstreben mag, immer müssen wir damit rechnen, daß ein sehr erheblicher Teil der städtischen Bevölkerung in den Miethäusern und Etagenhäusern, selbst Mietkasernen der nun einmal ausgebauten Städte wohnen will, nicht minder auch, daß selbst bei Neubauten in der unmittelbaren Umgebung auf dem bereits hochwertigen Boden das Etagenhaus die Regel und das Einfamilienhaus die Ausnahme sein wird. Erst weiter draußen auf bisher unerschlossenem Neuland können wir in hoffentlich immer steigendem Maße letztere Wohnform einführen und zur Alleinherrschaft bringen. Man darf eben in dem Bestreben, die Vorteile der ländlichen Siedelungsweise einem immer größeren Teil der städtischen Bevölkerung zugänglich zu machen, nicht allzu weit gehen, Stadt bleibt Stadt und Land bleibt Land, und glücklicherweise ist auch die Anpassungsfähigkeit des Menschen an die veränderten Bedingungen seiner Umgebung eine ziemlich weitgehende. Daß die Einwohnerschaft der Städte längst mit gutem Erfolg in diesem Akklimatisationsprozeß begriffen ist, beweisen unter anderem die trotz der teilweise noch recht üblen Wohnverhältnisse immer günstiger werdenden Sterblichkeitsziffern, nicht minder die Schaffenskraft, Intelligenz, Lebensfreude und Anhänglichkeit der großstädtischen Bevölkerung an ihre Heimat. Es ist eine der Hauptaufgaben der städtehygienischen Bestrebungen, der Bevölkerung diesen Akkommodationsprozeß zu erleichtern.

„Die Kultur, die die Massen aus ihren natürlichen Lebensbedingungen herausgerissen hat, ist auch verpflichtet, den Massen die Anpassung zu erleichtern dadurch, daß sie die Störung der natürlichen Lebensbedingungen auf ein gewisses Mindestmaß zurückführt, und der Staat muß hierbei die Führung übernehmen." Graf Vitzthum von Eckstädt in der Eröffnungssitzung des III. internationalen Kongresses für Wohnungshygiene, Dresden, Oktober 1911.

Zweiter Abschnitt.
Spezielle Reformbestrebungen.
1. Die gesundheitlichen Mindestforderungen.

Wenn man an die Verbesserung der innerhalb der Städte meist in städtischen Miethäusern gelegenen Kleinwohnungen herangeht, so ergeben sich, wie schon angedeutet, zwei scharfe Grenzen: Einmal darf die Wohnung der betreffenden Größenklasse (man rechnet zu den Kleinwohnungen wohl nur die Ein- bis Vierzimmerwohnungen) einen gewissen, im allgemeinen nach der Größe des betreffenden Orts, der durchschnittlichen Höhe der dort gezahlten Löhne etc. sich einstellenden Mietpreis nicht überschreiten, anderseits darf die Beschaffenheit, Größe und Ausstattung derselben nicht unter ein gewisses Mindestmaß herabgehen. Daß man nicht höhere Anforderungen stellt, liegt keineswegs daran, daß man für die Vorzüge einer besseren Ausgestaltung kein Verständnis hat, sondern daran, daß man diese Wohnungen nun auch tatsächlich den Bevölkerungs- bzw. Einkommensklassen erschwinglich machen will, für welche sie gedacht sind. In diesem Sinne muß man es auffassen, wenn sich für solche innenstädtische Kleinwohnungen der Wohnungshygieniker damit begnügen muß, ein mit den Fortschritten unserer Kultur und Gesittung steigendes und unserem höheren sozialen Empfinden entsprechendes, anderseits aber auch im Interesse der Billigkeit möglichst vorsichtig zu bemessendes hygienisches Minimum festzulegen.

Diese gesundheitlichen Mindestforderungen sind schon oft in der Wohnungsliteratur behandelt worden. Im Interesse der Vollständigkeit dieser für einen weiteren Kreis berechneten Ausführungen sollen aber doch die wichtigsten derselben im folgenden kurz behandelt werden, wobei es bei der Fülle der Literatur über dieses Gebiet allerdings nicht mehr möglich ist, alle die zu nennen, welche schon ähnliche Forderungen erhoben haben, und entgegengesetzten oder abweichenden Meinungen entgegenzutreten.

1. **Kellerwohnungen** sind nach Möglichkeit zu verbieten, also· z. B. auf neu erschlossenem, noch relativ billigem Gelände, in den Vororten etc. Da in der Altstadt aber eine völlige Schließung aller Kellerwohnungen meist zu einer hochgradigen Verschärfung der überall vorhandenen Kleinwohnungsnot führen würde, so ist in solchen Fällen dafür Sorge zu tragen, daß nur solche Kellerwohnungen bewohnt werden, welche bezüglich der **Trockenheit, Luft- und Lichtversorgung** den berechtigten hygienischen Anforderungen genügen. Daß es der heutigen Bautechnik möglich ist, solche Kellerwohnungen herzustellen, kann nicht bezweifelt werden. Es ist Sache der Wohnungsinspektion und Wohnungspolizei, hier von Fall zu Fall über die Zulassung zu entscheiden, eventuell Abänderungen zu veranlassen und je nachdem die Wohnung von der Vermietung auszuschließen.

2. Eine **lichte Mindesthöhe** der Wohnräume von 3 m ist für Kleinwohnungen als allgemein gültige Forderung übertrieben und wirkt deshalb unnötig verteuernd. Eine Höhe von 2,70 m wird in den meisten Fällen ausreichen; in günstigen Fällen, z. B. bei Räumen in den oberen Stockwerken und bei entsprechend weitem Abstand der gegenüberliegenden Gebäude oder völliger Freilage kann man ausnahmsweise bis 2,50 m heruntergehen. Keller- und Erdgeschoßräume bedürfen einer größeren Geschoßhöhe. Es ist Sache der Bauordnung, diesen Verhältnissen durch entsprechende **Abstufung** des jeweils zu fordernden hygienischen **Lichteinfallswinkels** Rechnung zu tragen.

3. Jeder **Wohn- und Schlafraum muß ein direkt ins Freie führendes** und zu öffnendes **Fenster haben**, dessen Glasfläche bei günstigen Lichtverhältnissen mindestens $^1/_{12}$ der Fußbodenfläche betragen soll; bei ungünstigen Lichtverhältnissen (Erdgeschoß, ungünstiger Lichteinfallswinkel) ist das Verhältnis 1:8 bis 1:9 anzustreben.

4. **Räume, die nicht zu Wohnzwecken bestimmt** sind und den diesbezüglichen Bestimmungen nicht entsprechen, dürfen auch nicht vorübergehend zum Wohnen und Schlafen benutzt werden.

5. Räume, in welchen **Nahrungsmittel verarbeitet** (Hausindustrie) oder für den Handel aufbewahrt werden, dürfen nicht als Schlafräume benutzt werden.

6. Jede **Familienwohnung** soll ihren besonderen **Abschluß** für sich haben; Zimmer für Einzelstehende dürfen dagegen innerhalb einer Familienwohnung liegen.

Diese Forderung ist wohl, weniger aus hygienischen Gründen, als **im Interesse eines ungestörten Familienlebens** innerhalb der Wohnungen eine der bedeutsamsten. Von ihr sollte deshalb bei Neuanlagen unter keinen Umständen abgelassen werden. Nur bei völligem

Abschluß der einzelnen Wohnungen kann sich in denselben ein einigermaßen behagliches und glückliches Familienleben abspielen. Die Bewohner müssen jederzeit die Möglichkeit haben, sich gegen zudringliche
und neugierige Blicke zu schützen und so zu der Überzeugung gelangen,
daß sie ihr wenn auch noch so kleines Reich wenigstens für sich allein
haben. Die schlimmsten gegenteiligen Zustände entstehen bekanntlich,
wenn ursprünglich als Einfamilienhäuser geplante Gebäude nachträglich doch von mehreren Familien bezogen werden, da dann eine
hinreichende Abgrenzung der einzelnen Wohnungen kaum möglich ist.
Bekannt sind die elenden Wohnverhältnisse, wie sie sich unter solchen
Umständen in den sonst als Einfamilienhäuser so beliebten und zweckmäßigen Dreifensterhäusern herausbilden, wie sie in manchen
rheinischen und westfälischen Städten auch heute noch eine weitver-
breitete Hausform darstellen.

7. Jede Familienwohnung soll einen eigenen Abort innerhalb
des Etagenabschlusses haben. Ausnahmen sollten höchstens bei
kleineren Ein- bis Zweizimmerwohnungen geduldet werden. Der Abort
soll dann aber auf dem zugehörigen Flur liegen und nicht mehr als zwei
Familien zur Benutzung dienen. Es hält meist sehr schwer, namentlich
den kleineren, privaten Bauunternehmer von der Berechtigung dieser
Forderung, deren Durchführung ja allerdings in einem Gebäude mit
zahlreichen kleinsten Wohnungen recht erhebliche Kosten macht und auch
die Grundrißlösung nicht unerheblich kompliziert, zu überzeugen. Vielfach glaubt man, es seien sittliche Bedenken, welche zu dieser Forderung führten, weil außerhalb der Familienwohnungen gelegene Aborte
auch gelegentlich zu unerlaubten Zwecken mißbraucht werden könnten.
Diese Gesichtspunkte treten aber völlig gegenüber den rein sanitären
und hygienischen zurück.

Jeder, der auf diese Dinge achtet, kann die Beobachtung machen,
daß ein von mehreren Familien benutzter Abort fast immer der
primitivsten Sauberkeit entbehrt, weil jeder die Sorge für die
Reinhaltung und Säuberung den übrigen Mitbenutzern überläßt. So
befinden sich vielfach derartige gemeinsame Aborte in größeren Miethäusern in einem geradezu ekelhaften Zustande der Beschmutzung,
daß es kaum möglich ist, bei ihrer Benutzung eine Verunreinigung mit
den am Sitzbrett und selbst auf dem Fußboden herumliegenden Kot-
teilen zu vermeiden. Nun weiß aber heutzutage jeder Laie, daß die
Infektionskeime einer ganzen Reihe ansteckender Darmkrankheiten,
so des Typhus, der Cholera, der Ruhr, der Wurmkrankheit, der infektiösen
Darmkatarrhe etc. im Kote ausgeschieden werden und auf diese Weise
den mit solch infiziertem Kot in Berührung kommenden, eventuell
ihre Kleider, Hände, Nahrungsmittel damit beschmutzenden Personen
Gelegenheit gegeben ist, sich zu infizieren. Auf diese Weise kann ein
z. B. von einem Typhusbazillenträger benutzter und infizierter gemeinsamer Abort zu einem Infektionsherd für eine ganze städtische Miet-

kaserne werden. Hat aber jede Familie ihren eigenen Abort, so beschränkt sich die Infektionsgefahr auf die eigenen Familienmitglieder des Betreffenden, welche ohnehin im direkten Kontakt mit ihm Gelegenheit genug haben, sich zu infizieren.

Diese Überlegungen zeigen weiter, daß überhaupt auf eine möglichst einwandfreie Herstellung der Aborte größter Wert zu legen ist. Wenn irgend möglich, sind Spülklosetts, d. h. also mit Wasserspülung in Verbindung mit Schwemmkanalisation versehene Klosetts einzurichten. In diesen ist eine stärkere Beschmutzung nahezu ausgeschlossen, die gesamte Fäkalienmasse und damit auch die etwa in ihr vorhandenen Infektionskeime werden ohne weiteres in die Kanäle gespült und dann aus der Stadt herausgeführt, so daß sie als Infektionsquelle nicht mehr in Betracht kommen. Es ist offensichtlich, daß auf diese Weise die allgemeine Einführung von Spülklosetts in Verbindung mit Schwemmkanalisation in einem Stadtgebiet außerordentlich viel zur Bekämpfung und Verhütung der genannten Infektionskrankheiten beiträgt. Das rechtfertigt ihre obligatorische Einführung, falls die Vorbedingungen dazu gegeben sind.

Eine zusammenfassende Darstellung der hier behandelten Gesichtspunkte habe ich in einem Aufsatz: „Die Abortfrage" in der Zeitschrift für Wohnungswesen, Jahrg. V, H. 2, 3, 4 gegeben, darin auch einige Vorschläge gemacht, welche die Unterbringung der Aborte in den kleinsten Wohnungen erleichtern sollen. Diese Vorschläge stießen damals auf einigen Widerspruch; neuerdings sind aber ähnliche Lösungen öfters in der Praxis mit gutem Erfolg ausgeführt worden (s. u. a. Prauß-nitz, Atlas und Lehrbuch der Hygiene, S. 201).

8. Jede Familienwohnung soll durch Gegenzug durchlüftbar sein. Die Grundrißanordnung muß also eine derartige sein, daß ein Teil der Räume nach der vorderen, ein Teil derselben nach der rückwärtigen Gebäudefront gelegen ist und dieselben sich durch Öffnen von Türen in den Zwischenwänden in Verbindung setzen lassen. Eine derartige Grundrißlösung ist auch schon deshalb zweckmäßig, weil sich dann unter den Verhältnissen des Hochsommers und Hochsommerklimas der Wohnungen wenigstens ein Teil der Räume relativ kühl halten läßt, was namentlich bei Familien mit kleinen Kindern bedeutsam ist zur Unterbringung der hitzegefährdeten Säuglinge (s. S. 54 und die dort genannten Literaturangaben).

9. In jeder Küche oder Wohnküche soll ein Speiseschrank, womöglich in einer nach Norden oder Osten gerichteten Außenwand, mit Lüftungsvorrichtung vorhanden sein.

10. Jede Familienwohnung soll einen möglichst großen (zum mindesten 3 qm Grundfläche) Küchenbalkon[1]) haben (s. S. 55). Auf diese Maßnahme ist um so mehr Wert zu legen, je höher die Stock-

---

[1]) Siehe auch Gemünd, Hochsommerklima, Wohnung und Säuglingssterblichkeit, Techn. Gemeindeblatt, Jahrg. XIV, Nr. 21.

werklage der betreffenden Wohnung ist und je ungünstiger ihre äußeren hygienischen Qualitäten sind.

11. Bei jedem ständig benutzten Raum (Wohn- und Schlafräume, Arbeitsräume) soll der hygienische Lichteinfallswinkel nicht größer als 45° sein. (Der Winkel wird gebildet von der Horizontalen und dem das vis-à-vis liegende Gebäude tangierenden Sehstrahl, die Winkelspitze liegt in Höhe der Fenstersohlbank des betreffenden Geschosses). Damit ist zugleich ein Maßstab für die Weiträumigkeit der Bebauung und die Höhe und den Abstand der vis-à-vis liegenden Gebäude gegeben. Bei vorübergehend benutzten Räumen und Nebenräumen kann ein weit größerer hygienischer Lichteinfallswinkel geduldet werden.

12. Wohnungen im Dachgeschoß sind nur dann zuzulassen, wenn sich über denselben noch ein besonderer Bodenraum befindet. Dieser wirkt gewissermaßen als horizontale Luftisolierschicht gegenüber der im Winter oft extrem kalten, im Sommer oft extrem heißen Dacheindeckung.

13. Jeder Schlafraum muß für jede Person mindestens 10 cbm freien, nicht durch Möbel angefüllten Luftraum haben. Da zu den Schlafräumen in der Regel noch ein Wohnraum, zum mindesten die Küche oder Wohnküche hinzukommt, so wird dadurch der auf die einzelne Person innerhalb der ganzen Wohnung entfallende Luftraum entsprechend vergrößert.

14. Für einzelne Personen, unter Umständen auch junge Ehepaare, die auswärts arbeiten, genügt ein einziger Raum. Im übrigen ist bezüglich der Zahl der Räume anzustreben, daß für eine Familie mit kleinen Kindern mindestens zwei Räume, eine Wohnküche und ein Schlafraum vorhanden sind, bei Familien mit erwachsenen Kindern mindestens drei Räume, eine Wohnküche, ein Schlafraum für die Eltern und kleineren Kinder, ein Schlafraum für die größeren Kinder, wobei unter Umständen der eine Schlafraum für die männlichen, der andere für die weiblichen Familienmitglieder bestimmt werden kann.

Selbstverständlich ist die Bauordnung allein nicht imstande, die Durchführung und Innehaltung dieser Forderungen zu erreichen. Es ist vielmehr Sache einer zweckentsprechend gehandhabten Wohnungsaufsicht und Wohnungspolizei, dafür zu sorgen, daß in den den baupolizeilichen Bestimmungen entsprechenden Wohnungen nicht durch fehlerhafte Benutzung Mißstände entstehen. Die Bauvorschriften sind demnach durch Wohnungsordnungen (s. S. 94) zu ergänzen. Eine ihrer wichtigsten Aufgaben ist es, einer Wohnungsüberfüllung entgegenzuarbeiten.

Die Durchführung sämtlicher, oben angeführter Mindestforderungen wird sich natürlich nur bei Neubauten und weitgehenden Umbauten durchführen lassen; ungünstiger liegen die Verhältnisse in bereits vorhandenen älteren Gebäuden. Hier ist es Aufgabe der Wohnungspolizei, unter allen Umständen auf die Durchführung der unter 1, 4, 5, 12, 13 erhobenen Forderungen zu achten, im übrigen aber je nach den Verhältnissen eine Abhilfe der dringendsten Mißstände durchzusetzen. Ein allzu schroffes Vorgehen trägt aus bekannten Gründen hier meist zu einer Verschärfung der Kleinwohnungsnot bei.

Die in den obigen Mindestforderungen enthaltenen absoluten Maße und Zahlen sind nur als Anhaltspunkte beim Erlaß entsprechender Bestimmungen anzusehen. Eine genaue Angabe derselben in Ortsstatuten, Bauvorschriften und Wohnungsordnungen führt in der Regel dazu, daß die eben noch als zulässig angegebenen Maße mit der Zeit von dem gewerbsmäßigen Bauunternehmertum als Normalmaße angesehen werden. Es ist deshalb im allgemeinen rationeller, auf solche Angaben so weit als möglich zu verzichten und lieber von Fall zu Fall eine Entscheidung über die Zulässigkeit zu treffen. Immerhin sind dafür, sowie als Anhaltspunkte für die Tätigkeit der Wohnungsinspektoren gewisse absolute Zahlenangaben erforderlich, wenn sie auch nicht in den Gesetzesparagraphen in Erscheinung zu treten brauchen.

Im Laufe der Weiterentwickelung und des allmählichen Umbaues unserer Städte wird es wohl mit der Zeit gelingen, diese Forderungen zur Durchführung zu bringen und damit die schlimmsten Übelstände im Kleinwohnungswesen unserer Städte zu beseitigen. Um Irrtümer zu vermeiden, sei nochmals darauf hingewiesen, daß die Außengelände und dortigen Neuanlagen hier zunächst ganz von der Betrachtung ausgeschlossen sind. Diese Forderungen mögen vielen Wohnungsreformern noch recht dürftig erscheinen, und doch wird es auf dem nun einmal teuren innenstädtischen Wohnboden zunächst kaum möglich sein, mehr zu erreichen. Immerhin dürfen wir annehmen, daß es sich mit der Zeit erreichen läßt, das obigen Forderungen zugrunde liegende Minimum langsam und allmählich zu erhöhen; das wird vor allem dann der Fall sein, wenn es gelingt, mit der Zeit, entsprechend dem weiteren Fortschreiten der Kultur und der Hebung des nationalen Wohlstandes, die Einkommensverhältnisse der unteren Volksklassen zu bessern und sie dadurch zu befähigen, mehr für die Befriedigung ihres Wohnbedürfnisses ausgeben zu können. Sicherlich wird auch das Beispiel der Baugenossenschaften und gemeinnützigen Baugesellschaften, welche vielfach unter den ungünstigen Verhältnissen der Innenstädte mustergültige Anlagen geschaffen haben, anregend auf das private Unternehmertum einwirken.

2. Wohnungsaufsicht und Wohnungspolizei.

Die Bauordnungen und Baupolizeivorschriften sind im allgemeinen nur bei Neubauten imstande, eine entsprechende Besserung der Kleinwohnungen zu erzielen. Um so bedeutsamer sind daher die Aufgaben, welche der Wohnungsaufsicht, Wohnungspflege und Wohnungspolizei im Innern der Städte zufallen. Hier handelt es sich in der Regel um ältere von neueren Bauordnungen noch keineswegs beeinflußte Gebäude, teilweise um direkt „unternormale" Wohnungen und gerade hier ist die Wohnungsaufsicht am nötigsten. Es ist deshalb sehr zu begrüßen, daß immer mehr Städte dazu übergehen, Wohnungsämter einzurichten und Wohnungsinspektoren anzustellen, und neuerdings sind im Entwurf des neuen preußischen Wohnungsgesetzes diese Einrichtungen auch für alle größeren Gemeinden gesetzlich vorgesehen worden.

In diesem Entwurf heißt es:

Artikel 4, § 1: Die Aufsicht über das Wohnungswesen liegt, unbeschadet der allgemeinen gesetzlichen Befugnisse der Ortspolizeibehörden, dem Gemeindevorstand ob. Er hat sich von den Zuständen im Wohnungswesen fortlaufend Kenntnis zu verschaffen, auf die Fernhaltung und Beseitigung von Mißständen, sowie auf die Verbesserung der Wohnverhältnisse, namentlich der Minderbemittelten, hinzuwirken, und die Befolgung der Vorschriften der Wohnungsordnung zu überwachen.

Für Gemeinden mit mehr als 100 000 Einwohnern ist zur Durchführung der Wohnungsaufsicht ein Wohnungsamt zu errichten, das mit dem erforderlichen, in geeigneter Weise vorgebildeten Personal, insbesondere mit einer genügenden Anzahl beamteter Wohnungsaufseher, besetzt sein muß; dem Wohnungsamt können auch ehrenamtlich tätige Personen als Mitglieder angehören. Für kleinere Gemeinden kann durch Anordnung der Aufsichtsbehörde die Errichtung eines den vorstehenden Bestimmungen entsprechenden Wohnungsamtes oder die Anstellung besonderer in geeigneter Weise vorgebildeter beamteter Wohnungsaufseher vorgeschrieben werden . . . .

§ 2. Die mit der Wohnungsaufsicht betrauten Personen sind berechtigt, bei Ausübung der Wohnungsaufsicht alle Räume, die zum dauernden Aufenthalt von Menschen benutzt werden, sowie die dazu gehörigen Nebenräume, Zugänge, Aborte zu betreten. Sie haben den Wohnungsinhaber oder dessen Vertreter bei dem Beginn der Besichtigung mit dem Zweck ihres Erscheinens bekannt zu machen und sich unaufgefordert durch öffentliche Urkunde über ihre Berechtigung auszuweisen.

Diese Besichtigung muß so vorgenommen werden, daß eine Belästigung der Beteiligten tunlichst vermieden wird. Sie darf nur in der Zeit von 9 Uhr morgens bis 6 Uhr abends, bei Wohnungen, in die Einlieger oder Schlafgänger aufgenommen werden, nur in der Zeit von 5 Uhr morgens bis 10 Uhr abends erfolgen.

Der Wohnungsinhaber oder sein Vertreter ist verpflichtet, über die Art der Benutzung der Räume wahrheitsgemäß Auskunft zu erteilen.

§ 3. Soweit sich bei Ausübung der Wohnungsaufsicht ergibt, daß die Wohnung hinsichtlich ihrer Beschaffenheit oder Benutzung den an sie zu stellenden Anforderungen nicht entspricht, ist Abhilfe in der Regel zunächst durch Rat, Belehrung oder Mahnung zu versuchen. Läßt sich auf diese Weise Abhilfe nicht schaffen, so ist das Erforderliche wegen Herbeiführung polizeilichen Einschreitens zu veranlassen.

Die Bedeutung einer derartigen Wohnungsaufsicht wird am besten durch die Leitsätze dargelegt, in welche der um die Ausbildung der Wohnungsaufsicht hochverdiente hessische Wohnungsinspektor Gretzschel einmal die betreffenden Gesichtspunkte zusammengefaßt hat. Nach ihm soll die Wohnungsaufsicht

1. zur Feststellung der tatsächlichen Wohnverhältnisse dienen,

2. die Beseitigung von Mißständen in den vorhandenen Wohnungen anstreben,

3. dafür sorgen, daß nicht durch die Art der Benutzung gute Wohnungen in schlechte verwandelt werden,

4. das Verständnis für den Nutzen eines guten und ordnungsmäßigen Wohnens erwecken.

Dem im 4. Leitsatz ausgesprochenen Gesichtspunkt kommt wohl eine ganz besondere Bedeutung zu; vielfach sind es leider nicht die Wohnungen, sondern die Bewohner, welche am Wohnungselend schuld sind. Das gilt namentlich für gewisse auf niederster Stufe stehende Bevölkerungskreise der Großstädte. Gerade die „unternormalen" Wohnungen, also die in den alten, baufälligen, ihrem baldigen Abbruch entgegensehenden Gebäuden in nächster Nähe der City gelegenen Wohnungen sind oft vom ärmsten Proletariat bewohnt, Leuten, welche zum Teil durch Trunksucht, Trägheit, Verbrechen vollkommen heruntergekommen sind, teilweise nur vom Bettel, Almosen, Hausieren leben und selbst dann, wenn sie daraus genügende Einnahmen erzielen, niemals die Kosten einer anständigen Wohnung aufbringen wollen. Das sind die undankbarsten Fälle für die Wohnungsaufsicht, aber darüber hinaus gibt es zweifellos zahllose Familien in der Großstadt, die bei völlig ausreichenden Einkommenverhältnissen dennoch ihre Wohnansprüche aufs äußerste reduzieren. Hier vermag eine sachverständige und wiederholte Belehrung und Aufklärung unter Umständen segensreich zu wirken. Dazu ist allerdings nötig, daß allzu schroffes und rücksichtsloses Vorgehen vermieden wird. welches nur zu Mißtrauen gegen die „behördliche Aufsicht" führen würde.

Es entspricht daher auch der allgemeinen Auffassung, die auch in dem oben zitierten Entwurf des preußischen Wohnungsgesetzes zum Ausdruck kommt, daß die Aufgabe der Wohnungsinspektion neben der Abstellung der schlimmsten Übelstände vor allem in einer sachverständigen Ermahnung und Belehrung zu erblicken ist. Erst wenn das nicht hilft, soll zu stärkeren Mitteln, Strafandrohung, eventuell Bestrafung geschritten werden. Leider sind der Wohnungsinspektion gerade da, wo sie am nötigsten ist, auch die engsten Grenzen gezogen, nämlich in den alten Stadtteilen. Wollte man hier rücksichtslos jede minderwertige Wohnung schließen, oder den Besitzer zu den oft nur sehr schwierig oder nur mit sehr großem Kostenaufwand möglichen Umänderungen zwingen, so würde bei dem fast überall herrschenden Mangel an Kleinwohnungen entweder eine abermalige Verminderung ihrer Zahl oder ein Ansteigen der betreffenden Mietpreise unvermeidlich sein. Es muß der Wohnungsinspektor also von Fall zu Fall, je nach den besonderen Verhältnissen, seine Anordnungen treffen und sich mit einer gewissen Liebe in seine schwierige Aufgabe vertiefen können. Die

Wahl geeigneter Persönlichkeiten ist also keineswegs leicht und von großer Bedeutung.

Im übrigen ist der Begründung des Wohnungsgesetzentwurfes durchaus beizustimmen, wenn er sagt: „Daß in den Gemeinden durch eine lediglich ehrenamtlich geübte Wohnungsaufsicht der Zweck des Gesetzes in ausreichendem Maße erreicht werden würde, muß aus mehrfachen Gründen bezweifelt werden. Abgesehen davon, daß die Abstellung der vorgefundenen Mängel, auf welche die Wohnungsaufsichtsorgane in erster Linie durch Belehrung und Rat hinzuwirken haben werden, gewisse bautechnische und hygienische Kenntnisse erfordert, beansprucht schon die ordnungsmäßige Vornahme der Besichtigungen und Nachbesichtigungen, die fortlaufend und ohne Rücksicht auf jeweilige Abhaltungen vorgenommen werden müssen, sehr erhebliche Zeit. Da außerdem die bei der Wohnungsbesichtigung festgestellten Mißstände weiter verfolgt werden müssen, so würde schon im Hinblick auf die den Wohnungspflegern erwachsende Arbeitslast voraussichtlich mit einem unerwünscht häufigen Wechsel der ehrenamtlich tätigen Personen gerechnet werden müssen." Eben deshalb sieht der Entwurf auch vor, daß die vorgesehenen Wohnungsämter mit dem erforderlichen in geeigneter Weise vorgebildeten Personal, insbesondere mit einer genügenden Anzahl beamteter Wohnungsaufseher besetzt werden müssen.

Wenn nun auch im Einzelfalle bei der Beurteilung der Wohnungsmißstände der persönlichen Auffassung derartig vorgebildeter Wohnungsinspektoren ein möglichst weiter Spielraum gelassen werden soll, schon deshalb, um die jeweiligen besonderen Verhältnisse von Fall zu Fall berücksichtigen zu können, so ist es doch nötig, gewisse, allgemeingültige Vorschriften über die Beschaffenheit und Benutzung der Gebäude und Wohnungen aufzustellen, welche den Wohnungsinspektoren als Richtschnur für ihre Tätigkeit dienen und auch den Wohnungsproduzenten und -konsumenten den wünschenswerten Anhalt zur Beurteilung der erforderlichen Wohnungsqualitäten geben können.

Diese Aufgabe sollen die sog. Wohnungsordnungen erfüllen. Der preußische Wohnungsgesetzentwurf sieht demnach vor:

Artikel 3, § 1. Für Gemeinden und Gutsbezirke können im Wege der Polizeiverordnung allgemeine Vorschriften über die Benutzung der Gebäude zum Wohnen und Schlafen erlassen werden (Wohnungsordnungen).

Für Gemeinden und Gutsbezirke mit mehr als 10000 Einwohnern sind solche Wohnungsordnungen zu erlassen.

§ 2. Durch die Wohnungsordnungen kann vorgeschrieben werden, daß als Wohn- oder Schlafräume (auch Küchen) nur solche Räume benutzt werden dürfen, welche zum dauernden Aufenthalt von Menschen baupolizeilich genehmigt sind.

§ 3. Die Wohnungsordnungen können ferner insbesondere Vorschriften treffen über:

1. eine den gesundheitlichen Anforderungen entsprechende bauliche Beschaffenheit und Instandhaltung der Wohn- und Schlafräume (auch Küchen),

2. eine den Anforderungen des Familienlebens entsprechende Trennung der von verschiedenen Haushaltungen benutzten Wohn- und Sch'afräume (auch Küchen) voneinander,

3. die Zahl und die Beschaffenheit der erforderlichen Kochstellen, Aborte, Wasserentnahmestellen und Ausgüsse,

4. die im gesundheitlichen und sittlichen Interesse zulässige Belegung der Wohn- und Schlafräume (auch Küchen),

5. die Einrichtung, Ausstattung und Unterhaltung der von Dienst- oder Arbeitgebern ihren Dienstboten oder Gewerbegehilfen (Gesellen, Gehilfen, Lehrlingen) zugewiesenen Schlafräume,

6. die Bedingungen, unter denen die Aufnahme nicht zur Familie gehöriger Personen gegen Entgelt als Zimmermieter (Zimmerherren, Chambregarnisten), Einlieger (Einlogierer, Miet-, Kost- und Quartiergänger) oder Schlafgänger (Schläfer, Schlafleute, Schlafsteller, Schlafgäste, Schlafburschen und -mädchen) statthaft ist,

7. die zur Durchführung der getroffenen Bestimmungen den Beteiligten, namentlich hinsichtlich der Anzeigen, Aushänge usw. obliegenden Verpflichtungen.

Derartige Wohnungsordnungen bieten also, wie ersichtlich, teilweise eine Wiederholung der schon in den Baupolizeischriften festzulegenden Bestimmungen, teilweise eine sehr wünschenswerte oder auch nötige Ergänzung derselben. S. 91 wurde schon darauf hingewiesen, daß es dabei nach Möglichkeit zu vermeiden ist, in die einzelnen Paragraphen absolute Zahlen und Maßangaben aufzunehmen, damit dieselben nicht zur allgemeinen Einführung gelangen und Normalmaße werden.

Im übrigen darf man sich von den Erfolgen einer noch so sachgemäß organisierten und durchgeführten Wohnungsaufsicht für die Bessergestaltung des Wohnungswesens nicht allzuviel versprechen. Die einmal in der Bauweise der alten Städte begründeten Mängel können durch sie kaum nennenswert gebessert werden. Gegen alle die mit der übertriebenen Bebauungsintensität, der fehlerhaften Blockbebauung, der zersplitterten Hofanlage, dem Mangel an Freiflächen etc. zusammenhängenden Mißstände ist sie machtlos. Sie beseitigt überhaupt mehr die Fehler des Wohnens, als die der Wohnungen, schon deshalb, weil ihr bei der Beseitigung der baulichen Mängel der alten Gebäude aus bereits erwähnten Gründen (S. 93) sehr enge Grenzen gezogen sind. So kann sie immer nur einzelne Symptome im Wohnungswesen unserer Städte beseitigen, die inneren hygienischen Qualitäten einiger Wohnungen bessern, während die außerordentlich bedeutsamen äußeren hygienischen Qualitäten überhaupt nicht durch sie beeinflußt werden können. Eine grundlegende Besserung der Wohnverhältnisse kann deshalb von ihr nicht erwartet werden, sondern nur von einer entsprechenden Ausgestaltung der Bauordnungen, Bebauungspläne, einer besseren Bodenparzellierung und all den Maßnahmen, welche heutzutage auf Grund der Entwickelung der Verkehrsmittel, der bodenpolitischen und die Außengelände erschließenden Tätigkeit der Gemeinden ein wesentlich verändertes, besseres und den hygienischen Forderungen weit mehr als früher genügendes Städtebausystem ermöglichen. Es ist das die Gesamtheit der Maßnahmen, welche in diesem Buche als Dezentralisationsbestrebungen zusammengefaßt sind, wenn auch dieses Wort keineswegs das Wesen all dieser städtebaulichen Maßnahmen völlig erschöpft. Erst dann, wenn es bei der rapiden Fortentwickelung unserer Städte gelingen wird, die modernen Grundsätze in den Stadterweiterungsgebieten immer mehr zur Durchführung zu bringen, werden sich die Wohnverhältnisse zunächst in den neuerbauten Stadtteilen, dann rückwirkend vielleicht auch nach und nach in den alten Stadtteilen bessern lassen, und diese Besserung wird dann auch den bedeutsamen äußeren hygienischen Wohnungsqualitäten zugute kommen.

In ähnlichem Sinne hat auch Pohle auf dem III. internationalen Wohnungshygienekongreß in Dresden 1911 die Wohnungsaufsicht und Wohnungspolizei beurteilt, wenn er sagt:

„So Nützliches die Wohnungspolizei ohne Zweifel zu leisten vermag, so darf man von ihr doch nicht eine umfassende allgemeine Besserung der Wohnverhältnisse erwarten. Sie muß sich ihrem Wesen nach darauf beschränken, zu verhindern, daß die Wohnweise einzelner Haushaltungen den in hygienischer und sittlicher Hinsicht unentbehrlichen Forderungen zuwiderlaufe, nicht aber kann sie aus eigener Kraft den durchschnittlichen Stand der Wohnungsverhältnisse in der Bevölkerung immer weiter heben" (Kongreßbericht, S. 804).

Entsprechend der Absicht dieser Schrift, nur die Maßnahmen eingehender zu besprechen, welche von wirklich grundlegender Bedeutung für die Lösung der Wohnungsfrage sind, soll deshalb auf die Praxis der Wohnungsaufsicht nicht näher eingegangen werden. Eine ausgezeichnete Darstellung dieses Gegenstandes auf Grund in langjähriger Praxis erworbener Erfahrungen gibt die Schrift: Die Praxis der Wohnungsreform, von Gretzschel und Rings, Darmstadt, 1912, insbesondere in ihren Abschnitten: Wohnungsaufsicht, Wohnungsfürsorge und Erläuterung der praktischen Tätigkeit der Wohnungsinspektoren, auf die deshalb besonders hingewiesen sei.

3. Die gemeinnützige Bautätigkeit.

Als „gemeinnützige Bauvereine" faßt man in der Regel alle die Vereinigungen zusammen, welche sich mit dem Bau von Wohnungen, insbesondere Kleinwohnungen, auf „gemeinnütziger Grundlage" befassen. Die Gesellschaftsformen, unter denen sie auftreten, sind verschieden, meistens sind es Aktienbaugesellschaften und Genossenschaften mit beschränkter Haftung. Die „Gemeinnützigkeit" der Unternehmungen kommt darin zum Ausdruck, daß vor allem Kleinwohnungen, die fast überall in zu geringer Zahl vorhanden sind, errichtet werden, des weiteren in der meist mustergültigen und vorbildlichen Ausführung der erstellten Wohnungen und endlich in den meisten Fällen auch darin, daß man sich im Interesse der Billigkeit der Wohnungen mit einer erheblich geringeren Verzinsung des Gesellschaftskapitals begnügt, als sie sonst üblich ist, und auf „spekulative" Gewinne verzichtet. In Anerkennung dessen werden diesen gemeinnützigen Bauvereinen nicht selten allerlei Vergünstigungen, z. B. billiges Geld, Bauerleichterungen, völliger oder teilweiser Erlaß der Straßenbaukosten, billiges Baugelände etc. mehr gewährt.

Was zunächst die Leistungen dieser Gesellschaften anlangt, so wird wohl allgemein anerkannt, daß sie ein nicht zu unterschätzender Faktor in der städtischen Wohnungsproduktion geworden sind. Wenn auch die Zahl der von ihnen hergestellten Wohnungen eine relativ geringe ist — man schätzt dieselbe auf 1—1½ % des Bedarfs an Kleinwohnungen —, so ist das doch keineswegs bedeutungslos, da dadurch Nachfrage und Angebot der Kleinwohnungen meist gerade zueinander ins richtige Verhältnis gebracht werden. Nicht unwesentlich ist es auch, daß die gemeinnützigen Aktienbaugesellschaften vielfach kinderreiche Familien bei der Vermietung zunächst berücksichtigen und dadurch einem viel beklagten Mißstand abzuhelfen suchen. So hat z. B. die gemeinnützige Baugesellschaft für Aachen und Burtscheid (Akt.-Ges.) das Prinzip, nur Familien mit mindestens 3 Kindern zuzulassen.

In der Begründung zum Entwurf des neuen Wohnungsgesetzes wird ausgeführt, daß mit Genugtuung festgestellt werden dürfe, daß auf dem Gebiete des Wohnungswesens infolge der ihm namentlich auch von den Gemeinden in immer steigendem Maße zugewandten Aufmerksamkeit, sowie infolge einer umfassenden Entfaltung freier gesellschaftlicher und genossenschaftlicher Tätigkeit wesentliche Fortschritte gemacht worden seien. Demgegenüber ist in Kritiken des Entwurfs betont worden, wie gering numerisch die baugenossenschaftliche Tätigkeit gegenüber dem Kleinwohnungsbedarf sei, und daß die einzelnen, privaten Bauunternehmer weit mehr zur Lösung der Kleinwohnungsfrage beigetragen hätten. Diese Entgegnung ist aber nur, was die quantitative Seite des Kleinwohnungsbaues anlangt, richtig, in qualitativer Hinsicht hat die genossenschaftliche und gesellschaftliche Tätigkeit außerordentlich viel mehr geleistet. Fast alles, was auf dem Gebiete des städtischen Kleinwohnungswesens im letzten Jahrzehnt an mustergültigen, moderne hygienische Grundsätze befolgenden, großzügigen Anlagen geschaffen wurde, verdankt ihrer Tätigkeit seine Entstehung.

Es liegt eben die Bedeutung der Bauvereine, wie wohl allgemein zugegeben wird[1]), vor allem darin, daß sie nach der technischen, wirtschaftlichen und künstlerischen Seite hin den Kleinwohnungsbau vorbildlich zu beeinflussen berufen sind. Da sie meistens trefflich organisiert sind, technisch und künstlerisch gleich befähigte Architekten zur Lösung ihrer Aufgaben heranziehen, nicht selten auch große Geländekomplexe und ganze Baublöcke nach einheitlichen Plänen der Bebauung zuführen, so kommen ihnen alle die Vorteile der großzügig geleiteten, großkapitalistischen Unternehmung zugute, nicht minder alle die S. 72 erwähnten Vorteile, die sich bei einer einheitlichen Plangestaltung für einen ganzen Baublock erzielen lassen. Und in der Tat haben auch an vielen Orten zuerst die gemeinnützigen Baugesellschaften die modernen Forderungen bezüglich einer hygienischen Behandlung innenstädtischer Baublöcke — freier, zusammenhängender Luftraum im Innern, eventuell Innenpark und Innenspielplätze — in die Praxis überführt. Das gleiche gilt bezüglich des Ausbaues und der Ausstattung der einzelnen Wohnungen. Wie man eine noch so einfache und bescheidene Kleinwohnung zweckmäßig gestalten, ihr durch die Erfüllung und Beachtung der gesundheitlichen Mindestforderungen, ins-

---

[1]) Siehe unter anderm: Koehne, Die Baugenossenschaften, Berlin, städtebauliche Vorträge, 1912.

besondere durch völligen Abschluß gegen die übrigen Wohnungen, Wandschränke und Speiseschrank, eigenen Abort, Balkon, eventuell Badezimmer eine gewisse Behaglichkeit und selbst den nötigsten Komfort verleihen könne, das haben wiederum zuerst die gemeinnützigen Bauvereine praktisch erprobt. Das gilt besonders für die Fälle, wo es sich darum handelte, auf dem teuern innenstädtischen Boden Kleinwohnungen zu errichten und demnach die Grenzen durch die Rücksichtnahme auf die wirtschaftlichen Verhältnisse von vornherein sehr eng gezogen waren. Gerade dort ist aber auch die Tätigkeit der gemeinnützigen Bauvereine am nötigsten, weil hier das private Unternehmertum auf dem Gebiete der Kleinwohnungsproduktion zeitweise entweder völlig versagt hat oder doch Wohnungen schuf, die auch den denkbar bescheidensten Ansprüchen nicht genügen können. Daß hier das private Unternehmertum außerordentlich viel von den gemeinnützigen Baugesellschaften lernen kann und wohl auch schon gelernt hat, kann nicht bezweifelt werden. Und deshalb muß diese erzieherische und vorbildliche Tätigkeit der Baugesellschaften bei der Würdigung ihrer Verdienste mitberücksichtigt werden.

Sehr beachtenswert ist übrigens, daß hier auf dem teuern innenstädtischen Wohnboden auch derartige, von bestem Wollen erfüllte und in ihren Gewinnansprüchen denkbar uneigennützige, dazu oft noch durch allerlei Subventionen und Erleichterungen unterstützte gemeinnützige Bauvereine nicht nennenswert billigere Wohnungen herzustellen vermögen, als das private, gewerbsmäßige Unternehmertum mit seinen „spekulativen“ Gewinnabsichten. Das könnte manchen Wohnungsreformern die Augen darüber öffnen, daß der hohe Preis der innenstädtischen Kleinwohnungen keineswegs den spekulativen Absichten des privaten Bauunternehmertums allein seine Entstehung verdankt, sondern nun einmal in den eigenartigen, wirtschaftlichen Verhältnissen der städtischen Wohnungsproduktion begründet ist. Dementsprechend wird auch von erfahrenen Praktikern der Wohnungsreform[1]) betont, daß es gar nicht in erster Linie Aufgabe der Bauvereine sei, auf besondere Billigkeit der Wohnungen hinzuarbeiten, daß vielmehr die Schaffung guter und ausreichender Wohngelegenheiten das Leitmotiv sein müsse. Es seien auch die Mieten in den Bauvereinshäusern meistens nicht wesentlich geringer als in Privathäusern, aber in ersteren seien die Wohnungen größer oder besser ausgestattet als in letzteren. Das wirke dann vorbildlich, rege das private Unternehmertum zur Nachahmung an und führe mit der Zeit dazu, daß allgemein in dem Ausbau und der Bauweise der innenstädtischen Wohnungen Besserungen erzielt werden.

Im vorstehenden sind die hochbedeutsamen Aufgaben und Leistungen der gemeinnützigen Bauvereine charakterisiert und ge-

---

[1]) Gretzschel und Rings, Die Praxis der Wohnungsreform, Darmstadt 1912, S. 25.

würdigt worden. Wenn nun weiter auch die Frage der Gemeinnützigkeit etwas näher erörtert werden soll, so betrete ich damit ein Gebiet,
auf dem erhebliche Meinungsverschiedenheiten unter den Autoren
bestehen, während über die oben behandelten Fragen wohl im allgemeinen
Übereinstimmung herrscht. So lange man sich darauf beschränkt, die
Gemeinnützigkeit derartiger Unternehmungen darin zu erblicken, daß
sie nur dann einspringen, wenn aus irgend einem Grunde der private
Wohnungsbau an einer Stelle versagt, daß des weiteren ihre Wohnungen
nach Größe, Ausstattung und sonstiger Qualität mustergültig und vorbildlich wirken, wird wohl kaum jemand etwas dagegen einwenden,
im Gegenteil eine solche gesellschaftliche oder genossenschaftliche Tätigkeit nur freudig begrüßen. Ganz anders liegt aber die Sache, wenn nun
weiter die Gemeinnützigkeit auch darin gesucht wird, daß im Interesse
einer größtmöglichen Billigkeit der Wohnungen bei der Finanzierung
und der sonstigen Tätigkeit der Gesellschaft allerlei Mittel benutzt und
herangezogen werden, welche dem übrigen privaten Unternehmertum
nicht zur Verfügung stehen, und die Wohnungen dann tatsächlich unter
ihrem reellen, d. h. den üblichen Produktionskosten entsprechenden Wert
vermietet werden können. Als derartige Subventionen, wie sie entweder gewährt oder angestrebt werden, kommen in Betracht: Abgabe
von Bauland unter seinem reellen, d. h. dem durchschnittlichen Markt-
wert entsprechenden Preis, oder völlig kostenlose Abtretung von Bauland, Gewährung von kommunalem oder staatlichem Kredit zu geringerem
Zinsfuß, als er sonst bei Bauten üblich ist, ferner Steuererleichterungen,
Nachlaß der Straßenbaukosten und ähnliches mehr. Da dem privaten
Unternehmertum, welches die übrigen 99% der städtischen Kleinwohnungen erbaut, all diese Unterstützungen fast ausnahmslos nicht
gewährt werden, so kann man wohl behaupten, daß es den gemeinnützigen Bauvereinen durch obige Subventionen ermöglicht wird, ihre
Mieten niedriger festzusetzen als unter normalen Verhältnissen, wie sie
für das private Unternehmertum gelten, die Produktionskosten gestatten
würden. Dabei sind ihre Wohnungen in manchen Fällen nicht einmal
billiger, wohl aber entsprechend besser und geräumiger als die sonst
üblichen. Wie soll man sich zu einer derartigen, künstlichen Niederhaltung der Mietpreise stellen? Ist ein derartiger Eingriff in die
wirtschaftlichen Verhältnisse des Wohnungsmarktes wirklich berechtigt
und steht der dadurch erreichte Erfolg auch im richtigen Verhältnis zu
der Erregung und Beunruhigung, die dadurch in das private Bauunternehmertum hineingetragen wird?

Das Wesen all dieser Subventionen ist zunächst doch, daß
mittelst derselben auf Kosten der Steuerzahler und demnach der Allgemeinheit einer ganz kleinen Gruppe von Leuten, die in diesen Wohnungen
unterkommen können, Unterstützungen gewährt werden, oder doch
die Allgemeinheit auf entsprechende Mehreinnahmen, wie sie sich bei
reeller Anrechnung ihres Bodens, ihrer Straßenbaukosten, ihrer Kapi-

talien etc. ergeben würden, zu deren Gunsten Verzicht leistet. Gegen eine derartige Unterstützungspolitik läßt sich zunächst einwenden, daß die auf diese Weise unterstützten Personen keineswegs immer die wirklich notleidenden sind, daß vor allem ein großer Teil der Steuerzahler, welcher auf diese Weise zur Unterstützung der betreffenden Personen mit herangezogen wird, in keineswegs besserer wirtschaftlicher Lage ist und für sein Wohnbedürfnis eher noch mehr bezahlen muß, aus irgendwelchen Gründen aber die durch die gemeinnützigen Bauvereine geschaffenen Wohnungen selbst nicht benutzen kann. Manchmal wird eine solche Unterstützungspolitik auch damit motiviert, daß es ein nobile officium der besser situierten Klassen sei, den wirtschaftlich Schwachen zu helfen und ihnen insbesondere bei der Wohnungsbeschaffung behilflich zu sein. Dagegen läßt sich einwenden, daß die städtischen Finanzen, aus denen diese Unterstützungen fließen, sich keineswegs nur aus den steuerlichen Leistungen der besser situierten Klassen, sondern auch aus denen des Mittelstandes und der unteren, ärmeren Volksklassen zusammensetzen, daß dem höheren Einkommen der besser situierten Klassen außerdem schon durch die Progression unserer Einkommensteuer und dementsprechend auch der sich danach berechnenden Kommunalabgaben in ausreichender Weise Rechnung getragen ist.

Will man es also als nobile officium der Bessersituierten bezeichnen, den wirtschaftlich Schwachen die Wohnungsbeschaffung in der Großstadt zu erleichtern, so könnte man das einwandfreier in der Weise erreichen, daß freiwillige Spenden von den Leuten, die dazu auch wirklich in der Lage sind, gesammelt und einem besonderen, etwa als städtischer Wohnungsunterstützungsfond zu bezeichnenden Fond zugewiesen werden. Dieser könnte dann entweder zur Unterstützung solcher Familien, die nachweisbar den Mietpreis einer entsprechenden Wohnung nicht aufbringen können, verwandt werden, oder aber zum Bau städtischer Etagenmietwohnungen, welche den betreffenden Familien zeitweise eventuell unentgeltlich oder unter erheblichem Mietnachlaß zugewiesen werden. Damit schafft man dann in jeder Beziehung klare, übersichtliche Verhältnisse, zieht einmal nur solche Personen zur Bestreitung dieser Ausgaben heran, welche dazu fähig sind, drückt anderseits nicht künstlich die Mietpreise gewisser Wohnungskategorien herab und schädigt so auch nicht durch diese Konkurrenz das private Unternehmertum. Sicherlich würde das Bewußtsein, auf diese Weise aus öffentlichen Mitteln unterstützt zu werden, in vielen Fällen einen heilsamen Einfluß auf die betreffenden Familien ausüben und sie veranlassen, sich aus eigener Kraft zu besseren wirtschaftlichen Verhältnissen emporzuarbeiten. Der Unterstützung durch subventionierte Baugesellschaften dagegen sind sich die Bewohner meistens nicht bewußt, die darin liegenden Unterstützungen werden aus den Taschen aller Steuerzahler, auch derer, welche unter ihrer Steuerlast schwer leiden, bestritten, und schließlich greift man in nicht zu rechtfertigender Weise in die wirtschaftlichen Verhältnisse des Wohnungsmarktes ein.

Gerade aus den Kreisen der städtischen Hausbesitzer und Bauunternehmer kommen sehr häufig Klagen über die Gewährung öffentlicher Unterstützungen an gemeinnützige Bauvereine, und man kann ihnen gewiß nicht Unrecht geben. Der Kleinwohnungsbau ist heutzutage für den privaten Bauunternehmer eine recht unrentables Geschäft geworden, und es muß zu einer durchaus ungerechten Beurteilung seiner Rentabilität von seiten des Publikums führen, wenn man auf die erwähnte Weise Wohnungen schafft, die vom Volke mit denen der privaten Unternehmer ohne weiteres verglichen werden, in Wahrheit aber unter ganz anderen wirtschaftlichen Voraussetzungen zustande gekommen sind. Gerade auch der rühmend erwähnte Vorzug der genossenschaftlichen Wohnungen, vorbildlich für die private Unternehmertätigkeit zu wirken, kann doch nur dann voll und ganz zu Rechte bestehen, wenn die beiderseitig erstellten Wohnungen auch unter völlig gleichen wirtschaftlichen Voraussetzungen entstanden sind. Was nutzt es aber, wenn der private Bauunternehmer sagen kann: „Gewiß können die gemeinnützigen Baugesellschaften billiger und besser bauen wie wir; sie erhalten alle möglichen Subventionen, während man uns immer mehr Lasten auferlegt."

Wie ersichtlich, lassen sich recht viele Gründe gegen eine derartige Subventionierungspolitik der „gemeinnützigen" Bauvereine anführen, und es wäre gewiß in mancher Hinsicht vorteilhafter, dieselbe durch die befürworteten Wohnungsunterstützungsfonds zu ersetzen. An anderer Stelle[1]) habe ich schon darauf hingewiesen, daß es immer in der Großstadt Familien geben werde, die mit oder ohne Schuld heruntergekommen sind, und niemals die Mittel für eine menschenwürdige Wohnung, möge sie auch noch so billig sein, aufbringen können; daß natürlich auch diesen geholfen werden müsse, aber nicht durch soziale Einrichtungen, die allen zugute kommen und deshalb vielfach auch von solchen Leuten benutzt werden, die gar kein Anrecht darauf haben, sondern nur durch Almosen und Unterstützungen an die direkt Bedürftigen selbst. Derartigen Zwecken hätten die genannten Wohnungsunterstützungsfonds zu dienen. Durch die Einrichtung der Wohnungsaufsicht und der Wohnungsämter, die nach dem Wohnungsgesetzentwurf nunmehr wohl in allen Städten zur Einführung kommen werden, werden sich verhältnismäßig leicht die wirklich unterstützungsbedürftigen Familien ausfindig machen lassen. In vielen Fällen wird es den Wohnungsinspektoren nur dann möglich sein, offenkundige, hochgradige Wohnungsmißstände zu beseitigen, wenn den betreffenden Familien durch Unterstützungen aus dem genannten Fond zunächst einmal der

---

[1]) Bodenfrage und Bodenpolitik, vierter Teil, S. 299.

Bezug einer größeren und für ihre Verhältnisse ausreichenden Wohnung ermöglicht wird; im andern Fall wird jeder Besserungsversuch an der Mittellosigkeit der betreffenden Familien scheitern.

Handelt es sich dabei um unverschuldete Not, z. B. infolge von Krankheit, sehr großer Kinderzahl etc., so braucht niemand von den dann zu gewährenden Wohnungsgeldzuschüssen etwas zu erfahren und es entfällt damit jedes beschämende Gefühl für die betreffenden Familien, insbesondere braucht auch der Hausbesitzer nichts davon zu wissen. Handelt es sich aber um verschuldete Not und absolute Mittellosigkeit, so wären die Betreffenden in dem aus dem genannten Fond errichteten „Arme Leuthaus", wie man es bald nennen würde, unterzubringen. Das könnte in diesem Fall nur erzieherisch wirken, und könnte die geringe Miethöhe daselbst, oder der völlige Verzicht darauf unter keinen Umständen als unlautere Konkurrenz der privaten Unternehmung aufgefaßt werden, da es sich in diesem Fall doch um ein ausgesprochenes Armenunterstützungs- und Wohltätigkeitsinstitut handelt, das vollkommen außer der Konkurrenz steht. Dagegen würden auch die privaten Bauunternehmer nichts einzuwenden haben, im Gegenteil, es kann ihnen nur erwünscht sein, wenn ihnen auf diese Weise Mieter, die ihnen doch nur die Miete schuldig bleiben würden, vom Halse gehalten werden.

Mit den vorstehenden Ausführungen sollen also keineswegs Einwände gegen die gemeinnützigen Bauvereine als solche vorgebracht, im Gegenteil ihre großen Aufgaben und Leistungen ausdrücklich anerkannt und nur betont werden, daß es wünschenswert und gerade auch zur vollen Geltendmachung ihrer vorbildlichen Bedeutung zweckmäßig ist, wenn sie ohne besondere staatliche oder kommunale Subventionen, mögen sie nun in offener oder versteckter Form auftreten, gegründet und durchgeführt werden. Das scheint schon deshalb zweckmäßig, damit sich dieselben einer noch weiteren und zunehmenden Verbreitung erfreuen können. In diesem Falle würde sich ja jede weitergehende Subventionierung derselben schon deshalb verbieten, weil dieselbe dann zu einer auf die Dauer unerträglichen finanziellen Belastung der betreffenden Gemeinden führen müßte. Außerdem hätten dann die privaten Unternehmer erst recht Anlaß über unlautere Konkurrenz zu klagen. In dem Moment dagegen, wo diese gemeinnützigen Gesellschaften keine besonderen Privilegien mehr genießen, werden diese Klagen hinfällig.

Wenn ich nicht irre, ist übrigens in letzter Zeit in einigen Städten ebenfalls der Vorschlag gemacht worden, die Wohnungsaufsicht durch besondere Wohnungsunterstützungsfonds wirksamer zu gestalten. In diesem Zusammenhang sei mit einigen Worten auf ähnliche Einrichtungen hingewiesen, wie sie z. B. in Dänemark, dem auf dem Gebiet der sozialen Fürsorge tonangebenden Lande bestehen. Hier besteht z. B.[1]) die Einrichtung kommunaler Hilfskassen, welche in

---

[1]) Vergleiche: Dänemark — das Land der Wohlfahrtspflege, von Dr. Asche (Kopenhagen). Voss. Ztg. vom 5. Januar 1913.

weitestem Umfange solchen Personen helfen, die infolge von Krankheit oder anderen unglücklichen Umständen daran gehindert sind, sich selbst und ihre Familie zu unterhalten, und bei denen der Verhinderungsgrund so lange bestanden hat, daß sie keine Krankenversicherung oder andere regelmäßige Unterstützung mehr bekommen. Die Hilfe wird so lange gewährt, bis die betreffende Person wieder regelmäßig Arbeit bekommt, und zwar wird die Unterstützung immer so geleistet, daß sie nicht als Armenhilfe gilt; der Unterstützte soll wirtschaftlich, gleichzeitig aber auch moralisch über Wasser gehalten werden und die Hilfe als ein Mittel betrachten, um wieder den Weg zur Selbstversorgung finden zu können. Diesen kommunalen Hilfskassen entspricht in Kopenhagen der sog. Unterstützungsverein. Derselbe ist privaten Ursprungs und hat die Aufgabe so hohe Beiträge wie möglich von privater Seite zum Zweck der einstweiligen Unterstützung ohne eigenes Verschulden bedürftig gewordener Personen zu beschaffen. Derselbe steht unter öffentlicher Kontrolle und es fließen aus öffentlichen Mitteln alljährlich zu den privaten Beiträgen noch etwa 300 000 Kronen. All diese Kassen treten erst dann helfend ein, wenn die Arbeitslosigkeitskassen entweder gar nicht oder nicht länger die erforderliche Unterstützung gewähren können. — Derartige Institutionen könnten ohne weiteres als Vorbilder für Wohnungsunterstützungsvereine dienen, welche die oben befürworteten Wohnungsunterstützungsfonds von Privaten zu sammeln und gemeinsam mit dem Wohnungsamt zu verwalten hätten.

Ein derartiges Vorgehen scheint mir weit mehr im Sinne einer „gemeinnützigen" Wohnungspolitik zu liegen, als durch alle möglichen Subventionen den Bau einzelner Wohnungskategorien künstlich zu verbilligen, dagegen dem privaten Kleinwohnungsbau die Existenzbedingungen zu erschweren. Diese letztere sog. gemeinnützige Wohnungspolitik läßt nur einigen wenigen Personen, die meist nicht einmal die wirtschaftlich Schwächsten sind — diese wohnen gar nicht in den Häusern der gemeinnützigen Baugesellschaften — Unterstützungen zukommen, belastet dafür aber die übrigen Einwohner mit entsprechend höheren Steuern und verteuert ihnen durch Erschwerung und Hemmung der privaten Unternehmertätigkeit die Wohnungen. Eine derartige Schädigung der Interessen der weit überwiegenden Mehrheit der Bevölkerung verträgt sich schwer mit dem Begriff gemeinnützig.

Ganz anders beantwortet sich die Frage, wie man sich zu solchen Subventionen stellen soll, die nicht nur den gemeinnützigen Bauvereinen, sondern überhaupt allen, welche sich mit dem Bau städtischer Kleinwohnungen befassen wollen, gewährt werden. Da liegen die Verhältnisse wesentlich anders, besonders wenn es sich dabei um Maßnahmen handelt, die entweder auf vollkommen wirtschaftlicher Grundlage stehen, oder aber finanziell die Allgemeinheit und die Steuerzahler überhaupt nicht belasten, vielmehr in anderer, kaum fühlbarer Form gewährt werden. Als solche kommen in Betracht einmal die Gewährung von Kredit, Baugeld etc., wobei die Unterstützung allerdings nicht darin zu erblicken ist, daß dieselbe zu einem wesentlich geringeren Zinsfuß erfolgt als von den privaten Geldgebern und Banken gefordert wird. Das ist auch wieder eine recht fühlbare und unangenehme Konkurrenz für diese, als Geldgeber zunächst wenigstens absolut nicht zu entbehrenden Faktoren. Vielmehr darin, daß überhaupt Kredit und Baugeld in entsprechender Menge zu haben sind, auch in solchen Fällen, wo die genannten Geldgeber versagen und die Bautätigkeit infolge Geldknappheit darniederliegen würde.

Daß bei dieser Kreditgewährung und der Höhe des zu erhebenden Zinsfußes allerlei Abstufungen vorgenommen werden können und nicht alle mit gleichem Maß gemessen zu werden brauchen, ist selbstverständlich. Es ist meines Erachtens durchaus billig und gerechtfertigt, wenn man z. B. gemeinnützigen Bauvereinen, welche dank ihrer vorzüglichen Organisation, ihrer Kapitalkraft, dem Ansehen der Persönlichkeiten, welche an ihrer Spitze stehen, dem Kreditgeber entsprechende Sicherheiten gewähren, reichlicheren und billigeren Kredit, entsprechend dieser größeren Sicherheit, zur Verfügung stellt als dem kleinen Unternehmer. Darin liegt absolut keine Bevorzugung, sofern man gegenüber irgendwelchen anderen Gesellschaften zum Bau kleiner Häuser, wenn sie die gleiche Sicherheit bieten, ebenso verfährt. Daß man dagegen gegenüber dem kleinen, kapitalschwachen und wenig leistungsfähigen Unternehmer, auch wenn er Kleinwohnungen baut, entsprechend seiner schwächeren finanziellen Position in der Kreditgewährung zurückhaltender ist, ihm eventuell entsprechend der größeren Unsicherheit der Kapitalanlage höhere Zinsen rechnet, die gewissermaßen als Risikoprämie erscheinen, ist durchaus keine Ungerechtigkeit, sondern entspricht absolut den auch sonst bei Darlehen üblichen Gepflogenheiten. Es ist kein Grund einzusehen, weshalb Staat und Kommunen bei ihrer Kreditgewährung zum Zweck des Wohnungsbaues von diesen praktisch erprobten und innerlich berechtigten Grundsätzen, die durchaus im Sinne einer gesunden Finanzpolitik der Gemeinden liegen, abweichen sollen.

Außer dieser so gehandhabten Kreditgewährung kann der Kleinwohnungsbau ferner unbedenklich durch allerlei Bauerleichterungen gegenüber dem großen Haus und der Mietkaserne gefördert werden. Auch darin kann man keine ungerechtfertigte Subvention erblicken, namentlich dann nicht, wenn diese Erleichterungen jedem, der Kleinwohnungen baut, gewährt werden. Im Gegenteil entspricht eine solche Behandlung absolut den Besonderheiten dieser Wohnungskategorie und seiner Bewohner. Derartige Bauerleichterungen für Kleinwohnungen werden an den verschiedensten Stellen dieser Schrift ausführlich behandelt, hier soll deshalb nur einiges über die grundsätzliche Stellungnahme zu denselben gesagt werden. So kann man z. B. in städtischen Miethäusern, welche für Kleinwohnungen bestimmt sind, unbedenklich eine geringere Geschoßhöhe zulassen, je nachdem ein Stockwerk mehr dulden, als sonst in der betreffenden Bauklasse erlaubt ist, und dadurch in vielen Fällen die Beschaffung einer größeren Zahl von Kleinwohnungen ermöglichen oder ihren Bau rentabler machen, ohne daß hier der oben behandelte Einwand, es würden auf Kosten der Allgemeinheit ein-

zelnen Unterstützungen gewährt, zutrifft. In diesem Falle handelt es
sich keineswegs um finanzielle Unterstützung oder Verzicht auf irgendwelche Mehreinnahmen, die Stadt gewährt vielmehr innerhalb einer
sonst aus hygienischen Gründen für richtig erkannten Bauklasse Ausnahmen im Interesse der Wohnungsbeschaffung. Mehrmals bin ich in
der Literatur der Auffassung begegnet, derartige Bauerleichterungen
seien schon deshalb von Übel, weil man damit ausdrücklich zugebe, daß
man den minderbemittelten Volksklassen hygienisch minderwertige
Wohnungen zuweise. So tragisch und sentimental braucht man aber
über diesen Punkt nicht zu denken. Durch derartige Bauerleichterungen werden die Wohnungen kaum nennenswert unhygienischer,
wenn man auch von einem an sich für richtig erkannten Prinzip aus
Zweckmäßigkeitsgründen einmal abweicht. Außerdem könnte man doch
auch mit einem gewissen Recht sagen, daß die Wohnsitten und
Wohnansprüche der minderbemittelten Volksklassen nun
einmal geringere sind als die der höherbemittelten, und daß die Leute
selbst oft lieber mit einer etwas bescheideneren Wohnung vorlieb
nehmen, wenn sie ihnen dadurch billiger angeboten werden kann.
Unter die gesundheitlichen Mindestforderungen soll man natürlich nicht
heruntergehen. Gerade der einfache Mann aus dem Volke würde es
absolut nicht verstehen, wenn man ihn aus einer übertriebenen Sozialpolitik heraus in Wohngebäuden unterbringen wollte, die bezüglich der
Geschoßhöhe, Stockwerkzahl, Straßenanlage etc. den gleichen Anforderungen genügten, wie die der höheren Einkommenklassen, er diese ihm
aufgezwungene Sozialpolitik aber in Form höherer Mieten selbst bezahlen müßte. — So lassen sich auf diese Weise für Kleinwohnungsbauten allerlei Erleichterungen schaffen, ohne daß man dadurch in die
wirtschaftlichen Verhältnisse des Wohnungsmarktes eingreift und ernste,
hygienische Mängel in Kauf nimmt.

Durch die oben erhobene Forderung, daß man diese Bauerleichterungen, nicht minder die auf streng wirtschaftlicher Grundlage geübte
Kreditgewährung allen Personen und Körperschaften, welche sich mit
dem Bau von Kleinwohnungen befassen, in entsprechender Weise gewähren müsse, kommen wir zu einem weiteren Punkt, der Frage, wie
man sich solchen Aktiengesellschaften gegenüber verhalten solle,
welche auch Kleinwohnungen bauen, im übrigen aber auf das Epitheton
ornans der „Gemeinnützigkeit" verzichten und bezüglich der Festsetzung
der Mieten, Ausschüttung der Dividende nach allgemein üblichen Ge-
schäftsprinzipien verfahren. Bisher sind derartige Aktiengesellschaften zum Bau kleiner Häuser bei uns wohl nur in sehr wenigen
Fällen gegründet worden; in anderen Ländern dagegen, namentlich in
Belgien, haben sie eine große Bedeutung erlangt. In letzterem Lande
beschränken sich allerdings diese Aktiengesellschaften zum Bau kleiner
Häuser vielfach auf die Kreditgewährung und überlassen dem Kredit-
suchenden den Bau der Häuser, wo und wie es ihm beliebt. Gerade das

ist vielleicht ein Grund dafür, weshalb sie sich einer so großen Verbreitung erfreuen.

Derartige Aktiengesellschaften zum Bau kleiner Häuser sind natürlich in jeder Weise zu befürworten. Bei der Frage der Behandlung der Baublöcke wurde schon betont, daß nur eine großzügig geleitete, von einer Stelle betriebene und nach einem einheitlichen, von ersten Kräften aufgestellten Plane vor sich gehende Bebauung des ganzen Baublockes zu einer hygienisch, wirtschaftlich und ästhetisch befriedigenden Gestaltung desselben führen könne. In dem Sinne haben ja auch gemeinnützige Bauvereine des öfteren gewirkt und Mustergültiges geschaffen. Durch die freiwillige Beschränkung der Höhe der Dividenden, die mannigfachen, je nachdem mehr oder weniger weitgehenden Subventionen derartiger Bauvereine ist aber ihrer weiteren Verbreitung von vornherein eine sehr enge Grenze gesteckt. Und das ist im Interesse der an und für sich außerordentlich bedeutsamen Tatsache, daß sich große Gesellschaften mit dem Bau innenstädtischer Kleinwohnungen befassen, im höchsten Maße zu bedauern. Will man diesen eine weitere Verbreitung sichern, so ist es unbedingt nötig, dieselben als reine Erwerbsgesellschaften zu betreiben, insbesondere nicht von vornherein eine gewisse Höchstgrenze der Dividende festzulegen und damit das private Kapital abzuschrecken. Will man dieses in umfangreichem Maße heranziehen, so muß man ihm entsprechende Gewinnmöglichkeiten lassen. Je mehr derartige Unternehmungen entstehen, um so mehr sorgt ihre gegenseitige Konkurrenz und die Vergrößerung des durch sie bewirkten Wohnungsangebots dafür, daß die von ihnen erstellten Wohnungen die übliche, den Verhältnissen des betreffenden Orts entsprechende Miethöhe nicht überschreiten. Ohnehin sind derartige Gesellschaften infolge der Vorteile der großkapitalistischen Unternehmung und des Umstands, daß natürlich auch ihnen die für den Kleinwohnungsbau zu gewährenden Bauerleichterungen gestattet werden müssen, sicherlich imstande, eher billiger zu bauen, oder bei gleichem Mietpreis bessere und zweckmäßigere Wohnungen anzubieten, als das bei der jetzigen Bauweise durch die kleineren Unternehmer der Fall ist. Bei dieser wird jede einzelne Bauparzelle eines Baublocks von einem anderen, wirtschaftlich schwachen und wenig leistungsfähigen Unternehmer bebaut und dabei kommt doch meist nur Flickwerk heraus. Derartige Aktiengesellschaften wären also in jeder Weise anzuregen und zu fördern, auch wenn sie als reine Erwerbsgesellschaften betrieben werden. Das Wohnungswesen und die ästhetische und hygienische Ausgestaltung unserer Städte würde sicherlich nur Nutzen davon haben. In ähnlichem Sinne habe ich schon an anderer Stelle[1] darauf hingewiesen, daß es auch für die freilich anders geartete Wohnungsbeschaffung auf den Außengeländen der Städte im höchsten Maße vor-

---

[1] Bodenfrage und Bodenpolitik, S. 225.

teilhaft sei, wenn es gelänge, große Siedelungs- und Baugesellschaften, die in diesem Falle gleichzeitig Terraingesellschaften
sein könnten, für den dortigen Kleinwohnungsbau zu interessieren,
insbesondere privates Kapital dafür heranzuziehen. Dabei wies ich
darauf hin, daß schon allein der Umstand, daß solche Gesellschaften den
Kleinwohnungsbau betreiben, sofern sie nur bestrebt sind, zweckmäßige,
hygienisch einwandfreie und ästhetisch befriedigende Wohnungen zu
erstellen, genüge, um ihr Unternehmen als „gemeinnützig" zu bezeichnen.
In gleicher Weise gilt das für die entsprechenden Gesellschaften, welche
auf dem teuren, innenstädtischen Wohnboden Kleinwohnungen, wenn
natürlich auch dementsprechend von ganz anderer Art, herstellen. Zweifellos ist ihre Aufgabe noch verdienstvoller und gebührt ihnen erst recht,
selbst dann, wenn sie als reine Erwerbsgesellschaften betrieben werden,
das Prädikat „gemeinnützig". Meines Erachtens dürfte derartigen
Aktiengesellschaften zum Bau kleiner Wohnungen bei der Beschaffung
und Verbesserung der innenstädtischen Kleinwohnungen eine hochbedeutsame und in Zukunft immer mehr wachsende Rolle zufallen.

4. Der Bau von Kleinwohnungen durch die Kommunen und den Staat.

Wenn die in diesem Abschnitt zu behandelnden Fragen auch in
ähnlicher Weise für den entsprechenden Wohnungsbau auf den Außengeländen zutreffen, so sollen sie doch hier bei der Behandlung der innenstädtischen Kleinwohnungen erörtert werden, weil sie hier die bedeutsamste Rolle spielen. In vieler Beziehung gilt übrigens das, was im vorigen
Abschnitt über die Tätigkeit der gemeinnützigen Bauvereine und -Ge-
sellschaften gesagt wurde, auch für den Kleinwohnungsbau von
seiten der Kommunen und des Staates. Auch ihre entsprechende
Tätigkeit ist als eine gemeinnützige aufzufassen und der Unterschied
liegt nur darin, daß in dem einen Falle die Bauvereine und -Gesellschaften,
im anderen die größeren Gesellschaftsformen, wenn man sie hier so nennen
soll, Kommune und Staat, den Wohnungsbau betreiben.

Über diese Frage des kommunalen und staatlichen Wohnungsbaues
ist schon sehr viel diskutiert worden und gehen die Ansichten weit
auseinander. Entsprechend den im vorigen Abschnitt vertretenen
Anschauungen kann man sich nicht von vornherein prinzipiell dafür
oder dagegen aussprechen, sondern muß seine Stellungnahme davon
abhängig machen, wie der Wohnungsbau im einzelnen Fall betrieben
wird. Auch hier dürfte vor allem der Grundsatz zur Anwendung kommen,
daß eine Gemeinnützigkeit keinesfalls dadurch erzielt werden darf,
daß man auf Kosten der Allgemeinheit und der Steuerzahler all den
Personen, welchen dieser Wohnungsbau zunutze kommt, weitgehende
Unterstützungen und Wohltaten zukommen läßt. Das dürfte hier ebenso
verkehrt sein, wie bei gemeinnützigen Baugesellschaften; vielleicht noch
mehr, weil Staat und Kommunen über viel reichere Mittel verfügen

und deshalb solche Subventionen zum Nachteil der übrigen Steuerzahler in viel höherem Maße den dadurch Begünstigten gewähren können. Wenn also von dieser Seite erhebliche Mittel zur Förderung des Kleinwohnungsbaues zur Verfügung gestellt werden, so müßte auch dabei streng darauf geachtet werden, daß durchaus nach wirtschaftlichen Grundsätzen verfahren wird und bei der Gewährung von Hypotheken und Baukredit die üblichen Zinssätze in Anrechnung gebracht werden.

Meist wird des weiteren wohl mit Recht der Grundsatz vertreten, daß Staat und Gemeinde nicht ohne Grund selbst an den Wohnungsbau herangehen sollen, sondern nur im Notfalle, wenn aus irgend einem Grund die private Unternehmung versagt oder nicht ausreicht. Schon allein aus reinen Zweckmäßigkeitsgründen, weil man mit dem kommunalen und staatlichen Wohnungsbau keineswegs immer sehr günstige Erfahrungen gemacht hat, von vorneherein auch gar nicht einzusehen ist, weshalb in diesem Falle billiger gebaut werden kann, als von seiten der privaten Unternehmung, namentlich großzügig geleiteter Aktiengesellschaften.

Der springende Punkt ist aber doch wohl der, daß Staat und Gemeinden bei ihrem Wohnungsbau absolut nach wirtschaftlichen Grundsätzen verfahren müssen, daß sie also bei der Berechnung des Mietwertes der Wohnungen genau in der gleichen Weise vorgehen, wie es auch die private Unternehmung tun müßte, daß sie also keinesfalls ihre reichen Mittel dazu benutzen, die selbst gebauten Wohnungen weit unter ihrem reellen Wert zu vermieten. Das würde auch hier einen in keiner Weise zu rechtfertigenden Eingriff in die wirtschaftlichen Verhältnisse des Wohnungsmarktes und eine höchst unlautere Konkurrenz gegenüber den andern, den Wohnungsbau betreibenden Unternehmungsformen darstellen.

Gewiß kann man sich im einzelnen Fall, solange es sich um wenige Wohnungen handelt, sehr gut ein Abweichen von dieser Regel ohne weitere Erschütterungen des Wohnungsmarktes und ohne fühlbare Belastung der Steuerzahler vorstellen. Um sich über die Folgen einer derartigen Wohnungsbaupolitik klar zu werden, muß man sich aber überlegen, wie die Verhältnisse sich herausbilden würden, sobald Staat oder Gemeinde einmal aus irgend einem Grunde in sehr umfangreicher Weise den Wohnungsbau betreiben würden. Dann würden sie wohl von selbst dazu gelangen, die Mietpreise dieser Wohnungen nach ihrem reellen Werte festzusetzen, weil die städtischen Finanzen für eine derartige Subventionierungspolitik und gemeinnützige Wohnungspolitik absolut nicht ausreichen würden, es sei denn, daß die Steuerlasten wesentlich erhöht würden. Das mag für diejenigen, welche von den so künstlich verbilligten Wohnungen Gebrauch machen können, ziemlich gleichgültig sein, da sie das, was sie mehr an Steuern zahlen, wieder an den Mietpreisen der Wohnung einsparen; gegenüber den andern aber würde das eine außerordentliche Ungerechtigkeit bedeuten. Abgesehen davon würden sich aber noch andere unangenehme Folgen bemerkbar machen, auf die hier an dieser Stelle nicht näher eingegangen werden kann[1]).

Bei einem staatlichen und kommunalen Wohnungsbau im großen Umfange würde sich also eine solche Abgabe der Wohnungen unter ihrem reellen Wert von selbst verbieten. Gerade deshalb wird man aber im allgemeinen richtig daran tun, auch in vereinzelten Fällen auf streng wirtschaftlicher Grundlage vorzugehen, schon allein deshalb, weil dann alle Einwände gegen die staatliche und kommunale Bautätigkeit in nichts zusammenfallen und weil außerdem in den Fällen, wo wirklich Bedürftigen die Wohnungsbeschaffung erleichtert werden soll, andere in das Wirtschaftsleben weit weniger eingreifende Mittel zu Gebote stehen (s. S. 100 über die Wohnungsunterstützungsfonds).

Wenn der staatliche und kommunale Wohnungsbau in dieser Weise gehandhabt wird, wird niemand wirklich stichhaltige Gründe gegen denselben vorbringen können; im Gegenteil man kann demselben in besonderen Fällen außerordentlich bedeutsame Aufgaben zuweisen und braucht in der Aufstellung dieser Fälle keineswegs mehr so ängstlich zu sein. Bedingung ist allerdings, daß dabei in durchaus fairer Weise jede unlautere Konkurrenz gegenüber den sonstigen an der Wohnungsproduktion interessierten Kreisen vermieden wird, wie sich das ohne weiteres erreichen läßt, wenn nach streng wirtschaftlichen, auch sonst im Geschäftsleben üblichen Grundsätzen verfahren wird und alle offensichtlichen und versteckten Subventionen unterbleiben.

Von einer grundsätzlichen Ablehnung des staatlichen und kommunalen Wohnungsbaues ist also keine Rede; nur soll auch hier die Gemeinnützigkeit darin gesucht werden, daß man die fehlenden Wohnungen überhaupt beschafft und dieselben in mustergültiger, vorbildlicher Weise herstellt, nicht aber eine „künstliche" Verbilligung der Mieten zu erzielen trachtet. Fälle, in denen unter dieser Voraussetzung eine Stadt unbedenklich und sogar pflichtmäßig den Bau von Kleinwohnungen betreiben kann, sind nach verschiedenen Richtungen hin denkbar und vielfach angeführt worden. Wenn z. B. einmal in einer Stadt aus irgend einem Grunde die private Unternehmertätigkeit für den Kleinwohnungsbau völlig versagt, namentlich dann, wenn die Stadt diesen Zustand selbst durch allzu weitgehende Baubeschränkungen mitverschuldet hat, oder, was auf dasselbe herauskommt, nicht genügende Bauerleichterungen für Kleinwohnungen geschaffen hat. Oder aber, wenn die Stadt selbst durch eine allzu rigorose Wohnungsinspektion und Wohnungspolizei eine größere Zahl von Kleinwohnungen schließen läßt, nicht

---

[1]) Siehe Bodenfrage und Bodenpolitik, S. 268 ff.

minder, wenn sie durch eine weitgehende Sanierung alter Stadtteile, Straßendurchbrüche usw. eine Reihe Wohnungen niederlegt. Es ist oft betont worden, und man kann dem nur zustimmen, daß die Städte die Pflicht haben, vor solch eingreifenden Maßnahmen sich zu vergewissern, ob für die niedergelegten Wohnungen auch genügender Ersatz da ist, eventuell selbst für die Beschaffung neuer Wohnungen zu sorgen.

Ebenso kann die Kommune natürlich genau wie der Staat für ihre eigenen Arbeiter und Beamten Wohnungen herstellen und an diese vermieten. Es dürfte aber auch in solchen Fällen wegen der Rückwirkung auf die übrigen städtischen Wohnungen richtig sein, wenn sie dieselben gleichwohl ihren Arbeitern zum reellen Preis berechnet und ihnen nicht etwa in Form eines Mieterlasses eine Unterstützung zukommen läßt. In diesem Falle schafft es jedenfalls klarere Verhältnisse, wenn sie denselben an Stelle dieses Mieterlasses eine entsprechende Gehaltserhöhung gewährt, ein Verfahren, das auch von den Arbeitern mehr gewürdigt werden wird, obwohl es für die städtischen Finanzen auf das gleiche herauskommt.

Aber auch über diese Fälle hinaus scheint mir unter der Voraussetzung, daß streng wirtschaftlich vorgegangen wird, der Gemeindewohnungsbau vor bedeutsame Aufgaben gestellt, z. B. wenn es sich darum handelt, irgend einen Baublock, etwa nach einer aus sanitären Gründen erfolgten Niederlegung eines alten Stadtviertels, in großzügiger, einheitlicher Weise für Kleinwohnungszwecke zu bebauen und es nicht gelingt, eine Gesellschaft zu diesem Zwecke ins Leben zu rufen. Dann kann die Stadt gewiß selbst die Pläne aufstellen lassen und die Bebauung in die Hand nehmen oder geeignete Bauunternehmer und Firmen zur Bauausführung mitheranziehen. Es dürfte in solchen Fällen auch zeitgemäß sein, an die Möglichkeit eines Zusammenarbeitens von Kommune und Privatkapital, z. B. in der Form der gemischt wirtschaftlichen Unternehmung (s. darüber spätere Ausführungen S. 218) zu denken.

Auch das Reich stellt erhebliche Mittel zur Verbesserung der Wohnverhältnisse von Arbeitern, die in staatlichen Betrieben beschäftigt sind, und von geringer besoldeten Staatsbeamten zur Verfügung. Im ganzen hat das Reich seit 1895 mehr als 150 Millionen Mark für derartige Zwecke aufgebracht. Bei den betreffenden Verhandlungen des Abgeordnetenhauses wurde dabei des öfteren betont, daß die bewilligten Mittel nur zum Bau von Kleinwohnungen dienen sollten und außerdem nur an solchen Orten gebaut werden dürfe, wo die Privatbautätigkeit nicht genüge. Ehe der Staat selbst baue oder Baugenossenschaften unterstütze, müsse daher eingehend geprüft werden, ob eine solche Hilfsaktion überhaupt nötig und nicht die private Bautätigkeit allein in der Lage sei, das Wohnungsbedürfnis zu befriedigen. Auf keinen Fall dürfe die staatliche Hilfsaktion dem ohnehin schwer bedrängten

Mittelstand und der privaten Bautätigkeit unnötige Konkurrenz machen. Auch wurde verlangt, daß die mit staatlichen Mitteln errichteten Wohnungen gegenüber den ortsüblichen Mieten nicht zu billig vermietet würden, im übrigen betont, daß die staatliche Wohnungsproduktion die Wohnungsfrage nicht zur Lösung bringen könne, so sehr es auch zu begrüßen sei, wenn weitere Mittel seitens des Staates bewilligt würden.

Bei der prinzipiellen Wichtigkeit dieser Fragen sind die Worte eines unserer erfahrensten Kommunalpolitiker, des ehemaligen Oberbürgermeisters von Frankfurt, Dr. Adickes von Interesse, die er auf der 25. Versammlung des Deutschen Vereins für öffentliche Gesundheitspflege zu Trier[1]) 1900 gesprochen hat, die allerdings in der Hochflut der sozialpolitischen Strömung etwas in Vergessenheit geraten zu sein scheinen, zur Zeit, wo man über diese Dinge wieder etwas nüchterner und ruhiger zu denken beginnt[2]), aber doppelt beachtenswert erscheinen. Er führte damals aus: „Wenn man den Bau von Arbeiterwohnungen zu einer regelrechten Sache der Gemeindeverwaltung machen wollte, und es dadurch den Anschein gewänne, daß die Gemeinde die laufende, dauernde Verpflichtung hat, die Fürsorge für die Herstellung von Arbeiterwohnungen zu übernehmen, dann würden Sie der Gemeinde eine Last auferlegen, unter der sie zusammenbrechen müßte.... Also ich meine, prinzipiell muß das absolut abgelehnt werden. Welche Lähmung der Privattätigkeit dadurch eintreten würde, liegt auch ganz auf der Hand, und es ist schon wiederholt hervorgehoben worden, wie nötig es ist, die Privattätigkeit nicht zu lähmen, sondern zu fördern und zu beleben. Dann aber auch, meine Herren, muß man sehr vorsichtig darin sein, in die Wirkungen der allgemeinen wirtschaftlichen Gesetze einzugreifen...... Immerhin bin ich nicht der Meinung, daß wir Vertreter der Gemeinde ein — so möchte ich sagen — eisengepanzertes Herz gegen die andrängenden Bedürfnisse haben sollen, daß wir einfach die Augen schließen vor Notständen. Davon kann natürlich gar keine Rede sein, sondern wenn wirklich Notstände im Wohnungswesen vorhanden sind, dann muß immer mit dem Bewußtsein, daß es prinzipiell höchst bedenklich ist, hier einzugreifen, dennoch eingegriffen werden."

5. Die Sanierung alter Stadtteile.

In den vorstehenden Abschnitten haben wir eine ganze Reihe von Maßnahmen kennen gelernt, welche geeignet scheinen, in ihrer Gesamtheit das Wohnungswesen der Städte nachhaltig zu bessern. Nun gibt es aber Stadtviertel aus ältester Zeit, welche gewissermaßen den Superlativ all der mehrfach genannten Mißstände in der Bauweise der alten Städte darstellen und sich deshalb in keiner Weise nachträglich mehr durch die genannten Mittel auch nur einigermaßen hygienisch gestalten lassen. Diese alten Stadtteile stellen die Crux jeder Stadtverwaltung dar und bedeuten außerdem eine stete Gefahr für die übrigen Stadtteile. Die Seuchengeschichte hat gelehrt, daß in vielen Fällen große Epidemien von diesen alten, unsaubern und verwahrlosten Vierteln ausgingen, in denen obendrein das ärmste, elendste und gegen alle sanitären Maßnahmen völlig indifferente Proletariat haust. Hier

---

[1]) Siehe Deutsche Vierteljahrsschr. f. öffentl. Gesundheitspflege, 1901, S. 48ff.

[2]) Siehe unter anderm: P. Bernhard, Unerwünschte Folgen der deutschen Sozialpolitik, Berlin 1912.

sind Wohnungsaufsicht und Wohnungspolizei machtlos und auch die Einführung der allerbescheidensten Verbesserungen stößt oft auf unüberwindbare Schwierigkeiten. In vielen Fällen haben denn auch die großen Epidemien, die von solchen Stadtteilen ausgingen und die ganze Stadt durchseuchten, den Anstoß dazu gegeben, die einzige Sanierungsmaßnahme durchzuführen, die hier möglich ist, nämlich das ganze Viertel niederzureißen. Allerdings sind das sehr eingreifende und in den meisten Fällen nur mit außerordentlich großen, pekuniären Opfern durchführbare Maßnahmen.

Das liegt vor allem daran, weil in vielen, vor allem auch den deutschen Staaten, das Enteignungsrecht nur für das direkt zur Anlage von Straßen und öffentlichen Plätzen bestimmte Land gültig ist. Dagegen fehlt namentlich in Deutschland das im Auslande vielfach übliche sog. Zonenenteignungsrecht. Man versteht darunter die Enteignung ganzer Grundstücke und Stadtbezirke behufs eingreifender Sanierungsmaßnahmen. Wird bei uns eine Straße durch einen alten Stadtteil hindurchgetrieben, so kann die Stadt nur das für die Straße selbst in Betracht kommende Land mittelst des Enteignungsverfahrens erwerben. Die neben der Straße liegenden Grundstücksreste, welche oft für eine zweckmäßige Bebauung viel zu klein sind, verbleiben den ursprünglichen Besitzern. Dadurch wird jeder ästhetisch und hygienisch befriedigende Ausbau eines solchen Straßendurchbruchs und seiner Umgebung unmöglich gemacht, und die Stadtverwaltungen sind deshalb genötigt, auf gütlichem Wege mit den Besitzern dieser Restgrundstücke und der anstoßenden für einen zweckmäßigen Ausbau in Betracht kommenden Grundstücke zwecks Erwerbung ihres Besitzes zu verhandeln. In der Regel wird sich das nur unter außerordentlich großen pekuniären Opfern erreichen lassen, wobei jeder einzelne Grundbesitzer durch seine Halsstarrigkeit den Erfolg vereiteln kann. Das sind natürlich auf die Dauer unhaltbare Zustände.

In Frankreich dagegen erließ Napoleon III. schon im Jahre 1852 ein Dekret[1]), welches bestimmte, daß bei jeder Vorlage der Enteignung zum Zwecke der Verbreiterung oder Neuanlage von Straßen die Verwaltung berechtigt sei, die Gesamtfläche des betroffenen Grundstücks einzubeziehen, wenn sie der Ansicht sei, daß die Restparzelle nicht von solcher Ausdehnung oder Abmessung sei, um die Errichtung gesundheitlich befriedigender Baulichkeiten zu gestatten. Die Verwaltung kann ferner in die Enteignung auch außerhalb der Straßenflucht gelegene Grundstücke einbeziehen, falls deren Erwerb notwendig ist.

In ähnlicher Weise bestimmt das belgische Enteignungsgesetz von 1858, daß im Falle der Notwendigkeit, für die Sanierung eines Stadtbezirks Straßen oder Gassen zu eröffnen oder zu erweitern etc., die Regierung die Ermächtigung zur Enteignung all derjenigen Grundstücke erteilen könne, welche für die öffentlichen Straßen und für die in den Gesamtplan einbegriffenen Baulichkeiten bestimmt sind.

Auch in England, Ungarn und Italien ist öfters vom Rechte der Zonenenteignung Gebrauch gemacht worden.

---

[1]) Nach Eberstadt, Neue Studien über Städtebau und Wohnungswesen, Jena 1912, S. 82.

Daß übrigens auch bei uns in Deutschland trotz der mangelhaften Ausbildung des Enteignungsrechtes unter Umständen wirksame Sanierungsmaßnahmen nicht einmal mit erheblichen Opfern sich durchführen lassen, beweist der bekannte, auf den Städteausstellungen der letzten Jahre meist im Modell ausgestellte Durchbruch der Hansastraße in Dortmund, welcher vor allem aus Verkehrsrücksichten erforderlich wurde, um den Verkehr vom Bahnhof nach dem Stadtzentrum hin aufzunehmen. Die Kosten dieses in einer Breite von 15 m durchgeführten und in der Mitte mit einer Platzanlage versehenen Straßendurchbruchs wurden, wie aus einer dem Ausstellungsmodell (Düsseldorfer Städteausstellung 1912) beigegebenen Tafel zu entnehmen war, durch den Mehrerlös der angrenzenden Grundstücke, welche vorher von der Stadtverwaltung angekauft waren, völlig gedeckt. Hier zeigt sich also ein Weg, um auch ohne die Ausbildung des Zonenenteignungsrechtes wirksame Sanierungsmaßnahmen durchzuführen.

Gleichwohl ist es natürlich außerordentlich zu begrüßen, daß der neue preußische Wohnungsgesetzentwurf ein derartiges Enteignungsrecht vorsieht. Als § 13 a werden in das Gesetz, betreffend die Anlegung und Veränderung von Straßen und Plätzen in Städten und ländlichen Ortschaften vom 2. Juli 1875 folgende Vorschriften eingestellt:

Mit dem Zeitpunkt, an dem eine Straße oder ein Straßenteil für den öffentlichen Verkehr und den Anbau fertig hergestellt ist, erhält die Gemeinde das Recht, ein an die Fluchtlinie der Straße oder des Straßenteils angrenzendes Grundstück, soweit es nach den baupolizeilichen Vorschriften des Orts nicht zur Bebauung geeignet ist, dem Eigentümer gegen Entschädigung zu entziehen. . . .

Sind die nach Abs. 1 entzogenen Grundflächen weder zusammen noch in Verbindung mit anderen der Gemeinde gehörigen Grundstücken zur Bebauung geeignet, so ist die Gemeinde verpflichtet, die entzogenen Grundflächen den Eigentümern der angrenzenden Grundstücke auf ihr Verlangen gegen Erstattung der Aufwendungen nebst Zinsen zu übereignen. Sie hat, wenn mehrere Grundstücke angrenzen, und eine Vereinbarung mit den Eigentümern nicht erzielt wird, einen Plan für die zweckmäßige Zuteilung der entzogenen Grundflächen, sowie eine Kostenverteilung aufzustellen. Der Plan und die Kostenverteilung sind zur Einsicht der Beteiligten aufzulegen. . . .

In der Begründung heißt es: „Bei Feststellung von Fluchtlinien läßt es sich nicht überall vermeiden, daß hinter der Fluchtlinie Restgrundstücke verbleiben, die wegen ihrer geringen Fläche oder der ungünstigen Gestaltung nicht mehr in ortsüblicher Weise bebaubar sind (Baumasken, Ärgerstreifen usw.). Ferner sind, und zwar vorzugsweise in Gebieten mit stark zersplittertem Grundbesitz, vielfach an der Straße belegene Grundstücke vorhanden, die aus denselben Gründen nicht bebaubar sind. In beiden Fällen wird durch Vorhandensein solcher Grundstücke die Bebauung an der Straße behindert und damit zugleich die Einziehung der Anliegerbeiträge zum Nachteil der Gemeinden oftmals auf längere Zeit hinausgeschoben, da erfahrungsgemäß die Eigentümer solcher Grundstücke die Zwangslage der angrenzenden Eigentümer, die ihr Gelände ohne Erwerb jener Grundstücke überhaupt nicht oder nur in unzweckmäßiger, vielfach das öffentliche Interesse schädigender Art bebauen können, durch Forderung unverhältnismäßig hoher Preise auszunutzen bestrebt sind. Diese Unzuträglichkeiten haben von jeher auf verschiedenen Seiten zu lebhaften Klagen Anlaß gegeben; es ist nicht zu verkennen, daß hier ein Mißstand vorliegt, dessen Beseitigung dringend geboten ist. . . . .“

Falls diese Bestimmungen, wie wohl mit Sicherheit zu erwarten ist, definitiv angenommen werden, wird dadurch ein Haupthindernis beseitigt, welches sich gegenwärtig der eingreifenden Sanierung alter Stadtteile bei uns entgegenstellt.

Da bei derartigen Sanierungen in der Regel zahlreiche Kleinwohnungen zerstört werden, auf dem dadurch freiwerdenden, hochwertigen Boden meistens aber nur Geschäftshäuser und Wohnhäuser für die höheren Einkommenklassen eine genügende Rentabilität erzielen lassen, so ist schon oft mit Recht betont worden, die Stadtverwaltungen müßten schon vor der Niederlegung dieser Viertel dafür Sorge tragen, daß für die abgebrochenen Kleinwohnungen genügender Ersatz vorhanden sei. Ob das private Unternehmertum, Gesellschaften oder im Notfalle die Stadt selbst in diesem Sinne den Wohnungsbau betreiben, ist unter Innehaltung der S. 103 entwickelten Grundsätze ziemlich gleichgültig. Dagegen wird sich die oft erhobene Forderung, diese Ersatzwohnungen müßten in möglichster Nähe der niedergerissenen Wohnungen, womöglich im selben Stadtviertel liegen, in der Regel nicht verwirklichen lassen, besonders nicht, wenn dabei an Wohnungen derselben Preislage gedacht wird. Die „sanierten“ Stadtviertel liegen in der Regel zentral in nächster Nähe des Geschäftsviertels und die dort vorhandenen, unternormalen Wohnungen waren nur deshalb relativ billig, weil sie in alten, baufälligen, modernen Ansprüchen absolut nicht mehr genügenden Wohngebäuden lagen, während an sich die ganze Lage weit höhere Mieten rechtfertigte. Durch die Sanierung wird ein solcher Stadtteil seiner eigentlichen wirtschaftlichen Bestimmung zugeführt, die Bodenwerte steigen entsprechend, und da man bei den Neubauten selbstverständlich zum wenigsten den hygienischen Mindestforderungen Rechnung tragen muß, so ist ganz ausgeschlossen, daselbst Kleinwohnungen herzustellen, deren Mietpreise denen der früheren gleichkommen. Es kann das auch nicht einmal erwünscht sein, und ist wirtschaftlich falsch. Das Proletariat, welches meist diese unternormalen Wohnungen bewohnt, gehört nun einmal nicht in die besten Lagen der Großstadt hinein, sondern muß diesen Platz den Bevölkerungsklassen überlassen, welche auf Grund ihrer Arbeitskraft und Intelligenz imstande sind, die Vorteile dieser Lage auch für sich auszunutzen, entsprechend höhere Einnahmen zu erzielen und dadurch auch befähigt werden, entsprechend höhere Mieten zu zahlen. Die andern müssen sich damit begnügen, in größerer Entfernung vom Stadtzentrum, eventuell in den Außenbezirken, weit billigere, dabei oft nach Größe und Ausstattung bessere Wohnungen zu beziehen. Für einen genügenden Vorrat derartiger Wohnungen muß selbstverständlich gesorgt sein, wie es die Aufgabe der Dezentralisation der Städte ist.

6. Weitere Besserungsmöglichkeiten, insbesondere die Verteilung der Bevölkerung nach der wirtschaftlichen Leistungsfähigkeit.

Auf S. 91 habe ich gelegentlich der Besprechung der gesundheitlichen Mindestforderungen darauf hingewiesen, daß wir hoffen dürfen, es würde sich mit der Zeit erreichen lassen, das diesen Forderungen zugrunde liegende Minimum langsam und allmählich zu erhöhen, in dem Maße, wie es gelinge, die Einkommenverhältnisse der unteren Volksklassen zu bessern. Damit könnte man dann mit der Zeit auch die Kleinwohnungen immer mehr an den früher besprochenen wohnungshygienischen Errungenschaften teilnehmen lassen. Auch das ist ein Weg, welcher mit der Zeit zu einer besseren Gestaltung der Wohnverhältnisse der städtischen Bevölkerung führen kann.

Es ist recht erfreulich, daß sich bereits jetzt ein derartiges, wenn auch langsames Voranschreiten konstatieren läßt. So hat Pohle[1]) nachgewiesen, daß man in Deutschland, genau wie in anderen Ländern, in neuerer Zeit entschieden die Tendenz erkennen könne, daß ein Anwachsen der mittleren Wohnungen auf Kosten der kleineren Wohnungen stattfinde und daß damit eine Abnahme der durchschnittlichen Wohndichte, sowie insbesondere eine Verminderung der übervölkerten Wohnungen verbunden sei. Eine solche Besserung — die übrigens zunächst nur die inneren hygienischen Wohnungsqualitäten betrifft, die äußeren werden dadurch nicht berührt — kann natürlich nur dadurch zustande kommen, daß sich die Einkommenverhältnisse der unteren Einkommenklassen entsprechend gebessert haben. Diese Hebung der Einkommenverhältnisse aller und gerade der unteren Volksklassen ist für deutsche Verhältnisse ja des öfteren ziffernmäßig nachgewiesen worden.

So ist z. B. gerade die Arbeiterbevölkerung zweifellos infolge der fortgesetzten Lohnerhöhungen befähigt worden, erheblich mehr für ihre Lebensbedürfnisse an sich und damit auch die Wohnung ausgeben zu können, und es ist recht erfreulich, daß die erwähnten Untersuchungen Pohles den Nachweis erbracht haben, daß diese Lohnsteigerung nicht etwa nur zur Bestreitung eines höheren Mietaufwandes für die gleichen Wohnungen, sondern zu einer tatsächlichen Besserung der Wohnverhältnisse benutzt wurde. So müssen wir Pohle vollkommen zustimmen, wenn er (a. a. O., S. 158) sagt:

„Das Steigen des Mietaufwandes ist die Form, in der sich unter den gegenwärtigen Verhältnissen eine allgemeine Besserung der Wohnverhältnisse normalerweise hauptsächlich vollziehen muß. Wenn die Einkommenverhältnisse großer Bevölkerungsschichten sich heben, so daß sie die Wahl haben, für welche Bedürfnisse sie künftig mehr als bisher ausgeben wollen, so ist es doch wohl in zahllosen Fällen das Nächstliegende und auch vom Standpunkte der Wohnungsreformbewegung aus am meisten Erwünschte, wenn die Entscheidung zugunsten einer

---

[1]) Pohle, Die Wohnungsfrage, I. Sammlung Göschen, S. 77.

besseren Befriedigung des Wohnbedürfnisses fällt, also eine größere und sonst bessere, infolgedessen aber auch teuerere Wohnung genommen wird."

Damit kommen wir zu einem weiteren Punkte, der meist erhobenen Forderung der Billigkeit der städtischen Kleinwohnungen. Der oben erwähnte Fortschritt wurde nur dadurch ermöglicht, daß die betreffenden Volksklassen mehr für ihre Wohnungen ausgeben können, die Wohnungen sind besser, aber auch teuerer geworden. Und es dürfte wohl ohne weiteres einleuchten, daß jeder weitere Fortschritt auf wohnungshygienischem Gebiet immer wieder zu einem weiteren Anziehen der Wohnungspreise führen wird. Je mehr wir uns also dem einen Ideal nähern, der Bevölkerung im Innern der Städte gute und hygienisch einwandfreie Wohnungen zu verschaffen, um so mehr entfernen wir uns von der Erfüllung der zweiten Idealforderung, diese Wohnungen nun auch entsprechend billig zu gestalten. Ganz abgesehen von dem auf die bessere hygienische Ausstattung entfallenden Kostenaufwand schon deshalb, weil Material und Arbeitslöhne, Straßenbaukosten und wohl auch Bodenpreise in den Städten stets steigende Tendenz haben werden.

Wir können deshalb nur hoffen und anstreben, daß diese mit zunehmender Verbesserung der innenstädtischen Wohnungen unausbleibliche Verteuerung derselben nur eine absolute sei, daß sie aber im Verhältnis zu der gleichfalls eintretenden Einkommensteigerung der betreffenden Volkskreise eine relative Verbilligung bedeute, mit anderen Worten, daß die Einkommen und Löhne schneller steigen als der Mietaufwand, daß der Arbeiter also später für einen kleineren Bruchteil seines Einkommens bessere Wohnungen erhält als jetzt, wenn er sie auch absolut höher bezahlt.

Nur in diesem Sinne einer „relativen" Verbilligung also erscheint mir die so oft ausgesprochene Forderung, die innenstädtischen Wohnungen nicht nur zu verbessern, sondern auch zu verbilligen, erfüllbar. Ganz anders liegen natürlich die Verhältnisse bezüglich der außenstädtischen Kleinwohnungen, die später für sich behandelt werden sollen.

Zu dieser Forderung der größtmöglichen Billigkeit habe ich schon vor Jahren, als sie noch von den meisten Wohnungspolitikern fast bedingungslos aufgestellt wurde, Stellung genommen[1]). Ich wies darauf hin, daß man sich darüber klar werden müsse, daß selbst bei bescheidenen Ansprüchen jede hygienische Verbesserung der Wohnungen bis zu einem gewissen Grad eine Verteuerung derselben mit sich bringen werde, weil sie, wenigstens sehr häufig, eine Mehrausgabe bedingen und so die Ertragsmöglichkeit des Grundstücks schmälern. „Anderseits sollen die Wohnungen nun doch einen gewissen Mietpreis nicht überschreiten; man sieht also, wie es sich bei allen darauf hinzielenden Maßnahmen immer nur um ein vorsichtiges Hin- und Herlavieren in der Nähe des Punktes handeln kann, wo nach der einen Richtung hin zwar die Wohnungen besser und hygienischer dafür aber auch teuerer, nach der anderen Richtung dagegen kleiner und schlechter, dafür aber auch billiger werden."

---

[1]) Die Stellungnahme des Arztes zur Bau- und Bodenpolitik. Soziale Med. u. Hygiene, Bd. I, 1906, 429.

In diesem Sinne tritt die Frage auf, ob es denn wirklich wünschenswert und nötig sei, daß auch die innerhalb der Städte und Großstädte gelegenen Wohnungen möglichst billig seien, etwa so billig, wie die in kleineren Orten, auf dem Lande und in den Vororten gelegenen? Man ist meines Erachtens durchaus berechtigt zu prüfen, ob diese Forderung wirtschaftlichen Gesetzen, der sozialen Gerechtigkeit und Billigkeit entspricht. Wenn man bedingungslos die Forderung größtmöglicher Billigkeit erhebt, wie das so oft von Wohnungspolitikern und Wohnungsreformern geschieht, scheint man doch allerlei Verhältnisse, wie sie sich ganz von selbst im Wirtschaftsleben der Städte entwickeln, zu übersehen und glaubt irrtümlicherweise sie ausschalten zu können.

Es muß bei einiger Überlegung einleuchten, daß der höhere Preis städtischer Wohnungen bis zu einem gewissen Grad als ein Entgelt dafür anzusehen ist, daß die Benutzer derselben nun auch die größeren Annehmlichkeiten oder Gewinnmöglichkeiten genießen, welche ihnen der Wohnsitz in der betreffenden Stadt oder Straße gewährt. Der Vorzug einer solchen Lage ist für Geschäftslokalitäten ohne weiteres klar, damit indirekt aber auch für das Geschäftspersonal und die von diesen im Erwerb wieder abhängigen oder sonstwie mit dem geschäftlichen Leben verknüpften Erwerbskreise. Je nach den größeren oder kleineren Annehmlichkeiten, Erwerbsmöglichkeiten usw. der einen oder anderen Stadtgegend regulieren sich dann mit der Zeit als Folge der Konkurrenz unter den Wohnungssuchenden die Mietpreise. Daraus folgt weiter, daß solche Personen, welche aus irgend einem Grunde nicht befähigt sind, die Vorzüge der betreffenden Lage auszunutzen, auch nicht dorthin gehören; sie müssen diese Wohnungen verlassen und billigere aufsuchen. Man braucht dabei nicht gleich von einer Vergewaltigung des wirtschaftlich Schwächeren durch den wirtschaftlich Stärkeren zu reden, diese Regel trifft auch keineswegs nur auf die niederen Einkommen- und Arbeiterklassen zu, sondern auf alle Berufsstände. Wenn man irgend einen Erwerbszweig ins Auge faßt, so wird man finden, daß er die höheren Lasten des städtischen Lebens und der dort zu zahlenden Mieten, sei es nun, daß er Wohn-, Geschäfts-, Bureauräume benötigt, nur bei entsprechender Ausnutzung der ihm dadurch gebotenen Erwerbsmöglichkeiten und Konjunkturen bestreiten kann, im anderen Falle müssen eben Wohnungen und Stadtteile aufgesucht werden mit niedrigeren Preisen für Wohnungen und sonstige Bedürfnisse. Wenn man sich einmal auf diese Verhältnisse hin in der Großstadt umschaut, wird man finden, daß dort im allgemeinen außerordentlich intensiv und angespannt gearbeitet wird, daß nirgendwo die Konkurrenz auf allen Gebieten so scharf ist, zu den stärksten Anstrengungen anspornt, und schonungslos jeden zur Seite wirft, der nicht im gleichen Tempo mittun kann. So können die höheren städtischen Mieten, welche eine weitere Folge dieses angespannten Konkurrenzkampfes sind, nur von solchen Leuten getragen werden, welche dank ihrer Arbeitsfähigkeit und -willigkeit, dank ihrer Intelligenz und Geschicklichkeit auch in der Lage sind, die großen Vorteile, welche ihnen der Wohnsitz in der Großstadt und ihren besten Lagen einräumt, auch wirklich auszunutzen. Gelingt ihnen das, so sind sie auch in der Lage, die höheren Mieten der Geschäftslokale und Wohnungen zu zahlen, im anderen Falle müssen sie Befähigteren weichen und Orte mit billigeren Mieten aufsuchen. In einer solchen Auffassung mag vielleicht eine gewisse Härte liegen, es liegt aber anderseits auch die Anerkennung der nun einmal bestehenden Tatsache darin, daß der Talentierte und Tüchtige im allgemeinen leichter und besser vorwärtskommt und die besseren Plätze im Sinne des Erwerbslebens für sich beanspruchen kann, als der minder Befähigte und Träge.

Es will mir scheinen, als könne man sich von diesem Gesichtspunkte heraus leichter mit den hohen innenstädtischen Mieten abfinden und verlören sie manches von ihrem Schrecken. Oft sind es nicht die Dinge an sich, die einen Übelstand im Leben des Menschen bedeuten, sondern werden es erst durch den Standpunkt, von dem aus man sie betrachtet. Wenn man der Beurteilung der höheren städtischen Mieten den Gesichtspunkt zugrunde legt, wie man ihn so oft von Laien der Wohnungsfrage hört, daß es doch im höchsten Grade zu bedauern sei, wenn die städtische Bevölkerung, die das gleiche Recht und Bedürfnis nach Licht und Luft habe wie die ländliche, nun für ihre weit schlechteren Wohnungen auch noch viel mehr zahlen müsse, so scheint darin allerdings eine Ungerechtigkeit zu liegen. Sobald man aber nach dem Grund dieser Erscheinung fragt und zu dem Standpunkt gelangt, daß in dieser Verschiedenheit der Preise ein Maßstab für die Verschiedenheit der durch die Wohnungen gegebenen Annehmlichkeiten oder doch Erwerbsmöglichkeiten gegeben sei, gewinnt die Frage ein gänzlich anderes Aussehen.

Wir kommen dann zu der Überzeugung, daß man sich mit den hohen innenstädtischen Mieten abfinden muß und daß man eine Lösung der städtischen Wohnungsfrage nur in dem Sinne erreichen kann, daß man das Stadtinnere mit seinen hohen Mieten den im wirtschaftlichen Konkurrenzkampf Emporgekommenen und Leistungsfähigen überläßt, die eben deshalb auch imstande sind, die höheren Mieten zu zahlen, daß man dagegen die minderbemittelten und weniger erwerbsfähigen Kreise auf den Außengeländen und in den Vororten ansiedelt, wo es möglich ist, gute und billige Wohnungen zu beschaffen.

Nur aus diesem Gesichtspunkt heraus können wir uns mit den hohen städtischen Mieten abfinden. Wir haben in früheren Abschnitten gesehen, daß alle Versuche, die Bauweise und die Wohnungen mehr als bisher unserm modernen hygienischen Empfinden anzupassen, im Innern der Städte auf dem nun einmal teueren Boden nur dann Erfolg haben können, wenn eine entsprechende Verteuerung der Wohnungen in Kauf genommen wird. So lange man sich also auf den Standpunkt der größtmöglichen Billigkeit stellt, müßte man auf alle diese Errungenschaften verzichten. Das wollen und können wir nicht im Interesse der Gesundheit der innenstädtischen Bevölkerung, und so bleibt als einziger und zweckmäßiger Weg der, eine Verteilung der Bevölkerung nach der wirtschaftlichen Leistungsfähigkeit in obigem Sinne anzustreben. Dann verlieren die hohen innenstädtischen Mieten ihren Schrecken, dann brauchen wir nicht auf die nötigen hygienischen Verbesserungen zu verzichten, weil sie eine Verteuerung der Wohnungen bewirken, dann erscheint auch die Tatsache, daß selbst gemeinnützige Baugesellschaften im Innern der Städte nicht billig bauen können, in anderem Lichte.

Diese Auffassung, welche ich bereits an anderer Stelle vertreten hatte, gab Dr. G. Albrecht[1]) Anlaß zu folgender Bemerkung: „Gemünd schließt diesen Abschnitt damit, daß er erklärt, die Verteuerung sei auch gar nicht das größte Übel, viel wesentlicher sei die Verbesserung der Wohnungen in hygienischer Beziehung. Es ist zu entgegnen, daß, so sehr dieses Moment auch zutrifft, und z. B. bei der Tätigkeit der Baugenossenschaften, die keineswegs die billigsten Wohnungen liefern und liefern können, maßgebend ist, schließlich nur eine gewisse Verbilligung der Wohnungen den kleinen Mann in die Lage setzt, sein Wohnbedürfnis zu befriedigen. . . .“ — Das ist gewiß zuzugeben, nur läßt sich nicht einsehen, warum diese „billigsten“ Wohnungen nun gerade auf dem teuern innenstädtischen Boden gelegen sein müssen, wo ihrer Beschaffung unüberwindliche Schwierigkeiten entgegenstehen. Es muß uns genügen, wenn sie überhaupt irgendwo draußen auf billigerem Boden vorhanden sind und den betreffenden Bevölkerungsklassen durch entsprechende Verkehrsgelegenheiten benutzbar gemacht werden.

Je mehr uns eine solche Verteilung der Bevölkerung nach der wirtschaftlichen Leistungsfähigkeit gelingt, um so weniger brauchen wir uns vor einer etwaigen Verteuerung der innenstädtischen Wohnungen durch Erfüllung der hygienischen Forderungen zu fürchten. Die höheren städtischen Mieten schützen vielmehr den städtischen Qualitätsarbeiter und Gewerbetreibenden vor einer allzu großen Konkurrenz minder befähigter und tüchtiger Elemente. Wäre das Leben in der Großstadt, die Mieten sowohl wie die sonstigen Lebensverhältnisse wirklich so billig wie auf dem Lande und in kleineren Orten, wie viel Tausende mehr würden vom Lande in die Städte ziehen, um dort von den hohen Löhnen, Erwerbsmöglichkeiten und Annehmlichkeiten zu profitieren. Wie viel Tausende aber auch, die weder nach Arbeitsfähigkeit und -willigkeit den höheren Anforderungen, welche der unerbittliche städtische Konkurrenzkampf an den Fleiß und die Arbeitskraft stellt, gewachsen sind. Darum ist es ein Widerspruch, in einem Atemzuge zu verlangen, „Stopft die Landflucht“ und „macht die städtischen Wohnungen billiger“.

Das ist die andere Seite der Sache, die auch gewürdigt werden muß. Sie zeigt, daß der ungleichen Verteilung der Bevölkerung auf Stadt und Land, der ungleichen Höhe der Wohnungs- und Mietpreise hier

---

und dort sehr einfache und selbstverständliche wirtschaftliche Gesetze zugrunde liegen; diese zu beseitigen, ist unmöglich, und eine Wohnungsreform, welche versuchen würde, die aus denselben entspringenden Ungleichheiten auszumerzen, müßte immer scheitern. Eine Lösung des Wohnungsproblems kann nur in völliger Übereinstimmung mit diesen Gesetzen bewirkt werden.

In diesem Sinne hielt ich mich für berechtigt, den Gedanken auszusprechen[1]), daß der höhere Preis städtischer Wohnungen (wir denken hier immer nur an die innenstädtischen Wohnungen) auch sein Gutes habe, daß er unter normalen Verhältnissen die Zuwanderung vom Lande her in die Städte in Schranken halte und dadurch geradezu eine Regulierung gegen ein übertrieben rasches Anwachsen der Städte und ein noch stärkeres Abwandern vom Lande in die Städte bedeute. Eine derartige Auffassung gab manchem extremen Sozialpolitiker allerdings Anlaß zu scharfen Angriffen. So verdammt in der „Kommunalen Praxis" ein ungenannter Referent diesen Gedanken mit den Worten: „Wer in der Schwierigkeit, in der Großstadt gute, ausreichend große und billige Wohnungen zu erhalten, eine Regulierung der Bevölkerung in Stadt und Land, ein Hemmnis gegen eine noch stärkere Landflucht sieht, die nicht entbehrt werden könne, den trennt eine Welt von unserer Auffassung dieser Dinge." Schade nur, daß uns nicht gleichzeitig das Geheimnis verraten wird, wie diese guten und ausreichend großen Wohnungen, deren Beschaffung ja auch meine Arbeit gewidmet ist, nun auch billig gemacht werden können, wo doch alle diesbezüglichen Erfahrungen auf dem innenstädtischen Boden immer das Gegenteil gezeigt haben.

Trotz solcher Einwände scheint mir sogar etwas Versöhnendes und unserem Gerechtigkeitsgefühl Entsprechendes darin zu liegen, daß derjenige, welcher ein angenehmeres, für ihn vorteilhafteres Gut, in diesem Falle die in bester Stadtgegend gelegene Wohnung, besitzen will, dafür auch einen entsprechend höheren Preis zahlen muß. Dabei kann man sich darüber um so eher beruhigen, als dieses teurer bezahlte Gut nur in dem Sinne besser ist, als es dem Inhaber größere und erleichterte Erwerbsmöglichkeiten und die mannigfachen, oft nur in der Einbildung bestehenden Vorzüge des innenstädtischen Wohnens verschafft, dagegen gegenüber den wesentlich billigeren Wohnungen in den Dezentralisationsgebieten und Vororten an sich, d. h. nach Größe, hygienischer Ausstattung, Freilage usw. meist schlechter ist. Es wird also dem wirtschaftlich Schwächeren nicht einmal eine schlechtere Wohnung zugemutet, sondern nur eine, deren Erreichung für ihn mit größeren Unbequemlichkeiten verknüpft ist. Irgendwo muß aber doch schließlich die geringere wirtschaftliche Leistungsfähigkeit zum Ausdruck kommen, daran kann auch die sentimentalste Sozialpolitik nichts

---

[1]) Bodenfrage und Bodenpolitik, S. 269.

ändern. Unbedingt ist allerdings in diesem Zusammenhange zu fordern, daß durch eine großzügige, allen Anforderungen genügende Dezentralisation der Städte in Verbindung mit einer entsprechenden Verkehrspolitik eine genügende Zahl von Wohnungen der verschiedensten Größenklassen und Preislagen den minderbemittelten Volksklassen an den verschiedensten Stellen der Stadtperipherie und ihrer näheren und weiteren Umgebung zur Verfügung stehen. In diesem Sinne zu arbeiten gehört heutzutage zu den bedeutsamsten und für die Besserung der Wohnverhältnisse unerläßlichsten Aufgaben der städtischen Verwaltungen. Nur unter dieser Voraussetzung können wir uns mit dem höheren Preis der innenstädtischen Wohnungen abfinden und ihm sogar noch gute Seiten abgewinnen. Diesen Dezentralisationsbestrebungen in ihrem Zusammenhang sind die nachfolgenden Abschnitte gewidmet.

Gewiß wird gesagt[1]), es sei wirtschaftlich falsch, die minderbemittelten Volksklassen in entlegenen Vororten zusammenzudrängen, um so mehr, als der weite Weg einen unverhältnismäßigen Verbrauch an Kraft und Zeit bedinge, aber wie will man das bei der riesenhaften Flächenentfaltung unserer Großstädte ändern, um so mehr, als viele Arbeiterkategorien, gerade die, welche man im Innern der Städte sehr oft und sehr nötig braucht, sehr häufig ihre Arbeitsstätte wechseln, bald hier, bald da im Stadtgebiet Arbeit finden. Unsere ganze städtische Entwickelung baut sich doch immer mehr auf diese Trennung von Wohnstätte und Arbeitsstätte auf. So kann es auch hier nicht unsere Aufgabe sein, diese Entwickelungstendenz zu bekämpfen, vielmehr nur sie in gewissen Grenzen zu halten und so erträglich wie möglich zu machen, z. B. durch Hinauslegung der Industrie mitsamt ihrer Arbeiterschaft, vor allem aber durch das Bestreben, die unvermeidlichen Entfernungen durch schnellfahrende Verkehrsmittel soviel viel möglich abzukürzen (s. später unter Verkehrswesen).

Dieses Prinzip der Verteilung der Bevölkerung nach ihrer wirtschaftlichen Leistungsfähigkeit scheint mir also durchaus im Sinne der Lösung der Wohnungsfrage und geeignet, die anderen Maßnahmen in wirksamer Weise zu unterstützen und, soweit dieselben eine Verteuerung der Wohnungen herbeiführen, überhaupt erst zu ermöglichen. Man soll daher versuchen, eine solche Verteilung in jeder Weise zu fördern. Zum Teil könnte das durch die Wohnungsinspektoren geschehen, wenn sie z. B. Familien wegen Überfüllung innenstädtischer Wohnungen zum Wohnungswechsel veranlassen. Da derartige Familien meist nicht mehr für ihre Wohnung ausgeben wollen oder können wie vorher, so bleibt ihnen nichts anderes übrig, als eine entsprechend geräumigere Wohnung zum gleichen Preis in den billigeren Vororten zu suchen. Keineswegs ist übrigens diese Forderung der Ver-

---

[1]) Graf Posadowsky auf dem II. deutschen Wohnungskongreß, Kongreßbericht, S. 66.

teilung nach der wirtschaftlichen Leistungsfähigkeit so zu verstehen, daß nun auf dem teuern Boden nur Herrschaftswohnungen, auf dem billigeren Boden nur ärmste Kleinwohnungen zu schaffen wären. Es müssen vielmehr überall in den verschiedensten Lagen Wohnungen der verschiedensten Größenklassen und Ausstattung vorhanden sein, nur eben in der Lage entsprechend verschiedener Preislage. Dadurch soll es solchen Familien, welche nach ihrem sozialen Milieu und ihrer Kopfzahl auf eine bestimmte Wohnungsgrößenklasse angewiesen sind, in weitgehendem Maße ermöglicht werden, je nach Berufsart, Neigung und wirtschaftlicher Leistungsfähigkeit entweder eine schlechtere und teuere Wohnung im Stadtinnern oder eine billigere, dazu oft noch größere und bessere Wohnung in den billigeren Außenbezirken zu mieten.

Nun wird man gewiß hier einwenden, es werde immer Personen niederster Einkommensklasse geben, welche infolge ihrer beruflichen Beschäftigung unbedingt innerhalb der Stadt, in nächster Nähe der City wohnen müßten und gleichwohl nicht die hohen Mieten der dortigen Kleinwohnungen zahlen könnten, wenn sie auch sonst ihren Bedürfnissen entsprächen. Bis zu einem gewissen Grade mag das richtig sein, obwohl es schwer ist, sich solche Arbeiterkategorien z. B. im Einzelfalle auszudenken. Viele dieser Personen, wie etwa die Portiers, Wächter und Hausmeister der großen städtischen Wohn- und Geschäftshäuser, haben in diesen selbst freie Wohnung; viele der in der Stadt beschäftigten Arbeiter (Straßen-, Bauarbeiter, Verkehrspersonal etc.) dagegen sind ohnehin bald in diesem, bald in jenem Stadtteil beschäftigt und deshalb keineswegs auf eine bestimmte Lage der Wohnung angewiesen. Sollten aber dennoch gewisse Arbeiter- und Beamtenkategorien unbedingt in nächster Nähe der City wohnen müssen, so wäre es wohl Sache der betreffenden Behörden oder Unternehmungen, den Lohn oder Gehalt entsprechend dieser Sachlage so weit zu erhöhen, daß er zur Zahlung der dortigen höheren Mieten ausreicht. Das ist für ein großes Stadtgebiet angewandt, schließlich dasselbe Prinzip, wie es z. B. der Staat bei der Bemessung der Wohnungsgeldzuschüsse an seinen Beamten, die je nach den Mietpreisen des betreffenden Wohnsitzes verschieden hoch bemessen sind, ausübt. Jedenfalls erscheint es richtiger, in einem solchen Falle den ausnahmsweise auf bestimmte, teuere Stadtgegenden angewiesenen Personen auf diese Weise eine genügende Wohnbeschaffenheit zu ermöglichen, als in Rücksicht auf derartige Ausnahmefälle nun eine allgemeine, künstliche Verbilligung der Mieten auf Kosten der Allgemeinheit und der Steuerzahler herbeiführen zu wollen. Von dieser würden dann auch zahlreiche Personen profitieren, welche dank ihres Wohnsitzes in der Stadt völlig ausreichenden Erwerb haben und durchaus in der Lage sind, die höheren städtischen Mieten zu zahlen, also keineswegs in ihrer Wohnungsbeschaffung auf diese Weise subventioniert werden müssen.

Auf keinen Fall liegt es im Sinne einer Lösung der Wohnungsfrage, wenn z. B. Familien, die nach ihrer Kopfzahl etwa eine Vierzimmerwohnung benötigen und eine solche auch weiter draußen oder in den Vororten zu entsprechendem Preis mieten könnten, nun freiwillig, um nur in der geliebten Innenstadt wohnen zu können, hier eine Wohnung geringerer Größenklasse, also etwa eine Drei- oder gar Zweizimmerwohnung ärmlichster Ausstattung zu eventuell noch höherem Preis beziehen (s. S. 82 die Erfahrungen der Aachener gemeinnützigen Baugesellschaft). Viele Fälle innenstädtischen Wohnungselends sind auf solche Weise zu erklären, lassen sich aber nur als **freigewollte Wohnungsnot** bezeichnen und keinesfalls auf schlechte Qualität und ungenügende Größe der zur Verfügung stehenden Wohnungen zurückführen. Durch Überfüllung entsteht in jeder Wohnung Wohnungselend, wenn es auch von den Insassen als solches infolge ihrer geringen Wohnansprüche oft nicht empfunden wird. Es ist eine der wichtigsten Aufgaben der Wohnungsinspektoren, in diesem Sinne aufklärend und belehrend zu wirken, unter anderem auch die Bevölkerung auf die mannigfachen Vorzüge des Wohnens in den Außenbezirken hinzuweisen und entgegenstehende Bedenken zu zerstreuen. All das ist natürlich nur möglich, wenn eine entsprechende Dezentralisation für genügendes Angebot billiger Wohnungen daselbst sorgt.

Um zu zeigen, daß ich mit der Auffassung, die in den höheren innenstädtischen Mieten eine Art Regulierung gegen ein allzurasches Anwachsen der Städte erblickt, nicht allein stehe, möchte ich noch einige Äußerungen zitieren, die mir kürzlich bei Durchsicht älterer Wohnungsliteratur aufgefallen sind. So sagte Dr. Rumpelt auf der 28. Versammlung des Deutschen Vereins für öffentliche Gesundheitspflege zu Dresden 1903: „Unsere Gemeinden müssen darauf Bedacht nehmen, wie der großen Masse der unbemittelten Bevölkerung Wohnung verschafft wird, die ihren Einkommenverhältnissen entspricht; aber es würde doch eine geradezu verhängnisvolle Wohnungspolitik sein, wenn die Gemeinden die Billigkeit der Arbeiterwohnungen durch Preisgabe wichtiger gesundheitlicher Forderungen erzielen wollten. Die durch die höheren Grundstückspreise und die höheren Arbeitslöhne bedingten höheren Mietpreise der städtischen Wohnungen sind unvermeidlich und dienen zugleich als Schranke gegen den von den Städten selbst beklagten Zufluß von Bevölkerungselementen, die in ihren Daseinsbedingungen nicht gesichert sind." Und Adickes hat auf der Versammlung des gleichen Vereins 1900 zu Trier geäußert: „Dann aber auch, meine Herren, muß man sehr vorsichtig darin sein, in die Wirkungen der allgemeinen wirtschaftlichen Gesetze einzugreifen... Es ist nicht möglich, die These aufzustellen: Wenn der Arbeiter in Zeiten hochgehender Konjunktur in die großen Städte hinein will, wo die Wohnungen teuer sind, dann soll dafur gesorgt werden, daß er billige Wohnungen findet. Das geht nicht. . . . . Die Konsequenz teurer Wohnungen in wirtschaftlich hochgehenden Zeiten muß mit in den Kauf genommen werden, und das ist von den Vertretern der Freihandelsschule bei deren Diskussionen über die Wohnungsfrage in den 60er und 70er Jahren immer wieder betont worden, daß das ganz selbstverständlich wäre."

Fassen wir die Sätze dieses und der vorhergehenden Abschnitte in einige Leitsätze zusammen, so ergeben sich folgende Gedanken:

1. Für die Verbesserung der städtischen Kleinwohnungen ist die Aufstellung und Innehaltung gesundheitlicher Mindestforderungen unerläßlich. Für ihre Durchführung sorgt sowohl Baupolizei als Wohnungspolizei. Absolute Maße und andere Angaben sind möglichst zu vermeiden, es soll vielmehr nach Anhören einer besonderen Kommission von Fall zu Fall, wenn auch innerhalb gewisser Grenzen, eine Entscheidung getroffen werden können.

2. Unnütze Härten sind dabei zu vermeiden. Die Durchführung aller gesundheitlichen Mindestforderungen wird sich ohnehin nur bei Neubauten durchführen lassen, in allen anderen Fällen muß man sehr

vorsichtig und unter Berücksichtigung der wirtschaftlichen Verhältnisse vorgehen.

3. Eine allzu rigorose Durchführung dieser gesundheitlichen Mindestforderungen durch Wohnungsaufsicht und Wohnungspolizei führt meist durch die damit zusammenhängende Schließung zahlreicher Wohnungen zu einer Verschärfung der Kleinwohnungsnot.

4. Es ist deshalb danach zu trachten, das in den Forderungen sich ausdrückende Minimum allmählich zu erhöhen, aber erst dann, wenn in den neu ausgebauten Stadtteilen und Vororten genügende Wohnungen zur Verfügung stehen.

5. Man darf sich nicht darüber täuschen, daß durch ein solches Vorgehen die Wohnungen zwar besser, aber sicherlich nicht billiger, eher teurer werden. Diese Verteuerung kann aber dann ohne Schaden in Kauf genommen werden, wenn an der Peripherie und in den Vororten genügende Wohnungen verschiedenster Größe zur Verfügung stehen.

6. Es sind deshalb die Versuche, durch die genannten Maßnahmen eine Verbesserung der innenstädtischen Wohnungen zu erzielen, von entsprechenden Dezentralisationsbestrebungen im Ausbau der Städte (Erschließung der Außengelände und Schaffung geeigneter Ansiedelungsbedingungen daselbst) zu unterstützen.

7. Zu diesen gehört insbesondere auch die Schaffung genügend schneller, häufiger und billiger Verkehrsverbindungen.

8. Die sich unter diesen Voraussetzungen meist von selbst einstellende Verteilung der Bevölkerung in dem Sinne, daß im allgemeinen von dem erwerbstätigen Teil der Bevölkerung die wirtschaftlich leistungsfähigeren Personen die teueren Wohnungen in der Stadt beziehen, die weniger leistungsfähigen dagegen die billigeren in den Außengeländen und Vororten, ist wirtschaftlich berechtigt und rationell.

9. Nur eine derartige Verteilung nach der wirtschaftlichen Leistungsfähigkeit gestattet, unbekümmert um die damit eintretende Verteuerung, eine allmähliche hygienische Ausgestaltung der innenstädtischen Wohnungen.

10. Es ist anderseits Sache der Stadtverwaltungen, Behörden und privaten Betriebe, solche Beamte oder Arbeiter, welche unbedingt auf Wohnungen in bestimmten Stadtteilen trotz ihrer höheren Preislage angewiesen sind, durch höheren Gehalt und höhere Löhne dazu zu befähigen.

11. Im Notfalle kann die Stadt auch unbedenklich selbst Wohnungen für ihre Arbeiter bauen. Es erscheint in einem solchen Falle aber wenig zweckmäßig, sie den Beamten zu billigerem Preis, als sie den in dem Stadtteil sonst gezahlten Mieten entsprechen, in Anrechnung zu bringen.

12. Wirtschaftlich richtiger ist es in einem solchen Falle, die Wohnungen zum reellen Preis zu berechnen und an Stelle des Mieterlasses den Gehalt entsprechend zu erhöhen.

Vierter Teil

Die Dezentralisation der Städte und die Bebauung der Außengelände.

Als zweite bedeutsame Lehre hatten wir aus der Betrachtung des historischen Werdegangs unserer Städte (S. 31) die Erkenntnis gewonnen, daß man in jeder Weise versuchen müsse, der weitgehenden Zentralisation und räumlichen Geschlossenheit der früheren Stadtanlagen entgegenzuarbeiten, und damit die Hoffnung verbunden, zu einer entsprechend geringeren Besiedelungsdichte und Bebauungsintensität der modernen Stadtanlagen gelangen zu können. Als weitere Folge glaubten wir dann die Erwartung aussprechen zu können, daß dadurch auch in wirksamer Weise dem übertrieben hohen Ansteigen der innenstädtischen Bodenwerte entgegengearbeitet werden könne. Einiges darüber, wie dieser Zusammenhang einerseits der zentralisierten und konzentrisch sich fortentwickelnden, älteren Form der Stadtanlagen, anderseits der dezentralisierten und weit auseinandergezogenen, modernen Form der Stadtanlage mit den jeweiligen Siedelungs- und Bodenwertverhältnissen aufzufassen und zu erklären sei, habe ich bereits im 1. Teil angeführt. Hier will ich versuchen, diesen Zusammenhang eingehender zu erörtern und die Gründe darzulegen, weshalb wir schon für die Gegenwart, erst recht für die Zukunft mit der Möglichkeit einer solch veränderten, dezentralisierten Stadtanlage rechnen können, und schließlich die hauptsächlichsten Mittel und Wege angeben, welche den Stadtverwaltungen zu ihrer wirksamen Durchführung zu Gebote stehen.

Dabei wollen wir insbesondere auch den Nachteilen, welche sich früher aus dem Mangel geeigneter, namentlich die Stadterweiterungsbezirke rechtzeitig erfassender Bebauungspläne für die hygienische Gestaltung der Wohnverhältnisse ergaben, entsprechende Beachtung schenken. Auch hier lassen sich bedeutsame Lehren aus der Vergangenheit für eine Bessergestaltung der gegenwärtigen Verhältnisse ziehen. Die baupolizeilichen Bestimmungen sind meist nur imstande, diejenigen Eigenschaften des einzelnen Hauses und der in ihm liegenden Wohnräume zu beeinflussen, welche wir als seine inneren hygienischen

Qualitäten bezeichnet haben; wir sahen aber schon S. 63, daß eine Reihe weiterer, für die hygienische Wertschätzung einer Wohnung außerordentlich bedeutsamer Faktoren, die ich als die äußeren hygienischen Qualitäten zusammenfaßte, vor allem durch den Bebauungsplan beeinflußt werden. Das sind insbesondere die Lage, welche das betreffende Wohngebäude im Stadtplan einnimmt, der Charakter und die Siedelungsweise seiner näheren und weiteren Umgebung, und die Frage, ob das betreffende Gebäude in einer ruhigen Wohnstraße oder lärmenden Verkehrsstraße gelegen ist. Als außerordentlich bedeutsam erkannten wir ferner die Möglichkeit, ohne größeren Zeitverlust entsprechende Frei- und Erholungsflächen erreichen zu können. Wenn man dabei auch in erster Linie an die Großstadtjugend denkt, so ist die Frage doch nicht weniger wichtig auch für die Erwachsenen. Es ist die bedeutsame Aufgabe des Bebauungsplanes, dafür zu sorgen, daß diese äußeren hygienischen Qualitäten der Wohnviertel und Wohngebäude in gesundheitlich bester Weise im Rahmen der wirtschaftlichen Möglichkeiten gelöst werden.

Gewiß gelten all diese Forderungen auch für die innenstädtischen Wohnverhältnisse, aber hier ist man meist nachträglich nicht mehr imstande, die früher gemachten Fehler auf diesem Gebiete erheblich zu bessern. Um so bedeutsamer werden all diese Fragen in den noch neu zu errichtenden Stadtteilen, den Stadterweiterungsgebieten und auf den Außengeländen. Deshalb sollen dieselben hier auch mit dem Dezentralisationsproblem zusammen behandelt werden, welches bei der Besiedelung der Außengelände das dominierende Element darstellt, mit dem ausdrücklichen Bemerken, daß vieles von dem, was hier bezüglich der gesundheitlichen Forderungen an den Bebauungsplan eingeflochten ist, in sinngemäßer Übertragung auch für die Innenstadt gilt.

Des weiteren erscheint es zweckmäßig, hier die städtische Bodenfrage und Bodenwertbildung zu behandeln. Als eine der bedeutsamsten Aufgaben und anzustrebenden Folgeerscheinungen der städtischen Dezentralisation erkannten wir das Bestreben, durch Schaffung eines großen und reichlichen Angebots von Bauland bei entsprechender Erschließung desselben nicht nur die Bodenpreise in den Außengeländen auf relativ niederer Höhe zu halten, sondern auch dem übertriebenen, monopolartigen Ansteigen der Bodenpreise im Innern der Städte entgegenzuarbeiten. Dabei ist es hier nicht meine Absicht, die vielerörterte städtische Bodenfrage in all ihren Verzweigungen aufzurollen, ich verweise dazu vielmehr auf anderweitige Darlegungen[1]), und will hier nur diejenigen Tatsachen und Überlegungen herausgreifen, welche sich im Zusammenhang mit den Dezentralisationsbestrebungen ergeben. In ähnlichem Sinne soll sich auf diese Darlegungen dann eine Schilderung der bau- und bodenpolitischen Maßnahmen der Gemeinden in

---

[1]) Gemünd, Bodenfrage und Bodenpolitik, Berlin 1911.

ihrer Rückwirkung speziell wieder auf das Dezentralisationsproblem aufbauen.

Dabei kann ich es nicht als meine Aufgabe betrachten, all die verschiedenen Meinungen, wie sie auf diesem vielumstrittenen Gebiete existieren, zu behandeln. Ich werde mich vielmehr darauf beschränken müssen, die Verhältnisse so darzulegen, wie sie mir auf Grund eingehender Studien und Beobachtung der praktischen Verhältnisse am besten begründet erscheinen, und nur einige der bedeutsamsten und direkt entgegenstehenden Anschauungen zu widerlegen versuchen. Mit einer derartigen, bestimmten Stellungnahme, wie ich sie übrigens schon seit Jahren in den verschiedensten Arbeiten und Vorträgen vertreten habe, glaube ich der Sache selbst mehr zu dienen, als mit einer farblosen und ermüdenden Schilderung aller vorgebrachten und teilweise direkt utopischer Anschauungen. Ich hoffe auf diese Weise auch dem Leser am ehesten zu einer kritischen Würdigung des Vorgebrachten zu verhelfen und ihn zu einem selbständigen, je nachdem zustimmenden oder ablehnenden Urteil herauszufordern.

Erster Abschnitt.

Die städtischen Bodenwerte und ihre Ursachen.

1. „Natürliche“ und „künstliche“ Bodenpreisbildung.

Bei einer Betrachtung des innenstädtischen und außenstädtischen Wohnbodens erscheint als wesentlichster und für alle Fragen der Wohnungsproduktion bedeutsamster Unterschied die Verschiedenheit der Bodenwerte. Diese stehen in dem noch unbebauten und bisher nur landwirtschaftlich ausgenutzten Gelände meist noch erheblich niedriger als in der Innenstadt und ermöglichen so eine entsprechend weiträumigere und hygienischere Siedelungsweise. In der Umgebung großer Kulturzentren, wie sie die Millionenstädte, insbesondere die Reichshauptstädte darstellen, hat allerdings auch der noch ungenutzte Boden bis weit hinaus schon erheblich höhere Werte angenommen, als sie dem rein landwirtschaftlichen Nutzungswert entsprechen. Aber diese Tatsache erklärt sich ohne weiteres aus der Erwartung der betreffenden Grundbesitzer, daß die zukünftige Entwickelung dieser Städte in der gleichen, rapiden Weise wie bisher vor sich gehen werde, und demnach auch ihre Grundstücke nach einer entsprechend kürzeren oder längeren Zeit an der größeren Ertragsfähigkeit des innenstädtischen Wohnbodens Anteil nehmen würden. Dabei hat man diesem für später erhofften Ertrag meist die durch die früheren Bauordnungen zugelassene Höchstbebauung zugrunde gelegt. Inzwischen sind aber fast überall die Baubeschränkungen für die Außenbezirke und Randbezirke der Großstädte infolge der weitgehenden Staffelung der Bauordnungen

wesentlich verschärft worden und lassen eine weit geringere Nutzungsmöglichkeit des zur Bebauung gelangenden Grundstücks zu, als sie
der Besitzer erhofft hat. Auf diese Weise erklärt es sich, daß heuzutage
vielfach die Außengelände großer Städte erheblich über ihren
reellen, durch die spätere Nutzungsmöglichkeit gerechtfertigten Wert
taxiert sind, und es wird auf die Dauer z. B. den großen Terraingesellschaften kaum etwas anderes übrig bleiben, als durch entsprechende
Abschreibungen wieder eine mit den tatsächlichen Verhältnissen im Einklang stehende Bewertung ihres Besitzes herbeizuführen. Daß das nicht
ohne den finanziellen Zusammenbruch vieler Terraingesellschaften und
Grundbesitzer und krisenhafte Katastrophen auf dem Grundstückmarkt vor sich gehen kann, ist naheliegend und wird durch die Vorgänge
der letzten Jahre hinreichend dokumentiert (s. S. 299).

Abgesehen von derartigen Besonderheiten größter Städte stehen die
Bodenwerte auf den Außengeländen, entweder schon jetzt oder nach
entsprechender Rektifizierung ihrer durch übertriebene Gewinner-
wartungen hervorgerufenen Übertaxierung, noch auf relativ niederer
Höhe. Da nun die Befürchtung nahe liegt, daß bei weiterem Ausbau
der Städte auch hier die Bodenpreise sehr rasch emporschnellen, so wird
mit Recht die Forderung erhoben, daß man versuchen müsse, mit der
Bebauung der Außengelände bodenpolitische Maßnahmen,
welche vor allem eine Niederhaltung der Bodenpreise bewirken sollen,
zu verbinden. All die in diesem Sinne gemachten Vorschläge lassen
sich nach ihrer Tragweite und Wirkung nur dann mit genügender Sicherheit und Unbefangenheit beurteilen, wenn man versucht, sich über die
Ursache der Bodenwertbildung in den Städten ein zutreffendes
Bild zu verschaffen, und vorsichtig prüft, ob überhaupt und wie weit
bodenpolitische Maßnahmen diese Ursache beeinflussen können.

So wäre demnach in möglichster Kürze die Ursache der Wertsteigerung, welche der städtische Wohn- und Geschäftsboden gegenüber
dem außenstädtischen, ländlichen Boden aufweist, zu behandeln. Gerade
über diesen Punkt gehen die Anschauungen außerordentlich weit auseinander, wenn sich auch nicht verkennen läßt, daß die extremen Anschauungen sich mehr und mehr auf einer mittleren Linie einigen. Das
ist um so erfreulicher, als hier gleichsam das Fundament und der Ausgangspunkt aller boden- und selbst wohnungspolitischen Maßnahmen
gelegen ist.

Um nur mit einigen Worten unter Hinweis auf meine anderweitigen
Ausführungen die wesentlichsten Anschauungen zu skizzieren, so sei hier
darauf hingewiesen, daß im wesentlichen die Erklärungen nach zwei
verschiedenen Richtungen hin versucht werden und sich danach
meist auch die Reformvorschläge gestalten. Die Vertreter der einen
Richtung fassen die Wertsteigerung des städtischen Bodens als etwas
durchaus Natürliches und Selbstverständliches auf, als eine
Erscheinung, die aufs innigste mit der Entwickelung unserer Städte und

ihrem Größenwachstum verknüpft ist. Es ist das die Theorie der natürlichen Wertbildung des städtischen Bodens, wie sie insbesondere durch A. Weber, A. Voigt und L. Pohle begründet und vertreten wird. Die Vertreter der anderen Richtung geben jetzt wohl meist zu, daß eine solch natürliche Wertsteigerung des städtischen Bodens vorhanden sei, glauben aber, daß dieselbe an sich keineswegs genüge, die hohen städtischen Bodenwerte zu erklären. Sie behaupten vielmehr, daß durch allerlei besondere Verhältnisse, welche mit dem Grundstückhandel verknüpft sind, insbesondere durch die Machenschaften solcher Kreise, die an einer möglichst großen Bodenwertsteigerung interessiert sind, der sog. Bodenspekulanten, ferner durch ein fehlerhaftes Verwaltungssystem und Städtebausystem die städtischen Bodenwerte weit über ihren natürlichen und reellen Wert gesteigert werden, deshalb nicht ein natürliches, sondern ein künstliches Produkt darstellen. Diese beiden grundverschiedenen und zu völlig entgegengesetzten Maßnahmen gegen die aus den hohen Bodenwerten sich ergebenden Verhältnisse führenden Richtungen müssen kurz besprochen werden.

Die Theorie der natürlichen Wertbildung geht von der Anschauung aus, daß mit dem rapiden Größenwachstum unserer Städte und der enormen wirtschaftlichen Entfaltung derselben notwendig eine Wertsteigerung des städtischen Bodens verbunden sein müsse. Kurz und treffend hat Pohle auf dem Frankfurter Wohnungskongreß 1905 (s. Kongreßbericht, S. 171) diesen Standpunkt, wie folgt festgelegt:

„In einer Stadt, deren Einwohnerzahl fortwährend wächst, und in der daher vor allem im Stadtinnern die Besiedelungsdichtigkeit zunimmt, ist das Anwachsen der Bodenwerte eine durchaus natürliche und notwendige Erscheinung, zu deren Erklärung es in keiner Weise des Heranziehens der Bodenspekulation bedarf. Bewirkt wird die Steigerung der Bodenwerte durch die Konkurrenz, die sich die anwachsende Menschenzahl um den Besitz des Bodens macht."

Dementsprechend läßt sich auch fast überall ein weitgehender Parallelismus zwischen den Bodenwerten und den eigentümlichen Besonderheiten der einzelnen Grundstücke, welche man als Vorteile ihrer jeweiligen Lage im Stadtgebiet bezeichnen könnte, konstatieren. Die Bodenwerte entsprechen im allgemeinen im Innern der Stadt dem geschäftlichen Leben des betreffenden Stadtbezirks, damit den Erwerbsmöglichkeiten, oder aber in Wohnbezirken den Vorteilen, welche die Ansiedelung in denselben den Wohnungssuchenden bietet. Am klarsten lassen sich diese Verhältnisse in den zentralen Stadtteilen, den Geschäftsvierteln übersehen. Hier ergibt sich, daß immer der höchste Ertrag, welcher durch Vermieten der Geschäfts- und sonstigen Lokalitäten aus einem Gebäude herausgewirtschaftet werden kann, für seinen Wert und damit nach entsprechendem Abzug auch den des betreffenden Grundstücks ausschlaggebend ist.

Dieser Ertrag wird bei ein und demselben bebauten Grundstück um so höher, je mehr sich der wirtschaftliche Aufschwung des betreffenden

Stadtteils hebt, je günstiger dadurch die Konjunktur und damit die Erwerbsmöglichkeiten für die verschiedensten Geschäftszweige werden, und natürlich auch, je größer die Bebauungsintensität ist, wie sie von der Bauordnung zugelassen wird. Da in einem solchen Falle immer mehr Menschen hier arbeiten, Geld verdienen, eventuell auch wohnen wollen, so wird dementsprechend die Nachfrage nach Geschäftslokalen und Wohnungen immer größer, und das muß mit der Zeit zu steigenden Mieten führen. Die Mehrzahl der Geschäftsinhaber kann eben, entsprechend dem größeren Menschenstrom, der in den besseren Geschäftslagen tagtäglich vorüberzieht, hier auf entsprechend größeren Umsatz und größeres Verdienst rechnen, und ist deshalb im eigenen Interesse bereit, diesen Vorteil mit entsprechend höheren Mieten zu erkaufen. Diesem höheren Mietertrag entspricht dann auch ein höherer Wert des bebauten Grundstücks und, nach Abzug des Gebäudewerts, des Bodens. So erklärt sich in ungezwungendster Weise die außerordentliche Steigerung der Bodenwerte in den besten Lagen großer Städte, man denke nur an die enormen Preise, wie sie für Grundstücke an der Leipziger- oder Friedrichstraße in Berlin gezahlt werden, und die völlig entsprechenden anderer großer Städte. Und doch kann man diese Werthöhe nur als eine vollkommen reelle und demnach natürliche bezeichnen, weil sie ohne weiteres durch Einrichtung und Vermietung geeigneter Geschäftslokale zu entsprechender Verzinsung gebracht werden kann und die Geschäftsinhaber auch durchaus bereit sind, die ihnen hier gebotenen Vorzüge der Lage entsprechend zu bezahlen. Wir müssen vielmehr zugeben, daß in der Regel gerade die großen Geschäfte der City trotz der enormen Mieten recht gut prosperieren und demnach die hohen Mieten durchaus gerechtfertigt erscheinen, namentlich im Vergleich zu den Mieten gleichgroßer Geschäftslokale in minder günstigen Lagen, in den Vororten usw.

Bei weiterer Überlegung muß man sich sagen, daß diese hohen Bodenwerte der Geschäftsviertel auf die umliegenden Stadtteile einwirken müssen. Einmal liegt für die Nachbargebiete die Möglichkeit vor, daß sie mit der Zeit in das sich stets vergrößernde Geschäftsviertel einbezogen werden, anderseits schätzt auch heute noch, trotz aller Verkehrserleichterungen, die große Masse der städtischen Bevölkerung die Wohnungen innerhalb der Stadt und in nächster Nähe ihrer in der City gelegenen Arbeitsstätte höher ein, als eine vielleicht billigere und bessere Wohnung weiter draußen, und ist deshalb auch bereit, einen entsprechend höheren Preis dafür zu zahlen. Beide Momente müssen sich daher über kurz oder lang in den Bodenwerten der umliegenden Stadtteile ausdrücken, wenn sie auch natürlich zunächst noch nicht so hoch sind, als im Geschäftsviertel selbst.

Ähnliche Überlegungen lassen sich sinngemäß für die noch weiter entlegenen Stadtteile anstellen, und so läßt sich im großen und ganzen konstatieren, daß die Bodenwerte einer größeren Stadt im allgemeinen mit zunehmender Entfernung vom Geschäftsviertel nach außen hin sich abstufen. Naturgemäß ist diese Abstufung keine völlig gleichmäßige, weil allerlei lokale Besonderheiten, z. B. sekundäre, kleinere Geschäftsviertel, Verkehrsknotenpunkte, besondere landschaftliche Schönheiten (Stadtparks etc.) in der nach außen hin absinkenden Bodenwertkurve allerlei sekundäre Erhebungen und Senkungen hervorrufen. Aber diese kleinen Abweichungen vermögen nichts daran zu ändern, daß die Bodenwerte einer Stadt sich im allgemeinen von ihrem höchsten Punkte, den besten Lagen der City, langsam und allmählich nach außen hin abstufen. Erst weit außerhalb der Städte, da, wo in absehbarer Zeit jede Bebauung ausgeschlossen erscheint, treffen wir die niedere, lediglich dem landwirtschaftlichen Nutzungswert entsprechende Werthöhe. Näher der Stadt, da, wo nach mehr oder weniger langer Zeit die Bebauung wahrscheinlich ist, stehen die Grundstückswerte dagegen wesentlich höher, weil der Besitzer dann bereits mit dem Werte des Grundstücks nach seiner Einbeziehung in den städtischen Wohnboden rechnet, natürlich unter entsprechender Berücksichtigung der vermutlichen Zeitdauer bis zum Eintritt dieses Ereignisses.

Je mehr man sich in diese Verhältnisse hineindenkt, um so mehr kommt man zu der Überzeugung, daß diese auf völlig natürliche Weise zu erklärende Wertsteigerung innerhalb weiter Grenzen zur Erklärung der hohen städtischen Bodenwerte und ihrer lokalen Verschiedenheit in den einzelnen Städten und Stadtteilen genügt, und weiterhin, daß die städtische Grundrente vom Stadtinnern, dem Orte ihrer höchsten Erhebung, ihren Ursprung nimmt, nicht umgekehrt, wie vielfach behauptet wurde[1].

Um Mißverständnisse zu vermeiden, ist es nötig, darauf hinzuweisen, daß bei einer derartigen Auffassung der hohen städtischen Bodenwerte als einer auf völlig natürlichen Ursachen beruhenden Erscheinung unbedingt mit den besonderen Entwickelungsverhältnissen, wie sie sich nun einmal in der betreffenden Stadt herausgebildet haben, gerechnet werden muß. Man muß die Sache also etwa in folgender Weise formulieren: bei einer gewissen, durch die früheren Bauordnungen gestatteten Bebauungsintensität und dementsprechenden Bevölkerungsdichte, bei einem gegebenen Größenwachstum der Städte und ihrer Einwohnerschaft, bei einer bestimmten Gunst oder Ungunst der wirtschaftlichen Verhältnisse und aller übrigen, die Entwickelung der Städte beeinflussenden Faktoren mußten sich nach allgemein gültigen, wirtschaftlichen Gesetzen die Bodenwerte mit der Zeit auf die jetzige Höhe einstellen, welche der jeweils durch obige Faktoren geschaffenen Ertragsmöglichkeit entspricht. Für diese gegenwärtig nun einmal bestehenden Verhältnisse ist die Entstehung dieser Bodenwerte demnach eine innerlich berechtigte und vollkommen natürliche Erscheinung. Mit dieser Auf-

---

[1] Siehe hierzu Gemünd, Bodenfrage und Bodenpolitik, 1911, S. 50—65.

fassung wird aber keineswegs behauptet, daß nun in irgend einer anderen gleichgroßen Stadt, in der irgendwelche der eben angedeuteten Entwickelungsbedingungen ganz anderer Natur waren, genau ebenso hohe Bodenwerte vorhanden sein müßten. Im Gegenteil, wenn z. B. durch eine, weit größere Baubeschränkungen auferlegende Bauordnung in einer sonst völlig gleichgestellten Stadt eine wesentlich geringere Bebauungsintensität erzwungen wurde, so sind damit die wirtschaftlichen Voraussetzungen der Bodenwertbildung ganz andere geworden, und mußten sich demnach auch in völlig natürlicher Weise andere, in diesem Fall . niederere Bodenwerte ergeben. Es widerspricht also keineswegs der Theorie der natürlichen Wertbildung des Bodens, wenn angeführt wird, daß z. B. in London, wenigstens in den Außenbezirken, trotz seiner viel erheblicheren Größenentfaltung geringere Bodenwerte vorhanden seien als in der Umgebung Berlins. In den Wohnbezirken Londons ist aus bekannten und später noch näher zu erörternden Gründen die Besiedelungsdichte und Bebauungsintensität eine wesentlich geringere als in Berlin, und damit wird auch die Ertragsfähigkeit des Bodens, auf die Flächeneinheit berechnet, eine geringere. In vollkommen natürlicher Übereinstimmung damit müssen sich dann die Bodenwerte niederer stellen.

Man will also mit dieser Theorie der natürlichen Wertbildung des Bodens keineswegs bestreiten, daß es möglich sei, die Preisgestaltung des städtischen Bodens durch Bauordnung, Bebauungsplan, Dezentralisation, Verkehrsverhältnisse, und allerlei Verwaltungsmaßnahmen weitgehend zu beeinflussen. Es soll vielmehr damit betont werden, daß unter den einmal durch das Zusammenwirken dieser Momente gegebenen Verhältnissen unbedingt die betreffende Werthöhe resultieren mußte, weil dann weder Nachfrage noch Angebot in der Lage sind, willkürlich die so geschaffenen wirtschaftlichen Voraussetzungen der Bodenwertgestaltung in für sie günstigerem Sinne zu beeinflussen. Die Theorie der natürlichen Wertbildung des Bodens wendet sich also vor allem gegen die Auffassung, als könnten unter einmal gegebenen Verhältnissen (im obigen Sinne) nun ihrerseits die Bodenspekulation und die Gesamtheit der am Grundstückgeschäft interessierten Kreise noch besondere Bodenwertsteigerungen dauernder Art hervorrufen, welche über die durch die genannten Bedingungen erzeugten hinausgehen. Sie weist ihnen vielmehr gegenüber den obigen, in letzter Linie alle die Ertragsfähigkeit des Bodens beeinflussenden und deshalb natürlichen Faktoren, eine völlig untergeordnete und sekundäre Rolle zu. Nur die Ertragsfähigkeit des Bodens, die allerdings durch Bauordnung und alle möglichen anderen Verhältnisse weitgehend beeinflußt werden kann, ist von ausschlaggebender Bedeutung für seine Preisgestaltung; ist sie einmal durch bestimmte Faktoren festgelegt, so muß sie mit der Zeit zu einer ihr entsprechenden Wertbemessung des Bodens führen, die dann als völlig natürlich und berechtigt anzusehen ist. Es ist also weiterhin auch keineswegs gesagt, daß diese Werthöhe nun ein für allemal und für ewige Zeiten festgelegt sei, sondern in dem Maße, wie es gelingt, durch die genannten Maßnahmen die Ertragsfähigkeit des Bodens zu ändern, werden sich dementsprechend auch andere Bodenwertverhältnisse ergeben.

Es ist bemerkenswert, daß diese Anschauung von der natürlichen Wertbildung des Bodens in letzter Zeit immer mehr Anhänger gewinnt[1]), und auch solche Autoren, welche ihr früher wenig Beachtung schenkten, zugeben, daß eine solche wenigstens bis zu einem gewissen Grad vorhanden sei. Die Mehrzahl der Autoren war allerdings früher, und ist es auch heute noch zum großen Teil, der Auffassung, daß die hohen städtischen Bodenwerte ein künstliches, weit über den reellen Wert emporgetriebenes Produkt darstellen. Und zwar betrachten die meisten diese unnatürliche Werthöhe im wesentlichen als die Folge spekulativer Machenschaften von seiten der jeweiligen Besitzer. Sie glauben, daß der Terrainunternehmer, gewöhnlich Bodenspekulant genannt, imstande sei, innerhalb sehr weiter Grenzen willkürlich die Bodenpreise in von ihm gewünschten Sinne zu beeinflussen, d. h. eben höher zu treiben, als ihrem reellen und natürlichen, durch den Ertrag bestimmten Wert entspricht.

Bezüglich der Mittel, auf Grund deren die Bodenspekulanten imstande seien, diese Preissteigerungen zu bewirken, gehen die Ansichten wieder weit auseinander. Von denen abgesehen, die naiv genug sind, zu glauben, daß dazu schon allein der Wunsch und Wille des Spekulanten genüge, glauben die meisten, daß die Spekulation zu der ihr zugesprochenen Fähigkeit, innerhalb weiter Grenzen die Preise emporzutreiben, gewisse Hilfsmittel nötig habe. Als solche betrachten einige die Aussperrung des baureifen Landes von der Bebauung, andere glauben, daß die Besitzer des städtischen Bodens oder vielmehr des jeweils zunächst an der Stadtperipherie zur Bebauung gelangenden Bodens eine gewisse Monopolstellung innehaben. Es könnten nämlich aus allerlei Gründen zunächst nur ihre Grundstücke für die Bebauung in Betracht kommen, und es sei demnach das Land in der weiteren Umgebung nur in sehr beschränktem Maße als Konkurrenz aufzufassen. Es ist das die Lehre vom schmalen Rand, die in der Wohnungsliteratur eine große Rolle gespielt hat und noch spielt.

Es mag bei dieser Gelegenheit darauf hingewiesen werden, daß die Kluft zwischen den Anhängern der natürlichen Werttheorie des Bodens einerseits und denen der künstlichen anderseits zum Teil wohl auch durch die verschiedene Deutung, die man dem Worte natürlich beilegen kann, so breit und unüber-

---

[1]) So ist u. a. vor kurzem ein Buch erschienen: Der städtische Grund und Boden, von Dr. Pesl, München, 1912, welches im wesentlichen mit der hier vertretenen und bereits seit vielen Jahren von Weber, Voigt, Pohle verfochtenen Auffassung übereinstimmt.

brückbar erscheint. Wenn die Anhänger der natürlichen Wertbildung des Bodens sagen, die Preise desselben entsprechen durchaus der durch die jeweiligen, einmal vorhandenen Verhältnisse bestimmten Ertragsfähigkeit und sind demnach natürlich, so verstehen sie darunter etwa dasselbe, als wenn sie sagten: durch die wirtschaftlichen Gesetze berechtigt und deshalb selbstverständlich. Die Vertreter der anderen Anschauung denken bei dem Worte natürlich dagegen mehr an seine Bedeutung im Sinne von naturgemäß und zweckentsprechend. Wenn sie über die Unnatur der hohen Bodenwerte räsonieren, so wollen sie damit vor allem sagen, daß ein derartiger Zustand einer naturgemäßen und hygienischen Siedelungsweise entgegensteht, deshalb unnatürlich ist, einerlei, ob im einzelnen Fall die Bodenwerte nun wirtschaftlich berechtigt und in den bestehenden Verhältnissen begründet sind oder nicht. Dementsprechend erheben sie die Forderung, man solle durch allerlei Maßnahmen eine bessere und naturgemäßere Siedelungsweise herbeizuführen suchen und glauben weiter, daß die Anhänger der natürlichen Werttheorie eine solche für unmöglich, eben unnatürlich halten. Davon ist aber, wie schon oben ausgeführt wurde, gar keine Rede. Das Mißverständnis liegt zum Teil auch darin, daß die einen bei der Natur oder Unnatur der Bodenwerte nur an diese wirtschaftlichen Werte selbst denken, die andern an den durch sie bewirkten Zustand, wie er sich speziell in der Bebauungsintensität ausdrückt. Damit wird die Streitfrage natürlich auf ein ganz anderes Gebiet hingeführt, die Frage, welche Bauart und Bebauungsintensität man nun für den einen oder andern Stadtteil als natürlich oder unnatürlich bezeichnen solle. Da ist es, auch für die Vertreter verschiedener Anschauungen, viel leichter, sich auf einer mittleren Linie zu einigen, als bei dem oben erörterten unfruchtbaren Streit um die Natur oder Unnatur der städtischen Bodenwerte.

2. Bodenwerte und Terrainspekulation.

Es erscheint recht bedeutsam und für die Beurteilung bodenpolitischer Maßnahmen, namentlich insofern sie sich mit einer Unterdrückung der Grundstücksspekulation befassen sollen, äußerst wichtig, daß sich neuerdings über das Wesen der Spekulation und ihre Folgen für die Bodenpreisbildung eine recht weitgehende Änderung der Anschauungen vollzogen hat. Früher war man vielfach der Meinung, die Spekulation sei in gewissem Sinne das Primäre, sie schaffe durch den Wunsch und Willen zum Gewinn und die verschiedenen, ihr untergeschobenen Hilfskräfte die Preissteigerung. Immer mehr bricht sich aber dank der Arbeiten A. Webers, A. Voigts und L. Pohles auch in weiteren und früher andersdenkenden Kreisen die Erkenntnis Bahn, daß das Verhältnis eher ein umgekehrtes ist. Da, wo eine Wertsteigerung irgendwelcher Güter sicher zu erwarten ist, gesellt sich die Spekulation als Folge und Begleiterscheinung hinzu und ucht die günstige Konjunktur so weit als möglich für sich auszunutzen. Aber sie ruft nicht selbst diese Wertsteigerung hervor. Das vermag die Spekulation mit dem städtischen Boden ebensowenig wie die mit anderen Gütern. Beim Boden erhellt das schon daraus, daß eine Wertsteigerung desselben nur da vorhanden ist, wo tatsächlich die durch ihn gegebenen Ertragsmöglichkeiten in Gestalt der Mieten seinen reellen Wert entweder schon jetzt gesteigert haben oder doch voraussichtlich später steigern werden. Nur in einem solchen Falle findet sich eine Bodenspekulation, aber sie folgt nur dieser Wertsteigerung und sucht sich ihrer zu bemächtigen, überall da, aber auch nur da, wo aus irgendwelchen Gründen eine derartige Wertsteigerung mit Sicherheit oder genügender Wahrscheinlichkeit erwartet werden kann.

Nun läßt sich aber gewiß nicht bestreiten, daß sich die Bodenspekulation, ebensogut wie jede andere Spekulation, in diesen Erwartungen auf den späteren höheren Ertrag, mit anderen Worten in der Beurteilung der Konjunktur auf dem Grundstücksmarkt, erheblich täuschen kann, namentlich dann, wenn ein förmliches Spekulationsfieber weiteste Kreise ergreift, dadurch auch Personen, welche aus eigener Anschauung die Verhältnisse absolut nicht zu beurteilen imstande sind, zur Mitwirkung veranlaßt werden und eine unsinnige, durch die reellen Gewinnaussichten in keiner Weise zu rechtfertigende und begründete Überbietung und Preistreiberei losgeht. So können tatsächlich zeitweise die Bodenwerte erheblich über ihren reellen, natürlichen Wert emporgetrieben werden, und es läßt sich auch nicht bestreiten, daß zum mindesten kapitalkräftige Spekulanten, wie z. B. die großen Terraingesellschaften, versuchen werden, diese hohen Werte so lange als möglich aufrecht zu erhalten, um sie dann doch schließlich einmal bei irgend einer Gelegenheit durch entsprechenden Verkauf realisieren zu können. Das werden sie namentlich dann versuchen, wenn der auf diese Weise erzeugten künstlichen Preistreiberei der unvermeidliche Rückschlag folgt und zu einem entsprechenden Absinken der Bodenwerte führt. Dann versuchen sie natürlich ihren Besitz durchzuhalten, in der Hoffnung auf die Wiederkehr besserer Zeiten. Diesem Versuch sind durch die auflaufenden Zinsverluste, die hohen Lasten und Abgaben allerdings ziemlich enge Grenzen gezogen.

Es läßt sich weiterhin auch nicht bestreiten, daß der Terrainunternehmung noch allerlei Mittelchen zur Verfügung stehen, um bis zu einem gewissen Grade in solch schlechten Zeiten auf ihre Kosten zu kommen. In diesem Sinne wird meist auf die eigentümlichen Beziehungen hingewiesen, wie sie sich zwischen dem berufsmäßigen Bauunternehmertum und der Terrainunternehmung herausgebildet haben. Nicht selten übernimmt ein kapitalschwacher Bauunternehmer vom Terrainbesitzer eine Baustelle mit der Verpflichtung, sofort mit dem Bau zu beginnen; der Kaufpreis wird entweder ganz oder nach minimaler Anzahlung als erste Hypothek eingetragen und oft auch noch bis zu einer gewissen Höhe Baugeld gewährt. Dadurch wird zweifellos der Bauunternehmer in vielen Fällen veranlaßt, einen höheren Preis für die betreffende Baustelle zu zahlen als ihrem reellen Werte entspricht und er bei entsprechend größerer Anzahlung zu bewilligen bereit wäre. Dieses Verhältnis wird von manchen Autoren aber so dargestellt, als sei der Bauunternehmer überhaupt völlig desinteressiert an dem von ihm gezahlten Bodenpreis, als führe er einfach die Bebauung so aus, wie sie ihm vom Terrainbesitzer und Geldgeber vorgeschrieben werde, und halte sich entweder selbst oder durch Vermittlung eines zwischengeschalteten Hausbesitzers, i. e. Vermögensverwalters der Leute, welche die zum Erwerb des Terrains, Bau des Hauses usw. benötigten Kapitalien hergeliehen haben, an den zukünftigen Mietern in Gestalt entsprechend hoher Mieten schadlos.

In einer derartigen Verallgemeinerung dieser auf dem großstädtischen Baumarkt gelegentlich vorkommenden Verhältnisse liegt aber zweifellos eine ungeheure Übertreibung. Ein derartiges Désintéressement des Bauunternehmers an dem von ihm gezahlten Bodenpreis setzt zunächst voraus, daß die Mieter des fertigen Hauses auch gewillt sind, die entsprechend hohen Mieten zu zahlen. Das mag in Zeiten aufsteigender Konjunktur in einer Stadt mit rasch wachsender Bevölkerung und hinter der Nachfrage herhinkender Wohnungsproduktion gewiß zeitweise der Fall sein. Aber bei derartig günstiger Konjunktur auf dem Wohnungs- und Grundstücksmarkt wiederholt sich dann das „gesunde" Zusammenarbeiten von Terrainunternehmer und Bauunternehmer so oft, daß es sehr häufig im weiteren Verlauf zu einer entsprechenden Überproduktion an Neubauten kommt und damit zu einem Wohnungsangebot, das weit über die Nachfrage hinausgeht. In solchen Zeiten stehen dann viele Häuser oft jahrelang leer, angefangene Neubauten werden nicht vollendet, und die Mieter lassen sich durchaus nicht die gewünschten hohen Mieten abpressen. Der Baukrach ist da und zieht meist auch schwerwiegende Folgen auf dem Terrainmarkte nach sich. In solchen Zeiten versagt dann auch die vielbetonte willenlose Abhängigkeit des Bauunternehmers vom Terrainbesitzer und Geldgeber. Ersterer rechnet sich vielmehr aus, daß er bei den ungünstigen Verhältnissen des Wohnungsmarktes, bei den hohen, vom Terrainbesitzer geforderten Preisen doch niemals imstande sein wird, aus dem bebauten Grundstück solche Mieteinnahmen zu erzielen, wie sie zur Verzinsung der aufgenommenen Kapitalien und einer entsprechenden, sein Verdienst darstellenden Mehreinnahme nötig sind. Und erst recht gelingt es ihm nicht, in solchen Zeiten einen Hausbesitzer zu finden, der nun zu entsprechend hohem Preis das Haus übernähme und dadurch seinerseits in schwerste finanzielle Bedrängnis käme. Trotzdem also die Bauunternehmer nach der Darstellung mancher Autoren[1]) das willenlose

---

[1]) Siehe Eberstadt, Handbuch des Wohnungswesens und der Wohnungsfrage, 2. Aufl., S. 101 ff.

Werkzeug und die Beauftragten der Terrainunternehmer sind, streiken sie in solchen Fällen; es gelingt vielen Terraingesellschaften nicht, Terrains zu entsprechendem Preis zu verkaufen, das Terraingeschäft liegt völlig darnieder und meist hat der Baukrach dann einen weiteren Krach auf dem Terrainmarkt zur Folge. Bei manchen kapitalkräftigen Terraingesellschaften äußert sich das nur in jahrelanger Unfähigkeit, eine Dividende auszuschütten, die natürlich zu einer entsprechenden Niederbewertung der Aktien führt, bei anderen führen die fortlaufenden hohen Lasten infolge Zinsverlust und Steuern zu einer stetigen Vergrößerung des Verlustkontos und eine für die Aktionäre meist äußerst verlustreiche Liquidation macht der Sache ein Ende.

Derartige Krisen auf dem Baumarkt und Terrainmarkt schleudern von Zeit zu Zeit immer wieder die Grundstückspreise auf ihre reelle, durch die tatsächlich vorhandene durchschnittliche Ertragsmöglichkeit gegebene Höhe zurück, nicht selten sogar darunter. Ein klassisches Beispiel für derartige Verhältnisse auf dem Terrainmarkt boten in vielen Städten die Verhältnisse des Jahres 1912.

Als Beispiel und Beweis führe ich nach einem Bericht des Berliner Tageblattes, Nr. 638 vom 15. Dez. 1912, einiges über die Großberliner Terrainmarktverhältnisse im Jahre 1912 hier an: „Von den drei Zweigen des Grundstückmarktes, dem Geschäft in bebauten, städtischen Grundstücken, der Umsatztätigkeit in ländlichen Gütern und dem Terraingewerbe ist es unzweifelhaft dem Terraingewerbe im nunmehr zu Ende gehenden Jahre am übelsten ergangen; der Absatz von Bauterrains, namentlich in den Großstädten, ist aus Gründen der verschiedensten Art in diesem Jahre auf ein Mindestmaß beschränkt geblieben. Da das Terraingeschäft zum größten Teil in Form von Handelsgesellschaften betrieben wird, und die Werte der Terrainaktiengesellschaften vielfach eine offizielle Kursnotierung an der Börse erfahren, so gelangt in der Kursbewegung der Terrainaktien der Geschäftsgang am Terrainmarkt im allgemeinen zum Ausdruck. In einzelnen Fällen ist die Abwärtsbewegung der Kurse so rapid erfolgt, daß sie hier und da zu Unterbewertungen geführt haben mag. Wo eine solche eintrat, kann sie als natürliche Reaktion gegen die Überbewertung angesehen werden, wie sie bei der Gründung von Terraingesellschaften in allzu optimistischer Eskomptierung zukünftiger Gewinnchancen nicht gerade selten stattfand." Der Bericht bringt dann eine Tabelle, in der die Kursbewegung der bedeutendsten an der Berliner Börse eingeführten Aktien von Terraingesellschaften verfolgt wird, und kommt zu dem Ergebnis, daß keine einzige Terrainaktie den früheren Kursstand behaupten konnte, und daß auch eine ganze Anzahl von Gesellschaften „Verkäufe nicht abgeschlossen haben" und daß „eine Dividende nicht in Aussicht steht." „Soweit nicht besondere Umstände vorliegen, erklärt sich der Kursrückgang in den Terrainaktien aus der allgemeinen Geschäftslage. Mangelnde Unternehmungslust im Baugewerbe, Überproduktion an Wohnungen, hohe Steuern und teures Geld: Das sind Umstände, die nicht geeignet sein können, die Umsätze in Terrains zu steigern. Und wenn Gesellschaften der Ungunst der Verhältnisse zum Trotz Abschlüsse „erzwangen", so trat alsbald ein doppelt fühlbarer Rückschlag ein, und es mußten im Subhastationsverfahren Rückerwerbungen vorgenommen werden, die zu schweren Belastungen dieser Gesellschaften führten."

Diesen Bericht habe ich deshalb so ausführlich zitiert, weil er in sehr treffender Weise die Verhältnisse, wie sie im Jahre 1912 fast überall auf dem Terrainmarkt gegeben waren, schildert. Wenn derselbe zuletzt als Gründe der Stagnation die allgemeine Ungunst der Geschäftslage anführt, so glaube ich, daß sich außer den von ihm genannten vorübergehenden Ursachen in dem schon seit Jahren bemerkbaren Rückgang der Terrainaktien noch ein weiteres Moment ausdrückt, welches meines Erachtens darauf zurückzuführen ist, daß durch die neueren Bauordnungen, speziell auch die starke Dezentralisation der städtischen Siedelungen, die Nutzungsmöglichkeit des städtischen Baugrundes eine wesentlich andere geworden ist gegenüber der früheren, auf die hin die Wertbemessung der Terrainaktien und überhaupt des städtischen Grundbesitzes erfolgte. Dieses Moment ist wohl nicht vorübergehender Natur, sondern wird sich mit der Zeit noch verschärfen und so dürfte auch jetzt noch der sog. innere Wert vieler Terrainaktien erheblich über dem durch die späteren Gewinne gerechtfertigten liegen. Es wird da noch mancher Korrektur durch entsprechende Kursrückgänge bedürfen. Auf diese für die Terrainunternehmung und damit die gesamte Wohnungsproduktion hochbedeutsamen Verhältnisse komme ich später (s. S. 297) nochmals zurück.

Um die Verhältnisse klarzustellen, will ich nicht verschweigen. daß man derartige Stagnationsperioden auf dem Terrainmarkt auch in anderer Weise zu deuten versucht. So wurde in einer Notiz der Kölnischen Zeitung[1]) zunächst darauf hingewiesen, daß der Grund, weshalb immer wieder weiter gebaut werde, bekanntlich die Organisation unseres Boden- und Bodenbeleihrechtes sei, welches die „baldmöglichste Realisierung jener ungeheuren Spekulationswerte, welche in baureifem Land angelegt werden, erzwinge". Wie sich aber die späteren Instanzen an ihren Häuserwerten befriedigen, sei dem, der die erste Anregung und das Geld zum Bauen gegeben habe, recht gleichgültig. — Gewiß ist das der Fall, aber es ist diesen späteren Instanzen durchaus nicht gleichgültig, ob sie eine solche Befriedigung finden können oder nicht. Wenigstens nicht dem soliden Bauunternehmertum, welches nun doch glücklicherweise die Regel bildet. Dem Bauschwindler mag es ja vielleicht gleichgültig sein, wenn der von ihm übernommene Bau vor seiner Fertigstellung infolge Versagens seiner Mittel zur Subhastation kommt, weil er dabei doch in irgend einer Weise sein Profitchen zu machen weiß, vielleicht auch einiges von den Baugeldern auf Seite zu schaffen in der Lage ist. Von diesem Bauschwindel soll noch in einem besonderen Abschnitt die Rede sein. Es wäre aber auch irrig, zu glauben. daß die Terraingesellschaften nicht selbst ein Interesse daran hätten, sich von Geschäften mit solch unsauberen Elementen fernzuhalten, da sie dann meist genötigt sind, im Subhastationsverfahren Rückerwerbungen der verkauften Grundstücke mitsamt der fertig gestellten oder auch noch unfertigen Häuser vorzunehmen, die oft längere Zeit unvermietbar sind oder wenigstens doch zu keineswegs entsprechenden Mietpreisen, und

---

[1]) Vom 17. Oktober 1912, Nr. 1154.

deshalb eine schwere finanzielle Belastung der betreffenden Gesellschaften darstellen. Das solide Bauunternehmertum aber ist in solchen Zeiten durchaus nicht der willfähige Diener der Terraingesellschaften und keineswegs bereit, die von diesen geforderten hohen Preise zu zahlen. Wenn es daher in der erwähnten Notiz weiter heißt: „Immerhin scheint man sich doch auch bei den Grundstückshändlern mit der Zeit zu sagen, daß dieses Gebäude künstlich aufgestellter Werte über kurz oder lang zusammenbrechen muß, und sie haben ihren nachgeordneten Stellen offenbar eine kleine Bremsung im Häuserbau empfohlen", so ist diese Bemerkung gewiß typisch für die Auffassung mancher Kreise, scheint mir aber doch absolut nicht den Kern der Sache zu treffen. Wer hier bremst, sind die soliden Bauunternehmer selbst, die sich ganz genau ausrechnen, was für sie unter den ungünstigen Verhältnissen des Bau- und Wohnungsmarktes bei einem Neubau auf zu teuer bezahltem Terrain auf dem Spiele steht. Und da versagt dann die vielgerühmte Abhängigkeit. Unter solchen Verhältnissen ist es aber für die Gesellschaften erst recht bedenklich, sich nur mit schwindelhaften Unternehmern abzugeben.

Der Terrainunternehmer muß also in solchen Zeiten mit dem Verkauf seiner Terrains warten, nicht will er warten. Ein derartiges Zuwarten ist aber infolge der weiter laufenden Steuern und Lasten, der Zinsverluste und der durch die Dividendenlosigkeit herbeigeführten Kurssenkung keineswegs für die Terraingesellschaften so einfach und harmlos, wie das gewöhnlich dargestellt wird, sondern führt im Wiederholungsfalle leicht dazu, daß durch eine entsprechende Minderbewertung des Besitzes und dementsprechend reduzierte Verkaufspreise den veränderten Verhältnissen Rechnung getragen werden muß, wenn nicht noch ernstere Folgen resultieren.

Diese flüchtige Darstellung der auf dem Bau- und Terrainmarkt sich immer wieder von Zeit zu Zeit wiederholenden Krisen soll dieses Thema keineswegs erschöpfen, sondern nur zeigen, daß die oft aufgestellte Behauptung, der Terrainbesitzer könnte durch die bekannte Kette über den Baustellenhändler und Bauunternehmer bis zum Hausbesitzer doch schließlich immer den von ihm gewünschten Spekulationsgewinn erzwingen, zum mindesten eine ungeheuerliche Übertreibung darstellt[1]). Wäre dem wirklich so, warum verkrachen denn so viele Terraingesellschaften, statt die ihnen angedichtete Macht auszunutzen; warum halten sie sich gerade in solchen Zeiten nicht an ihre nachgeordneten Stellen, die Bauunternehmer und sog. Hausbesitzer? Doch offenbar deshalb, weil die genannte Verkettung und Machtstellung nur solange funktioniert, als die von den Terraingesellschaften geforderten, wenn auch nur hypothekarisch eingetragenen, Grundstückspreise ihren nachgeordneten Stellen die Möglichkeit eines

---

[1]) Siehe hierzu auch Bodenfrage und Bodenpolitik, S. 101 ff.

entsprechenden Gewinns lassen. Liegen die Verhältnisse auf dem Wohnungsmarkt aber ungünstig, läßt die Höhe der zu erzielenden Mieterträgnisse eine angemessene Verzinsung der Neubauten nicht erwarten, so versagt die Bautätigkeit trotz der angeblichen Abhängigkeit der Bauunternehmer vom Terrainbesitzer mehr und mehr, und die Folge ist eine entsprechende Stagnation und Krisis auf dem Terrainmarkte und Baumarkte.

So sehr auch derartige Verhältnisse zu bedauern sind, so große wirtschaftliche Schäden sie für die beteiligten Kreise nach sich ziehen, so zeigen sie doch, daß man keineswegs zu der Annahme berechtigt ist, die Terrainspekulation könne durch die genannten Mittel dauernd die Bodenwerte auf einer künstlichen, weit über ihren reellen Wert hinausgehenden Höhe halten. Vorübergehend ist sie gewiß dazu imstande, aber die unvermeidlichen „Korrekturen" sorgen von Zeit zu Zeit immer wieder dafür, daß die Bodenwerte auf eine ihrer Ertragsfähigkeit entsprechende Höhe zurücksinken.

Damit ist keineswegs gesagt, daß die Höhe dieser Erträgnisse und damit der von ihnen abhängenden Bodenwerte, wie sie sich im wesentlichen als Folge der durch die jeweilige Bauordnung zugelassenen Bebauungsintensität ergibt, immer und überall unserem modernen hygienischen Empfinden und den durch die modernen Verkehrsmittel ermöglichten Siedelungsverhältnissen entspricht. Wie schon im ersten Teil behandelt wurde, ist die Bebauungsintensität in vielen älteren und leider auch noch neueren Stadtteilen dank fehlerhafter Bauordnungen und Bebauungspläne eine viel zu weitgehende geworden, und damit haben auch die Bodenwerte eine Höhe erreicht, die wir im Sinne eines hygienischen Ausbaues der Städte als durchaus übertrieben bezeichnen müssen, wenigstens in Rücksichtnahme auf die Wohnviertel. Aber was hier die Bodenwertsteigerung bis zu dieser extremen Höhe verursachte, waren in letzter Linie doch die Stadtverwaltungen, welche die betreffenden Bauordnungen erlassen haben und damit die Grundlage und die Möglichkeit zu der übertrieben hohen Ertragsfähigkeit des Bodens und seiner dieser entsprechenden Werthöhe geschaffen haben; nicht aber waren es die Terrainspekulanten und die ihnen zugesprochene Beeinflussung des Bauunternehmertums usw., wenn sie gewiß auch die durch die Bauordnungen geschaffene Konjunktur für sich so viel als möglich ausgenutzt haben. Alles, was sich da auf dem Terrain- und Baumarkt an reellen und unreellen Geschäftsbeziehungen und Kniffen herausgebildet hat, namentlich unter den großstädtischen Verhältnissen mit den enormen Werten der einzelnen Bauparzellen, sind doch schließlich nur Begleiterscheinungen, unter denen sich dieser Übergang des Bodens vom rein landwirtschaftlich genutzten Boden zu dem, die höchsten Mieterträgnisse liefernden Boden großstädtischer Geschäfts- und Miethausviertel vollzogen hat; und es wäre grundfalsch, in ihnen die Ursache der hohen Bodenwerte suchen zu wollen oder gar zu glauben, man könne nun dadurch, daß man alle diese Geschäftsmanipulationen, wie sie sich im großstädtischen Grundstückhandel mit der Zeit entwickelt haben, unmöglich zu machen oder zu erschweren versuchte, das Zustandekommen der hohen Bodenwerte verhindern. Sie würden sich in der einen oder anderen Form doch durchsetzen, solange die Ertragsfähigkeit dieselbe bleibt. Will man aus zwingenden Gründen hier Wandel schaffen, so bleibt nur der Weg, durch entsprechende Baubeschränkungen und Bebauungspläne in Verbindung mit entsprechenden Dezentralisationsbestrebungen die Ertragsfähigkeit des Bodens entsprechend herabzusetzen. Trotz aller Machenschaften, Gewinnabsichten, lauteren und unlauteren Geschäftskniffen der Spekulation werden die Bodenwerte dementsprechend nach und nach automatisch herabsinken, oder aber von vornherein nicht die der so geschaffenen Ertragsfähigkeit entsprechende Höhe übersteigen. Das hat sich auch bei allen neueren Stadtanlagen, wo entsprechend vorgegangen wurde, auch in andern Ländern (s. S. 164), gezeigt. Hier liegt zweifellos der Schlüssel zu einer entsprechenden Regulierung der Bodenwerte, wie sie im Interesse eines hygienischen Ausbaues der Städte wünschenswert erscheint, besonders, wenn die genannten Faktoren noch durch Schaffung einer ebenfalls durch sie zu ermöglichenden größtmöglichen Konkurrenz unter den Baustellenbesitzern unterstützt werden. Nicht aber darin, daß man die Terrainunternehmung in jeder Weise erschwert und einschränkt.

3. Die Taxierung der städtischen Grundstücke und die Einrichtung von Taxämtern.

Bei der Beurteilung der Geschäftsmanipulationen, wie sie sich beim Handel großstädtischer, namentlich schon bebauter Grundstücke herausgebildet haben, darf man übrigens nicht vergessen, daß es sich hier unter den nun einmal bestehenden Verhältnissen teilweise um außerordentlich hochwertige Objekte handelt; solche von mehreren 100 000 Mk. sind durchaus keine Seltenheit. Bei solch großen Summen ist aber der Phantasie des Käufers ein außerordentlicher Spielraum gelassen, und es ist im einzelnen Falle meist sehr schwer festzustellen, was nun der eigentliche, reelle Wert eines solchen Gebäudes ist. Je mehr Mieterfamilien das Haus bewohnen, je größer also die Wahrscheinlichkeit ist, daß sich durch Erhöhung der einen oder anderen Miete der Ertrag steigern lasse, je mehr infolge günstiger Lage die Möglichkeit besteht, durch Einrichtung spezieller, besonders gut bezahlter Geschäftsräume (Läden, Restaurants, Kinotheater etc.) entsprechende Mehreinnahmen zu erzielen, um so mehr wird der Käufer geneigt sein, auch über die momentane Ertragsfähigkeit hinaus einen Kaufpreis zu bewilligen. Der kaufmännische Unternehmungsgeist, die Beurteilung des Wohnungsmarktes und der Entwickelungstendenz der betreffenden Stadt sowie der sich darauf gründenden Gewinnchancen, sind bei den einzelnen Menschen, je nach ihrer mehr optimistischen oder mehr pessimistischen Veranlagung so verschieden, daß bei so hochwertigen Objekten Wertberechnungen innerhalb sehr weiter Grenzen denkbar sind, ohne daß man immer gleich berechtigt wäre, von Übertaxierung oder Untertaxierung zu reden. Namentlich auch, weil die zukünftigen Werte, bei deren Beurteilung erst recht ein sehr weiter Spielraum gelassen ist, mitberücksichtigt werden müssen. Die Verhältnisse liegen hier nicht viel anders als bei den oft enormen Schwankungen einzelner, besonders hochbewerteter Papiere auf dem Effektenmarkt. Wenn eine Aktie einmal einen Kurs von 300 % und mehr erreicht hat, so ist es meist sehr schwer zu beurteilen, ob für dieselbe auf Grund zukünftiger Erträgnisse nicht ebensogut ein Kurs von 350 oder selbst 400 % gerechtfertigt wäre, während ein pessimistischer Beurteiler der für das betreffende Unternehmen in Betracht kommenden Marktlage vielleicht schon einen Kurs von 250 % als übertrieben bezeichnen würde. Hier sind also bei der Beurteilung des reellen Wertes Fehlgriffe nach beiden Seiten hin sehr leicht möglich, und es ist im einzelnen Fall außerordentlich schwer, zu sagen, ob die betreffende Kursnotierung nun wirklich dem inneren Wert der Aktie entspricht oder nicht.

Genau so liegen aber auch die Verhältnisse bei dem An- und Verkauf hochwertiger Geschäfts- und Miethäuser. Eine absolut zuverlässige Taxe, die immer den zukünftigen Wert mitberücksichtigen muß, wird auch hier um so schwieriger, je hochwertiger das Objekt ist. Und eben dadurch ist es erklärlich, daß derartige Gebäude so häufig veräußert werden, weil jeder Besitzer bestrebt ist, eine gerade vorhandene günstige Konjunktur auf dem Gebäudemarkt zu einem vorteilhaften Verkauf und Realisierung eines dabei erzielbaren Gewinnes zu benutzen. Umgekehrt zeigt sich nicht selten bei Zwangsversteigerungen, wie sie sich in Zeiten ungünstiger Konjunktur häufen, daß der erzielte Betrag sehr erheblich hinter der früheren Taxierung, wie sie sich unter anderem in der hypothekarischen Beleihung äußert, zurückbleibt. Die Unzulänglichkeit dieser Taxen erklärt sich also auch hier zum Teil aus dem hochwertigen Charakter der städtischen Baugrundstücke, zum Teil aus den unvermeidbaren Konjunkturschwankungen. Daneben spielen aber natürlich auch allerlei unlautere Manipulationen und das Bestreben mancher Grundbesitzer, eine weit über den reellen Wert hinausgehende Taxe zu erlangen, wie sie für Verkaufszwecke, Aufnahme hypothekarischer Darlehen usw. unter Umständen vorteilhaft erscheinen mag, eine nicht zu unterschätzende Rolle. Aus all diesen Gründen sind die Taxen städtischer Gebäude oft sehr unzuverlässig, schon dann, wenn sie nach bestem Wissen und Gewissen aufgestellt werden, und erst recht, wenn allerlei Nebenabsichten damit verknüpft sind. Diesem Umstande trägt ja auch die bekannte Redensart: „Taxen sind Faxen‟ Rechnung.

Gewiß wäre es im Interesse vieler Verhältnisse auf dem Grundstückmarkt und auch des dadurch beeinflußten Wohnungswesens unserer Städte wünschenswert, wenn dieses gegenwärtig an vielen Übelständen leidende Taxwesen von Grund auf reformiert werden könnte.

So soll sich auch nach Äußerungen des Landwirtschaftsministers im preußischen Abgeordnetenhaus ein Gesetzentwurf in Vorbereitung finden, welcher die Einrichtung von amtlichen Taxämtern für Preußen vorsieht und damit eine Regelung des Taxwesens für städtische und ländliche Grundstücke anstrebt. Daß eine Taxierung durch amtliche Taxämter gegenüber den jetzt von privaten Taxatoren aufgestellten Taxen manche Vorzüge hat oder haben kann, läßt sich nicht bestreiten, besonders wenn dafür Sorge getragen wird, daß diesen Taxämtern alle nur denkbaren Informationen zu Gebote stehen und dieselben sich in jeder Weise von irgendwelchen Beeinflussungen frei und unabhängig halten. So ist z. B. auch gefordert worden, daß derartige Taxämter nicht an irgendwelche Gemeindeorgane angegliedert werden dürften, wo doch immer noch allerlei lokale oder persönliche Interessen mitspielen können, sondern an die in vielem unabhängigeren und ohnehin über die geeignetsten Unterlagen für eine sachgemäße Taxierung verfügenden Katasterämter.

Es scheint mir, als dürfe man aber doch nicht allzuviel von einer derartigen amtlichen Regelung des Taxwesens erwarten. Die oben genannten Gründe, welche namentlich bei hochwertigen städtischen Objekten einer absolut zutreffenden Taxe entgegenstehen, bleiben auch dann bestehen: Das sind Konjunkturschwankungen, Lage des Bau- und Terrainmarkts, auch des Geldmarkts, vor allem auch die Ungewißheit über die zukünftigen Chancen der betreffenden Grundstücke, die in vielen Fällen doch unbedingt mitberücksichtigt werden müssen. Es ist schwer einzusehen, warum ein amtliches Taxamt über diese Schwierigkeiten, selbst Unmöglichkeiten, erhaben sein soll. Dabei scheint es nach manchen Angaben aus solchen Staaten, in denen für gewisse Zwecke amtliche Taxämter eingeführt sind (z. B. in Württemberg), daß derartige Taxen im allgemeinen zu Untertaxierungen neigen, während gerade die privaten Schätzungen sehr leicht zu Übertaxierungen führen. Man kann darüber streiten, was das größere Übel sei. Absolut zuverlässig ist natürlich keine der beiden Taxformen. Und so wird man, wie auf vielen Gebieten des öffentlichen Lebens, so auch hier in letzter Linie es doch der privaten Initiative und der Selbsthilfe der beteiligten Kreise, je nachdem Käufer- oder Verkäufer, Darlehensgeber oder Darlehensnehmer überlassen müssen, sich bei Besitzveräußerungen oder Beleihungen selbst ein richtiges Urteil über den reellen Wert der betreffenden Objekte zu verschaffen. Soweit diese Kreise sich berufs- oder gewohnheitsgemäß mit Grundstücksverkäufen und -Beleihungen befassen, besitzen sie selbst meist eine ziemlich weitgehende Sachkenntnis und verlassen sich keineswegs blindlings auf irgendwelche

Taxen, mögen sie stammen, woher sie wollen und auch mit dem Mantel der staatlichen Autorität bekleidet sein; höchstens benutzen sie dieselben als Anhaltspunkt für ihre eigenen Schätzungen. Solche Kreise dagegen, welche sich ohne genügende Sachkenntnis, etwa nur zu spekulativen Zwecken, mit Grundstücksgeschäften abgeben wollen, werden auch amtliche Taxen nicht vor Schaden bewahren können, ebensowenig wie man dadurch spekulative Ausschreitungen überhaupt verhindern kann.

In dieser Unmöglichkeit, städtische Baugrundstücke, namentlich hochwertiger Natur, absolut sicher zu taxieren, in den fortwährenden Schwankungen, denen ihre Wertbemessung notwendigerweise unterworfen sein muß, in der damit zusammenhängenden Neigung der Besitzer, gemachte Gewinne durch Verkauf sicherzustellen etc., liegt es auch begründet, daß die städtischen Miethäuser ausgesprochene Handelsobjekte darstellen.

Gewiß bezeichnen viele einen derartigen Handel mit einem der wichtigsten Bedarfsartikel des Menschen, der Wohnung und dem Boden, der sie trägt, als im höchsten Grade unmoralisch, sprechen von Bodenschacher und Bodenwucher, und übersehen ganz, daß all diese Verhältnisse sich mit Notwendigkeit aus den nun einmal bestehenden Wohnverhältnissen unserer Großstädte entwickeln mußten. Der außerordentlich große Bedarf der städtischen Bevölkerung an Mietwohnungen, ihre Zusammendrängung in den nun einmal vorhandenen Mietkasernen — mag man über sie sonst denken wie man will —, der Umstand, daß kein über entsprechend hohe Kapitalien verfügender Mensch sich selbst die Mühen und Lasten eines solchen Miethauses aufhalst und deshalb kapitalarme, sog. Hausbesitzer als Vermögensverwalter ihrer Hypothekengläubiger auftreten, um dabei einen bescheidenen Nebenverdienst zu finden[1]), erklärt das zur Genüge. Dieses eigentümliche Vermietungsgeschäft städtischer Mietwohnungen, das Dazwischentreten des berufsmäßigen Hausbesitzers und Hausverwalters, der das Vermieten der von fremdem Kapital erbauten Wohnungen nun erwerbsmäßig betreibt, ist eine weitere Begleit- und Anpassungserscheinung an die großstädtischen Verhältnisse, wie sie sich nun einmal entwickelt haben und in Kauf genommen werden müssen. All das hat das städtische Miethaus zur Handelsware gemacht, weil der städtische Wohnungsvermieter, der sog. Hausbesitzer, wie jeder andere Zwischenhändler zunächst auf sein Interesse bedacht sein muß. Es handelt sich also auch hier um Folgezustände einer Entwicklung, die vom Klein- und Eigenhaus zur großstädtischen, zahlreichen Familien zugleich Unterkunft gewährenden Mietkaserne geführt hat; und auch hier dürfen wir demnach in dem städtischen Hausbesitzer, dem geschilderten

---

[1]) Siehe Gemünd, Bodenfrage und Bodenpolitik, 1911, Abschnitt über den gewerbsmäßigen Hausbesitzer- und Bauunternehmerstand, S. 86.

Warencharakter der städtischen Wohnungen und all den sonstigen Begleiterscheinungen dieses „Geschäfts" nicht das primäre und preisbestimmende Moment des städtischen Miethauses suchen. Was seine Preisbewertung herbeiführt, ist ebenfalls wieder in letzter Linie die durch die Bauordnung zugelassene und durch das Hindrängen der Menschen in die Großstädte bewirkte hochgradige Bebauungsintensität und dadurch gegebene Ertragsfähigkeit der bebauten Grundstücke. Auch hier würde man also durch Eingriffe in diese sich mit Notwendigkeit herausbildende Form des Vermietungsgeschäftes keine wesentlichen Änderungen bewirken können, vielmehr nur durch eine entsprechende Herabsetzung der Ertragsfähigkeit des Bodens durch stärkere Baubeschränkungen, sowie durch eine andere Bodenparzellierung, welche an Stelle des Großhauses und Massenmiethauses mehr das kleinere Mehrfamilienhaus und Kleinhaus treten läßt. Dann ergeben sich ganz von selbst auch andere Formen des Vermietungsgeschäfts und ein weniger ausgesprochener Warencharakter der betreffenden Gebäude, entsprechend ihrem geringeren Wert. Ob, wann und wie sich das durchführen läßt, ist eine Sache für sich, in diesem Zusammenhang handelt es sich nur um die Konstatierung der Tatsache, daß die mit der Bauweise zusammenhängende mehr oder weniger hochgradige Bebauungsintensität des städtischen Bodens das ursächliche und ausschlaggebende Moment ist, einmal für seine Ertragsfähigkeit, anderseits für die mehr oder weniger hochgradige Betätigung der Spekulation, sei es nun im Handel bebauter oder unbebauter Grundstücke. Von ihr leiten sich alle weiteren Folgeerscheinungen ab, und jeder Versuch, die bestehenden Verhältnisse zu ändern oder zu bessern, muß auf sie zurückgehen.

4. Der Bauschwindel und seine Bekämpfung.

Wenn es nach vorstehendem nun auch keineswegs berechtigt ist, die Terrainunternehmung, den gewerbsmäßigen Bauunternehmer- und Hausbesitzerstand und ihre Gewinnabsichten unterdrücken zu wollen, so hindert das natürlich nicht, in jeder Weise die zweifellosen Auswüchse der Spekulation zu bekämpfen. Das gilt insbesondere bezüglich des Bauschwindels, der zu einer der unerfreulichsten Erscheinungen der Wohnungsproduktion gehört und dem deshalb hier einige Darlegungen gewidmet werden sollen.

Allerlei keineswegs dazu befähigte Leute geben sich als angebliche Bauunternehmer dazu her, von irgend einem Terrainunternehmer, einer Terraingesellschaft und dergleichen ein Terrain zu erwerben und zu bebauen. Da diese Leute teilweise gar keine Kenntnis der tatsächlichen Verhältnisse besitzen und als direkte Bauschwindler häufig auch gar kein Interesse daran haben, den Bau wirklich zu vollenden, sondern vom Bauen leben wollen, so sind sie weit eher bereit, einen bis zur höchsten Möglichkeit getriebenen Kaufpreis für das betreffende Grundstück zu bewilligen, als der solide Unternehmer, sofern nur die Anzahlung eine möglichst geringe ist. Der Kaufpreis selbst wird als erste Hypothek auf das Grundstück eingetragen, meist auch von derselben Gesellschaft Baugelder bewilligt oder vermittelt, die ebenfalls hypothekarisch sichergestellt werden. Meist reichen diese Gelder nicht aus und es müssen weitere Kredite beschafft werden. Schließlich übersteigt der Bau doch infolge der mangelnden Sachkenntnis des betreffenden Unternehmers, des viel zu hohen Grunderwerbspreises, eventuell auch unredlicher Verwendung der Baugelder, die Zahlungsfähigkeit und Leistungsfähigkeit des Bauunternehmers, oft schon ehe der Bau fertiggestellt ist; im anderen Falle, wenn es gelingt, den Bau fertigzustellen, bleiben die Mieterträgnisse weit hinter dem erhofften Betrag zurück, der Unternehmer kommt in Zahlungsschwierigkeiten und der Bau fällt auf dem Wege der Zwangsversteigerung an die Terraingesellschaft oder den Baugeldgeber zurück. Dabei gehen natürlich die Bauhandwerker und Lieferanten leer aus oder erleiden doch große Verluste, sind mit anderen Worten um ihr Geld und ihre Arbeit betrogen.

Zum Teil liegt die Ursache für diese Verluste in der zu großen Vertrauensseligkeit der Bauhandwerker, die oft, ohne im geringsten über die Leistungsfähigkeit der Bauunternehmer orientiert zu sein, ihre Leistungen für denselben übernommen haben. In kleineren Orten kommt der Bauschwindel deshalb im allgemeinen recht selten vor, weil hier die Verhältnisse der einzelnen Unternehmer genügend bekannt sind. Anders in den Großstädten, wo niemand vom andern etwas weiß und der Bauschwindler durch entsprechendes Auftreten, Übernahme großer Bauten leicht den Bauhandwerker über seine Leistungsfähigkeit täuschen kann.

Es ist aber doch irrig, zu glauben, wie A. Voigt[1]) bereits 1905 nachgewiesen hat, daß der Bauschwindel das typische Geschäft auf diesem Gebiete darstelle und von maßgebendem Einfluß auf die großstädtische Wohnungsproduktion und die Gestaltung der dortigen Wohnverhältnisse sei. In der Regel gelinge es, diese unvermeidlichen Auswüchse auf ein Minimum zu reduzieren, vor allem deshalb, weil nach einmal gemachten üblen Erfahrungen die Bauhandwerker selbst vorsichtiger werden und auch die Terraingesellschaften, wie oben schon erwähnt wurde, durchaus kein Interesse daran haben, mit solch unsoliden Unternehmern Geschäfte zu machen. Das Hauptmittel gegen derartige Vorkommnisse liegt also wohl in der Selbsthilfe der beteiligten Kreise.

Damit ist nicht gesagt, daß man nun nicht auch in anderer Weise versuchen soll, den bedrängten Bauhandwerkern soweit als möglich zu

---

[1]) Kleinhaus und Mietkaserne, S. 196.

Hilfe zu kommen. Zu dem Zwecke ist z. B. das Gesetz zur Sicherung der Bauforderungen vom 21. Juni 1909 erlassen worden. Der erste Abschnitt desselben ist jetzt allgemein in Geltung und enthält vor allem Bestimmungen darüber, daß der Bauunternehmer ein sog. Baubuch führe, in welchem genau über die Verwendung der Baugelder Rechenschaft abgelegt wird, daß bei Neubauten der Name des Unternehmers und Eigentümers deutlich sichtbar gemacht sei, daß vor allem auch das Baugeld nur zur Zahlung der bei der Herstellung des Baues beteiligten Personen und nicht etwa zum eigenen Gebrauch des Bauunternehmers Verwendung finde. Der zweite Abschnitt des Gesetzes ist dagegen noch nicht in Kraft getreten, wenn er auch von mancher Seite unter Hinweis auf die unzulängliche Wirkung des ersten Teils gefordert wird. Dieser zweite Abschnitt würde allerdings die Rechte der Bauhandwerker in viel weitgehenderer Weise wahren. So wird z. B. in ihm die Eintragung eines Vermerks in das Grundbuch, nach der die Forderungen der Bauhandwerker hypothekarisch sichergestellt werden, oder die Hinterlegung einer entsprechenden Sicherheit in Geld oder Wertpapieren bis zu einem Drittel der vermutlichen Baukosten gefordert, und diese Bedingungen müssen vor Erteilung der Bauerlaubnis erfüllt sein. Gegen die Einführung dieses zweiten Teils sind aber mit Recht sehr schwerwiegende Bedenken geäußert worden. Er würde es praktisch auch dem soliden Bauunternehmertum, welches im allgemeinen nicht sehr kapitalkräftig ist, unmöglich machen, zu bauen. Das würde entweder eine sehr erhebliche Einschränkung der Wohnungsproduktion zur Folge haben, oder nur die großkapitalistische Bauunternehmung ermöglichen. Das letztere wäre aber im Interesse des gerade im Baugewerbe stark beteiligten Mittelstandes sehr zu bedauern. Es dürfte demnach zweckmäßig sein, diesen zweiten Abschnitt des Gesetzes zur Sicherung der Bauforderungen nicht zur Geltung zu bringen und lieber nach weiteren Mitteln zur Abhilfe zu fahnden.

Einen sehr beachtenswerten Schritt in diesem Sinne hat der am 1. April 1912 neugegründete Verband zum Schutze des Deutschen Grundbesitzes und Realkredits in der Begründung einer Bauauskunftsstelle für Großberlin getan. Die nachfolgenden Ausführungen über diese Institution sind der Nr. 35 von „Grundbesitz und Realkredit" vom 28. Nov. 1912 entnommen:

Das Programm dieser neu zu errichtenden Bauauskunftsstelle führt aus, daß der Schutzverein der Berliner Bauinteressenten und der Verband zum Schutze des Deutschen Grundbesitzes und Realkredits zur Bekämpfung der Mißstände im Großberliner Baugewerbe eine Schutzgemeinschaft geschlossen haben. Das Grundübel auf dem Baumarkte werde allgemein darin erblickt, daß es besitzlosen und unzuverlässigen Elementen ermöglicht wird, Bauparzellen zu erwerben, Baugeld und Hypothekenkredite aufzunehmen und Lieferungen sowohl von Bauhandwerkern wie von Baulieferanten auf Kredit zu erhalten. Da die bisher zur Abhilfe vorgeschlagenen Maßnahmen den gewünschten Erfolg noch nicht gebracht hätten, so sei die Organisation einer Auskunftsstelle notwendig geworden, welche in der Lage sei, den beteiligten Kreisen in Großberlin und auch den Behörden über die Verhältnisse der bei irgend einem Neubau in Betracht kommenden Unternehmer und seiner etwaigen Mitarbeiter Auskunft zu erteilen. Die zu diesem Zwecke ins Leben gerufene Bauauskunftsstelle für Großberlin diene nicht Erwerbszwecken, sondern wolle nur im Interesse des Allgemeinwohls zur Gesundung der Verhältnisse auf dem Baumarkt tätig sein.

Bezüglich der Organisation wird bemerkt, daß aus Anlaß eines jeden Neu- und Umbaues in Großberlin, sofern er zur Kenntnis der Bauauskunftsstelle gelangt, eingehende Erkundigungen über die Zweckmäßigkeit der Kreditgewährung an den betreffenden Unternehmer eingezogen werden. Das Ergebnis dieser Feststellung wird einer Kommission von elf Mitgliedern zur weiteren Beratung, Beschlußfassung und Feststellung des Berichts über die Verhältnisse des Unternehmers übergeben. Diese Kommission besteht aus sechs Bauhandwerkern und fünf Baulieferanten, welche mit den Verhältnissen des Großberliner Baumarkts vollkommen vertraut sein müssen.

Seitens dieser Bauauskunftsstelle werden auf Erfordern staatlicher und städtischer Behörden Gutachten über Fragen, welche den Baumarkt betreffen, erstattet. Es soll eben die neue Organisation allen am Baumarkt interessierten Kreisen ermöglichen, in denkbar zuverlässigster Weise sich über die Verhältnisse eines Unternehmers, der einen Neubau betreibt, zu informieren, um das Risiko einer etwaigen Kreditgewährung von Anfang an nach Möglichkeit zu übersehen. Auf die Weise soll nicht jungen, aufstrebenden Kräften und dem Mittelstande die Errichtung von Baulichkeiten und die Benutzung des Kreditwesens erschwert oder unmöglich gemacht werden, sondern vielmehr das Baugewerbe von besitzlosen, unzuverlässigen und unlauteren Elementen gesäubert werden, die durch ihre Unternehmertätigkeit den gesamten Baumarkt schädigen und in der Achtung herabwürdigen.

Es ist jedenfalls anzuerkennen, daß der neugegründete Verband durch Einrichtung dieser Bauauskunftsstelle der Allgemeinheit, insbesondere den am Baumarkt beteiligten Kreisen einen großen Dienst erweist. Ob sich im übrigen die auf diese Organisation gesetzten Hoffnungen erfüllen, wird vor allem davon abhängen, ob die zunächst interessierten Kreise dieselbe einmal durch Auskunftserteilung über ihnen bekannt gewordene Unzuverlässigkeit von Bauunternehmern unterstützen, anderseits sich derselben gegebenenfalls auch zur eigenen Information bedienen. Auch die Aufnahme, welche das Programm dieser Auskunftsstelle in der Presse gefunden hat, ist durchaus zustimmend, und das ist um so erfreulicher, als man aus naheliegenden Gründen dem Verband zum Schutze des Deutschen Grundbesitzes und Realkredits als einer „Interessentenvereinigung" anfänglich mit einem gewissen Mißtrauen begegnete. In ähnlicher Weise ist nach langen Vorarbeiten am 22. Febr. 1913 in Hamburg der Verein: Bauschutz begründet worden, um dem auch in Hamburg verbreiteten Bauschwindel energisch entgegenzutreten. Dieser Verein beruht auf denselben Prinzipien, wie die oben genannte Berliner Bauauskunftsstelle und ist dadurch bedeutsam, weil die Gründung und die Tätigkeit des Vereins unter Mitwirkung der Hamburger Gewerbekammer erfolgte, welche als die offizielle Vertreterin des Handwerks zu betrachten ist, und ähnliche Aufgaben erfüllt, wie die preußischen Handwerkskammern.

Zeitungsnachrichten zufolge plant man auch in Essen die Gründung eines derartigen Schutzverbandes für das Baugewerbe.

Ein weiterer Vorschlag zur Bekämpfung des Bauschwindels ist kürzlich in der Beilage der Vossischen Zeitung: Grundstücks-, Hypotheken- und Geldverkehr vom 15. Dez. 1912 gemacht worden. Er führt aus, daß der Anreiz zum Bauschwindel vor allem in dem leichten Erwerb der Baustellen mit geringer, nicht in angemessenem Verhältnis zu ihrem Preise stehender Anzahlung gelegen sei. Gehöre dagegen zum Kauf der Baustellen größeres Kapital, so würden die Bauschwindler ausgeschlossen, und der ernste, solide Unternehmer, der bestrebt ist, seinen Verpflichtungen nachzukommen, würde allein die Ausführung der Neubauten in die Hand bekommen. Es müßten deshalb Terraingesellschaften und Banken darauf halten, daß ihre Baustellen nur mit einer Anzahlung von wenigstens 25 % des Grundstückpreises verkauft werden. Daß ein derartiges Vorgehen in sehr wirksamer Weise dem Bauschwindel entgegenarbeiten würde, läßt sich nicht bezweifeln. Dagegen muß man wohl auch hier das gleiche Bedenken hegen, wie gegenüber dem zweiten Teil des Gesetzes zur Sicherung der Bauforderungen, daß nämlich bei der Kapitalarmut auch des soliden Bauunternehmerstandes eine sehr erhebliche Einschränkung der Wohnungsproduktion stattfinden oder nur die großkapitalistische Bauunternehmung bestehen bleiben könnte.

Jedenfalls aber zeigen die vorgebrachten Darlegungen, daß es durchaus möglich ist, den Bauschwindel in der einen oder anderen Weise wirksam zu bekämpfen. Gerade deshalb ist man aber auch nicht berechtigt, auf Grund dieser zweifellos bedauerlichen Vorgänge die gesamte Terrain- und Bauunternehmung als „Terrain- und Bauspekulation" zu verdammen. Nicht diese an sich lahmzulegen, muß das Ziel der städtischen Verwaltungen sein, sondern ihren Auswüchsen entgegenzuarbeiten und dieselben unmöglich zu machen. Auch dazu ist die Pflege entsprechender Dezentralisationsbestrebungen ein ausgezeichnetes Mittel, wie ich noch später begründen werde.

Zweiter Abschnitt.

Die Dezentralisation der Städte in ihrer Rückwirkung auf die Bodenwerte.

Es ist denkbar, daß durch allerlei günstige Momente diejenigen Grundstücksbesitzer, welche gerade im Besitz der zunächst für die Stadterweiterung in Betracht kommenden Grundstücke sind, dadurch eine Art wirtschaftlicher Übermacht gegenüber der Nachfrage, eine Monopolstellung gewinnen und so willkürlich innerhalb gewisser Grenzen die Preise diktieren können. Das wäre z. B. dann der Fall, wenn die Konkurrenz der weiter draußen liegenden Grundstücke durch allerlei fehlerhafte Verwaltungsmaßnahmen, wie z. B. ungenügende Erschließung der Außengelände, Mangel anbaufähiger Straßen, allzu strenges Bauverbot, weitgehende Baubeschränkungen, ausgeschaltet wäre. Es läßt sich wohl nicht bestreiten, daß solche Verhältnisse, wenn zum Teil auch aus anderen Gründen in früheren Zeiten infolge der eigentümlichen, mehrfach geschilderten Art der städtischen Entwickelung bei uns in Deutschland so ziemlich überall die Regel waren. Insofern muß man v. Mangoldt [1]), wenigstens für die damaligen Verhältnisse, zugeben, daß die Besitzer des sich an das bereits bebaute Gebiet unmittelbar anschließenden, noch unbebauten Geländes, des von ihm sog. schmalen Randes sich in einer monopolartigen Stellung gegenüber der Nachfrage befanden, oder doch wenigstens in einer Stellung, wo sie nur einer beschränkten Konkurrenz ausgesetzt waren. Für heutige Verhältnisse treffen die von ihm angeführten Gründe für das Zustandekommen eines derartigen schmalen Randes jedoch fast an keinem Orte mehr zu, es müßte sich denn um äußerst rückständige Verwaltungen handeln, wie ich an anderer Stelle eingehend zu begründen versucht habe [2]). Zum mindesten läßt sich ein derartiger Zustand heute leicht beseitigen. Andere Autoren haben diesen „schmalen Rand" auch in anderem Sinne als einen von den Bodenspekulanten gezogenen Ring aufgefaßt, mittelst dessen dieselben die Städte einschnürten und zwängen, die gewollten hohen Bodenwerte zu zahlen. Auch diese Vorstellung ist nicht zutreffend. Wenn früher tatsächlich die Erweiterung der Städte sich im engsten Anschluß an das bereits bebaute Terrain und mehr oder weniger konzentrisch vollzog, so lag das meist nicht an einem Ring der Bodenspekulanten, sondern an den ganz besonderen Verhältnissen der früheren städtischen Entwickelung. Ich habe an anderer Stelle schon darauf hingewiesen, daß die geschlossene, zentralisierte Stadtanlage früherer Zeiten einmal dem Wunsche und der Neigung der vom Lande in die aufblühenden Städte einströmenden Bevölkerungsmasse

---

[1]) v. Mangoldt, Die städtische Bodenfrage, 1907, S. 232 ff.
[2]) Bodenfrage und Bodenpolitik, S. 111 ff.

entsprach, die eben möglichst nahe dem Zentrum derselben, dem Geschäftsviertel, wohnen wollte, anderseits dem damaligen Fehlen eines geeigneten Lokalverkehrs, wodurch ganz von selbst die Ansiedelung größerer Menschenmassen in den Außengeländen und entlegenen Vororten unmöglich gemacht wurde. Diese beiden Momente, das Fehlen geeigneter Verkehrsmittel und der Wunsch der städtischen Bevölkerung selbst, in der Stadt zu wohnen, haben früher allerdings eine bevorzugte Lage der an der Peripherie der Stadt gelegenen Grundstücke geschaffen, nicht aber die Willkür und der Ring, die Umklammerung der Spekulanten. Allerdings mag denselben, wenn ihre Grundstücke gerade an der Stadtperipherie lagen, diese Form der städtischen Entwickelung sehr erwünscht gewesen sein. Weit bedeutsamer als diese für heutige Zeit kaum mehr zutreffenden Verhältnisse des schmalen Rands ist jedenfalls der Umstand, daß die räumliche Zusammendrängung der Bevölkerung und damit zusammenhängende hochgradige Bebauungsintensität ein Monopol des bereits bebauten innenstädtischen Bodens geschaffen haben, insbesondere der besseren Lagen, da gleichwertiger oder einigermaßen entsprechender Ersatz in den Außengeländen nicht vorhanden war.

Es erscheint mir außerordentlich wichtig und bedeutsam für die moderne städtische Entwickelung und die Beurteilung der Rolle, welche die Bodenspekulation dabei spielt, daß sich in diesen Verhältnissen einige grundlegende Änderungen vollzogen haben, daß sich geradezu ein Umschwung vorbereitet. Schon im ersten Teil wies ich darauf hin, daß gegenüber der räumlich eng zusammengedrängten, im engsten Anschluß an das bereits bebaute Stadtgebiet sich konzentrisch erweiternden Stadtanlage ältester Zeit bei den modernen Stadtanlagen das Streben nach einer gewissen Weiträumigkeit und Auseinanderziehung der äußeren Stadtteile unverkennbar ist; kurz das, was wir mit einem Wort als die städtische Dezentralisation zusammenfassen. Ohne hier bereits die Ursachen dieses Umschwunges näher erörtern zu wollen, will ich doch zwei der hauptsächlichsten Punkte kurz hervorheben. Einmal das bei einem immer größer werdenden Bruchteil der Bevölkerung sich äußernde Verlangen, dem Häusermeere der Stadt zu entfliehen, und sich außerhalb desselben anzusiedeln, ein Streben, das allerdings erst ermöglicht, anderseits aber auch hervorgerufen wurde durch den zweiten Faktor, die weitgehende Entwickelung des Lokalverkehrs. So liegt die moderne Stadt denn keineswegs mehr als ein räumlich scharf abgegrenztes Gebilde inmitten einer fast völlig unbebauten Umgebung, dieselbe löst sich vielmehr an der Peripherie ganz allmählich auf, erstreckt sich überall in Gestalt kleinerer und größerer Häusergruppen, Vororte und Siedelungen entlang den großen Verkehrsstraßen und Verkehrslinien in die unbebaute Umgebung hinein und zieht durch Eisenbahnen, die in ihr zusammenlaufen, selbst weit entlegene Orte in ihren Wohnbereich.

Es scheint mir viel zu wenig beachtet zu werden, daß dadurch bezüglich der natürlichen Wertsteigerung des Bodens ganz andere Verhältnisse als früher geschaffen werden. Dabei muß man allerdings Unterscheidungen treffen. Was z. B. die besten Lagen der City und die sonstigen Geschäftsstraßen anlangt, so läßt sich wohl annehmen, daß ihr Wert in dem Maße steigt, als durch die Entwickelung der Verkehrsmittel auch entlegene Orte in den Verkehrsbereich der städtischen Zentrale einbezogen werden und dadurch der Bevölkerung derselben die Möglichkeit gegeben wird, die City zu besuchen und dort Einkäufe zu machen. Dadurch steigen auch die Erwerbsmöglichkeiten der dortigen Geschäfte und das muß mit der Zeit zu einer Höherbewertung der dort gelegenen Grundstücke führen. Eine solche Wertsteigerung der besten Lagen einer Großstadt bedeutet aber im allgemeinen auch keinen Nachteil; im Gegenteil hat die betreffende Stadt infolge des damit zusammenhängenden, wirtschaftlichen und kommerziellen Aufschwungs und der Zunahme der steuerlichen Leistungen und Abgaben der Geschäftsinhaber nur Vorteile davon, während Wohn- und hygienische Interessen in diesen sich immer mehr zu reinen Geschäftsvierteln herausbildenden Lagen kaum in Frage kommen.

Ganz anders ist die Wirkung auf den Wohnboden. Je unregelmäßiger und weitverzweigter die Stadtanlage sich in die Umgebung hineinerstreckt, je mehr durch Verkehrsmittel auch weit entlegene Gelände als Wohnbezirke in Frage kommen, um so größere und ausgedehntere Terrains stehen für die Stadterweiterung zur Verfügung. All das umliegende und zwischenliegende Terrain kommt dann als dereinstiger städtischer Baugrund in Betracht und macht dem im Innern der Stadt gelegenen bereits bebauten eine, wenn auch der Lage nach nicht absolut, so doch in Anbetracht des Preisunterschieds relativ gleichwertige Konkurrenz. Das muß mit der Zeit dazu führen, daß das einzelne, im Innern der Stadt gelegene, für Wohnzwecke in Frage kommende Grundstück nur bis zu einer gewissen Höhe im Werte steigen kann, eben wegen der Konkurrenz der Außengelände, und so wirkt jede in genügendem Umfange betriebene Dezentralisation in nachdrücklichster Weise einer übertriebenen Wertsteigerung des städtischen Innenbodens entgegen. Dadurch werden die zunächst aus hygienischen Gründen entspringenden Dezentralisationsbestrebungen zugleich bodenpolitische Bestrebungen von weittragender Bedeutung. Diese Seite der Sache darf nicht unterschätzt werden.

Es ist in der Literatur verschiedentlich bemerkt worden, es sei weiter nichts als eine Behauptung, wenn man den Dezentralisationsbestrebungen eine solche Wirkung auch auf den Wert des innenstädtischen Bodens zuschreibe, die zunächst jedes Beweises entbehre. Nun habe ich bereits an anderer Stelle[1]) darauf hingewiesen, daß sich in Aachen,

---

[1]) Bodenfrage und Bodenpolitik, 1911, S. 180.

wo der Dezentralisationsgedanke bereits sehr stark Wurzel gefaßt hat, unzweifelhaft die erwähnte Rückwirkung auf den innenstädtischen Wohnboden nachweisen läßt. Seit der zunehmenden Besiedelung der Außengelände stehen viele Häuser in der Innen- und Altstadt leer, sind überhaupt nicht oder nur zu sehr reduzierten Preisen zu verkaufen, wie jeder Kenner der dortigen Verhältnisse bestätigen wird. Die Erscheinung tritt deshalb hier so augenfällig zutage, weil es infolge des relativ langsamen Wachstums der Stadt an einem entsprechenden Zuzug neu hinzukommender Personen fehlt, welche die leergewordenen Wohnungen in der Stadt beziehen können. In rasch wachsenden Städten kann natürlich eine derartige Wirkung weniger deutlich zutage treten, weil die alten in der Stadt frei werdenden Wohnungen immer wieder von neu hinzuziehenden Personen besetzt werden. Immerhin haben sich aber auch z. B. in der Riesenstadt London mit ihrer starken Bevölkerungszunahme ähnliche Wirkungen beobachten lassen. Hier war es die Eröffnung der Piccadily Tube 1906, der Hampstead Tube 1907 und der Highgate Tube 1907, drei Linien der Untergrundbahn, welche die im Norden Londons gelegenen reizvollen Hügel von Hampstead und Highgate mit ihren zahllosen Villen und Landsitzen, die Gartenstadt in Golders Green usw. mit der City in schnelle und billige Verbindung setzten, die eine starke Abwanderung nach dorthin zur Folge hatten. Infolgedessen standen wenigstens zeitweise eine erhebliche Zahl von Familienhäusern in den nördlichen Teilen der City (Russel Square, Tavistock Square und Umgebungen) leer und ließen sich längere Zeit nicht vermieten. Neuerdings bestätigt auch Dr. Cahn [1]) bezüglich der Stadt Frankfurt diese „Behauptungen", indem er anführt, daß daselbst in manchen Bezirken der Innenstadt infolge der starken Konkurrenz des Grund und Bodens in den neu eingemeindeten Vororten eine gewisse Preissenkung eingetreten zu sein scheine. Ähnliche Beobachtungen sind mir auch aus anderen Städten berichtet worden.

Auch in der Kommission des Abgeordnetenhauses, welche sich mit der Einrichtung elektrischer Zugförderung auf den Berliner Stadt-, Ring- und Vorortbahnen zu befassen hatte, wurde in der Debatte darauf hingewiesen, daß jede Verbesserung und Erleichterung des Verkehrs nach den Vororten eine Flucht von Einwohnern aus Berlin mit sich bringe. Je bequemer der Verkehr nach außen werde, um so lieber werde man draußen wohnen. Das habe sich in der Praxis bestätigt. Daher werde man sagen müssen, daß das eigentliche Berlin von der besseren Gestaltung des Verkehrs nach der Umgebung nicht nur keinen Nutzen habe, sondern das Gegenteil; Nutzen hätten natürlich die Vororte. — Diese Ausführungen bestätigen gleichfalls die behauptete Rückwirkung der Dezentralisation, deren unerläßliche Voraussetzung ja die Schaffung geeigneter Verkehrsgelegenheiten ist, auf die Innenstadt und damit natürlich auch den innenstädtischen Wohnboden.

Immerhin ist zuzugeben, daß das Beweismaterial für diese „Behauptung" zunächst noch wenig umfangreich ist, das liegt aber auch

---

[1]) Die Wohnungsnot in Frankfurt a. M., ihre Ursachen und ihre Abhilfe. Selbstverlag des sozialen Museums, Frankfurt 1912.

ganz in der Natur der Sachlage, da es sich um Dinge handelt, die erst im Werden begriffen sind und erst nach Jahrzehnten eine augenfällige, auch ungläubige Gemüter überzeugende Wirkung haben können. Bis dahin bleibt kein anderer Weg, als auf Grund überall bestehender wirtschaftlicher Gesetze einen kausalen Zusammenhang in dem erwähnten Sinne zu konstruieren, in der Erwartung, daß die späteren praktischen Erfahrungen diese theoretischen Voraussetzungen bestätigen werden. Streng genommen wird auch umfangreichstes, statistisches Material über die Dezentralisationsbestrebungen einerseits, eine etwaige Preissenkung des städtischen Innenbodens anderseits niemals imstande sein, den kausalen Zusammenhang dieser beiden Dinge absolut zuverlässig zu beweisen. Die Zahlen schildern nur das Nebeneinanderbestehen dieser beiden Erscheinungen, sagen aber nichts darüber, wie sie kausal miteinander verknüpft sind, ob nicht noch ein weiteres, zunächst gar nicht beachtetes drittes Moment beide verursacht hat usw. Immer wird man also darauf angewiesen sein, die trockenen Zahlen statistischer Untersuchungen durch logische Schlußfolge in kausale Verbindung zu bringen.

Dritter Abschnitt.

Dezentralisation und Terrainspekulation.

Unterziehen wir, von ähnlichen Gesichtspunkten ausgehend, den **Einfluß der Dezentralisation auf die Terrainunternehmung** bzw. die **Terrainspekulation** einer Betrachtung, so müssen wir auch da einen weitgehenden Einfluß erwarten. Wenn dieselbe in früheren Zeiten tatsächlich manchmal, weniger durch eine absichtlich hervorgerufene Ringbildung um die Städte, als durch die räumlich zusammenhängende Stadtanlage und die damit verknüpfte Monopolstellung des innenstädtischen Bodens begünstigt wurde, wenn sie dann infolge der geringen Auswahl des der Nachfrage nach Bauland zur Verfügung stehenden Terrains in mancher Hinsicht übertriebene Forderungen zu stellen imstande war, so liegt die Sache bei weitgehender, durch die heutigen Verhältnisse ermöglichter Dezentralisation wesentlich anders. Entsprechend den Ausführungen des vorhergehenden Abschnittes steht dann der Nachfrage nach Bauland in all den Dezentralisationsorten und ihrer Umgebung ein ungeheuer viel größeres Angebot gegenüber, welches von den Terrainbesitzern als Konkurrenz in Betracht gezogen werden muß. Es kommen dann als Ansiedelungs- und Wohngelegenheiten, wenn auch nicht für alle, so doch für einen großen Teil der Bevölkerung all diese erschlossenen und durch Lokal- und Fernverkehr in den Verkehrsbereich der Stadt einzuziehenden Gebiete in Frage. Einem allzu hohen Ansteigen der Mieten kann sich also dieser Teil der städtischen Bevölkerung durch Ansiedelung daselbst entziehen, wenn auch nur unter Trennung der Arbeitsstätte und Wohnstätte. Jede neue Trambahnlinie und Vorortverbindung, jede neue Villen- und Arbeiterkolonie, Gartenstadt usw. wirft neue Baustellen und Wohngelegenheiten auf den Markt und vergrößert das Angebot, welches der Nachfrage nach Wohnungen gegenübersteht.

Unter solchen Umständen kann von einer wirtschaftlichen Übermacht und Monopolstellung einzelner Grundstückbesitzer in den Außengebieten keine Rede mehr sein, bei dem so entstehenden, freien und unbehinderten Wettbewerb regelt lediglich das Verhältnis von Angebot und Nachfrage die Preise. Unter solchen Verhältnissen ist dann keineswegs allein mehr die Werthöhe, welche das Angebot fordert, entscheidend, sondern ebenso sehr diejenige, welche die Nachfrage auf Grund der Wertschätzung, die sie dem einzelnen Grundstück entgegenbringt, zu zahlen gewillt ist. Erscheint ihr der geforderte Preis zu hoch, so steht ihr genügende Auswahl anderer Grundstücke zu niederem Preis, wenn auch vielleicht in geringerer Lage, zur Verfügung. Diese große Konkurrenz, die Gefahr, daß das Geschäft sich wegen zu hoher Forderungen zerschlägt, zwingt die Grundstückbesitzer von selbst, sich mit mäßigen Gewinnen zu begnügen, diese lieber sicherzustellen, als unbestimmt lange auf höhere Preise zu warten. Dazu kommen dann noch die hohen Abgaben und Steuern, auch auf brachliegendes Land, die bei der durch das große Angebot bewirkten Ungewißheit eines etwaigen Verkaufs längeres absichtliches Zurückhalten des Baulandes immer mehr erschweren werden.

Aus all diesen Gründen erscheint mir für die Zukunft bei weiterer Ausgestaltung der Dezentralisationsbestrebungen, die mit der weiteren Ausbildung des Lokalverkehrs von selbst kommen müssen, und bei allgemeiner Durchführung der nach modernen Grundsätzen abgestuften Bauordnungen ein nachteiliger Einfluß der Terrainspekulation im Sinne einer über den reellen Wert hinausgehenden dauernden Preissteigerung ausgeschlossen, zum mindesten leicht ausschaltbar. Zeitweilige Preissteigerungen mögen ja wohl immer vorkommen, sind aber nur von vorübergehendem Einfluß. Wenn eine Stadtverwaltung sich also eine derartige Stadterweiterungspolitik zur Aufgabe macht, so wird es immer mehr möglich sein, die spekulativen Preistreibereien und gelegentlich vorkommenden Überspekulationen als Auswüchse des an und für sich gesunden und nötigen Grundstückhandels zu betrachten, die zwar zu bedauern sind, meist aber nur den betreffenden Spekulanten selbst in Gestalt entsprechender Verluste und nicht der Allgemeinheit Schaden zufügen.

Dann wird man aber auch durchaus berechtigt sein, die „Bodenspekulation", d. h. mit anderen Worten die Terrainunternehmung als eine nötige und wirtschaftsfördernde Handelsspekulation[1]), anzu-

---

[1]) Eberstadt unterscheidet auch bei der Bodenspekulation eine Handelsspekulation, die zwar auf Spekulation arbeite, im übrigen aber Güter für den

sehen, die allerdings auf Spekulation, d. h. mit Gewinnabsichten arbeitet, im übrigen aber bedeutsame Aufgaben für die Volkswirtschaft, insbesondere die städtische Entwickelung erfüllt. Überall, wo die Stadterweiterung bisher in der Hauptsache ein privates Geschäft gewesen ist, und das war bei uns doch ziemlich überall der Fall, hat die private Terrainunternehmung die Aufschließung des städtischen Terrains, die Überführung von Ackerland in Bauland besorgt. Daß sie dabei des öfteren in rücksichtslosester Weise in eine reine Wertspekulation (nach Eberstadt) ausartete, wird niemand bestreiten wollen. Das liegt im ganzen Charakter dieser Unternehmungsform begründet. Ich habe an anderer Stelle schon die Frage aufgeworfen, wie man denn in der Praxis diese reine Wertspekulation und die auch nach Eberstadt gesunde Handelsspekulation bei der Terrainunternehmung scheiden wolle. Auch der Handelsspekulant, der für gewöhnlich an dem Boden, den er umsetzt, irgend eine wirtschaftsfördernde Tätigkeit vornimmt, wird gelegentlich, wenn er gerade günstige Gelegenheit dazu hat, den Boden ohne weiteres veräußern müssen und so zum reinen Wertspekulanten, um sich für eventuelle Verluste schadlos zu halten. Und umgekehrt wird der reine Wertspekulant, der ein Grundstück zunächst nur kauft, um es baldmöglich nach entsprechender Steigerung wieder abzustoßen, ebenso oft durch die Unmöglichkeit eines gewinnverbringenden Verkaufs zum Handelsspekulanten, indem er das Grundstück durch einen Bauunternehmer der Bebauung zuführen läßt.

So wies ich schon früher[1]) darauf hin, daß sich diese beiden Spekulationsformen bei der Terrainunternehmung praktisch nie trennen und gesondert, die eine fördernd, die andere hemmend behandeln lassen würden. Es kann sich hier nur darum handeln, die unvermeidlichen Auswüchse auf ein Minimum zu reduzieren, was nach obigen Ausführungen mit der Zeit immer mehr möglich sein wird. Im übrigen muß man, solange der Wunsch mancher Wohnungsreformer, die Stadterweiterung möge immer mehr, womöglich ausschließlich, ein öffentlich-rechtliches Geschäft werden, noch nicht in Erfüllung gegangen ist, die Tätigkeit und die Bedeutung der privaten Terrainunternehmung anerkennen.

In diesem Zusammenhange mag mit einigen Worten darauf hingewiesen werden, weil es meist bei der Beurteilung der Tätigkeit der Terrainunternehmung viel zu wenig gewürdigt wird, mit welchen Schwierigkeiten, hohem Risiko und nicht selten keineswegs hohem Gewinn dieselbe verknüpft ist. Meist stehen die erzielten Gewinne zur aufgewandten Mühe und dem nicht unerheblichen Risiko in durchaus richtigem Verhältnis und sind demnach als verdient zu

---

Markt produziere, und eine reine Wertspekulation, die von der materiellen Verarbeitung der Wirtschaftsgüter losgelöst, lediglich an der Wertbewegung und Preisänderung einen Geldgewinn machen will. Handbuch d. Wohnungswesens, 2. Aufl., S. 70.

[1]) a. a. O., S. 82.

bezeichnen, sehr häufig blieben aber auch gerade in letzter Zeit aus S. 138 erörterten Gründen die Gewinne aus oder machten entsprechenden Verlusten Platz.

Vom Laien werden allerdings die Gewinnaussichten der Terrainunternehmung nach den vereinzelten Fällen beurteilt, in denen besonders vom Glück begünstigte Urbesitzer, die sog. Millionenbauern, horrende Gewinne bei der Umwandlung ihres ursprünglich ländlichen Besitzes in städtischen Wohnboden erzielt haben. Aber diese Urbesitzer sind kaum der berufsmäßigen Terrainunternehmung zuzurechnen, letztere muß vielmehr von diesen Urbesitzern die Terrains zu meist schon sehr hohem Preis erwerben. Irgendwelche Repressalien gegen die Terrainunternehmung würden deshalb doch diese Urbesitzer kaum treffen, die Terrainunternehmung aber lahmlegen. Die „unverdienten" Riesengewinne einzelner Urbesitzer sind ja wohl die Haupttriebfeder zur Einführung der Wertzuwachssteuer geworden. Für diese mag sie ja recht erträglich und berechtigt sein, daß dieselbe aber auch die Terrainunternehmung sehr schwer geschädigt und lahmgelegt hat, scheint sich doch schon in der verhältnismäßig kurzen Zeit seit ihrer Einführung gezeigt zu haben, und die Zahl der Stimmen, die sich wieder für ihre Beseitigung aussprechen, wird immer größer. So fragt sich auch hier, was das kleinere Übel ist, ob man sich mit diesen vereinzelten, unverdienten Riesengewinnen abfinden, oder ob man mit der Kürzung derselben auch ein für die städtische Wohnungsproduktion so wichtiges Gewerbe, wie die private Terrainunternehmung, dauernd schädigen soll. Meines Erachtens sollte man lieber den Millionenbauern ihre Gewinne lassen, um so mehr, als diese doch mit der Zeit immer mehr auch anderen Personen zugute kommen, meist nach wenigen Generationen schon völlig zersplittert sind und dann doch der Allgemeinheit anheimfallen (s. Bodenfrage und Bodenpolitik, S. 76 ff.).

Durch die fehlerhafte und meist übertriebene Beurteilung der Gewinne der Terrainunternehmung haben sich die Öffentlichkeit und vielfach auch die Stadtverwaltungen auf einen geradezu feindlichen Standpunkt gegenüber derselben gestellt. Ich habe in Übereinstimmung mit anderen schon mehrfach darauf hingewiesen[1], daß die private Terrainunternehmung für die Allgemeinheit nicht nur nützlich, sondern auch nötig und unentbehrlich ist, und daß es deshalb ein grundsätzlicher Fehler jeder Verwaltungs- und Bodenpolitik sei, diese Tätigkeit durch allerlei Maßnahmen zu hindern und lahm zu legen. Man braucht eine derartige Stellungnahme durchaus nicht als ein „Loblied auf die Spekulation" zu bezeichnen,

---

[1] Siehe unter anderem: Die Mitwirkung der Haus- und Grundbesitzer bei der Lösung der Wohnungsfrage. Deutsche Hausbesitzerztg. v. 3. Mai 1912. Die Bedeutung des privaten Haus- und Grundbesitzes für die Entwickelung der modernen Städte. Vortrag auf der Versammlung des Zentralverbandes der Haus- und Grundbesitzervereine Deutschlands. Berlin, 10. Mai 1912, s. Bericht.

wie mir vorgehalten wurde, es ist vielmehr nur eine Anerkennung ihrer wirtschaftsfördernden Tätigkeit, speziell für die Wohnungsproduktion unserer Städte. Das ist auch der Grund, weshalb so oft, z. B. im Deutschen Verein für öffentliche Gesundheitspflege, betont wurde, daß Förderung, nicht Hemmung der privaten Unternehmung im Baugewerbe (dazu gehört auch die Terrainunternehmung) zu den wichtigsten Verwaltungsmaßnahmen der Städte gehöre. Damit ist keineswegs gesagt, daß man ihre Auswüchse nicht so viel wie möglichst bekämpfen solle. Aber dieses Bestreben darf unter keinen Umständen zu einer völligen Unterdrückung der privaten Unternehmung führen, sondern nur versuchen, dieselbe in den Dienst der Allgemeininteressen zu stellen.

In der Wohnungsliteratur ist sehr häufig auch von der gesunden und ungesunden Bodenspekulation die Rede. So heißt es auch in der Begründung des neuen preußischen Wohnungsgesetzentwurfs: „In Frage kommen in dieser Beziehung" — es handelt sich um die Förderung des Kleinwohnungswesens — „in erster Linie Maßnahmen zur Bekämpfung der ungesunden Bodenspekulation. Die durch diese hervorgerufenen hohen Bodenpreise verhindern die Herstellung von Wohngebäuden mit kleinen Wohnungen und treiben die Mieten der Wohnungen auf eine für die ärmeren Bevölkerungsklassen unerschwingliche Höhe hinauf." (Die Sperrung rührt von mir her.) — Diese Scheidung der Spekulation in eine gesunde und ungesunde ist wenig zutreffend. Es liegt im Wesen der Spekulation, daß bei jedem spekulativen Umsatz die Tätigkeit und die Gewinnabsicht des Spekulanten die gleiche, im allgemeinen auf einen möglichst hohen Gewinn gerichtete ist. Die Unterscheidung, ob es sich dabei im einzelnen Falle nun um eine gesunde oder ungesunde Spekulation handle, ist kaum zu treffen. Ganz anders ist es mit den Folgen, den Wirkungen der Spekulation für die Wohninteressen und damit die Allgemeinheit. Die können gewiß durchaus verschieden, je nachdem gesunde oder ungesunde sein. Aber das liegt dann nicht am Spekulanten, sondern daran, wie die betreffenden Verwaltungen durch ihre Maßnahmen, insbesondere Bauordnung, Bebauungsplan, Bodenparzellierung die spekulative Tätigkeit zu beeinflussen und Auswüchse zu verhindern wußten. Wenn also eine Stadtverwaltung über ungesunde Spekulation in ihrem Bereich klagt, fällt der Vorwurf auf sie selbst zurück. Das geht schon daraus hervor, daß die Gewinnabsichten der Bodenspekulanten überall, in der ganzen Welt, als gleich angenommen werden können, und doch sind die angeblichen Folgen ihrer Tätigkeit, die Bodenwerte, selbst unter sonst gleichen Verhältnissen oft so grundverschieden. Die Verschiedenheit liegt eben in den Maßnahmen der betreffenden Verwaltungen, diese haben es in der Hand, dafür zu sorgen, daß die Folgen der Spekulation für den Baumarkt und das Wohnungswesen gesunde und nicht ungesunde werden. In diesem Sinne ruft auch nicht die ungesunde

Bodenspekulation die hohen Bodenpreise und damit die unerschwingliche Höhe der Mieten hervor, wie die Begründung des Entwurfs behauptet, sondern wieder die Verwaltungstätigkeit der betreffenden Stadt, welche es nicht versteht, durch entsprechende Baubeschränkungen bei gleichzeitiger ausreichender Erschließung von Bauland die
Bodenwerte nur bis zu einer angemessenen und wirtschaftlich berechtigten
Höhe emportreiben zu lassen. Insofern liegt ein gewisser Widerspruch
mit den vorhergehenden Ausführungen darin, wenn die Begründung des
Gesetzentwurfes in sonst im allgemeinen durchaus zutreffender Weise fortfährt: „Die Mittel, um einer ungesunden Bodenspekulation entgegenzu-
wirken, liegen, abgesehen von einer zweckmäßigen Bodenpolitik, einer angemessenen gesetzlichen Regelung des Schätzungswesens für Grundbesitz
und von Maßnahmen der Besteuerung, wesentlich auf dem Gebiete des
Bebauungsplans und der Fluchtlinienfestsetzung, sowie auf dem Gebiete der Bauordnung.“ Werden diese Mittel richtig gebraucht, so kam
die Bodenspekulation die Bodenwerte nicht über die wirtschaftlich
berechtigte, d. h. reelle Höhe emportreiben; wo sie es doch tut, liegt die
Schuld also an den Stadtverwaltungen und der ungenügenden
Anwendung dieser Mittel; hier liegt dann die Ursache der ungesunden
Zustände.

Die Stadtverwaltungen können bei dieser Beeinflussung der Bodenspekulation und ihrer Folgen sogar in das entgegengesetzte Extrem
verfallen und in dem Bestreben, die ungesunde Spekulation auszuschalten,
überhaupt das ganze Terraingeschäft völlig lahm legen. Das
zeigt, ganz abgesehen von allem andern, wie weitgehend ihr Einfluß
auf die Bodenspekulation sein kann. Im übrigen darf man sich nicht
darüber täuschen, daß ein solcher, die private Terrainunternehmung
völlig lahmlegender Mißbrauch der oben genannten, der Stadtverwaltung
zur Verfügung stehenden Mittel in letzter Linie immer zu einem Mangel
an baureifem Land, damit zu einer Erschwerung der Wohnungsproduktion und dadurch zu einer Verschärfung der Wohnungsnot
führen muß. Gerade auch das solide, private Bauunternehmertum,
welches die weit überwiegende Mehrzahl der städtischen Wohnungen be
schafft hat und wohl auch immer beschaffen wird, hat das größte Interesse
an einem möglichst ungehinderten Terraingeschäft und an einem reichlichen
Angebot fertiger Baustellen in den verschiedensten Stadtteilen und in
jeder Preislage. Je weitere Kreise man im Verlauf der Dezentralisationsbestrebungen für das Terraingeschäft zu interessieren vermag, je größere
Geländeflächen dadurch erschlossen und in baureifes Land überführt
werden, um so mehr sorgt dann die Konkurrenz der Terrainbesitzer
untereinander und das große Angebot baureifen Landes dafür,
daß die Auswüchse der Spekulation auf ein Minimum reduziert werden.

Im Volke allerdings sowohl als in den städtischen Verwaltungen
wurzelt, vor allem dank der bodenreformerischen Propaganda,
noch ein unüberwindbares Mißtrauen gegen die Terrainunter-

nehmung, und so war man immer gerne bereit, im „Interesse der Allgemeinheit" dem Grundstücksgeschäft neue Lasten und Steuern aufzuerlegen. Diese sollten, wie man sich dachte, die „ungesunde" Spekulation zurückdämmen und dadurch dem Wohnungswesen nützen. In Wirklichkeit hat man dadurch aber nicht nur diese „reine Wertspekulation", sondern auch die nötige „Handelsspekulation" im Terrain- und Baugeschäft erheblich geschädigt. Das kommt unter anderem in lebhafter Weise in den Vorträgen zum Ausdruck, welche auf der Protestversammlung des Verbandes zum Schutze des Deutschen Grundbesitzes und Realkredits gegen die steuerliche Überlastung des deutschen Haus- und Grundbesitzes am 25. Nov. 1912 in Berlin gehalten wurden[1]). Selbst wenn man die bei einer „Interessentenvereinigung" meist vorausgesetzten Übertreibungen abziehen wollte, kann sich niemand ernstlich der Überzeugung verschließen, daß hier sehr berechtigte Klagen zum Ausdruck kamen, und das hat auch die Tagespresse im allgemeinen anerkannt.

Würde man auf diesem einmal beschrittenen Wege fortfahren, so könnte es gar nicht ausbleiben, daß das private Kapital sich noch weit mehr als es bereits im Jahre 1912, zum Teil allerdings aus anderen Ursachen, der Fall war, vom Terrain- und Baumarkt zurückzöge, daß sich auch immer mehr Personen von diesen Unternehmungsformen abwenden würden, weil sie sich davon unter diesen Verhältnissen keine entsprechende Rentabilität mehr versprechen. Immer und in letzter Linie würde das zu einer Erschwerung der Wohnungsproduktion mit ihren schädlichen Folgen für das Wohnungswesen führen. Es wäre deshalb höchste Zeit, daß sich in den Anschauungen maßgebender Kreise einmal wieder gesundere Anschauungen über das Wesen der Terrain- und Bauunternehmung herausbildeten. Die aus früheren und zum Teil auch aus den heutigen Verhältnissen mancherorts noch gerechtfertigte Scheu vor der Bodenspekulation darf keinesfalls zu einer Unterdrückung der privaten Terrainunternehmung führen. Dagegen kann und soll man gewiß versuchen, der Terrainspekulation den Brotkorb höher zu hängen, indem man durch Dezentralisationsbestrebungen im weitesten Sinne und dadurch bewirkte große Konkurrenz gänzlich andere Konjunkturverhältnisse für dieselbe schafft, die dann wieder auf die Spekulation, die Bodenpreise usw. zurückwirken.

Dabei brauchen die Gewinnmöglichkeiten für die Terrainunternehmung, welche als Anreiz für ihre Tätigkeit vorhanden sein müssen, nicht einmal viel geringer zu werden, wenn man durch die mit den Dezentralisationsbestrebungen zu verbindenden abgestuften Bauordnungen und Baubeschränkungen eine geringere Bebauungsintensität auf den Außengeländen zu erzielen trachtet, sofern dieselben nur frühzeitig genug erlassen werden. Einmal kann dann, ent-

---

[1]) Siehe Schriften des Verbandes, Heft Nr. 4, Berlin 1912.

sprechend der geringeren Ertragsfähigkeit und damit zusammenhängenden Wertbemessung die **Terrainunternehmung** ihre Terrains selbst billiger vom Urbesitzer erwerben, anderseits verdient sie zwar am einzelnen Grundstück weniger, dafür ist aber der Bedarf an Bauland und der Umsatz ein größerer, weil die Bebauung sich auf eine größere Fläche ausdehnt, als bei intensiverer Bebauung. Den Schaden haben also nur die **Urbesitzer**, die ihre Grundstücke nicht mehr zu so hohen Preisen an die gewerbsmäßige Terrainunternehmung abstoßen können, als früher, wo für die Stadterweiterungsgebiete noch keine Bauordnungen erlassen waren und man deshalb mit der höchstmöglichen Bebauungsintensität rechnete. Aber es kann ja weiter nichts schaden, wenn auf diese Weise die wirklich **unverdienten Gewinne der Urbesitzer** etwas geschmälert werden. Zu wünschen ist natürlich, daß mit dem Erlaß derartiger **Baubeschränkungen** möglichst frühzeitig vorgegangen werde, ehe eine eigentliche spekulative Tätigkeit in den betreffenden Grundstücken eingesetzt hat. Haben sich einmal bestimmte Spekulationswerte herausgebildet, so ruft der nachträgliche Erlaß schärferer Baubeschränkungen meist erhebliche und vielfach unverdiente Vermögensschädigungen hervor.

Eine solche Umänderung der Anschauungen ist allerdings nur möglich, wenn man sich mit der **Tatsache der Wertsteigerung des städtischen Bodens an sich** abfindet. Es ist nun einmal natürlich und berechtigt, daß städtischer Boden, welcher dem Besitzer ganz andere Vorteile, Erwerbsmöglichkeiten und Annehmlichkeiten bietet, als lediglich landwirtschaftlich ausnutzbarer, entsprechend höher im Preise steht. Dafür kann der Terrainunternehmer und Bodenspekulant nicht verantwortlich gemacht werden, wenn er auch davon profitiert. Diese Tatsache entspricht aber auch so absolut und völlig dem elementarsten wirtschaftlichen Grundsatze, daß nun einmal das bessere und seltenere Gut höher bezahlt wird als das schlechtere und reichlicher vorhandene. Das gilt für den städtischen Wohnboden und die Vorzüge seiner Lage, wie sie durch die starke Bevölkerungskonzentration im Sinne des Erwerbslebens gegeben sind, genau ebenso wie für jedes andere Gut. Mit diesem Gesetz muß man sich wohl oder übel abfinden, und so bleibt nichts anderes übrig, als die besseren und teueren Lagen der Stadt für solche Gebäude zu reservieren, welche einen diesem höheren Werte entsprechenden Ertrag liefern können, die billigeren und minder guten Lagen entsprechend für weniger ertragsfähige Baulichkeiten zu benutzen. Es entspricht das auch ganz dem S. 115 behandelten **Prinzip der Verteilung der Bevölkerung nach der wirtschaftlichen Leistungsfähigkeit.**

Nun wird allerdings eine derartige weitgehende Erschließung der Außengelände und das dadurch vergrößerte Angebot an baureifem Land von vielen ganz **anders beurteilt,** insbesondere von solchen Autoren, welche der Meinung sind, daß die Spekulation in weitgehender Weise in der Lage sei, die Bodenpreise über ihren reellen Wert nicht nur gelegentlich emporzutreiben, sondern dauernd auch auf dieser Höhe zu halten. Sie glauben eben, daß mit dem größeren Angebot an baureifem Land der Spekulation auch ein entsprechend größeres Betätigungsfeld für diese ihre preissteigernden Fähigkeiten zu Gebote stehe. Nur so ist es zu verstehen, wenn Adickes auf der Versammlung des Deutschen Vereins für öffentliche Gesundheitspflege 1900 zu Trier ausführte:

„Aber, meine Herren, wenn auch alles geschieht, was hier . . . . angeregt worden ist, und wenn dadurch auch in gewissem Sinne eine ungesunde Steigerung der Bodenpreise verhütet werden kann, so kann man sich darüber doch nicht täuschen, daß einige der Mittel sehr zweischneidig sind. Denn die Anlage von Vorortbahnen steigert wieder die Bodenpreise, hat wenigstens entschieden die Tendenz dazu, auch wirken die Eingemeindungen sehr leicht nach dieser Seite hin. Ebenso ist es mit der Umlegung, auch der Straßenherstellung, Fluchtlinienplanaufstellung. Alle diese Maßregeln, welche an und für sich geeignet sind, mehr Gelände aufzuschließen und dadurch verbilligend zu wirken, haben zugleich die umgekehrte Tendenz, wiederum verteuernd zu wirken, weil sie das Eingreifen der Spekulation vielfach anzeigen und erleichtern."

Bis zu einem gewissen Grade treffen diese Einwände zu. Solange man namentlich die erwähnten Mittel nur in sehr beschränktem Umfange anwendet, schafft man freilich der Bodenspekulation ein günstiges Feld ihrer Tätigkeit. Wenn z. B. eine Stadtverwaltung, die sich bisher jeder Dezentralisationspolitik enthalten hat, keinerlei Verkehrspolitik getrieben und der rasch wachsenden Einwohnerschaft nur das relativ beschränkte Stadtgebiet und seine nähere Umgebung zur Verfügung gestellt hat, nun auf einmal an irgend einer lokal eng begrenzten Stelle die Außengelände zu erschließen beginnt und entsprechende Verkehrsgelegenheiten dorthin schafft, so kann man sich nicht wundern, wenn die „eingepreßte" Bevölkerung in Massen dorthin strömt und sich dort alsbald ein entsprechendes Ansteigen der Bodenpreise bemerkbar macht. Aber auch hier hat die Bodenspekulation nicht das Höhersteigen der Bodenwerte veranlaßt, sondern nur davon profitiert. Der Grund der Steigerung liegt vielmehr in dem zaghaften und kleinmütigen Vorgehen der betreffenden Stadtverwaltung, die statt im vollen eine großzügige Erschließung entsprechend großer Geländeflächen vorzunehmen, sich mit einem kleinen Versuch in der Richtung begnügte.

Gewiß ist auch richtig, daß jede Vorortbahn, Eingemeindung etc. an sich geeignet ist, in dem dadurch der Bebauung näher gerückten Gebiet eine entsprechende Bodenwertsteigerung hervorzurufen. Das bis dahin landwirtschaftlich genutzte Terrain wird dadurch dem Zeitpunkte, wo es städtischer oder vorstädtischer Wohnboden wird und demnach eine höhere Grundrente abwirft, wesentlich näher gerückt und dementsprechend höher bewertet. Eine derartige Steigerung an sich ist aber durchaus berechtigt und braucht, solange sie sich in entsprechenden Grenzen hält, durchaus nicht von Nachteil zu sein; auch die Wohnungsproduktion an sich keineswegs ungebührlich zu verteuern.

Auch Eberstadt ist bezüglich der ermäßigenden Wirkung großer Geländeflächen auf die Bodenwerte anderer Meinung. Er äußert sich zu dieser Frage[1]):

„Naturgemäßerweise müssen die Bodenwerte am niedrigsten stehen auf reichlich vorhandenem, leicht zugänglichem und leicht bebaubaren Gelände; am höchsten dagegen dort, wo die Bodenverhältnisse ungünstig sind und die Stadterweiterung auf Geländeschwierigkeiten stößt. Die vermehrte Zufuhr von Baugelände muß nach dem obigen Gesetz von Angebot und Nachfrage die Preise verbilligen. In Wirklichkeit tritt indes nach beiden Richtungen hin das gerade Gegenteil jener Annahme ein. Wir wissen zunächst, daß die Bodenpreise da am höchsten stehen, wo die weitesten Geländeflächen zur Verfügung stehen und die Stadterweiterung sich in nahezu ungehinderter Weise vollziehen kann. Ferner hat es sich bei allen neuen Stadterweiterungen und Eingemeindungen ergeben, daß die reichliche Zufuhr des Baulandes zu einer allgemeinen — nicht bloß partiellen — Steigerung der Bodenpreise geführt hat.“ (Die Sperrung rührt von mir her.) Zum Beweis führt er die Verhältnisse Groß - Berlins an, indem er fortfährt: „Für die Tatsache, daß der reichlichste Geländebestand und die höchsten Bodenpreise zusammentreffen, ist zu verweisen auf Groß - Berlin, wo die weitesten Geländeflächen vorhanden und die besten Verkehrsbedingungen gegeben sind. Für die Ausdehnungsmöglichkeiten bestehen hier überhaupt keine natürlichen Grenzen.“

Gegen diese Auffassung läßt sich mancherlei einwenden. Es genügt natürlich keineswegs, wenn große Geländeflächen da sind, sie müssen vielmehr auch durch entsprechende Aufschließungsmaßnahmen, insbesondere durch eine entsprechende Regelung der Verkehrsfrage, tatsächlich für die großstädtische Bevölkerung erschlossen werden. Leider ist das in der Umgebung unserer großen Städte bisher meist nicht der Fall gewesen und dürfte auch trotz der zweifellosen Fortschritte auf diesem Gebiet für Großberlin noch nicht zu treffen. Daß dort auch trotz der nach Eberstadt vorhandenen „besten Verkehrsbedingungen“ gerade auf dem Gebiete der Verkehrspolitik noch außerordentlich viel zu tun ist, zeigt unter anderem auch die Tatsache, daß es als eine der Hauptaufgaben des Zweckverbandgesetzes für Groß-Berlin vom 19. Juli 1911 bezeichnet wird, die Verkehrsverhältnisse zu regeln und zu bessern. Wenn er endlich anführt, daß in Großberlin die größten Geländeflächen und die höchsten Bodenwerte zusammentreffen, so sind damit diese beiden Momente keineswegs in kausalen Zusammenhang gebracht. Was zunächst die hohen Bodenwerte anlangt, so ist es durchaus begreiflich, daß in der Reichshauptstadt, die so außerordentlich schnell herangewachsen ist und jetzt mit den Vororten bereits ca. 4 Millionen Menschen beherbergt, der Grund und Boden hoch gewertet wird. Denn jeder Grundbesitzer rechnet mit einem entsprechenden weiteren Wachstum, damit, daß immer mehr Menschen bereit sein werden, die Vorzüge des Wohnens in der Reichshauptstadt oder ihrer nächsten Umgebung mit entsprechend hohen Mieten zu bezahlen. Der Vorteil der weiten Geländeflächen ist aber in Großberlin früher wenigstens, in keiner Weise

---

[1]) Handbuch des Wohnungswesens, 2. Aufl., S. 44.

ausgenutzt worden, und wenn jetzt auch auf diesem Gebiete eine große Umwandlung eintritt, so können damit die Folgen der früheren geschlossenen und konzentrischen Stadtentwickelung nicht ohne weiteres beseitigt werden. Nicht wegen, sondern trotz der großen Geländeflächen um Berlin herum sind die Bodenwerte in der Innenstadt und ihrer nächsten Umgebung dort so hoch gestiegen, weil es eben früher an entsprechenden Ansiedelungsmöglichkeiten auf den weiter abgelegenen Geländen fehlte.

Weite Geländeflächen, wenn sie auch noch so schön, von der Natur begünstigt und für die Ansiedelung wie geschaffen erscheinen, nutzen nur dann etwas im Sinne einer Niederhaltung der Bodenpreise, wenn sie auch zu einer Vermehrung des städtischen Wohnbodens und einem entsprechend vergrößerten Wohnungsangebot benutzt werden können. Dazu müssen sie durch entsprechende Ansiedelungsgesetze, Bebauungspläne und Bauordnungen, nicht minder entsprechende Verkehrsbedingungen wirklich und bequem zugänglich gemacht werden. Auf all diesen Gebieten hat es bei uns in Deutschland fast überall gefehlt als Folge der aus den Wohnsitten und Neigungen unserer Bevölkerung hervorgehenden zentralisierten und räumlich eng zusammenhängenden Stadtanlage. In vieler Beziehung anders lagen die Verhältnisse in England, Belgien und einigen benachbarten Städten Deutschlands, die um ihrer grundlegenden Bedeutung willen im folgenden Abschnitt näher erörtert werden sollen.

Vierter Abschnitt.

Die Dezentralisation der Städte in England, Belgien und benachbarten Teilen Deutschlands.

1. Belgien.

Schon des öfteren wurde in der Wohnungsliteratur die Aufmerksamkeit auf die Verhältnisse in Belgien hingelenkt. So wies Adickes auf der Versammlung des Deutschen Vereins für öffentliche Gesundheitspflege zu Trier 1900 schon auf die Tatsache hin, daß in Belgien die Bodenwerte auch in der Nähe der großen Städte viel niedriger seien als bei uns und schrieb das dem Umstande zu, daß dort die Steuern und Lasten beim Besitzwechsel eines Grundstücks so hoch seien, zusammen 8—10%, daß dadurch der Umsatz der Grundstücke außerordentlich erschwert werde. Es sei das also eine Prohibitivsteuer auf den spekulativen Umsatz von Grundstücken und das führe dann zu einer entsprechenden Verbilligung des Bodens.

In der Schrift: Die Bodenreform auf der Städteausstellung [1]) wird erwähnt, daß Belgien das dichtest bevölkerte Land des Kontinents

---

[1]) Erläuterungen zu den Plänen der Bodenreformer auf der Städteausstellung zu Düsseldorf 1912. S. 10.

sei, daß seine industrielle Entwickelung noch älter sei als die unsere, und daß man demnach erwarten müsse, daß dort auch die Bodenwerte höher seien als bei uns. Gerade das Umgekehrte sei aber der Fall und infolgedessen sei dort, selbst in der Hauptstadt, das Einfamilienhaus der stehende Typ der Wohnungsherstellung.

Auch Eberstadt hat sich mit diesen Verhältnissen befaßt[1]):

„Das Königreich Belgien zeigt eine dichte, über das ganze Land verteilte Bevölkerung, die sich zum Teil einem intensiven und ergiebigen Landbau widmet, in steigendem Maße jedoch von der hochentwickelten und im Wachstum begriffenen Industrie beschäftigt wird. Die Bevölkerungsdichte betrug im Jahre 1900 bereits die starke Ziffer von 228 Einwohnern auf den Quadratkilometer, die sich bis 1905 nochmals auf 243 erhöht hat. Gleichwohl ist die Verteilung der Bevölkerung trotz Großstadtbildung und Industriezentren eine günstige geblieben, in Gemeinden bis zu 25 000 Einwohnern wohnten nicht weniger als 75 % der Gesamtbevölkerung und nur 25 % entfielen auf Gemeinden von mehr als 25 000 Einwohnern, obwohl das Land Großstädte von der Ausdehnung Brüssels und Antwerpens besitzt."

An gleicher Stelle weist auch er darauf hin, daß in Belgien noch allgemein das Einfamilienhaus vorherrsche, daß es auch hier, ähnlich wie in England gelungen sei, in einer rasch anwachsenden Bevölkerung die überlieferten Hausformen zu erhalten, und daß der Gesamtdurchschnitt für ganz Belgien nur 1,17 Haushaltungen und 5,3 Bewohner auf ein Haus ergebe, ähnlich wie in England. Auch er erwähnt die hohe 8—10 % betragende Umsatzabgabe von Grundstücken als hinderndes Moment für die Ausbildung der Bodenspekulation, sucht vor allem aber diese von der unserigen wesentlich verschiedene Entwickelung durch die anderen Formen des Realkredits und die besonderen landespolitischen Einrichtungen für Wohnungswesen und Städtebau zu erklären[2]).

Schon in früheren Arbeiten, denen die nachstehenden Ausführungen teilweise entnommen sind, habe ich darauf hingewiesen, daß sich die günstige Gestaltung der Bodenverhältnisse und damit auch der Wohnverhältnisse Belgiens in viel einfacherer Weise erklären lasse[3]). Schon ein flüchtiger Blick auf die Eisenbahnkarte von Mitteleuropa zeigt, daß sich gerade in Belgien ein außerordentlich dichtes Netz von Eisenbahnlinien (Vollbahnen) findet. „Jeder, der Belgien bereist hat, weiß, daß dazu ein außerordentlich stark entwickeltes Netz von Kleinbahnen und Straßenbahnen (belgische Vizinaleisenbahngesellschaft und andere) hinzukommt, die in weit höherem Maße als bei uns die Städte mit den im weitesten Umkreis derselben gelegenen Landorten und auch die Städte untereinander in Verbindung setzen. Durch diese besonders günstigen Verkehrsverhältnisse hat in Belgien schon seit langem eine weitgehende Dezentralisation der städtischen Siedelungen

---

[1]) Handbuch des Wohnungswesens, 2. Aufl., S. 458.

[2]) Siehe auch Eberstadt, Neue Studien über Städtebau und Wohnungswesen, Jena 1912.

[3]) Bodenfrage und Bodenpolitik, 1911, S. 231 ff.

Platz gegriffen, ohne daß man vielleicht absichtlich darauf hingearbeitet hat oder sich der Folgen derselben in ihrer Tragweite in unserem Sinne bewußt war." Die Sache liegt wohl so, daß die wesentlich anderen Wohnsitten der Bevölkerung, vielleicht auch der Umstand, daß sich die Industrie vielfach in der Nähe der außerhalb der Städte gelegenen Kohlengruben niederließ, eine solche Dezentralisation begünstigten. „Das hat dann einmal dem Anwachsen der großen Städte entgegengewirkt, anderseits wurden durch die günstigen Verkehrsverhältnisse in der Umgebung der Städte gute und billige Wohngelegenheiten und ein außerordentlicher Vorrat an Baustellen geschaffen. So ist es in Belgien — namentlich auch durch die Einrichtung der Eisenbahnabonnements für Arbeiter — den Industriearbeitern vielfach möglich geworden, ihren Wohnsitz auf dem Lande zu nehmen, hier ein kleines Gütchen zu betreiben und nur für ihre Erwerbstätigkeit in die Industriestädte zu fahren. Durch diese großzügige Verkehrspolitik sind dann auch die Bodenwerte so niedrig gehalten worden, nicht wegen, sondern trotz der hohen Umsatzsteuern. Denn es ist längst anerkannt, daß alle Lasten und Steuern, welche dem Grundbesitz auferlegt werden, nicht verbilligend, sondern verteuernd auf den Bodenwert einwirken, weil der Besitzer naturgemäß bestrebt ist, dieselben auf den Käufer abzuwälzen." Ich wies deshalb an gleicher Stelle darauf hin, daß die Verhältnisse, wie sie sich in Belgien und ähnliche Gestaltung zeigenden Nachbarländern herausgebildet haben, für das Studium der Einwirkung einer entsprechenden Verkehrspolitik und damit die Gestaltung der Bodenwerte entschiedene Beachtung verdienten.

Inzwischen ist dann eine Arbeit von Eberstadt[1]) erschienen, welche sich speziell mit den einschlägigen Verhältnissen Belgiens befaßt und in dem beigebrachten Tatsachenmaterial im wesentlichen eine Bestätigung meiner vorstehenden Darlegungen bedeutet. Auch er würdigt hier eingehend die Bedeutung der Verkehrsverhältnisse in Belgien für die Gestaltung seines Wohnungswesens, sieht aber doch auch hier das wesentliche Moment in der andersartigen Gestaltung des Realkredits, der Bodenspekulation und allerlei den Wohnungsbau und die städtebauliche Entwickelung betreffenden Einrichtungen. Ohne die Bedeutung dieser Verhältnisse ganz abstreiten zu wollen, scheint mir aber in dem von Eberstadt beigebrachten Material nichts enthalten zu sein, was meiner Beurteilung der andersartigen Gestaltung der belgischen Boden- und Wohnverhältnisse widerstreitet. So möchte ich denn zusammenfassend sagen: Begünstigt durch die Wohnsitten der Bevölkerung, welche im allgemeinen zäh an dem Wohnen im Kleinhaus und Eigenhaus festhält, anderseits eine ausgesprochene Abneigung gegen das Wohnen im großen Etagenmiethaus besitzt, begünstigt ferner durch glänzende Verkehrseinrichtungen, welche außerdem durch das Arbeiterabonnement

---

[1]) Neue Studien über Städtebau und Wohnungswesen, Jena 1912.

die Bedürfnisse der unteren Einkommenklassen noch besonders berücksichtigt haben. begünstigt endlich durch Besonderheiten der industriellen
Ansiedelung hat in Belgien weit früher und ausgedehnter als bei uns
eine weitgehende Dezentralisation der Städte und Siedelungen
Platz gegriffen. nicht in dem Sinne, daß dadurch das Zusammendrängen
großer Volksmassen in den Städten überhaupt verhindert wurde, sondern
mehr darin sich äußernd, daß der Schwerpunkt der städtischen Entwickelung nicht in den Großstädten lag, der Bevölkerungszuwachs sich vielmehr in weit erheblicherem Maße als bei uns auch in den mittleren und
kleinen Städten und auch auf dem umliegenden offenen Lande ansiedelte.

Ich machte an anderer Stelle[1]) bereits darauf aufmerksam, daß
auch bei uns in Deutschland gegenwärtig in zunehmendem Maße
solche Dezentralisationsbestrebungen im Gange sind, daß auch
wir demnach hoffen können. daß vielleicht mit der Zeit einmal den
kleineren und mittleren Städten wieder eine Periode des Aufschwungs
beschieden sein werde, nämlich dann, wenn der Verkehr zwischen diesen
und den Großstädten durch elektrische Schnellbahnen etc. in viel weitgehenderer Weise als jetzt entwickelt sein werde. Je mehr dadurch
auch entlegene Städte in den Verkehrsbereich der Großstädte hinein-
bezogen würden, um so mehr würde sich auch wieder eine Vorliebe für
das ruhige, behagliche Leben in den Klein- und Mittelstädten
bemerkbar machen, wenn natürlich auch zunächst nur bei den Leuten,
welche in der Wahl ihres Wohnsitzes ziemlich unbeschränkt sind. Diese
werden aber mit der Zeit einen weiteren Kreis von Leuten, der von ihnen
lebt, nach sich ziehen. Offensichtlich haben sich derartige Verhältnisse
in Belgien dank seiner älteren Kultur, seiner andersgearteten Entwickelung der Industrie und Verkehrsverhältnisse bereits weit früher angebahnt und es demnach nicht zu einem so stürmischen Anwachsen der
Großstädte kommen lassen als bei uns.

An gleicher Stelle habe ich auch darauf hingewiesen, daß naturgemäß
in all den Orten. welche im Verlauf solcher Dezentralisationsbestrebungen
zur Ansiedelung der städtischen Bevölkerung herangezogen werden,
die Bodenwerte eine gewisse Steigerung erfahren würden, daß aber bei
genügender Ausdehnung der Dezentralisation das Ansteigen derselben sich
infolge des ungeheuren Angebots an Bauland in bescheidenen Grenzen
halten würde. Dagegen werde dem übertriebenen Ansteigen der Bodenwerte im Inneren der Städte, die City vielleicht ausgeschlossen, durch
die Dezentralisation am wirksamsten entgegengearbeitet. Für all das
bieten die oft zitierten und bekannten niederen Bodenwerte belgischer Städte und ihrer Umgebung (auch Eberstadt bringt an
angegebener Stelle wieder Belege dafür) eine Erläuterung und meines
Erachtens völlig zutreffendes Beweismaterial.

---

[1]) Bodenfrage und Bodenpolitik. S. 230.

Ebenso habe ich früher mehrfach betont (a. a. O., S. 194), daß bei uns in Deutschland die strengen Bestimmungen über das Bauen an unfertigen Straßen, das sog. Verbot des wilden Bauens, ein außerordentliches Erschwernis für die Dezentralisationsbestrebungen darstellen und demnach ebenfalls an der Verteuerung des Baulandes mitwirken. Es ist sehr bedeutsam, daß in Belgien ein derartig weitgehendes Bauverbot an den meisten Orten nicht besteht, schon deshalb nicht, weil es sich hier meist um kleinere Städte handelt, in denen auch bei uns diese Bestimmungen nicht so strenge gehandhabt werden. Nach Eberstadt (a. a. O., S. 30) ist es in Gent den Grundbesitzern sogar auf Neben- und Feldwegen, die auf der Wegekarte eingetragen sind, zu bauen gestattet, wenn sie einen Mindestabstand von 5 m bis zur Mittelachse des Weges innehalten. Ähnlich ist es aber auch in vielen kleineren Orten Belgiens. Hier findet man oft die kleinen Häuschen der Arbeiter an ganz dürftigen und bescheidenen Feld- und selbst Fußwegen. Durch all das wird natürlich die Ansiedelung auf den Außengeländen daselbst sehr erleichtert, was sich immer wieder in einer Verbilligung des Wohnbodens bemerkbar machen muß.

2. Zurückweisung gegenteiliger Ansichten.

Wenn es im allgemeinen auch nicht meine Absicht ist, alle gegenteiligen Anschauungen zu widerlegen, so erscheint es mir wegen der Beurteilung zu ergreifender Reformmaßnahmen doch bedeutsam, zu den Erklärungsversuchen, welche andere Autoren für die günstigeren Verhältnisse Belgiens vorbringen, Stellung zu nehmen. Die Meinung, daß in Belgien die höheren Umsatzsteuern die Spekulation in Grundstücken hinderten, habe ich auf S. 166 schon zurückgewiesen. Noch weiter geht Eberstadt[1]), indem er betont, daß in Belgien hinsichtlich der Bauweise, der Hausform und der Stellung des Baugewerbes kein grundsätzlicher Unterschied zwischen Eigenbau und Spekulationsbau bestehe, daß auch in größtem Umfange Bodenspekulation betrieben werde, aber im Sinne der notwendigen Handelsspekulation, nicht der reinen Wertspekulation. Und weiter führt er aus, daß die Bodenbesitzer nicht die vertikale Ausnutzung durch Stockwerkshäufung betreiben, so wenig dies seitens des Baugewerbes geschehe, wenn nicht ein systematischer Zwang vorliege. „Die Flächenausnützung genügt dem Bodenbesitzer vollständig, in Belgien wie in England. Die vertikal gedrängte Bauweise findet sich hier nur in hochwertigen Lagen; in den Wohnbezirken der Stadterweiterung dagegen herrscht allgemein der Flachbau und das Individualhaus vor." (Die Sperrung rührt von mir her.)

Dieser Auffassung, daß in Belgien dem Boden- und Bauspekulanten eine derartige, geringe Grundausnutzung „vollständig genüge", kann

---

[1]) a. a. O., S. 107/108.

wohl niemand beipflichten, wenigstens nicht, wenn man dabei an eine freiwillige Genügsamkeit denkt. In einem Lande, wie Belgien, in dem der Erwerbs- und Unternehmungsgeist und der Sinn nach spekulativer Betätigung so hoch entwickelt ist, soll der Bodenspekulant nicht auch vom Willen nach größtmöglichem Gewinn beseelt sein? Die Stockwerkhäufung nur betreiben, wenn ein „systematischer Zwang" vorliegt? — In Wirklichkeit liegt die Sachlage natürlich ganz anders. Wenn sich der belgische Bauunternehmer mit dem Flachbau begnügt, so tut er es deshalb, weil die Wohnsitten und alteingewurzelten Gewohnheiten der Bevölkerung ihm eine stärkere Grundausnutzung unrentabel erscheinen lassen, weil er ganz genau weiß, daß in den meisten Orten das bessere Publikum Etagenmietwohnungen doch nicht beziehen würde. Das zwingt ihn zum Flachbau, ob das nun seinen Wünschen paßt oder nicht. Außerdem werden aber wohl auch an manchen Orten die baupolizeilichen Bestimmungen diesen Wohnsitten der Bevölkerung Rechnung tragen.

Wo aber individuelle Verschiedenheiten der städtischen Entwickelung eine weit stärkere Massenkonzentration und Bevölkerungsdichte hervorgerufen haben, wie vor allem in der Landeshauptstadt Brüssel, da zeigt sich, daß auch der belgische Bodenspekulant die ihm so gebotene Konjunktur durchaus auszunützen gewillt ist; hier finden sich zwar aus älterer Zeit stammend noch sehr zahlreiche, vielfach recht wenig komfortable oder aber sehr teure Einfamilienhäuser, daneben aber immer mehr auch großstädtische Etagenhäuser, die den unserigen in nichts nachstehen.

Viele gründliche Kenner der Brüsseler Wohnverhältnisse glauben, daß sich auch dort das Etagenhaus immer mehr Eingang verschaffen werde. Zwar sind die meist aus älterer Zeit stammenden Einfamilienhäuser noch immer die herrschende Wohnform, aber sie sind oft entsetzlich primitiv, sehr schmal (bis zu 6 m herab), und lassen vielfach den modernen hygienischen Komfort völlig vermissen. So findet man wirklich große, repräsentationsfähige und luftige Räume und den wünschenswerten Komfort meist nur in den neueren Etagenwohnungen, abgesehen natürlich von hochherrschaftlichen Einfamilienhäusern, die aber für die meisten Kreise der Bevölkerung viel zu teuer sind.

Hier zeigt sich also, daß die Spekulation die durch die höhere Ertragsfähigkeit des Bodens gegebenen Gewinnchancen durchaus zu benutzen versteht und sich keineswegs mit geringerem, als erzielbarem Gewinn begnügt, und hier, wo die Voraussetzung einer reinen Wertspekulation, nämlich große, rasch ihren Wert ändernde und der individuellen Beurteilung des Wertes genügenden Spielraum lassende Objekte vorhanden sind, finden wir auch eine sehr lebhafte und der unseren absolut nicht nachstehende Bodenspekulation. Dementsprechend erreichen auch die Bodenwerte in Brüssel eine Höhe, welche die gleich großer deutscher Städte noch übertrifft. In dem S. 82 bereits erwähnten Bericht über Brüsseler Arbeiterwohnungen heißt es z. B. auf S. 6, daß weder in Brüssel noch an seiner Peripherie an den Bau von isolierten Arbeiterwohnungen zu denken sei, weil die Bodenpreise viel zu hoch seien. Dieselben erreichten und überschritten sogar den Preis der Terrains, wie sie im Zentrum der ausländischen Großstädte und selbst in Paris gegeben seien[1]).

Man braucht in Belgien auch keineswegs nach anderen Orten mit hochentwickelter Bodenspekulation zu suchen. Man denke nur an die Preise, wie sie in Ostende und anderen Seebädern für die direkt am Strand bzw. dique gelegenen Grundstücke, die eben durch die Lage direkt an der See einen außerordentlichen Vorzug der Lage besitzen, gezahlt werden und die Spekulation, die sich in diesen Grunstücken vollzieht.

Diese leicht zu vermehrenden Beispiele zeigen, daß von einem grundsätzlichen Unterschied der belgischen Terrainspekulation gegenüber der deutschen, wie sie entweder in größerer Genügsamkeit derselben oder ihre Tätigkeit hindernden Gesetzen gegeben sein könnte, keine Rede sein kann. Wenn dieselbe sich gleichwohl an vielen kleineren Orten daselbst mit geringeren Gewinnen begnügt, so liegt das nur daran, daß durch die geschilderten Verhältnisse eine außerordentlich starke Dezentralisation der städtischen Siedelungen Platz gegriffen hat, welche die Nutzungsmöglichkeit des als städtischer Wohnboden in Betracht kommenden Terrains außerordentlich herabsetzt, und daß dementsprechend die Wohnsitten der Bevölkerung im allgemeinen eine weiträumige Siedelungsweise bevorzugen. Das zwingt dann die Spekulation zur „Genügsamkeit". Alle anderen Momente, wie sie bei der Betätigung der Spekulation selbst in Erscheinung treten, sind sekundärer Natur und Folge, nicht Ursache.

Es ist klar, daß es durch ähnliche Dezentralisationsbestrebungen (Verkehrsverhältnisse etc.) und allmähliche Umgestaltung der Wohnsitten auch bei uns gelingen muß, in entsprechender Weise Ausschreitungen der Spekulation zu verhindern und sie zu zwingen, daß ihr eine geringere Grundausnutzung „vollständig genüge". Die bloße Bekämpfung und Erschwerung der Bodenspekulation dagegen ohne obige Maßnahmen würde nichts helfen, im Gegenteil nach den bei uns gemachten Erfahrungen nur zu einer Verteuerung des Bodens führen.

Als weiterer Grund für die ungünstigere Gestaltung der deutschen gegenüber den belgischen (und auch englischen) Verhältnissen werden von vielen die eigenartigen Institutionen unseres Hypotheken- und Bodenrechtes, unser Taxwesen und Grundbuchwesen angeführt. Auch hier handelt es sich wegen der Beurteilung diesbezüglicher Reformmaßnahmen um prinzipiell wichtige Fragen, denen deshalb einige Darlegungen gewidmet sein sollen. Seit langem hat eine Anzahl

---

[1]) Il est inutile de songer à établir sur le territoire de la capitale même à la périphérie, des habitations ouvrières isolées, le terrain y atteint des prix trop élevés; il n'y a plus actuellement, sur Bruxelles, un pouce de terrain à prix convenable qui soit disponible, on voit le prix des terrains atteindre et dépasser le prix des terrains situés au centre des grandes capitales étrangères, même de Paris.

Autoren den Nachweis versucht, daß bei uns in Deutschland die städtischen Bodenwerte nur deshalb so hoch seien, weil dieselben nach der Beleihung gewertet würden und diese infolge der Mißstände im Taxwesen meist viel zu soch sei. Sei es aber erst einmal gelungen, eine solche möglichst hohe Beleihung durchzuführen und hypothekarisch durch Eintragung ins Grundbuch festzulegen, so müsse die Zukunft sie als zu verzinsendes Kapital ansehen. So sei es beim städtischen Grundbesitz möglich, durch „eigene geschäftsmäßige Einrichtungen den Bodenwert aufzutreiben, die spekulativen Gewinne alsdann zu realisieren und durch eine auf 90—100 % des gesteigerten Wertes getriebene Verschuldung fortzuwälzen auf die Bevölkerung in der Kette Bodenspekulation, Bauunternehmer, Hausbesitzer, Mieterschaft" (Eberstadt, a. a. O., S. 298.)

Noch schroffer kommt diese Auffassung zum Ausdruck in den Schriften der Bodenreformer. Hier heißt es z. B.[1]): „Natürlich verursacht das Drängen der Bevölkerung nach einem gegebenen Zentrum gesteigerte Bodenpreise, aber über diese hinaus haben wir in Deutschland eine künstliche Steigerung, hervorgerufen zum Teil durch zu engherzige baupolizeiliche Vorschriften, in bezug auf unsere Stadterweiterungen, Straßenbefestigungen usw., in der Hauptsache aber durch ein rückständiges Grundsteuersystem und ein Hypothekenrecht, das unsern Grund und Boden zu einer Handelsware gemacht hat.

Neue Nahrung hat diesem Gedanken eine Schrift von Dr. Weyermann: „Zur Geschichte des Immobiliarkreditwesens in Preußen" (Karlsruhe 1910) gegeben, die deshalb von den Bodenreformern mit Jubel begrüßt wurde. So sagt in der mehrfach erwähnten Schrift: „Die Bodenreform auf der Städteausstellung" ein H. P. gezeichneter Autor (S. 51): „Der Verfasser hat auf Grund eines außerordentlich reichhaltigen Schriften- und Aktenmaterials die Entwickelung der Grundstückspreise in Stadt und Land im Zusammenhang mit der Hypothekengesetzgebung geprüft und in geradezu zwingender Weise nachgewiesen, daß die Erleichterung des Bodenkredits, die formalistische Ausgestaltung des Hypothekenrechts, die Verbesserung des Grundbuchs usw. zu einer äußerst starken, dauernden Steigerung der Bodenpreise und der Bodenverschuldung geführt hat." Ohne auf die unserem Thema etwas fernliegende Arbeit Weyermanns näher eingehen zu wollen, möchte ich nur darauf hinweisen, daß man auch hier zu dem Einwand berechtigt ist, daß das zeitliche Zusammentreffen zweier Erscheinungen noch keineswegs berechtigt, sie auch ohne weiteres in kausalen Zusammenhang zu bringen. Sind denn wirklich die hochgetriebenen Bodenwerte unserer Städte die Folgen unseres Hypothekenrechts, haben sich nicht vielmehr beide Momente als Folge eines dritten, sie beide

---

[1]) Die Bodenreform auf der Städteausstellung. a. a. O., S. 10.

veranlassenden Faktors herausgebildet? In die Zeit, die Weyermann behandelt, es sind etwa die letzten 150 Jahre, fällt der ungeheure, wirtschaftliche Aufschwung des deutschen Reichs, die enorme Bevölkerungszunahme, das rapide Anwachsen der Großstädte, mit ihrer teilweise übertrieben hohen Bebauungsintensität, wie sie sich vor allem in der Berliner Mietkaserne verkörpert. Das ist der dritte Faktor, welcher einmal durch die enorme Steigerung der Ertragsfähigkeit des Bodens die Bodenwerte successive gesteigert hat, anderseits infolge der durch das Mietkasernensystem sich stets steigernden Werthöhe des einzelnen bebauten Grundstücks an die Zahlungsfähigkeit des betreffenden Hausbesitzers Anforderungen stellte, denen er seiner ganzen Natur nach nicht gewachsen war, und die deshalb in stets zunehmenden Maße die Erleichterung und anderseits auch die Sicherstellung des Bodenkredits nötig machten. Das Primäre ist also auch hier das Ansteigen der Bodenwerte infolge ihrer sich stets steigernden Ertragsfähigkeit, das Sekundäre die Ausbildung und Erleichterung besonderer Kredit- und Zahlungsformen, wie sie die Institutionen unseres Realkredits darstellen.

In diesem Sinne habe ich ähnlichen Behauptungen Eberstadts gegenüber schon an anderer Stelle[1]) betont, daß „dieser widersinnige Irrtum von der preissteigernden Wirkung unserer Kreditorganisation im Bodengeschäft nur dadurch entstehen konnte, weil sich unser Wirtschaftsleben seit einem Jahrhundert in unausgesetztem Aufschwung befindet, der auch ohne dieselbe zu den gleichen Bodenpreisen geführt haben würde. Aus diesem zufälligen Zusammentreffen, welches sich bei einem entsprechenden Niedergang in das Gegenteil verwandeln würde, habe man diesen kausalen Zusammenhang konstruiert".

In einem Aufsatze: „Die Bodenverschuldung als Ursache der hohen Bodenpreise" weist[2]) Professor A. Voigt ebenfalls sehr energisch die Weyermannsche Bodenkredittheorie zurück. Unter anderm sagt er: „Es lag mir zugleich daran, zu zeigen, daß wirtschaftsgeschichtliche Untersuchungen für sich allein immer nur einen Parallelismus der Erscheinungen, in unserem Falle das gleichzeitige Steigen der Bodenpreise und die Entwickelung des Kreditwesens, zeigen, niemals aber einen bestimmten kausalen Zusammenhang zwischen den Erscheinungen nachweisen können. Um einen solchen zu erkennen, müsse man vielmehr vor aller historischen Erfahrung die Möglichkeit eines kausalen Zusammenhangs theoretisch oder deduktiv verständlich machen, was aber bezüglich Bodenbeleihung und Bodenwert niemals gelingen könne." So stellt A. Voigt den Weyermannschen und ähnlichen Ausführungen in der Zeitschrift für Sozialwissenschaft 1912, H. 516 folgende wohl kaum widerlegbaren Grundsätze gegenüber[3]).

1. Eine Erhöhung des Wertes eines Grundstücks durch Beleihung ist unmöglich.

2. Dagegen kann, einen unwirtschaftlichen oder leichtsinnigen Käufer vorausgesetzt, der Preis eines Grundstücks durch die Stundung eines Teils des Kaufpreises noch erhöht werden.

---

[1]) Bodenfrage und Bodenpolitik, 1911, S. 106.
[2]) Grundbesitz und Realkredit, Nr. 6, 1913.
[3]) Zitiert nach Haase, Das Problem der Wohnungsgesetzgebung, 1913.

3. Eine solche Preiserhöhung ohne Werterhöhung kann jedoch nicht von Dauer sein, sondern muß immer zu einer Korrektur des falschen Urteils durch die Erfahrung, im Falle massenhafter Preissteigerung ohne hinreichende Begründung zu einer Grundstückskrisis führen.

4. Der Parallelismus zwischen Wertsteigerung und Zunahme der Beleihung ist darin begründet, daß Wertsteigerungen das Kreditbedürfnis erhöhen. Nicht also ist Krediterhöhung Ursache der Werterhöhung, sondern umgekehrt diese Ursache der zunehmenden Verschuldung der Grundstücke.

5. Werterhöhung des Bodens ist zur Hauptsache Folge des steigenden Reinertrags, andere Ursachen, wie Vermehrung der Verschuldungsfreiheit spielen nur eine untergeordnete Rolle.

Es ist nicht meine Absicht, hier dieses in der Wohnungsliteratur viel erörterte Thema weiter zu behandeln, ich verweise zu weiterer Orientierung auf frühere Ausführungen[1]) und will mich hier darauf beschränken, noch zu einigen neueren Darlegungen, die als typisch anzusehen sind, Stellung zu nehmen. So sagt Baurat Weiß in seinem 1912 erschienenen Buche[2]):

„Einer Person, der der Spekulant kaum einen Personalkredit von 10 000 Mk. einräumen würde, wird beim Verkauf einer sagen wir mit 100 000 Mk. bewerteten Baustelle ein Realkredit von 90 000 Mk. gewährt, wenn er 10 000 Mk. anzuzahlen oder in dieser Höhe sonstige Sicherheit zu geben vermag. Weshalb gibt man in letzterem Fall derselben Person 90 000 Mk. Kredit, der man in ersterem kaum 10 000 Mk. anvertrauen würde? — Doch nur deshalb, weil der Staat dieses Schuldverhältnis durch die Eintragung der Schuld in das Grundbuch sanktioniert! — Würde der Geldgeber die 90 000 Mk. bei dem gleichen Grundstück und bei derselben Anzahlung einer in gesellschaftlicher und wirtschaftlicher Stellung völlig einwandfreien, also jetzt bedeutend sicheren Person ohne diese hypothekarische Eintragung geben? — In den allermeisten Fällen wird diese Frage mit einem glatten Nein beantwortet werden! Die grundbuchamtliche Sicherstellung der Hypothek ermöglicht somit einer wenig zuverlässigen Person einen weit größeren und leichteren Kredit als ihn die einwandfreieste Person ohne diese Institution erreichen kann.“

Mit diesen Ausführungen hat meines Erachtens der Autor nicht die Widersinnigkeit dieser Institutionen, wie er das will, sondern ihre Zweckmäßigkeit und die zwingenden Gründe zu ihrer Einführung treffend gekennzeichnet. Unsere städtischen Miethäuser repräsentieren oft Objekte von mehreren 100000 Mk. Die ganze Natur des städtischen Vermietungsgeschäftes hat es mit sich gebracht, daß ein Kreis wenig bemittelter Personen, der gewerbsmäßige Hausbesitzerstand, sich mit dem mühsamen Geschäft der Verwaltung

---

[1]) Bodenfrage und Bodenpolitik, S. 93: Die hypothekarische Belastung des Bodens als angebliche Ursache der hohen Bodenpreise.

[2]) Können die in den heutigen großstädtischen Wohnverhältnissen liegenden Mängel und Schäden behoben werden? Berlin 1912, S. 149.

und Vermietung dieser städtischen Mietwohnungen befaßt, um einen entsprechenden Verdienst dabei zu haben. So wie die Verhältnisse nun einmal liegen, sind Personen, welche über entsprechend große Kapitalien verfügen, sicher nicht gewillt, sich die Lasten und Mühen eines derartigen Hausbesitzes aufzuladen, sie können eine entsprechende Verzinsung ihrer Kapitalien viel leichter und einfacher auf andere Weise erreichen. Anderseits sind sie natürlich auch nicht bereit, dem städtischen Hausbesitzer die zum Erwerb des Hauses nötigen Kapitalien ohne entsprechende Sicherheit zu leihen, wie sie eben durch die hypothekarische Eintragung gegeben wird. Nur auf diese Weise ist es möglich, daß sich das Privatkapital der Beleihung städtischer Hausgrundstücke zuwendet, ohne welche das ganze Vermietungsgeschäft städtischer Wohnungen unmöglich sein würde. (Dabei waren in Berlin 1905 von 523 435 Wohnungen 492 801 Mietwohnungen.)

Baurat Weiß denkt aber anders, indem er sagt: „Man mußte also eine Institution schaffen, ... die ermöglichte, daß man den vaterländischen Grund und Boden, die Existenzgrundlage der ganzen Bevölkerung, ja des ganzen Staats, mit staatlicher Unterstützung täglich verschachern und wechseln konnte, wie man Pferde, Hunde und dergleichen täglich verschachern und wechseln kann." Eine derartige Beweisführung wird wohl kaum überzeugend wirken.

Auch die häufig in der Literatur vertretene Behauptung, ein Grundstück werde nach der Beleihung gewertet, und da diese sich nach den Taxen richte, so seien die zweifellos vielfach vorhandenen Übertaxierungen die letzte Ursache der hohen Bodenwerte, wird wohl vielfach auf ernstliche Zweifel stoßen. Im allgemeinen hat man gewiß auch in den Kreisen, welche sich gewöhnlich mit dem Kauf und Verkauf städtischer Miethäuser befassen, das Gefühl, daß vielfach Übertaxierungen vorliegen, und ist keineswegs geneigt, diese Taxen als bindend für die Wertbeurteilung eines Hauses anzusehen, sondern prüft nach eigenem Ermessen den Kaufpreis. Auch wenn ein Käufer das Haus nur mit geringer Anzahlung übernimmt, so rechnet er doch sehr genau mit den Zinsen der aufgenommenen Hypotheken einerseits, den zu erzielenden Mieterträgnissen anderseits, nicht minder damit, ob er selbst auch wieder das Haus zu diesem Kaufpreis loswerden könne. Hat er in diesem Punkte Bedenken und Zweifel, so macht er sich selbst eine Wertbemessung zurecht und kümmert sich nicht um Taxen und hypothekarische Belastung.

Auch die den Immobiliarkredit gewährenden Kapitalistenkreise richten sich keineswegs blindlings nach der einmal hypothekarisch festgelegten Beleihungsgrenze. Erscheint ihnen diese in Anbetracht der Verhältnisse des Bau- und Wohnungsmarktes zu hoch, so ziehen sie ihre Kapitalien vom Immobiliarkredit zurück, wenigstens was zweite und dritte Hypotheken anlangt, weil ihnen nur eine Beleihung bis etwa 60 % der Taxe als genügend sicher erscheint. Daß haben besonders deutlich die Verhältnisse des Jahres 1912 gezeigt, wo aus den meisten Städten darüber geklagt wurde, daß zweite Hypotheken vielfach selbst bei höchstem Zinsfuß und entsprechender Abschlußprovision nicht beschafft werden konnten und sogar die Beschaffung erster Hypotheken auf ernstliche Schwierigkeiten stieß. Gewiß lag das zum Teil in den eigenartigen Geldmarktverhältnissen des Jahres 1912 begründet, aber auch darüber hinaus hat das geldgebende Publikum im allgemeinen ein sehr feines Gefühl dafür, ob die Verhältnisse auf dem Terrain- und Baumarkte gesund sind, ob die Taxen und Beleihungsgrenzen einigermaßen stimmen und demnach die in Immobilien angelegten Gelder als genügend sichergestellt betrachtet werden können. Hat es da Zweifel, so kümmert es sich nicht um Taxen und grundbuchamtliche Eintragungen und denkt: Taxen sind Faxen.

Gewiß ist in jeder Weise anzustreben, das Taxwesen zu reformieren und die vielfach vorhandenen Übertaxierungen zu beseitigen; man darf aber anderseits die Tragweite der letzteren nicht überschätzen; wie auf vielen anderen Gebieten ergibt sich auch hier eine gewisse Selbsthilfe auf seiten der beteiligten und davon betroffenem Kreise, indem die Geldgeber im eigenen Interesse zur Sicherung ihrer Kapitalien an den Taxen entsprechende Korrekturen vornehmen (s. auch S. 143).

Mögen die Taxen und die grundbuchlich festgelegten Beleihungen sein wie sie wollen, schließlich bleiben die städtischen Miethäuser doch auch einmal an einem Hausbesitzer hängen, der sie nicht weiter verkaufen kann und will, sondern durch das gewerbsmäßige Vermieten der Wohnungen, die Instandhaltung des Hauses und die Verwaltung der aufgenommenen Hypotheken seinen Lebensunterhalt erzielen will. Dieser solide und für unsere großstädtischen Wohnverhältnisse unentbehrliche Hausbesitzerstand verfügt in der Regel notgedrungen über eine entsprechende Sachkenntnis in der Beurteilung eines Hauses und seines reellen, d. h. ihm einen entsprechenden Mietertrag gebenden Wertes und läßt sich durch Übertaxierungen und sonstige Geschäftskniffe des Vorbesitzers nicht so leicht täuschen. Sind die Baustellenhändler und Bauunternehmer gerissene Geschäftsleute, so sind es die berufsmäßigen städtischen Hausbesitzer nicht weniger und auf diese Weise ergeben sich schließlich doch immer annähernd reelle Verkaufswerte. Gewiß rechnet auch der solide Hausbesitzer mit der Möglichkeit eines späteren Verkaufs zu höherem Preis, aber dazwischen liegen oft Jahre und Jahrzehnte, in denen er mit seiner ganzen Existenz davon abhängt, daß er aus den Mieten einen entsprechenden Ertrag zur Verzinsung der aufgenommenen Gelder, seines eigenen angezahlten, wenn auch meist geringfügigen Kapitals und einen entsprechenden Überschuß darüber hinaus als Entgelt für seine Verwaltungstätigkeit erzielt.

Dieser aus den Mieten zu erzielende Höchstertrag ist für den soliden „Hausbesitzer" doch schließlich der Faktor, um den sich alles dreht und an dem alle Geschäftsmanipulationen der vorhergehenden Stellen nichts ändern können. Hier liegt die Grenze der Wertbemessung eines städtischen Miethauses, und keine noch so eigenartig

gestaltete Ausbildung des Hypothekenrechts, des Tax- und Beleihungs-
wesens kann dauernd den Wert der Gebäude über diese Grenze hinauf-
drücken. Daß aber endlich die Mieter auch ihrerseits keineswegs
gewillt sind, sich ohne weiteres den Wünschen und dem Begehren des
Hausbesitzers zu fügen, daß vielmehr auch hier in der Zahlungsfähigkeit und Willigkeit der Mieter, der Wertschätzung, welche diese auf
Grund der Annehmlichkeiten und Vorteile der Lage der betreffenden
Wohnung entgegenbringen, in der Konkurrenz, welche sich die mannigfachen Wohngelegenheiten einer Stadt selbst machen, eine Höchstgrenze
liegt, die nicht ohne weiteres zu überschreiten ist, wurde des öfteren
in der Wohnungsliteratur erörtert. Einen kleinen Beitrag dazu habe ich
an anderer Stelle (a. a. O., S. 101) gebracht.

Aus all diesen, hier nicht weiter zu erörternden Gründen erscheint
die Behauptung, die Ausbildung unseres Realkredit- und Grundbuchwesens sei bei uns in Deutschland die Ursache einer weit über
den reellen Wert hinausgehenden Höhe der städtischen Bodenwerte,
viel zu weitgehend, wenn in einzelnen Fällen auch gewiß dadurch spekulative Preistreibereien begünstigt werden. Und ebensowenig kann die
Verschiedenheit der belgischen und deutschen Verhältnisse,
von denen wir hier ausgingen, durch eine andersartige Gestaltung des
Immobiliarkredits etc. erklärt werden. Gewiß sind die diesbezüglichen Einrichtungen in Belgien im allgemeinen andere als bei uns, entsprechend dem
Umstande, daß aus erörterten Gründen dort die kleinen Hausformen
weit mehr überwiegen, das große Miethaus dagegen noch sehr zurücktritt.
Und mit diesem gänzlich anderen Objekt der Beleihung ändern
sich auch die Beleihungsformen. So erklärt sich aus der Kleinheit
und geringen Werthöhe der Objekte ohne weiteres das häufige Vorkommen
der Amortisationshypotheken in Belgien, weil bei den relativ
geringen Beträgen eine solche allmähliche Tilgung der Verschuldung
für den Hausbesitzer möglich und anstrebbar ist. Bei der Höhe des
Wertes vieler großstädtischer Miethäuser verbieten sich derartige Amortisationshypotheken von selbst oder sind jedenfalls doch außerordentlich
viel schwerer zur allgemeinen Einführung zu bringen, weil der jährlich zu
zahlende Tilgungsbetrag bei weitem die Leistungsfähigkeit des betreffenden Hausbesitzers übersteigen würde. Beim Klein- und Eigenhaus können
dagegen, bei uns ebenso wie in Belgien, Amortisationshypotheken leicht
Verwendung finden. Auch daß der ganze Hypothekenschwindel, wie er
bei uns so oft gerügt wird, in Belgien weniger oft vorkommt, erklärt sich
aus den kleineren Hausformen, weil diese überhaupt für eine spekulative
Betätigung wenig geeignete Objekte darstellen. Diese Verhältnisse
liegen bei uns in kleineren Orten mit kleineren Wohngebäuden auch
nicht anders. So sind auch diese Verschiedenheiten des Hypothekenrechts und der Hypothekenspekulation, wie sie Eberstadt genannt
hat, Folgen der gänzlich veränderten Siedelungsweise und der im allgemeinen wesentlich anderen Hausformen, keineswegs die Ursache davon.

Das geht unter anderem schon daraus hervor, daß in Brüssel, wo genau das gleiche Hypothekenrecht etc. besteht, wie sonst in Belgien, das große Miethaus sich immer mehr einbürgert, der städtische Grund und Boden enorme Werte angenommen hat und es auch an spekulativer Betätigung im Grund und Boden nicht fehlt.

Was in letzter Linie die Verschiedenheit der belgischen und deutschen Verhältnisse verursacht hat, liegt darin, daß bei uns in Deutschland aus erörterten Gründen die Bevölkerungskonzentration auf dem städtischen Boden in den meisten Städten eine viel stärkere geworden ist und damit ganz andere Hausformen und eine ganz andere Ertragsfähigkeit des Bodens sich ergeben haben, daß umgekehrt in Belgien aus ebenfalls geschilderten Gründen eine viel dezentralisiertere, weiträumigere und mit geringerer Ertragsfähigkeit des Bodens einhergehende Bauweise der Städte Platz gegriffen hat. Aus diesen verschiedenen Siedelungsformen erklären sich im wesentlichen alle weiteren Unterschiede bezüglich der Bodenpreise, der Bodenspekulation, der Hypothekenspekulation und der andersgearteten Institutionen des Realkredits. Besonders bezeichnend in diesem Sinne ist es, daß da, wo auch in Belgien die städtische Entwicklung infolge einer stärkeren Konzentration der Bevölkerung einen ähnlichen Gang genommen hat wie bei uns, nämlich in der Reichshauptstadt Brüssel, sich bezüglich Bodenpreis und Bodenspekulation Verhältnisse herausgebildet haben, die den unseren ziemlich analog sind.

Es ist deshalb ein bedeutsamer Irrtum, wenn man glaubt[1]), daß eine Reform des Hypothekenrechts nach der Richtung der Erschwerung der reinen Bodenleihe, aber Förderung des Baukredits, sowie der Amortisation an der Peripherie unserer Städte genau wie in Belgien einen „normalen Bodenpreis schaffen würde, auf dem das Einfamilienhaus mit Gartenraum gedeihen könnte". Will man die Bodenwertverhältnisse belgischer Städte bei uns zu erreichen suchen, so kann das nur dadurch geschehen, daß man ihre gänzlich anderen Siedelungsformen und Dezentralisationsbestrebungen nachzuahmen sucht; die Änderung des Hypothekenwesens allein würde wenig oder nichts erreichen.

Gegen die Auffassung, daß bei uns in Deutschland ein rückständiges Grundsteuersystem und Hypothekenrecht, sowie überhaupt die mangelhaften Institutionen des Realkredits die Ursache der übertrieben hohen städtischen Bodenwerte mit ihren Folgezuständen seien, spricht auch der Umstand, daß es trotz der Gültigkeit dieser Verhältnisse im ganzen Reich doch auch bei uns namhafte Städte gibt, welche bezüglich der Bodenwert- und Siedelungsverhältnisse sich weit mehr den belgischen Zuständen nähern, als denen unserer sonstigen großen Städte. Es sind dies einige Städte an der Nordwestgrenze Deutschlands, von denen

---

1) Siehe die Bodenreform auf der Städteausstellung. a. a. O., S. 11.

ich zunächst die mir am besten bekannten Verhältnisse der Stadt Aachen
kurz in diesem Zusammenhange darstellen will.

3. Deutsche Städte, insbesondere Aachen.

Die Einwohnerzahl der Stadt Aachen betrug nach Mitteilungen
des dortigen statistischen Amts 1816 rund 32 000, 1850 50 000, 1889
100 000, 1895 110 000, 1900 nach der Eingemeindung von Burtscheid
135 000, 1912 nach einer inzwischen erfolgten weiteren Eingemeindung
von Forst rund 158 000 Einwohner. Immerhin ist Aachen, das sich also
im vorigen Jahrhundert in ziemlich flottem Tempo vergrößert hat,
im gegenwärtigen Jahrhundert verhältnismäßig langsam gewachsen,
so betrug nach Abrechnung der Einwohnerzahl des eingemeindeten
Forst mit 8000 Personen der Zuwachs seit 1900 nur ca. 15 000 Einwohner.
Für die Zeit 1905—1910 liegen die Verhältnisse scheinbar noch ungünstiger,
es steht für diesen Zeitraum Aachen unter den 15 Städten mit der verhältnismäßig geringsten Zunahme an 6. Stelle. Es spricht sich das auch
in dem Umstande aus, daß Aachen von 1905—1910 durch Wanderungen
3943 Personen verloren hat, d. h. die Zahl der ausgewanderten Personen
war in Aachen um 3943 Personen größer als die der eingewanderten.
Wenn es aber dennoch gegenüber 1905 um 4307 Personen zugenommen
hat, so geschah das ausschließlich durch Geburtenüberschuß, eine für
die Volkskraft Aachens durchaus erfreuliche Erscheinung.

In dieser verhältnismäßig geringen Zunahme und dem starken
Verlust durch Abwanderung scheint sich aber noch etwas anderes aus-
zudrücken, was eng mit den in dieser Schrift hauptsächlich zu behandelnden Fragen zusammenhängt, Verhältnisse, auf die ich bereits an früherer
Stelle[1]) hingewiesen habe. Die Stadt Aachen verfügt nämlich bezüglich
der Verkehrsmöglichkeiten zu den näheren und ferneren Orten
ihrer Umgebung über ein ausgedehntes Netz von Vollbahnen und Kleinbahnen, wodurch in vieler Beziehung Verhältnisse geschaffen werden,
die denen belgischer Städte völlig analog erscheinen. So laufen in
Aachen sieben große Eisenbahnlinien zusammen:

Die Linie über Hergenrath nach Lüttich,
   „   „   „ Bleyberg nach Verviers,
   „   „   „ Richterich nach Maastricht,
   „   „   „ Herzogenrath nach Düsseldorf,
   „   „   „ Jülich nach Neuß, Düsseldorf,
   „   „   „ Düren nach Köln,
   „   „   „ St. Vith (Eifelbahn) nach Luxemburg usw.

Alle diese Linien weisen meist schon nach wenigen Kilometern
Haltestellen an kleineren und größeren Orten auf und ermöglichen es deren
Anwohnern, zur Arbeit nach Aachen zu fahren.

---

[1]) Bodenfrage und Bodenpolitik, S. 232.

Additional material from *Die Grundlagen zur Besserung der städtischen Wohnverhältnisse,*
ISBN 978-3-642-89742-9 (978-3-642-89742-9_OSFO1),
is available at http://extras.springer.com

Was die Verkehrsgelegenheiten aber besonders günstig gestaltet, sind die durch die Aachener Kleinbahn geschaffenen Verhältnisse. Ähnlich wie in vielen Gegenden Belgiens verbindet auch in der Aachener Umgebung ein weitverzweigtes und von Jahr zu Jahr erweitertes Netz von Kleinbahnen die sämtlichen größeren und kleineren Orte im Landkreis Aachen mit der Stadt Aachen und setzt sie in relativ häufige und billige Verbindung mit derselben[1]). Im Jahre 1910 betrug die Gesamtbetriebslänge des Bahnnetzes dieser Kleinbahngesellschaft bereits 174,5 km, 1909 waren es erst 157,3 km. Die Personenbeförderung belief sich 1910 auf 20 151 932 Passagiere.

In dieser günstigen Gestaltung des Lokalverkehrs liegt die Ursache, daß sich in Aachen in mancher Beziehung Verhältnisse herausgebildet haben wie im benachbarten Belgien. Schon an früherer Stelle (a. a. O., S. 232) habe ich darauf hingewiesen, daß eine größere Zahl von Aachener Arbeitern sich diese günstigen Verkehrsverhältnisse zunutze macht und in irgendwelchen Orten des Landkreises wohnt, daß viele derselben, insbesondere die Bauarbeiter nur Saisonarbeiter sind, welche zur Zeit reger Bautätigkeit nach Aachen kommen, in der übrigen Zeit aber auf ihrem kleinen Gütchen in einem der Orte des Landkreises von der Landwirtschaft leben. Zum Teil wohnen sie auch im benachbarten Ausland, Belgien, Holland und Neutral-Moresnet, wohin ebenfalls direkte Kleinbahnverbindungen führen. Als Grund für diese letztere Erscheinung ist nach einem Bericht des Aachener statistischen Amts vielleicht das Steigen der Lebensmittelpreise in Deutschland anzusehen, welche die Arbeiterschaft zur Wahl eines ausländischen Wohnorts veranlasst. Der Bericht führt als Anhalt für die Richtigkeit dieser Vermutung die bemerkenswerte und sicherstehende Tatsache an, daß die Zahl der in Aachen beschäftigten gewerblichen Arbeiter am 1. Dez. 1905 47 286 und am 1. Dez. 1910 51 248 betrug, sich also um 9,5 % vermehrte und demnach eine weit stärkere Zunahme als die gesamte Bevölkerung zu verzeichnen hatte; ein Beweis dafür, daß ein erheblicher Bruchteil der gewerbtätigen Bevölkerung sich in den Nachbarorten angesiedelt haben muß. Auf diese Weise erklärt sich wohl auch die relativ geringe Zunahme Aachens während des Jahrfünfts 1905—1910, in dem durch Abwanderung sogar ein Verlust von fast 4000 Personen stattfand.

Ein weiterer Beweis liegt wohl auch in der Tatsache, daß in der gleichen Zeit die 22 größeren und kleineren Orte des Landkreises Aachen, die fast restlos durch die erwähnte Kleinbahn mit der Stadt verbunden sind, eine Zunahme von rund 16 000 Einwohnern zu verzeichnen hatten, wie folgende, dem Aachener politischen Tageblatt entnommene Tabelle zeigt:

---

[1]) Siehe den beigehefteten Verkehrsplan.

Vorläufiges Ergebnis der Volkszählung am 1. Dezember im Kreise Aachen Land.

	1910			1905		
	männl.	weibl.	zus.	männl.	weibl.	zus.
a) Städte.						
Eschweiler	12485	12255	24740	12076	11554	23630
Stolberg	7624	7654	15278	7510	7455	14965
b) Landgemeinden						
Alsdorf	3751	3051	6802	2554	2362	4916
Bardenberg	2063	1958	4021	1892	1736	3628
Brand	2277	2430	4707	2059	2105	4164
Broich	2982	2620	5602	1718	1568	3286
Büsbach	4307	4199	8506	3807	3619	7426
Cornelimünster	2259	2200	4459	2062	2038	4100
Eilendorf	5094	5033	10127	4303	4167	8470
Gressenich	2884	2761	5645	2695	2598	5293
Haaren	2732	2636	5368	2623	2579	5202
Herzogenrath	2657	2611	5268	2297	2278	4575
Höngen	3690	3457	7147	3032	2801	5833
Kinzweiler	1341	1241	2582	1237	1149	2386
Kohlscheid	4788	4962	9750	4255	4385	8640
Laurensberg	1499	1557	3056	1476	1435	2911
Merkstein einschl.						
Rimburg	1659	1509	3168	1491	1357	2848
Richterich	1837	1863	3700	1726	1716	3442
Walheim	1720	1777	3497	1604	1669	3273
Weiden	1515	1581	3096	1415	1439	2854
Würselen	6409	6682	13091	5600	5865	11465
Summe Landkr.	75573	74037	149610	67432	65875	133307

In der gleichen Zeit also, in welcher Aachen rund 4000 Personen durch Abwanderung verloren, dagegen die Zahl der gewerblichen Arbeiter daselbst um 9,5 % zugenommen hat, verzeichneten diese Orte des Landkreises eine Zunahme von 16 000 Personen. Man geht wohl in der Annahme nicht fehl, daß die günstige Entwickelung der lokalen Verkehrsverhältnisse die Ursache dieser Erscheinung ist; es vermehrt sich dadurch der Landkreis auf Kosten seiner Zentralstadt; und so führen diese Verhältnisse zu einer Dezentralisation der städtischen Siedelung, die an belgische Vorbilder erinnert, wo wir ja auch sahen, daß durch die günstige Gestaltung der Verkehrsverhältnisse dem Anwachsen der großen Städte entgegengearbeitet wurde.

Fragt man sich weiter nach den Folgeerscheinungen dieser Entwicklung, so kann man auch da den belgischen analoge Verhältnisse konstatieren. Die nächste Folge ist die, daß ein „schmaler Rand", ein von den „Bodenspekulanten um die Stadt gezogener Ring" völlig fehlt; überhaupt ist von einer nennenswerten Bodenspekulation im Sinne der reinen Wertspekulation, spekulativen Übertreibung etc., absolut keine Rede; wo Grundstücke in Bauland überführt und bebaut werden, geschieht es im Sinne der notwendigen „Handelsspekulation", um mit Eberstadt zu reden. Die Spekulation verhält sich also genau so brav und „genügsam‟, wie die von Eberstadt rühmend erwähnte belgische Bodenspekulation (s. S. 168), obwohl wir uns in Deutschland befinden, wo es dank der Institutionen unseres Realkredits und unserer nationalen, grundbuchlichen Einrichtungen der Spekulation ermöglicht sein soll, auf dem Wege fortgesetzter Bodenbelastung künstliche Werte zu schaffen.

Natürlich ist die Spekulation auch hier nur deshalb so genügsam, weil die im Bodengeschäft zu erzielenden Gewinne infolge des großen und reichlichen Angebots an Bauland in der Umgebung recht gering erscheinen und infolge der günstigen lokalen Verkehrsverhältnisse kein Grundbesitzer. auch wenn er direkt an der Stadtperipherie gelegen ist, mit Bestimmtheit oder auch nur mit einiger Wahrscheinlichkeit mit einer demnächstigen Bebauung seines Grundstücks rechnen kann. Dadurch erscheint spekulatives Zuwarten auf höhere Preise, abgesehen von einigen ganz bevorzugten Villenlagen (Nizza-allee, Lütticherstraße etc.), fast ausgeschlossen. In ähnlichem Sinne wirkt auch die großzügige und wirksame Boden- und Geländeaufschließungspolitik. wie sie von seiten der Stadtverwaltung seit Jahren betrieben wird. Namentlich in den letzten Jahren sind durch zahlreiche Straßenneuanlagen die Außengelände in ausgiebigster Weise erschlossen und dadurch ein für die Aachener Verhältnisse überreiches Angebot fertiger Baustellen geschaffen worden.

Wenn auch in der nächsten Umgebung Aachens das kommunale Verbot des Bauens an unfertigen, den baupolizeilichen Bestimmungen der Stadt nicht genügenden Straßen ziemlich streng gehandhabt wird. so darf man nicht unberücksichtigt lassen, daß in den vielen kleinen Orten des Landkreises, welche infolge der günstigen Verkehrsverhältnisse für einen Teil der Bevölkerung als Wohnboden in Betracht kommen, derartig strenge Bestimmungen nicht bestehen. In diesen werden bezüglich Entwässerungsanlagen, Straßenherstellung und -befestigung viel bescheidenere Anforderungen gestellt, und so kommt für den innerhalb der weiteren Umgebung Aachens gelegenen Wohnboden das Verbot des wilden Bauens, welches sonst bei uns in Deutschland die Ansiedelung auf den Außengeländen sehr erschwert, praktisch nur in sehr bescheidenem Umfange in Betracht.

So sind denn auch die Bodenpreise auf den Außengeländen, selbst hart an der Peripherie der bebauten Stadt für deutsche Verhältnisse und eine Stadt von fast 160 000 Einwohnern auffallend gering, schwanken etwa zwischen 10—30 Mk. pro qm inkl. Straßenbaukosten in den allerbesten Lagen und an großen regulierten Straßen (20—30 Mk. nur bei Grundstücken von geringer Tiefe). In etwas weiterer Entfernung an noch nicht kanalisierten Straßen werden, ebenfalls inkl. Straßenbaukosten, 3—4 Mk. bezahlt.

Ähnliche Preise wurden z. B. auch beim Verkauf von städtischen Terrains und Stiftungsgrundbesitz erzielt. Hierüber gibt eine Denkschrift[1]) des Oberbürgermeisters der Stadt Aachen an die Stadtverordnetenversammlung Auskunft.   Nach ihr wurden bezahlt:

Stadterweiterungsbezirk	Unbebaute Grundstücke, Verkaufspreis im Durchschnitt pro qm
Altstadt	74.37 M.
Lousbergviertel	22.94 „
Nordöstl. Stadterweiterungsbezirk	14.70 „
Südöstl. Stadterweiterungsbezirk	26.06 „
Südwestl. Stadterweiterungsbezirk	15.89 „
Norwestl. Stadterweiterungsbezirk	27.87 „
Stadtwald	1.13 „

Dabei handelt es sich meist um Grundstücke in größter Nähe der Stadt und des bereits ausgebauten Teils, sowie um Grundstücke an vornehmen Wohnstraßen.   In entlegeneren Teilen des Stadterweiterungsgebietes dagegen wurden erheblich geringere Preise, in einzelnen Fällen nur 3 und 4 Mk. erlöst.   Im allgemeinen verstehen sich die Preise frei von Straßenbaukosten.

Diese Aachener Bodenpreise haben ungefähr die gleiche Höhe, wie sie Eberstadt[2]) für manche belgische Städte angibt.   So berichtet er S. 45 über die Bodenpreise Lüttichs, einer Stadt, die nur wenig größer ist wie Aachen (1910 174 768 Einwohner), daß für den Arbeiterwohnungsbau in den Stadterweiterungsbezirken der mittlere Bodenpreis mit 8—10 Fr. anzusetzen sei, in einzelnen bevorzugten Lagen höher steige und in neuerschlossenen Bezirken auf 6—5 Fr. für den qm sinke.   Ähnliche Preise gibt er für die Außenbezirke von Gent und Brügge an.

Unter diesen Verhältnissen ist es begreiflich, daß in Aachen der Dezentralisationsgedanke bereits sehr stark Wurzel gefaßt hat. Ein nicht unerheblicher Teil der Bevölkerung, zunächst allerdings fast ausschließlich den besser situierten Bevölkerungsklassen angehörig, hat sich auf den Außengeländen angesiedelt und die Rückwirkung auf den innenstädtischen Wohnboden läßt sich auch bereits erkennen, viele Häuser der Altstadt stehen leer oder sind nur sehr schwer zu vermieten oder zu verkaufen.

So liefern gerade die Verhältnisse Aachens einen meines Erachtens sehr zutreffenden Beweis für die Behauptung, daß eine weitgehende Dezentralisation, wie sie insbesondere durch ausreichende Erschließung der Außengelände bei entsprechenden Verkehrsverhältnissen ermöglicht wird, ganz von selbst jedes Monopol einzelner Grundbesitzer an der

---

[1]) Die Bau- und Bodenpolitik der Stadt Aachen, Aachen 1911.
[2]) Neue Studien über Städtebau etc., a. a. O.

Stadtperipherie, überhaupt spekulative Preistreibereien und sonstige Auswüchse der Bodenspekulation ausschaltet, demnach besondere Maßnahmen gegen die Spekulation überflüssig macht, und zu einer weitgehenden Niederhaltung der Bodenpreise in den Außengeländen, mit der Zeit vielleicht auch zu einer Verbilligung des innenstädtischen Wohnbodens führen muß. Im übrigen stellen sie ein völliges Analogon zu den benachbarten belgischen Verhältnissen dar und zeigen, daß die dort allgemein herrschenden Bodenwert- und Siedelungsverhältnisse nicht etwa einer genügsameren Spekulation oder einem andern Hypothekenrecht ihre Entstehung verdanken, sondern den andersgearteten Wohnsitten und der weitgehenden Dezentralisation, daß weiter auch bei uns trotz des so hart beschuldigten Hypothekenwesens und trotz unserer gewinnsüchtigen Spekulation die gelobten belgischen Verhältnisse möglich sind. In Aachen sind eben, vermutlich durch das Nachbarland beeinflußt, die Wohnsitten der Bevölkerung völlig denen Belgiens entsprechend. Früher kannte man dort fast nur Einfamilienhäuser (das sog. Dreifensterhaus) geschlossener Bauart, erst in den neueren Stadtteilen sind im letzten Jahrzehnt mehr und mehr auch Etagenhäuser entstanden. Gleichwohl ist auch heute noch die Bauart eine sehr weiträumige, charakterisiert durch geringe Ausnutzung der Hinterterrains, große. zusammenhängende Gärten im Blockinnern, selbst noch in der Altstadt.

So war auch die Bevölkerungsdichte auf 1 Hektar in der Stadt 1871 nur 24,3. 1900 37,6, während die entsprechenden Zahlen für Berlin 139,5 und 314.9, für Köln 167,8 und 315,4 sind.

Außer Aachen gibt es auch noch andere westdeutsche Städte, welche in manchem ähnliche Verhältnisse aufweisen, z. B. Neuß, Gladbach. Essen. Letzteres, welches wegen seiner Erfolge auf dem Gebiete der Bau- und Wohnungspolitik in letzterer Zeit öfters genannt wurde, verdankt dieselben vor allem wohl dem Umstande, daß seine Hauptentwicklung in eine Zeit fiel, in der es schon von den Früchten der eifrigen Arbeit auf dem Gebiet des Wohnungswesens und Städtebaues profitieren konnte. daß man demnach hier durch sachgemäße, den modernen hygienischen Forderungen genügende Bauordnungen und Bebauungspläne die Fehler der alten Städte von Anfang an zu vermeiden suchte und auf eine geringere Bevölkerungskonzentration hinarbeitete. dadurch vielleicht auch die Wohnsitten der Bevölkerung günstig beeinflußte. Unterstützend wirkte hier auch eine in später zu behandelndem Sinne gehandhabte Bodenpolitik (s. S. 259). All das ließ die Ertragsfähigkeit des Bodens weniger hoch kommen und arbeitete auf diese Weise übertriebenen Bodenwertsteigerungen entgegen. Trotzdem auch hier das gleiche Boden- und Hypothekenrecht gilt, wie sonst in Deutschland. ist es hier also gelungen, wesentlich bessere Ansiedelungsmöglichkeiten und Wohnverhältnisse zu schaffen, auch wieder ein Beweis dafür. daß sachgemäße Bauordnungen. Bebauungspläne und eine entsprechende Bau- und Bodenpolitik die hauptsächlichsten und wichtigsten Mittel der Wohnungsreform darstellen, daß sie im allgemeinen ausreichen und grundsätzliche Änderungen auf dem Gebiete unseres Boden- und Hypothekenrechts sowie Grundbuchwesens, wie so oft gefordert wird, nicht nötig sind. Die oben genannten Faktoren geben, namentlich wenn sie im Sinne einer großzügigen Dezentralisation angewandt werden, einer modernen, auf der Höhe der Zeit stehenden Stadtverwaltung, alle Handhaben, einen hygienisch einwandfreien Ausbau der neu zu erbauenden Stadtteile, auch gegen die Sonderinteressen der privaten Grundbesitzer, zu erzwingen. Gerade deshalb kann man aber auch ruhig das Privateigentum im Grund und Boden bestehen lassen und sich darauf beschränken, in der mehrfach erörterten Weise einer allzu schroffen Betonung des Interessentenstandpunkts entgegenzutreten.

4. England.

Die Wohnverhältnisse Englands sind so oft in der Wohnungsliteratur beschrieben worden, daß einige Hinweise zu ihrer Charakterisierung genügen. Im allgemeinen ähneln sie, von Ausnahmefällen natürlich abgesehen, in den Hausformen (Einfamilienhaus), der Dezentralisation der städtischen Siedelungen, der Ausbildung der zugehörigen Verkehrsmittel den Verhältnissen, wie sie in vorstehendem für Belgien, Aachen und andere neuere Orte Westdeutschlands beschrieben wurden. Auch hier charakterisiert sich die Entwickelung der meisten Städte im wesentlichen dadurch, daß infolge der anderen Wohnsitten etc. die Bevölkerungsdichte und Bebauungsintensität auf dem städtischen Boden eine verhältnismäßig geringe ist, der Flachbau und das Einfamilienhaus vorherrschen und infolge der damit zusammenhängenden, geringeren Ertragsfähigkeit des städtischen Wohnbodens die Bodenpreise in den Wohnvierteln und Außenbezirken relativ niedrig sind. Das wirkt dann wieder auf die Bodenspekulation und die Organisation des Realkredits zurück. In diesem Zusammenhange handelt es sich vor allem darum, klarzustellen, was von den genannten Erscheinungsformen die primären und ursächlichen und was die sekundären und abgeleiteten Momente sind.

Vielfach wird nämlich bei uns die Ansicht vertreten, daß in den andern Bodenbesitzverhältnissen, den andern Formen des Bodenrechts und Realkredits und als Folge davon einer andersgearteten Bodenspekulation die Ursache für die besseren englischen Wohn- und Siedelungsverhältnisse zu suchen sei. So wird gewöhnlich darauf hingewiesen, daß in London, welches gewöhnlich als Vergleichsmoment gegenüber unsern Großberliner Verhältnissen dient, der Boden im Besitz von nur einigen wenigen Familien sei, welche ihn nicht verkauften, sondern nur in Form der Erbpacht, der leasehold, dem Vorbild unseres Erbbaurechts, zur zeitweisen Benutzung, gewöhnlich auf 99 Jahre, verpachteten. Dadurch sei also der Boden spekulativen Preistreibereien entzogen. Hierzu ist zunächst zu bemerken, daß es auch in London, erst recht in andern Städten Englands ausgedehnte Ländereien gibt, welche auch auf dem Wege des freihändigen Verkaufs, als freehold, vergeben werden. Wenn gleichwohl so häufig von der Erbpacht Gebrauch gemacht wird, so liegt das vor allem daran, weil dem englischen Bauunternehmer dieselbe bequemer erscheint, weil er dann kein Kapital zum Grunderwerb nötig hat, sondern nur alljährlich den Erbpachtzins zu zahlen braucht. Damit ist aber keineswegs gesagt, daß nun auch jede Wertsteigerung des Bodens und die Möglichkeit spekulativer Betätigung im Boden ausgeschlossen sei. Was zunächst die Wertsteigerung anlangt, so ist selbstverständlich, daß der Zweck dieser Bodenleihe nur der ist, dem eigentlichen Besitzer bzw. seiner Familie oder sonstigen Erben die später eventuell eintretende Wertsteigerung zu sichern. Gerade um auf diese nicht verzichten zu müssen, gibt er den Boden nicht ganz aus der Hand, sondern verpachtet ihn nur auf 99 Jahre oder einen andern Zeitraum. Ist dann nach Ablauf dieser Zeit das Terrain wertvoller geworden, so wird dem abermals abzuschließenden Erbpachtvertrag die neue Wertbemessung des Grund und Bodens zugrunde gelegt. Der Unterschied gegenüber unsern Verhältnissen ist also nur der, daß bei uns die Wertsteigerung nach und nach, je nach der Häufigkeit und dem Intervall des Besitzwechsels, in dem sich allmählich steigernden Kaufpreis in Erscheinung tritt, in England dagegen beim leasehold-System nur alle 99 Jahre, dafür aber auch gleich in entsprechend höherem Maße. Der Endeffekt nach 99 Jahren bleibt aber natürlich der gleiche.

Daß es übrigens auch in England eine Bodenspekulation gibt, selbst beim leasehold-System, wenn auch in anderm Sinne wie bei uns, hat Dr. Pesl[1]) in einer Arbeit, auf welche in folgendem mehrfach Bezug genommen wird, klargestellt. Er erwähnt unter anderm, daß in England die Bodenspekulation, welche direkt auf Kauf und Verkauf von Boden gerichtet sei, allerdings nur in geringem Umfang gedeihen könne, daß dagegen die Spekulation keineswegs fehle, nur trete sie eben als Rentenspekulation, nicht als Bodenspekulation in Erscheinung. „Der Londoner Großgrundbesitzer will mit möglichst wenigen Leuten zu tun haben, daher ist ihm der Unternehmer willkommen, der größere Grundflächen von ihm in lease pachtet. Dieser vermietet die Häuser und erhält dann von Jahrzehnt zu Jahrzehnt höhere Mieten und ist von dem deutschen Hauseigentümer oder Bauunternehmer nicht viel verschieden." Der Leaseholder verpachtet dann sehr häufig die Lease zu höherem Pachtbetrag als er selbst zahlt, die Differenz des Bodenzinses bildet seinen Gewinn. Erst recht gilt das von denjenigen, welche die auf Erbbaugelände errichteten Häuser vermieten. Diese kümmern

---

[1]) Dr. jur. D. Pesl, Der städtische Grund und Boden, München 1912, S. 55 ff.

sich natürlich überhaupt nicht um den Pachtpreis, den sie selbst zahlen, sondern vermieten die Häuser, einzelne Wohnungen und Zimmer derselben so hoch wie möglich, genau wie das unsere Hausbesitzer tun. Die Grenze bildet auch hier die Zahlungsfähigkeit und -willigkeit des Mieters. So ist der Endeffekt dieses ganzen Handels für den Mieter schließlich genau der gleiche wie bei uns, wenn er nicht gerade im Einfamilienhaus wohnt, das er auf selbst in Erbpacht geliehenem Boden gebaut hat. Unter den großstädtischen Verhältnissen dagegen wird der in einem größeren Miethaus Wohnende gar nicht davon berührt, ob der Boden, auf dem es steht, in der Form der leasehold oder der der freehold vergeben ist. Die Mieten, welche er dem Pächter des betreffenden Gebäudes zahlen muß, werden davon absolut nicht beeinflußt, sondern richten sich nach der ortsüblichen Miethöhe.

So ist Pesl durchaus zuzustimmen, wenn er anführt, daß die Spekulation in England, namentlich in London keineswegs fehlt, daß sie sich allerdings nicht mit dem Verkauf von Grund und Boden, sondern dem Kauf und Verkauf von Lease, Häusern und Wohnungen befasse. Es fehlt also auch in London und England trotz der andersgearteten Bodenbesitzverhältnisse keineswegs an Personen, welche aus dem Boden einen möglichst hohen Ertrag herauszuwirtschaften suchen, wie das bei dem kaufmännischen und Erwerbsgeist des Engländers auch nicht anders zu erwarten ist. Genau wie bei uns bestimmt auch dort in letzter Linie der Ertrag, welcher aus einem Grundstück herausgewirtschaftet werden kann, seinen Wert. Wenn also die Bodenwert- und Bodenpreisverhältnisse in London und andern englischen Städten mit den unsern nicht übereinstimmen, so liegt das nicht etwa an dem Mangel spekulativer Betätigung, geringeren Gewinnansprüchen der Grundbesitzer und größerer „Genügsamkeit" der Bauunternehmer, sondern an ganz andern Faktoren. Genau wie in Belgien und den erwähnten Städten Deutschlands haben auch in England andere Wohnsitten und Wohnansprüche der Bevölkerung, begünstigt und ermöglicht durch weitgehende Dezentralisation der Städte, ausgezeichnete Verkehrsmittel zu einer viel größeren Weiträumigkeit der Stadtanlagen und damit geringeren Ertragsfähigkeit des Bodens geführt, die dann ihrerseits wertbestimmend wirkte. So wie die städtische Entwickelung bei uns zurzeit noch liegt, würde also die größere Verwendung des Erbbaurechts, wie sie bei uns jetzt vielfach gefordert wird, keineswegs allein genügen, bessere Bodenwertverhältnisse herbeizuführen. Das beweist unter anderm die Tatsache, daß in der City Londons die Bodenwerte mindestens so hoch sind, wenn nicht höher als die im Zentrum Berlins, obwohl auch dort viele Grundstücke in Form der Lease vergeben sind. Nur daß in letzterm Falle der Kapitalwert der betreffenden Bauparzelle sich nach der Höhe des Erbbauzinses berechnet, bei uns nach der Höhe der Hypothekenzinsen. Für jeden, der über die natürliche Wertbildung des städtischen Bodens auch nur einigermaßen nachgedacht hat, muß es aber auch ganz selbstverständlich erscheinen, daß der Wert desselben schließlich immer nur von seiner Ertragsfähigkeit bestimmt wird, mögen die Besitzverhältnisse, Verwendungsarten und Zahlungsformen des durch die Bodenbenutzung sich ergebenden Gewinns im übrigen gestaltet sein wie sie wollen.

Daß übrigens trotz der gerühmten Bodenbesitz- und Bodenrechtsverhältnisse Englands auch dort gelegentlich als Folge übertriebener Bebauungsintensität und damit zusammenhängender übertriebener Werthöhe städtischen Bodens Auswüchse schlimmster Art im Wohnungsvermietungsgeschäft auftreten, beweisen die Zustände, wie sie in manchen Mietkasernen übelster Art in London vorkamen und noch vorkommen, und der Wohnungswucher, wie er aus denselben geschildert wird.

Nun noch einige Worte über die Einrichtungen des Realkredits in England. Manche Autoren erblicken auch in ihrer von der unserigen abweichenden Ausbildung einen Hauptgrund für die andersgearteten Wohnverhältnisse Englands. Es ist natürlich, daß ähnlich wie in Belgien auch in England infolge der andern Bodenbesitzverhältnisse, des Umstandes, daß infolge der häufigen Überlassung des Bodens in Erbpacht in vielen Fällen die Kapitalbeschaffung fortfällt oder infolge der geringeren Bebauungsintensität und kleineren Parzellierung erleichtert wird, die Institutionen des Realkredits wesentlich andere Formen annehmen mußten als bei uns. Wenn es auch richtig sein mag, wie Eberstadt behauptet[1]), daß es in England keine Hypothekenbanken nach deutschem Vorbild, kein Grundbuch nach deutschem Muster gibt, so fehlt es doch nicht an privaten Geldgebern, Banken und Gesellschaften, welche genügendes Kapital zu Bauzwecken gewähren. Eberstadt selbst führt an, daß die Kapitalbeschaffung in England reichlich und billig sei, und weiter, was meines Erachtens besonders beachtenswert erscheint, daß auch in England eine besonders hohe hypothekarische Gebäudeverschuldung vorkomme, nämlich bei solchen Grundstücken, auf denen eine allgemeine Schankgerechtigkeit ruht (sog. licensed public houses). Diese Tatsache zeigt doch, daß auch in England für spekulative Zwecke Kapital genug zu haben ist, sobald durch die eigenartige Natur des beliehenen Objekts, in diesem Falle durch die Schankkonzession, genügende Sicherheit für den Geldgeber geboten ist. Wenn es also im allgemeinen auch zutreffen mag, daß in England für spekulative Zwecke geringer Kapitalbedarf vorhanden und zur Realisierung der Gewinne der Bodenspekulation Kapital nur in geringem Umfange aufzubringen sei, wie Eberstadt an gleicher Stelle behauptet, so liegt das eben nur daran, daß infolge der andersgearteten Bodenbesitzverhältnisse und Hausformen die Bodenspekulation überhaupt in ganz anderer Form auftritt als bei uns und demnach auch weniger Kapital zu spekulativen

---

[1]) Handbuch des Wohnungswesens etc., a. a. O., S. 430.

Zwecken beansprucht wird. Wird es aber ausnahmsweise doch, natürlich bei entsprechender Sicherheit, verlangt, so gibt es genau wie bei uns in England Geldgeber genug. Der Versuch, wie er von mancher Seite gemacht wird, die in vielem zweifellos besseren englischen Wohnverhältnisse mit den anderen Institutionen des Realkredits, dem Mangel eines Grundbuchs nach deutschem Muster usw. zu begründen, muß also als verfehlt betrachtet werden.

Gewiß ist es richtig, wenn Eberstadt (a. a. O., S. 430) sagt, daß in England „eine geschäftsmäßige Bodenspekulation in der in Deutschland entwickelten Form mit ihren Hilfsmitteln der Taxierungen, der Bodenbelastung, des Baustellenhandels und der Einschiebung von Zwischenpersonen unmöglich und unbekannt“ sei, aber die Voraussetzung dafür ist nicht die andersartige Gestaltung des Realkreditwesens, sondern der Umstand, daß die andern Wohnsitten, Hausformen und städtischen Siedelungsformen eine zünftige Bodenspekulation überhaupt wenig rentabel erscheinen lassen. So fehlen natürlich auch die Hilfsmittel derselben, welche ihr bei uns ein so charakteristisches Gepräge verleihen. Gerade auch die erwähnten Verhältnisse Aachens, wo Wohnsitten, Hausformen (Dreifensterhaus) und eine durch günstige Verkehrsmittel begünstigte starke Dezentralisation und Weiträumigkeit der Stadtanlage ähnliche Wohnverhältnisse wie in vielen Städten Englands geschaffen haben, zeigen aufs deutlichste, daß nicht die Institutionen unseres Realkredits und unser preußisches Grundbuch an unsern im allgemeinen andersgearteten Wohnverhältnissen schuld sind; sie widerlegen auch die Eberstadtsche Behauptung. (a. a. O., S. 432), daß die Verdrängung des alten Dreifensterhauses genau parallel verlaufe mit dem Vordringen des preußischen Grundbuchs. Was neuerdings auch in Aachen das alte Dreifensterhaus verdrängt, sind ganz andere Einflüsse; hier sind vor allem die Wohnsitten und Wohnansprüche der Bevölkerung selbst von ausschlaggebender Bedeutung.

Endlich will ich noch darauf hinweisen, daß es nicht an Stimmen fehlt, welche die allgemein als richtig hingenommene Angabe, daß der Wohnboden um die englischen Städte herum erheblich billiger sei als der unserer Städte, stark in Zweifel ziehen, und die angegebenen Differenzen darauf zurückführen, daß man bei diesen Vergleichen keineswegs immer in sachgemäßer Weise wirklich vergleichbare Gelände berücksichtigt. So behauptet Kehl[1]), daß die Bodenpreise in den Londoner Vororten, in denen der Landhausbau möglich sei, nicht billiger wären als in entsprechenden Lagen Großberlins und daß es ein Märchen sei, das Fehlen ähnlicher Kolonien daselbst mit den angeblich zu hohen Bodenpreisen begründen zu wollen.

Auch Pesl (a. a. O., S. 63) hebt meines Erachtens mit Recht hervor, daß man die von andern angegebenen, vergleichenden Beispiele von Bodenwerten sehr vorsichtig auffassen müsse, da die Wertfestsetzung oft zu ganz verschiedenen Zeiten erfolgt sei und derartige Vergleiche

---

[1]) Grundbesitz und Realkredit, Nr. 32 v. 7. Nov. 1912.

überhaupt nur einen sehr relativen Wert hätten, weil die Verschiedenheiten der Stadtteile in den einzelnen Städten viel zu groß seien, um wirklich brauchbare Vergleichsobjekte finden zu können.

Fünfter Abschnitt.

Die Voraussetzungen der städtischen Dezentralisation in Deutschland.

Im ersten Teil dieser Arbeit wurde entwickelt, daß eigenartige und teilweise in direktem Gegensatz zu andern Ländern, wie Belgien, England und Amerika stehende Verhältnisse in der Mehrzahl unserer deutschen Städte eine weitgehende Konzentration der Bevölkerung und hochgradige Bebauungsintensität erzeugten. Wir führten diese eigenartige Entwickelung auf allerlei Eigentümlichkeiten des deutschen Volkscharakters, die von alters her hier herrschenden Wohnsitten und Wohnansprüche und vor allem mangelhafte Bauordnungen zurück.

Es erscheint nun meines Erachtens von außerordentlicher Tragweite für die weitere Entwickelung unserer Städte, daß sich allmählich und in den Anfängen kaum zurück verfolgbar eine Wandlung in den obengenannten Faktoren vollzieht. Dieselbe wurde bisher kaum beachtet, bereitet aber immer mehr den Boden für bessere Verhältnisse vor. Und zwar hat diese Wandlung bereits begonnen, lange ehe man bewußt von Dezentralisation der Städte sprach, zu einer Zeit, als Wohnungsreform und Bodenreform noch wenig bekannte Bestrebungen waren. Auf diese Wandlung gründet sich der Gedanke und die Hoffnung auf eine grundlegende Bessergestaltung unserer städtischen Wohnverhältnisse, und es sollen deshalb die wichtigsten dieser Gesichtspunkte kurz behandelt werden.

Ich folge dabei einer Darlegung, wie ich sie bereits vor Jahren an anderer Stelle[1]) gegeben habe.

Unter den Momenten, welche im Gegensatz zu früheren Verhältnissen in der Gegenwart auch bei uns mit der Möglichkeit einer weitgehenden Dezentralisation der Städte rechnen lassen, an manchen Orten dieselbe auch schon in Gang gebracht haben, erscheinen mir die bedeutsamsten diejenigen zu sein, welche man als psychologische bezeichnen könnte und in manchem eine förmliche Umwandlung unsers Volkscharakters und damit unserer Wohnsitten anbahnen.

Wer entweder aus eigener Anschauung oder aus entsprechenden Berichten die Lebensgewohnheiten der vorangehenden Generationen kennen gelernt hat, dem muß schon jetzt ein weitgehender Unter-

---

[1]) Bodenfrage und Bodenpolitik. 1911, S. 174 ff.

schied gegen die heutigen Verhältnisse auffallen. Früher schätzten bei uns .in Deutschland die wenigsten Menschen körperliche Übungen, Sport und ausgedehnte Wanderungen; es war die typische Zeit des Stammtischtums und Bierphilisteriums, wie sie sich unter anderm auch in den Lebensgewohnheiten der höheren akademischen Jugend aussprach. Dank den englischen Vorbildern hat sich da manches geändert. Nicht nur bei den obern Gesellschaftsklassen, sondern bis weit in die untern Volksklassen hinunter finden wir jetzt auch in Deutschland eine ausgesprochene, teilweise schon sehr weitgehende Vorliebe für Leibesübungen und Sport aller Art. Vor allem hat sich die Lust und Freude am Wandern, am Durchstreifen der Wälder im Winter und Sommer in früher ungeahnter Weise entwickelt. Schöne Sonn- und Feiertage bedeuten heute eine förmliche Entvölkerung der Städte.

Dementsprechend ist in der heutigen Generation wieder ein Gefühl erwacht, das unsern Vorfahren teilweise abhanden gekommen zu sein scheint, die Liebe und Begeisterung für die Schönheiten der Natur. Zweifellos ist das eine Gegenreaktion auf die immer weitergehendere Entfremdung von der Natur, wie sie durch das rapide Anwachsen der Städte bei einem großen Teil ihrer Bevölkerung erzeugt wurde. So wächst die jetzt heranwachsende Generation in ganz anderer Liebe zum Sport, zur Bewegung in freier Natur und dadurch schließlich auch in einer ganz andern Naturbegeisterung auf als das früher der Fall war. Immer mehr treten das Wirtshaus und die Kneipe in den Hintergrund, und an ihrer Stelle werden die freie Natur, Wälder, Seen, Wintersportplätze, Spiel- und Turnplätze Tummelplatz und Erholungsstätte von jung und alt.

Diese gänzlich sich ändernden Lebensgewohnheiten der heranwachsenden Generation müssen mit der Zeit, ähnlich wie das in England wohl schon früher der Fall war, zu ganz anderen Wohnsitten und Wohnansprüchen führen und haben auch teilweise schon dazu geführt. Während es früher in der Zeit des Bierphilisteriums und der Abwendung von der Natur die höchste Sehnsucht und das Lebensideal so vieler war, ihr Leben in den bewunderten und angestaunten Städten verbringen zu können, ist heutzutage für viele das Umgekehrte der Fall. Immer größer wird die Zahl der Großstadtkinder, welche die Freude an der Natur, die sie auf Wanderungen, in den Ferien und der Sommerfrische kennen gelernt haben, zu dem Wunsche veranlaßt, womöglich für immer der Stadt zu entfliehen, oder aber, wenn Berufs- und Erwerbsarbeit das hindern, sich zum mindesten in der Umgebung derselben, auf dem Lande, an der Peripherie oder in kleineren Vororten anzusiedeln. So kann man ohne Übertreibung sagen, daß ebenso leidenschaftlich, wie früher ein Teil der Bevölkerung danach strebte, dem Landleben zu entrinnen und an den Vergnügungen des städtischen Lebens teilzunehmen, heutzutage ein nicht minder großer Teil danach trachtet, wieder den Mauern der Großstadt zu entfliehen. Das gilt namentlich für die jetzt heranwachsende Generation, wenn sie einmal zu selbständigem Erwerb und damit zu der Möglichkeit kommt, die Wahl ihres Wohnsitzes innerhalb weiter Grenzen selbst bestimmen zu können. Wenn das alles zunächst auch noch nicht viele sind, so werden doch immer mehr Personen ihrem Beispiele folgen und dadurch einen weiteren Kreis von Leuten, die von ihnen wirtschaftlich abhängen, nach sich ziehen.

Sind infolge dieser Umstände eine Reihe psychologischer Momente gegeben, welche einem stets wachsenden Teil der Bevölkerung nahelegen, ihren Wohnsitz außerhalb der Städte, auf den Außengeländen und in den Vororten zu nehmen, so sind anderseits heutzutage auch die Möglichkeiten dazu in viel weitgehenderem Maße vorhanden als früher. Unter Hinweis auf frühere Darlegungen (a. a. O.) beschränke ich mich hier darauf, die wichtigsten kurz hervorzuheben. Ausschlaggebend ist vor allem die außerordentliche Entwickelung der Verkehrsmittel, insbesondere der lokalen Verkehrsmittel, welche einen ganz andern Maßstab für die Entfernungen eines Wohnsitzes von der Stadt und der City hervorgerufen haben. Man hat dementsprechend nicht selten die Wohnungsfrage eine Verkehrsfrage genannt, gewiß mit Recht. Je mehr durch den Lokalverkehr entlegene Stadtteile dem Stadtinnern, vor allem der City nahegerückt werden, um so größere Geländeflächen, ein um so größeres Angebot an Bauland und damit schließlich auch Wohnungen steht dann der Nachfrage zur Verfügung. Immer mehr läßt sich dann das Prinzip der Verteilung der Bevölkerung nach ihrer wirtschaftlichen Leistungsfähigkeit, welches wir S. 119 als eines der bedeutsamsten Mittel zur Lösung der Wohnungsfrage erkannt haben, nicht minder die ebenso wichtige Verteilung der Bevölkerung nach ihren Neigungen und Liebhabereien durchführen.

Ein weiteres Moment stellt die Abwanderung der Industrie aus den Städten dar. Eine Reihe von Gründen, welche heute die Verlegung der Industriewerke in besondere, meist erheblich außerhalb der Städte gelegene Industrieviertel ermöglichen, habe ich bereits S. 47 behandelt. Aber auch darüber hinaus ist die Bewegungsfreiheit der Industrie eine größere geworden, weil auch sie durch die Ausbildung der Verkehrsmittel immer unabhängiger in der Wahl ihrer Niederlassung wird, und dadurch heute auch zahlreiche mittlere und kleinere Orte, selbst das offene Land bei entsprechenden Bahn- oder Wasserstraßenverbindungen für sie in Betracht kommen. So hat man in diesem Sinne ja schon von einer förmlichen Auswanderung der Industrie aus den Städten gesprochen. Vielfach kann man allerdings heute noch die Beobachtung machen, daß die Fabriken schon draußen liegen, die Arbeiter aber noch an ihrer Vorliebe für die innenstädtischen Wohnungen festhalten und in den alten Stadtvierteln wohnen bleiben. Es dürfte das aber doch wohl nur eine Übergangserscheinung sein, die um so mehr schwinden wird, je mehr in der Nähe der Fabriken selbst für entsprechende Wohnungen gesorgt wird und je mehr auch die Arbeiter selbst die mannigfachen Vorteile des Wohnens in kleinen Vororten und auf dem Lande schätzen lernen, insbesondere die Möglichkeit, etwas Gartenbau und Landwirtschaft zu treiben.

Aus all diesen leicht vermehrbaren Gründen erscheint es wahrscheinlich, daß sich auch bei uns in Zukunft eine weitgehende Dezentralisation der städtischen Siedelungen, etwa in der Art wie in England und Belgien, ermöglichen lassen wird. Natürlich werden dadurch die Gründe, welche S. 81 dafür angeführt wurden, daß immer der größte Teil der Stadtbevölkerung innerhalb der Städte und in möglichster Nähe der City wohnen will, nicht berührt. Es kann und soll nicht das Ziel der Dezentralisationsbestrebungen sein, die Städte zu entvölkern und die städtische Einwohnerschaft nur auf den Außengeländen anzusiedeln. Es genügt völlig, wenn dadurch ein erheblicher Bruchteil aus der Stadt herausgezogen und dieselbe so einmal entlastet wird, anderseits durch die Erschließung der Außengelände diese als städtischer Wohnboden in Betracht kommen, dem innenstädtischen Konkurrenz machen und der Monopolstellung irgendwelcher Grundbesitzer entgegenarbeiten.

Es ist sogar aus allerlei Gründen zu wünschen, daß sich die Dezentralisation unser Städte nicht allzu rasch vollziehe. Abgesehen von der Möglichkeit, daß dadurch eine plötzliche und zu weitgehende Entwertung des innenstädtischen Bodens mit all ihren Folgezuständen herbeigeführt werden könnte, müssen auch in vielen kleineren Orten, Vororten usw., in welche sich der Dezentralisationsstrom ergießen soll, noch allerlei Verhältnisse geordnet und geregelt werden, vor allem die entsprechenden Einrichtungen verwaltungstechnischer und hygienischer Art geschaffen werden, entsprechende Bauordnungen und Bebauungspläne aufgestellt, Schulen, Krankenhäuser etc. errichtet werden, ehe dort die Wohnungsproduktion einsetzt. Alles das sind Dinge, die Zeit brauchen, sich nicht aus der Erde stampfen lassen, und in der Regel eine Eingemeindung des betreffenden Orts nötig machen. Es liegt ja wohl in unserer Zeit, daß man einmal für richtig erkannte Anschauungen möglichst schnell verwirklicht sehen möchte; gerade aber bei den hier zu behandelnden Fragen darf man nicht vergessen, daß sie sich nur als Folge einer langsamen und stetigen Entwickelung in anderen Ländern herausgebildet haben und sich auch bei uns dies Tempo nicht wesentlich wird beschleunigen lassen.

Das eine steht allerdings fest, daß es heutzutage unter allen Umständen die Pflicht einer auf der Höhe der Zeit stehenden Stadtverwaltung sein muß, dem Drängen der Bevölkerung nach Expansion und städtischer Dezentralisation soweit als irgend möglich nachzugeben. Das gilt vor allem für die größeren und großen Städte. Hier ist eine sachgemäße Besiedelung der Außengelände mit all ihren Hilfsmitteln die einzige Möglichkeit, aus dem Sumpf herauszukommen, in welchen die stürmische

Entwickelung des vorigen Jahrhunderts mit der hochgradigen Zusammendrängung der Bevölkerung als Folge absolut unzureichender Bauordnungen die städtischen Wohnverhältnisse hineingezogen hat. Die Frage, was unter den städtischen Verhältnissen der natürliche Zustand sei, der Hochbau oder der Flachbau, und bis zu welchem Grade die beiden in den einzelnen Stadtteilen in Erscheinung treten sollen, ist durch die außerordentliche Entwickelung der Verkehrsgelegenheiten, die uns ermöglichen, den Wohnbereich der Städte unendlich weiter zu ziehen als das früher der Fall war, in ein völlig neues Stadium getreten und muß in ganz anderer Weise beantwortet werden als noch vor wenigen Jahrzehnten.

Sechster Abschnitt.

Die Durchführung der städtischen Dezentralisation im allgemeinen.

In Weiterführung der Gedanken des vorigen Abschnitts wäre nun zunächst genauer festzulegen, was wir unter städtischer Dezentralisation verstehen wollen und in welchem Sinne sie erfolgen soll. Es braucht wohl nicht darauf hingewiesen zu werden, daß wir hier nur an die örtliche Dezentralisation im Sinne einer Auseinanderziehung der Stadtanlage, an den Ersatz und die Ergänzung des bisher meist vorhandenen einzigen Geschäfts- und Verkehrsmittelpunktes durch verschiedene kleinere und sekundäre derartige Zentren in weit vorgeschobenen Stadtteilen und Vororten denken. Gegenwärtig spricht man allerdings auch in anderm Sinne von städtischer Dezentralisation. Man denkt dabei an Reformen in der Verwaltung der Städte, in dem Sinne, daß man den Verwaltungsapparat derselben zu dezentralisieren trachtet. Der Grundgedanke dieser Reform ist der, nur die bedeutsamsten und wichtigsten Verwaltungsangelegenheiten, welche die Mitwirkung und die Entschließung der leitenden Persönlichkeiten und Körperschaften der Stadtverwaltung erfordern, der Zentralstelle zuzuweisen, dagegen die untergeordneten Ausführungsmaßnahmen und unwichtigen Einzeldinge lokalen Verwaltungsstellen einzelner Stadtteile zuzuweisen. Durch eine derartige Verwaltungsdezentralisation sollen vor allem die leitenden Persönlichkeiten von allerlei untergeordneten, sie bisher unnötig belastenden Arbeiten befreit werden, außerdem der ganze Verwaltungsbetrieb vereinfacht und abgekürzt und der Verkehr des Publikums mit den städtischen Behörden erleichtert werden. Ich begnüge mich damit, hier darauf hinzuweisen, daß wohl mit der Zeit jede weitergehende örtliche Dezentralisation der Städte mit einer solchen Verwaltungsdezentralisation verbunden sein muß; im übrigen soll von letzterer aber hier nicht weiter die Rede sein.

Was dagegen die örtliche Dezentralisation anlangt, so liegt der Gedanke nahe. und so ist die Sache auch oft aufgefaßt worden, man müsse versuchen, die jetzige dicht gedrängte und räumlich zusammenhängende Stadtanlage an der Peripherie immer weiter auseinanderzuziehen und aufzulösen, immer mehr nur Landhausviertel und in einen Kranz von Gärten eingebettete Einfamilienhäuser zuzulassen, bis schließlich die Gärten, Parks und Freiflächen immer größer, der überbaute Teil immer kleiner werde und sich so ganz allmählich der Übergang von der hochgradigen Bebauungsintensität der Städte zum offenen, unbebauten Land vollziehe. Diese Idee hat etwas Bestrickendes und wenn man sich die Dezentralisation mancher Städte, wie sie heutzutage geübt wird, daraufhin ansieht, kann man konstatieren, daß vielerorts auch auf eine solche Lösung der Aufgabe, wenn auch vielleicht unbewußt hingearbeitet wird. Zum Teil liegt das daran, daß in den modernen Staffelbauordnungen meist die ganzen Außengelände nur einer Bauklasse, der offenen landhausmäßigen Bebauung, zugewiesen werden und außerdem das Verbot des wilden Bauens einer stärkeren Besiedelung daselbst entgegensteht.

Eine eingehende Überlegung der zu lösenden Aufgaben zeigt aber, daß sich eine derartige Auflösung der Städte unzweckmäßig und widersinnig gestalten würde. Bei einer derartigen Siedelungsweise würden z. B. die Kosten der Straßenzüge im Dezentralisationsgebiet ins Ungemessene steigen oder aber man müßte denkbar bescheidenste Ansprüche an die Ausstattung und Ausführung derselben stellen. Das mag in den Außengeländen ganz kleiner Landörtchen, wo es sich um rein ländliche Verhältnisse handelt, minimaler Verkehr ist und die Verwendung der Schmutz- und Abfallstoffe in der Landwirtschaft auf keine Schwierigkeiten stößt, recht gut möglich sein, nicht aber in den Randbezirken der Großstädte, wo infolge der stärkeren Konglomeration der Bevölkerung die Verkehrs- und sanitären Interessen in ganz anderer Weise berücksichtigt werden müssen.

In den Außenvierteln mancher amerikanischer Städte scheinen allerdings stellenweise solche Verhältnisse zu bestehen. So berichtet Professor Lennhoff [1]) von einzelnen derartigen Wohnvierteln Chicagos:

„Von dem, was wir dort sahen, kann sich der Berliner nur schwer eine Vorstellung machen. Ist er doch gewöhnt, daß, wenn irgendwo eine neue Straße angelegt wird, vor Beginn der Bebauung Wasserleitung und Kanalrohre gelegt werden, gepflastert und asphaltiert wird. Hier aber sahen wir voll bebaute und seit Jahren bewohnte Straßen, die noch nicht einmal benannt waren, die Häuser und Häuschen kümmerlich klein, meist aus Holz, mit lebensgefährlichen Stiegen, starrend von Schmutz und von einer schmutzstarrenden Bevölkerung bewohnt. . . . Schmutz, Unrat und Wasser wurden in hohen Bogen aus den Haustüren auf die Straße befördert. . . . viele der Straßen noch ungepflastert, und wenn gepflastert, dann mit dicken Moderschichten." Um Mißverständnisse zu verhüten möchte ich bemerken, daß im übrigen Lennhoff den städtebaulichen und sozialen Leistungen Chicagos volle Anerkennung spendet.

---

[1]) Vossische Zeitung v. 5. Jan. 1913.

Man muß weiterhin bedenken, daß die städtische Bevölkerung, welche von der Dezentralisation Gebrauch machen und dadurch bis zu einem gewissen Grade die Vorteile des Landlebens genießen will, anderseits auf den wohnungshygienischen Komfort, den sie in der Stadt kennen und schätzen gelernt hat, nicht gerne mehr Verzicht leistet, ihn zum Teil wenigstens mit aufs Land hinausnehmen will. Das gilt namentlich für die obern und mittlern Einkommenklassen, die unteren sind in der Beziehung meist weniger, oft leider zu wenig, anspruchsvoll.

So wollen die meisten nicht auf Wasserleitung, Spülklosett und demnach auch nicht auf Kanalisation Verzicht leisten, weil Wasserklosetts in Verbindung mit Abortgruben meist erhebliche Mißstände zur Folge haben. Auch Gas, Elektrizität, Telephon, regelmäßige öftere Postzustellung, Straßenbewachung und Straßenbeleuchtung werden in der Regel nur sehr ungern vermißt. Daß eine Versorgung all der in obigem Sinne isoliert und zerstreut über die ganzen Außengelände verteilten Gebäude mit all diesen Leitungen, Rohrsystemen und sonstigen Einrichtungen so gut wie ausgeschlossen ist, wird sich jeder sagen, der von den Kosten entsprechend ausgestatteter Straßenzüge eine Ahnung hat. Wollte man sie trotzdem durchführen, so würde das eine solche Belastung der betreffenden Betriebe etc., seien es nun private oder kommunale, bedeuten, daß sie unbedingt auf die Konsumenten abgewälzt werden müßte. Dadurch würde dann der ganze Erfolg der Dezentralisation, der doch in letzter Linie, abgesehen von der Verbesserung der Wohngelegenheiten, namentlich was die äußern Wohnungsqualitäten (s. S. 63) anbelangt, auch eine Verbilligung des Wohnens mit sich bringen soll, illusorisch gemacht. Ohnehin darf man bei der Würdigung der Kostenfrage die Ausgaben für die tägliche Benutzung der Verkehrsmittel hin und zurück zur Arbeitsstätte nicht unberücksichtigt lassen, sondern muß sie zu den Mietpreisen hinzuaddieren.

Auch die Verkehrsmittel, ohne welche eine weitgehende Dezentralisation unter großstädtischen Verhältnissen ganz undenkbar ist, würden bei einer derartigen, weit auseinandergezogenen und zerstreuten Siedelungsweise viel zu unrentabel, zum mindesten ließe sich ein einigermaßen rentabler Betrieb nur in großen Zeitintervallen durchführen, was die Benutzung der Verkehrsgelegenheiten für viele wieder unbequem und unmöglich machte. Auch die Entfernung von den Haltestellen würde für viele der Ansiedler zu groß und erforderte erst weite Wege zu Fuß.

Aus all diesen noch leicht vermehrbaren Gründen macht sich auch im Dezentralisationsgebiet, eben den Außengeländen der Städte, das Bedürfnis nach einer gewissen Zusammendrängung der Siedelungen, nach einer gewissen Konzentration der Bevölkerung an einzelnen landschaftlich und durch die Verkehrsmöglichkeiten bevorzugten Stellen erforderlich. Auch hier müssen sich kleinere und größere Siedelungsgruppen, Villenkolonien, kleinere und größere Orte, wenn es sich um die Dezentralisation von Großstädten handelt, selbst kleinere Städte herausbilden.

Derartige Orte werden sich im allgemeinen im Anschluß an die Ausgestaltung entsprechend günstiger Verkehrsgelegenheiten, in der Regel aus bereits vorhandenen früheren Dörfern und Siedelungsgruppen entwickeln. Anderseits ist es gewiß auch möglich, derartige Siedelungen willkürlich im freien bisher unbebauten Gelände ohne jeden Anschluß an bereits bestehende Orte anzulegen. Dazu bedarf es allerdings meist besonderer landschaftlicher Vorzüge, entsprechend günstiger Verkehrsgelegenheiten und einer sehr starken Nachfrage nach Wohnungen auf den Außengeländen. Insbesondere müssen durch entsprechende Bebauungspläne und Bauordnungen die verschiedensten Hausformen ermöglicht und dem Bauunternehmertum eine genügende Rentabilität belassen werden. Ganz falsch ist es, wenn man hier nur den herrschaftlichen Wohnungsbau und Villenbau zulassen wollte.

Es ist ersichtlich, daß die Zusammendrängung der Wohnstätten auf den Außengeländen an solchen Dezentralisationsknotenpunkten, wie man sie nennen könnte, gegenüber der völlig gleichmäßigen Verteilung der Siedelungen außerordentliche Vorteile mit sich bringt. Die Entfernung zwischen den einzelnen Gebäuden und den End- und Haltepunkten der Verkehrslinien wird geringer, in den meisten Fällen wird die Frage der Rentabilität einer solchen Verkehrsverbindung direkt davon abhängen, ob die Bevölkerungsdichte in dem zu erschließenden Gebiet eine genügende Frequenz gewährleistet. Des weiteren läßt sich, wenigstens für die zentralen, dichter besiedelten Teile dieser Dezentralisationsorte Wasserleitung, Kanalisation, Gas, Elektrizität, Telephon etc. ermöglichen, nicht minder eine bessere Straßenanlage und Beleuchtung. Mit der Zeit läßt sich bei zunehmender Größe der Siedelungen auch die Errichtung von Post- und Bankfilialen, Zahlkassen, Läden für die täglichen kleinen Bedürfnisse usw. durchführen, eventuell auch die Errichtung von Schulgebäuden. Letzterer Punkt ist außerordentlich wesentlich, weil für viele Familien unter heutigen Verhältnissen die Ansiedelung auf den Außengeländen infolge der weiten von den kleinen Kindern zurückzulegenden Schulwege oder -Fahrten fast unmöglich wird.

So läßt sich in derartigen Orten ein großer Teil der Vorteile erreichen, der nun einmal mit einer Konzentration der Bevölkerung auf ein relativ beschränktes Gebiet verbunden ist, ohne die Nachteile allzu starker Konzentration, wie sie die großen Städte aufweisen, in Kauf nehmen zu müssen.

Das Ziel der Dezentralisation unserer Städte wäre also die Bildung kleinerer und größerer Orte an verschiedenen günstig gelegenen Punkten der Peripherie, nicht nur in räumlichem Zusammenhang mit der Mutter- und Zentralstadt, sondern auch weiter vorgeschoben und durch entsprechende Verkehrsverbindungen mit ihr in Zusammenhang gebracht. Wie weit man da hinausgehen will, wird einmal von dem Wohnbedürfnis der Bevölkerung und den Bodenpreisen, anderseits von der Schnelligkeit und Frequenzmöglichkeit der betreffenden Verkehrslinien abhängen. Da wir bezüglich des letzteren Punktes gar nicht wissen, wohin uns die fortschreitende Entwickelung einmal führen wird, so ist da der Phantasie noch ein sehr weiter Spielraum gelassen.

Auf diese Weise soll verhindert werden, daß der von Jahr zu Jahr neu hinzutretende Bevölkerungszuwachs einer Großstadt immer wieder zu einer noch dichteren Besiedelung des ohnehin übertrieben stark bevölkerten städtischen Bodens führt, oder aber zu einer Vergrößerung der Stadt lediglich an der Peripherie, durch Errichtung eines weiteren Häuserwalles um das frühere Stadtgebiet. Eine derartige Vergrößerung der Städte, wie sie früher bei uns fast überall der Fall war, bringt schwerwiegende Nachteile für den hygienischen Ausbau der Städte mit sich. Immer dichter wird der Innenboden besiedelt, immer höher steigen dementsprechend die Bodenwerte, immer mehr türmt sich von Jahr zu Jahr ein neuer Wall von Häusern um das ohnehin ausgedehnte Häusermeer der Stadt. So werden im Laufe der Weiterentwickelung die zentralen Stadtteile und die Altstadt immer mehr von der Natur und dem offenen Lande, das die Stadt umschließt, nicht minder dem hier vorhandenen Reservoir frischer Luft, dem Grün der Wälder und Wiesen entfernt, und so die äußeren hygienischen Wohnungsqualitäten immer ungünstiger. Als weitere bedenkliche Folge würde sich noch ein Monopol der Grundbesitzer im „schmalen Rand", dem jedesmal für den demnächstigen Stadterweiterungsgürtel in Betracht kommenden Geländering mit seiner preissteigernden Wirkung hinzugesellen. Es läßt sich nicht leugnen, daß sich die Entwickelung mancher früherer, namentlich umwallter Städte, bei denen von Zeit zu Zeit der Festungsgürtel weiter hinausgeschoben wurde, in dieser Weise oft Jahrzehnte lang vollzogen hat (s. S. 225 die diesbezüglichen Entwickelungsverhältnisse von Paris). Glücklicherweise verlief aber und verläuft namentlich heutzutage die Größenentfaltung unserer meisten Städte in durchaus anderer Weise. Das sind auch die Gründe, weshalb ich an anderer Stelle[1]) die hauptsächlich von v. Mangoldt vertretene Theorie des schmalen Randes, wenigstens für heutige Verhältnisse, zurückwies.

Damit ist allerdings nicht gesagt, daß im Sinne einer andersgearteten, eben der dezentralisierten Stadtanlage, in den meisten Städten nicht noch weit mehr geschehen könnte. Versuchen wir ein Ideal-

---

[1]) Bodenfrage und Bodenpolitik, S. 114 ff.

schema einer solchen dezentralisierten Stadt aufzustellen, so würde es sich etwa folgendermaßen darstellen. Von einer gewissen Größe der Mutterstadt ab erfolgt das weitere Wachstum derselben nicht mehr einfach durch Anlagerung weiterer Teile an der Peripherie, sondern durch Bildung neuer Kolonien und Siedelungen in der näheren und ferneren Umgebung. Diese sind es, welche dann vornehmlich weiter wachsen, den Bevölkerungszuwachs vor allem aufnehmen oder doch den Teil der früheren innenstädtischen Bevölkerung, welcher demselben Platz gemacht hat. Bei weiterer Größenzunahme wachsen sie schließlich an die Mutterstadt heran, verschmelzen mit ihr, immer aber bleiben zwischen ihnen selbst, zum Teil auch zwischen ihnen und der Mutterstadt große Partien offenen, unbebauten Landes, welche als Frei- und Erholungsflächen für die städtische Bevölkerung in Betracht kommen und die frische Landluft bis nahe an die Altstadt heranführen. So ergibt sich also für die dezentralisierte Stadt ein von der älteren konzentrischen und zentralisierten Stadtanlage durchaus verschiedenes Bild, eine weit innigere Durchdringung von bebauten und unbebauten Flächen und eine weit größere Landnähe auch für den zentral gelegenen Teil der Mutterstadt. Wenn man den Plan von London S. 199 betrachtet, sieht man, daß hier die Entwickelung, wenigstens in den Randbezirken, tatsächlich einen ähnlichen Gang, wenn auch natürlich nicht so ausgesprochen, genommen hat; namentlich ist der Gegensatz zu Paris, s. den Plan S. 200, welches sich mehr dem Schema der zentralisierten Stadt nähert, sehr auffallend.

Daß bei einer solchen dezentralisierten Stadtanlage jedweder „schmale Rand" und ein weitgehendes Monopol einzelner Grundbesitzer unmöglich wird und das große Angebot von Land überall in der Umgebung der Mutterstadt und Tochterstädte mit der Zeit zu einer Verbilligung des Wohnbodens führen muß, wurde schon S. 152 und ff. erörtert. So können wir hoffen, daß wir durch eine derartige dezentralisierte Stadtanlage innerhalb gewisser Grenzen nicht nur die äußeren hygienischen Qualitäten der innenstädtischen Wohnungen bessern, sondern auch den Wohnboden und damit schließlich auch die Wohnungen bis zu einem gewissen Grade verbilligen können.

In all diesen Dezentralisationsorten, die also mit der Zeit zu größern und kleinern Städten heranwachsen können, ist natürlich durch eine sachgemäß und rechtzeitig aufgestellte, den modernen hygienischen Anforderungen völlig genügende Bauordnung dafür zu sorgen, daß sie einerseits in ihren zentralen Teilen den sich bald einstellenden Bedürfnissen des Geschäfts- und Erwerbslebens durch Zulassung einer stärkern Grundausnutzung und größern Bebauungsintensität Rechnung tragen, in ihren Außengeländen aber allmählich in das offene Land übergehen und hier Interessenten die Vorteile des Wohnens auf dem Lande in allen Abstufungen ermöglichen.

Additional material from *Die Grundlagen zur Besserung der städtischen Wohnverhältnisse,*
ISBN 978-3-642-89742-9 (978-3-642-89742-9_OSFO2),
is available at http://extras.springer.com

Derartige Orte bieten dann alle Vorteile des ruhigen behaglichen Lebens in einer kleinen Stadt mit all dem Komfort, der sich dadurch gegenüber dem isolierten Wohnen auf dem Lande erreichen läßt; anderseits sollen sie durch schnelle und billige Verbindung mit der städtischen Zentrale ihren Einwohnern ermöglichen, an allen Vorteilen der Großstadt und des großstädtischen Erwerbslebens, den gesellschaftlichen und geistigen Anregungen, Vergnügungen und Bildungsmöglichkeiten derselben teilzunehmen. Voraussetzung ist allerdings immer wieder eine entsprechend billige, rasche und genügend häufige Verkehrsverbindung, die sich nur bei entsprechender Größe und räumlicher Konzentration dieser Dezentralisationsorte durchführen läßt.

Dabei darf nicht unberücksichtigt bleiben, daß von einer gewissen Größe dieser Tochterstädte und Siedelungsgruppen ab in immer zunehmendem Maße ein Teil der dort ansässigen Bevölkerung schon an diesem Orte selbst Arbeit und Verdienst finden wird, z. B. zahlreiche Handel- und Gewerbetreibende, kleine Kaufleute und Handwerker, welche die täglichen kleinen Bedürfnisse der Einwohnerschaft befriedigen. Erst recht wird das der Fall sein, wenn sich, durch Anlage besonderer Industrieviertel begünstigt, auch Industriewerke an der Peripherie solcher Dezentralisationsorte und auf den nahegelegenen Außengeländen niederlassen. Dagegen werden die höhern Einkommenklassen, sofern es sich nicht direkt um Rentner handelt, im allgemeinen nur ihren Wohnsitz in diesen Orten nehmen, dagegen in der städtischen Zentrale, der City, ihrem Erwerb nachgehen. So wird dann schließlich doch das Geld, von dem in letzter Linie der Ort lebt, in der City verdient, das ganze Erwerbsleben ist von den Konjunkturverhältnissen daselbst abhängig, und so wird sich für den größten Teil der erwerbstätigen Bevölkerung die tägliche Fahrt hin und zurück zur City, die Trennung von Wohnstätte und Arbeitsstätte, nicht umgehen lassen.

Auf dieser im modernen Leben immer weiter um sich greifenden Trennung beruht nun einmal der ganze Dezentralisationsgedanke. Daß dabei allerlei besondere Einrichtungen, wie die zunehmende Verkürzung der Arbeitszeit, die Einführung der englischen Bureauzeit (s. S. 238) fördernd mitwirken müssen, ist selbstverständlich. Wenn man nun auch dem größten Teil der männlichen Bevölkerung diese tägliche Fahrt zur City nicht ersparen kann, so ist es doch außerordentlich wünschenswert, daß für den weiblichen, nicht erwerbstätigen Teil der Familie und die Kinder diese tägliche Fahrt wegfällt. Schon deshalb ist eine gewisse Größe dieser Dezentralisationsorte nötig, um in denselben niedere und höhere Schulen, Kirchen usw. einrichten zu können, und die Möglichkeit zu schaffen, die meisten Bedürfnisse am Orte selbst einkaufen zu können.

Es ist also das Verhältnis, wie es sich schon lange zwischen manchen Großstädten und ihren Vororten angebahnt hat, längst ehe man bewußt im heutigen Sinne von Dezentralisation sprach. Nur daß man früher dieser Entwickelung keine besondere Förderung, vor allem durch entsprechende Verkehrspolitik, Eingemeindungen etc. angedeihen ließ, dieselbe im Gegenteil oft erschwerte oder unmöglich machen wollte.

In andern Ländern hat sich allerdings die Dezentralisation der Städte vielfach in anderm Sinne vollzogen. So umgibt in England nicht selten die City und die städtische Zentrale ein ungeheures Häusermeer von kleinen Ein- und Zweifamilienhäuschen, eines wie das andere gebaut, von keineswegs immer ganz einwandfreier Beschaffenheit, an langweiligen, trostlosen und eintönigen Straßen liegend, von denen eine genau aussieht wie die andere. Ähnlich liegen nach vielen Berichten auch die Verhältnisse in den Außengebieten mancher amerikanischer Städte. Unserm deutschen Empfinden wird eine derartige Siedelungsweise mit ihrer entsetzlichen Eintönigkeit wohl immer fremd bleiben, sie widerspricht aber auch direkt dem Gedanken, welcher der Dezentralisation zugrunde liegt, nämlich die Bevölkerung der Randbezirke und Außengebiete der Städte wieder in einen gewissen Konnex zur Natur und zum offenen Lande zu bringen. Denn infolge der riesenhaften Flächenentfaltung einer solchen Siedelungsweise sind die Bewohner der Städte erst recht von der wirklich freien Natur und dem unbebauten Lande abgeschlossen oder müssen sich den Weg dahin durch dieses endlose Meer von Häuserchen erkaufen. Es ist zweifellos richtiger, die Siedelungen lieber an einzelnen Punkten zusammenzudrängen, hier selbst intensivere Grundausnutzung und bis zu einem gewissen Grade den Hochbau zuzulassen, dafür aber in der Umgebung freie, völlig unbebaute Grünflächen und das offene Land einzutauschen.

Man könnte diesen eigenartigen Unterschied, wie er sich für die frühere und die jetzige Form der Stadtanlage und Stadterweiterung ergibt, auch dahin charakterisieren, daß in früherer Zeit die städtische Bevölkerung selbst und demnach auch die Wohnungsnachfrage eine ausgesprochen zentripetale Tendenz zeigte, die mit der Zeit zur Bildung einer zentralisierten und geschlossenen Stadtanlage führen mußte. Umgekehrt läßt sich gegenwärtig in den Wohnansprüchen eines immer größer werdenden Teils der Stadtbevölkerung, demnach auch in der Wohnungsnachfrage, eine ausgesprochen zentrifugale Tendenz konstatieren, welche mit der Zeit zu einer räumlichen Auseinanderziehung der Stadtanlage und einer Dezentralisation derselben führen muß. Genauer genommen, kann man heutzutage sogar zwei völlig verschiedene Richtungen erkennen; das großstädtische Geschäftsleben hat eine ausgesprochene zentripetale, der City zustrebende Tendenz, welche der mehr zentrifugal gerichteten und den ruhigen und stillen Wohnvierteln in der näheren und weiteren Umgebung zustrebenden Wohnungsnachfrage direkt entgegengesetzt ist. Es ist Aufgabe der großstädtischen Verkehrsmittel, das Nebeneinanderbestehen dieser beiden Strömungen zu ermöglichen.

Additional material from *Die Grundlagen zur Besserung der städtischen Wohnverhältnisse,*
ISBN 978-3-642-89742-9 (978-3-642-89742-9_OSFO3),
is available at http://extras.springer.com

Additional material from: Die Grundlagen in Bewegung der
structbuch/Wildwechsel...
ISBN 978-3-642-89742-9 (978-3-642-89742-9_CSP03)
is available at http://extras.springer.com

Siebenter Abschnitt.

Die Bedeutung der Bauordnungen und Bebauungspläne für die städtische Dezentralisation.

Um eine Dezentralisation in vorstehendem Sinne durchführen zu können, bedarf es allerdings einer entsprechenden Behandlung der Außengelände in der Bauordnung. Das früher bei der älteren Zonenbauordnung, aber auch bei der modernen Staffelbauordnung noch vielfach geübte Verfahren, die ganzen Außengelände einer einzigen Bauklasse, meist der offenen, landhausmäßigen, nur zwei Geschosse duldenden Bauweise, zuzuweisen, ist absolut zu verdammen. Im Gegenteil muß auch hier wieder eine weitgehende Abstufung innerhalb der einzelnen Dezentralisationsorte und Siedelungsgruppen, je nach der wirtschaftlichen Leistungsfähigkeit der dort anzusiedelnden Bewohner und den besonderen Eigentümlichkeiten der Lage Platz greifen. Speziell ist, um den Kleinwohnungsbau zu fördern, vielfach der Reihenhausbau, in größeren Siedelungen in den zentralen Teilen und sich hier herausbildenden sekundären Geschäftsvierteln auch das mehrstöckige Etagenhaus zuzulassen. Allzu starres Festhalten an den Formen extensivster Bauweise wird sonst gar zu leicht gerade dem ärmeren Teil der Bevölkerung, dem man doch vor allem, eben in Rücksicht auf die teuern und dabei meist noch schlechten innerstädtischen Kleinwohnungen die Ansiedelung auf den Außengeländen ermöglichen will, das Wohnen hierselbst unmöglich machen. Man braucht nur die Außengelände vieler unserer modernen Städte zu durchwandern, um sich zu überzeugen, daß in diesem Punkte noch viel gefehlt wird. Überall sieht man elegante Villen, hochherrschaftliche Wohnhäuser, aber für den ärmeren Teil der Bevölkerung in Betracht kommende Kleinwohnungen fehlen fast überall. So wohnen die untern Einkommenklassen in vielen Städten noch fast ausschließlich in den schmutzigsten und elendsten Teilen der Altstadt. Dadurch wird der an sich schöne und gute Gedanken der städtischen Dezentralisation gerade für die Volkskreise und ihre Wohnverhältnisse, für welche er sich am fruchtbarsten gestalten könnte, wieder illusorisch gemacht. Gewiß ist es richtig, wenn man darauf hinweist, daß gerade die niedern Einkommenklassen noch eine ausgesprochene Vorliebe für das Wohnen innerhalb der Stadt an den Tag legen, aber man geht wohl in der Annahme nicht fehl, daß sich in ihren Wohnsitten manches ändern ließe, wenn man ihnen die Ansiedelung auf den Außengeländen weit mehr als bisher durch den Bau entsprechender Kleinwohnungen und zugehöriger Verkehrsmittel möglich und erschwinglich machte.

Es ist deshalb sehr zu begrüßen, daß der neue preußische Wohnungsgesetzentwurf zum § 3 des Gesetzes, betreffend die Anlegung und Veränderung von Straßen und Plätzen vom 2. Juli 1875 folgende Vorschrift hinzufügt:

„Im Interesse des Wohnbedürfnisses ist ferner darauf Bedacht zu nehmen, daß in ausgiebiger Zahl und Größe Plätze (auch Gartenanlagen, Spiel- und Erholungsplätze) vorgesehen, daß für Wohnzwecke Baublöcke von angemessener Tiefe und Straßen von geringerer Breite, entsprechend dem verschiedenartigen Wohnungsbedürfnisse geschaffen werden, und daß durch die Festsetzung Baugelände entsprechend dem Wohnungsbedürfnisse der Bebauung erschlossen wird.“

Hier ist also ausdrücklich darauf hingewiesen, daß sich die Aufteilung des Bodens mehr als bisher dem jeweilig in einem Stadtteil oder Planausschnitt zu befriedigenden Wohnbedürfnis, also je nachdem auch dem Bedürfnis nach Kleinwohnungen, anpassen soll.

Das ist noch klarer in der Begründung ausgesprochen, in der es unter anderm heißt: „Während im allgemeinen für die Wohnungen der minderbemittelten Bevölkerungskreise geringe Blocktiefen und Straßen von geringerer Breite wünschenswert sind, damit Hinterwohngebäude und tiefe Flügelbauten vermieden und kleinere Grundstücke und Häuser geschaffen werden, die auch Angehörige dieser Bevölkerungskreise und des Mittelstandes zu erwerben und zu besitzen in der Lage sind, kommen für Wohnhäuser der wohlhabenderen Bevölkerung, namentlich wenn Platz für Gärten gewonnen werden soll, auch größere Blocktiefen in Frage. In Betracht kommt ferner, daß bei Herstellung nur breiter und möglichst vollkommen befestigter Straßen das Wohnen infolge der höheren Straßenkosten unnötig verteuert wird, während im Weg der Entwickelung der Wohnstraßen ein Mittel gegeben ist, auf eine Ermäßigung der Straßenkostenbeiträge für die Wohnungen der Minderbemittelten hinzuwirken“.

Den vorstehenden Ausführungen entsprechend muß also, namentlich auch als Äquivalent gegen die teuern innenstädtischen Kleinwohnungen, ganz besonderer Wert auf die Beschaffung einer entsprechenden Zahl guter und billiger Kleinwohnungen auf den Außengeländen der Städte gelegt und demnach hier in jeder Weise durch Bauerleichterungen der Bau derselben begünstigt werden. Selbstverständlich unterscheiden sich im übrigen die hier auf billigem Neuland an den Bau und die Ausstattung der Kleinwohnungen zu stellenden Anforderungen wesentlich von den früher behandelten gesundheitlichen Mindestforderungen für Kleinwohnungen auf dem hochwertigen Innenboden der Städte. Da im übrigen dieses Thema des öftern in der Literatur behandelt wurde, stelle ich im übrigen einige der wichtigsten Punkte zusammen.

Es müssen auch auf den Außengeländen besondere Geländeteile für den Bau von Kleinwohnungen bestimmt werden, wie sich das am zweckmäßigsten durch eine entsprechende Parzellierung, wobei Baublöcke von für Kleinwohnungsbauten geeigneter Gestalt geschaffen werden, erreichen läßt. Ebenso wichtig ist es, in diesem Gelände möglichst an Straßenbau und Straßenbaukosten zu sparen, da die Straßenbaukosten sehr erheblich zur Verteuerung des Baulands beitragen.

Vorzügliches Material zur Beurteilung dieser Frage enthält die bereits S. 182 erwähnte Denkschrift des Oberbürgermeisters der Stadt

Aachen über die Aachener Bau- und Bodenpolitik. Nach ihr ist das Quadratmeter Bauland durch die Straßenbaukosten, die in Aachen, wie wohl in den meisten Städten, ganz von den Eigentümern der angrenzenden Grundstücke erhoben werden, verteuert worden

bei der Thomashofstraße	III. Teil	um	9,37	Mark,
,, ,, ,,	I. ,,	,,	8,30	,,
,, ,, Aretzstraße		,,	6,27	,,
,, ,, Thomashofstraße	II. ,,	,,	6,21	,,
,, ,, Försterstraße		,,	5,00	,,
,, ,, Nizzaallee	II. ,,	,,	4,59	,,
,, ,, ,,	I. ,,	,,	3,34	,,
,, ,, Maria-Theresia-Allee		,,	3,13	,,
,, ,, Goethestraße		,,	2,66	,,

Diese Straßenbaukosten setzen sich im allgemeinen aus folgenden drei Posten zusammen:

    a) den Grunderwerbskosten,

    b) den Kosten des Ausbaues der Fahrbahn, einschließlich der Anlage des Straßenkanals,

    c) den Kosten der Bürgersteiganlage.

Bezüglich der großen Verschiedenheit der Straßenbaukosten verweise ich auf den Originalbericht.

Um diese durch die Straßenbaukosten bewirkte Verteuerung des Baulands möglichst gering zu machen, sollten bei Kleinwohnungsbauten des öftern schmale Wohnstraßen, unter Umständen auch Fußwege genügen, um die einzelnen Baulichkeiten mit den nächsten größeren Straßenzügen in Verbindung zu setzen. Der entsprechende Abstand der Baufluchtlinien ist durch Vorgärten zu erreichen; was an Straßenland gespart wird, wird an Gartenland gewonnen. Da unter den heutigen Verhältnissen das kommunale Bauverbot, d. h. das Verbot des Bauens an ,,nicht anbaufertigen'', d. h. den baupolizeilichen Anforderungen des betreffenden Orts in irgend einer Weise nicht entsprechenden Straßen eine außerordentliche Erschwerung der Besiedelung der Außengelände bedeutet, so ist auch hier Wandel zu schaffen. Es ist deshalb Stübben[1]) vollkommen zuzustimmen, wenn er fordert:

,,Die baupolizeilichen Maßnahmen für anbaufertige Straßen sollen das wirtschaftlich und technisch gebotene Maß nicht überschreiten'' und ferner: ,,Das kommunale Bauverbot ist gegenüber Kleinansiedelungen nur ausnahmsweise und vorsichtig anzuwenden, die Zahlung der Straßenkostenbeiträge ist durch Ratenbewilligung oder auf andere Weise (Oblastenbuch) zu erleichtern.''

Wegen der Bedeutung dieses sog. ,,Verbots des wilden Bauens'' soll dasselbe in einem besonderen Abschnitt (S. 210) behandelt werden.

---

[1]) Förderung des Baues von Kleinwohnungen. Zentralbl. f. allgem. Gesundheitspflege, 29. Jahrg., 5. u. 6. Heft.

Auch auf den Außengeländen kann und muß der Bau von Kleinwohnungen durch erhebliche Bauerleichterungen gegenüber dem großen Haus und der Mietkaserne begünstigt werden, nicht in Form von Subventionen, sondern durch entsprechende Berücksichtigung der durch die verschiedene Größe und Zweckbestimmung gegebenen Verschiedenheiten. In Betracht kommen unter anderm: Zulassung von Fachwerkbau, Verzicht auf massive Decken, geringere Mauerstärken, geringere Anforderungen an die Bauart, an die Breite und Steigung der Treppen, geringere Flurbreiten. Die Brandmauern brauchen nicht über Dach geführt zu werden, und die Trockenfristen kann man kürzer bemessen als für das Großhaus. Ebenso sind geringere Geschoßhöhen, das Zurücktreten hinter die Baulinie, überhaupt größere Konstruktionsfreiheit, soweit sie nicht zu direkt nachlässiger und gesundheitswidriger Ausführung führt, zu gewähren. In neuerer Zeit sind auch an verschiedenen Orten Bauberatungsstellen, die in all diesen Fragen unentgeltlich sachverständigen Rat erteilen, eingerichtet worden. Sollten dennoch diese Bauerleichterungen zu nachlässiger Bauweise benutzt werden, so kann dagegen sowohl die Baupolizei (bei der Gebrauchabnahme) als die Wohnungsinspektion einschreiten und Mißbräuche der gewährten größeren Bewegungsfreiheit verhüten.

Es kann keinem Zweifel unterliegen, daß durch solche und ähnliche Bauerleichterungen, die dem Kleinhaus gewährt werden, in Verbindung mit einer entsprechenden Geländeaufschließungs- und Verkehrspolitik, sowie entsprechender Bodenparzellierung auch auf den Außengeländen ein genügender Anreiz zum Bau von Kleinhäusern für private Unternehmer und Gesellschaften gegeben wird. Dabei sind diese Bauerleichterungen durchaus nicht als Privileg und Bevorzugung, sondern als gerechte Würdigung der durchaus andern Größen- und Nutzungsverhältnisse des Kleinhauses gegenüber dem Großhaus aufzufassen.

Je mehr solche für den Kleinwohnungsbau geeignete Gelände nicht nur an einigen wenigen Stellen, sondern an den verschiedensten Punkten der Peripherie, der näheren und weiteren Umgebung und in entsprechender Lage zu den Verkehrsbedingungen bereitgestellt werden, um so weniger braucht man spekulative Preissteigerungen dieser Terrains zu fürchten, um so mehr kann man auf besondere Maßnahmen, welche eine Preissteigerung solcher Grundstücke ein für allemal ausschließen sollen, Verzicht leisten (Erbbau, Wiederkaufsrecht). Diese Rechtsformen, welche im allgemeinen dem größern Teil der städtischen Einwohnerschaft wenig sympathisch sind, und auch tatsächlich wenig geeignet für sie erscheinen, würden sicherlich manche vom Bau eines Eigenhauses abhalten. Es bleibt sich auch ziemlich einerlei, ob diese Kleinansiedelungsgelände auf städtischem Grundbesitz oder von der privaten Terrainunternehmung bereitgestellt werden, da bei genügendem oder besser reichlichem Angebot die große Konkurrenz von selbst für eine dem reellen Wert entsprechende und je nach den Vorteilen der Lage abgestufte Wertbemessung der Grundstückspreise sorgt.

Abgesehen von derartigen Bauerleichterungen ist aber auch zu beachten, daß von einer bestimmten Größe der Siedelungen ab auch im Dezentralisationsgebiet Baubeschränkungen nur mit Vorsicht aufzuerlegen sind. Man darf nicht vergessen, daß auch hier für einen nicht unerheblichen Teil der Bevölkerung die Etagenwohnung unbestreitbare Vorzüge hat und immer eine sehr begehrte Wohnform bleiben wird. Schon deshalb, weil auch hier das Erwerbs- und Geschäftsleben gewisse häufig ihren Wohnsitz wechselnde und wenig seßhafte Berufsklassen hinführt, für welche die Etagenmietwohnung die gegebene und bequemste Wohnform ist. Es ist ferner durchaus zu begrüßen, daß gerade in letzter Zeit auf die hygienische, wirtschaftliche und erzieherische Bedeutung der Gärten hingewiesen und gezeigt wurde, daß als ein charakteristisches Merkmal unserer städtischen Entwickelung eine immer größere Abnahme der Hausgärten zu konstatieren ist[1]). So entfielen z. B. in Berlin 1905 auf 100 bewohnte Wohnungen nur mehr 1,3 Hausgärten. Dementsprechend wird man natürlich bestrebt sein müssen, auf den Außengeländen und in den Vororten diesen Fehler wieder gut zu machen. Aber auch hier ist doch ein gewisses Maßhalten angebracht. Man darf nicht vergessen, daß der Wert eines Kleinhauses mit eigenem Gärtchen in erster Linie für Familien mit kleinen Kindern gegeben ist, daß dagegen kinderlose oder ältere Ehepaare, deren Kinder schon wieder das Elternhaus verlassen haben oder tagsüber erwerbstätig sind, sehr häufig wenig Genuß und Freude an einem eigenen Gärtchen haben und seine Instandhaltung oft nur als Last oder unnötigen Kostenpunkt betrachten. Solche Leute ziehen häufig das Wohnen auf einer Etage mit ihren mancherlei Bequemlichkeiten vor und ergehen sich in ihren Mußestunden lieber in öffentlichen Parks und Anlagen, wo sie mehr Unterhaltung und Gesellschaft finden als in den kleinen in die Hinterterrains eingebauten Gärtchen. Deshalb soll man in dem Bestreben, auf den Außengeländen der innenstädtischen, übertriebenen Bebauungsintensität entgegenzuarbeiten, nun nicht ins entgegengesetzte Extrem verfallen und diese Gelände nur für solche Wohnformen bestimmen, die ganz zweifellos einem Teil der dort anzusiedelnden Bevölkerungskreise unbequem und unerwünscht sind.

Man kann und soll also auch hier, z. B. in den kleineren, sekundären Geschäftsvierteln, wie sie sich im Anschluß an die Haltestellen der Verkehrslinien oder sonstige markante Punkte der Siedelungsgruppen herauszubilden pflegen, in mehr oder weniger weitgehender Weise die geschlossene Bauweise und das Mehrfamilienhaus, natürlich nicht die Mietkaserne, zur Anwendung bringen. Die wünschenswerte Weiträumigkeit der Bebauung läßt sich auch bei diesen Bauformen

---

[1]) Familiengärten und andere Kleingartenbestrebungen in ihrer Bedeutung für Stadt und Land, Berlin 1912.

erzielen, wenn dafür gesorgt wird, daß die Freiflächen im Innern der Baublöcke genügend groß und zusammenhängend sind. Speziell für Kleinwohnungen und bescheidene bis mittlere Einfamilienhäuser hat auch auf den Außengeländen der Reihenhausbau die S. 53 angeführten Vorteile der geringeren Baukosten, der bessern Wärmeökonomie im Winter und Sommer und des Freihaltens des Blockinnern von Straßenlärm und Straßenstaub. Allerdings ist gerade hier, wo es sich um relativ billiges Neuland und Neuanlagen handelt, unbedingt völlige Freihaltung, genügende Größe und, wenn irgend möglich, gartenmäßige Anlage des Blockinnern durchzuführen.

Beachtung verdient auch folgender Gesichtspunkt. Die ältern Stadtteile, überhaupt die „Mutterstadt", lassen dank der Achtlosigkeit der früheren Zeit meist genügend große und zahlreiche Freiflächen, als da sind: Parks, Anlagen, Promenaden, Spielplätze etc. vermissen. Diesem Mangel muß die Dezentralisation so weit als möglich entgegenarbeiten. Es sind deshalb auf den Außengeländen möglichst große Geländeflächen ein für allemal von der Bebauung auszuschließen, welche unter sich und mit den etwa vorhandenen Anlagen in der Mutter- und den Tochterstädten durch Promenaden, Parkstreifen etc. in Verbindung zu bringen sind. Das Berliner Zweckverbandgesetz hat deshalb ja auch als eine der Hauptaufgaben des Zweckverbandes die Erwerbung und Erhaltung größerer von der Bebauung frei zu haltenden Flächen (Wälder, Parks, Wiesen, Schmuck-, Spiel- und Sportplätze) bezeichnet. Die Schaffung derartiger Erholungsfreiflächen ist vor allem da nötig, wo aus oben erwähnten Gründen eine intensivere Bauweise in Gestalt von Etagen- und Mehrfamilienhäusern Platz greifen muß. Sie sollen den Bewohnern dieser Häuser eben als Ersatz für Hausgärten dienen und ihnen nach des Tages Arbeit, ohne erst weite Wege zurücklegen zu müssen, den Aufenthalt in freier Luft ermöglichen. Für viele Angehörige gerade der untern Bevölkerungsklassen ist eine derartige Bauweise, die an einzelnen Stellen allerdings eine größere Bebauungsintensität in Gestalt von Etagenhäusern zuläßt, den dadurch gewonnenen Raum aber zur kompensatorischen Schaffung genügend großer Erholungsflächen benutzt, entschieden zweckmäßiger und ihren Wohnansprüchen entsprechender, als die Besiedelung des Geländes lediglich mit kleinsten, in winzige Gärtchen eingebetteten Einfamilienhäusern, wobei man dann meist auf größere Freiflächen glaubt verzichten zu können.

Die Kreise, welche gewiß in wohlmeinendster Absicht jedem Menschen die Vorliebe für das Einfamilienhaus und den eigenen Hausgarten andichten möchten, sind meist solche, deren Zeit, Geld und Kinderzahl diese Wohnform für sie allerdings als die geeignetste und angenehmste erscheinen läßt, die aber vielfach vergessen, daß die Lebensbedingungen für viele Menschen wesentlich andere sind und die rechte Freude und Nutznießung des eigenen Hauses und Gartens nicht aufkommen lassen.

Gerade auch die Rücksichtnahme auf die Kinder, weche heutzutage mit Recht im Vordergrund des Interesses steht, gibt da zu denken. Für die kleinen und kleinsten Kinder ist gewiß ein, wenn auch noch so kleines Gärtchen am Hause, das Ideal eines Spiel- und Tummelplatzes in freier Luft. Jede Familie weiß aber aus Erfahrung, daß von einem gewissen Alter ab den Kindern die Welt dort zu eng wird, sie verlangen nach größeren Flächen, wo sie sich austoben können. Deshalb sind auch in solchen Wohn- und Kleinwohnungsvierteln, wo jedes Haus sein eigenes Gärtchen hat, doch größere Freiflächen, insbesondere Spiel- und Tummelplätze für die erwachsene Jugend nicht zu umgehen. Im andern Falle benutzt diese Jugend die Straßen als Spiel- und Sportplatz, was weder für sie selbst noch die Anwohner zweckmäßig erscheint. Von einer gewissen Größe dieser Kleinwohnungsviertel ab — man stelle sich z. B. die endlosen, derartigen Vororte im Westen Londons vor — erheischt aber auch die Rücksichtnahme auf die Erwachsenen, daß das eintönige Meer kleinster Einfamilienhäuschen ab und zu durch größere Parks und Volksgärten unterbrochen wird. Diese werden durch die kleinen Hausgärten in keiner Weise entbehrlich gemacht.

Es ist deshalb durchaus zu begrüßen, wenn der neue preußische Wohnungsgesetzentwurf auch in seiner Begründung mit Nachdruck hervorhebt, daß die Fürsorge für eine ausgiebige Zahl und Größe freier Plätze zu den leitenden — erforderlichenfalls von der Ortspolizeibehörde im Einvernehmen mit der Kommunalaufsichtsbehörde zur Geltung zu bringenden — Gesichtspunkten bei Aufstellung der Bebauungspläne gehört.

Im Zusammenhange dieses Abschnitts verdient auch die Gartenstadtbewegung hervorgehoben zu werden. Ich verzichte aber darauf, ihr besondere Ausführungen zu widmen, weil sie einerseits in der Wohnungsliteratur zur Genüge behandelt ist, anderseits ja auch gerade eine der Hauptaufgaben der städtischen Dezentralisation, die hier im Vordergrunde der Ausführungen steht, darin zu erblicken ist, eine möglichst weitgehende gartenstadtmäßige Besiedelung der Außengelände herbeizuführen. Insofern sind in dieser Schrift auch die wichtigsten Gesichtspunkte, welche für die Gartenstädte und gartenstadtmäßig besiedelten Vororte in Betracht kommen, mitbehandelt worden. Es soll eben bei der Besiedelung der Außengelände darauf Rücksicht genommen werden, daß an den verschiedensten, dazu geeigneten Stellen Siedelungsgruppen entstehen können, welche den Ideen der Gartenstadtbewegung entsprechen. Je mehr das gelingt, um so weniger scheint ein Bedürfnis dafür vorhanden zu sein, nun noch einzelne besondere, in sich abgeschlossene, meist auch noch mit besondern Rechtsformen bezüglich der Bodenbesitzverhältnisse verknüpfte Gartenstädte zu gründen. Viele werden sich sicherlich durch diese Rechtsformen — in Betracht kommen vor allem Erbbau und Wiederkaufsrecht — von der Ansiedelung in einer solchen abschrecken lassen, um so mehr, je leichter ihnen die Ansiedelung und der Erwerb eines eigenen Heims in gartenstadtmäßig besiedelten Vororten auf der Basis der sonst üblichen Rechtsformen des Grunderwerbs ermöglicht wird. Mit diesen Ausführungen möchte ich also keineswegs ein abfälliges Urteil über die Gartenstadtbewegung fällen, vielmehr dieselbe von vornherein auf eine breitere, auch weiteren Bevölkerungsklassen passende und annehmbare Basis stellen[1]).

Bezüglich der für die Außengelände zu erlassenden Baubeschränkungen — im allgemeinen sollen dieselben ja, von besonderen Fällen abgesehen, der weiträumigsten Bauklasse zugewiesen werden — könnte nun die Frage aufgeworfen werden, ob dadurch nicht die Mietpreise und damit das Wohnen daselbst verteuert werden. Die Frage des Zusammenhangs zwischen Bauordnung bzw. Baubeschränkungen und Bodenwerten ist schon S. 56 allgemein behandelt worden, hier genügt es deshalb, darauf hinzuweisen, daß gerade für die Außengelände bei rechtzeitigem Erlaß der Baubeschränkungen und entsprechender Kompensation durch genügende Baulanderschließung eine solche preissteigernde Wirkung auf die Wohnungsmieten nicht erwartet werden kann. Im allgemeinen kann man aus den zahlreichen Erörterungen dieses Gegenstands in der Fachliteratur wohl als hinreichend sichergestellt entnehmen, daß bei genügendem Wohnungsangebot die Mieten, wie sie sich auf Grund der Verhältnisse des Wohnungsmarktes in einem Orte einmal herausgebildet haben, als ziemlich feststehend und keinesfalls durch die Wünsche der Wohnungsproduzenten beliebig abänderbar angesehen werden können. Die Miethöhe, wie sie in einem Orte oder Ortsteil für eine Wohnung bestimmter Größe und Ausstattung üblich und herkömmlich ist, ist vielmehr das primäre und gegebene Moment, von dem der Wohnungsproduzent bei seinen Kalkulationen ausgehen muß. Ist nun durch irgendwelche Baubeschränkungen die Ausnutzbarkeit der Grundstücke auf den Außengeländen beschränkt, so hat der Besitzer oder Bauunternehmer gewiß das Bestreben, durch einen höheren Mietpreis sich für die geringere Zahl der erstellbaren Wohnungen schadlos zu halten. Sofern aber ein genügendes Wohnungsangebot vorhanden ist, wird ihm das in der Regel nicht gelingen, er wird vielmehr nur den für die betreffende Wohnungsgrößenklasse etc. üblichen Mietpreis erhalten können. Um auf seine Kosten zu kommen, bleibt dem Bauunternehmer also nichts anderes übrig, als bei der Berechnung seiner Produktionskosten einen entsprechend geringeren Preis für den Grund und Boden einzusetzen. Mehr kann er dem Grundbesitzer nicht zahlen, und an diese Grenze muß deshalb auch dieser sich halten, wenn er überhaupt noch ein Grundstück veräußern will. So hat der rechtzeitige Erlaß derartiger Baubeschränkungen unter den entsprechenden Voraussetzungen nur die Folge, daß die Bodenwerte nieder gehalten werden, nicht aber, daß dadurch eine entsprechende Erhöhung der Mieten eintritt. Würde nun beispielsweise eine stärkere

---

[1]) Siehe auch Bodenfrage und Bodenpolitik, S. 263: Die Gartenstadt.

Grundausnützung gestattet, so könnte gewiß ein Grundbesitzer, entsprechend dem Umstande, daß er nun mehr Wohnungen auf seinem Grundstück vermieten kann, die einzelnen Wohnungen etwas billiger vermieten, entsprechend der Verringerung der Grunderwerbskosten, die auf die einzelne Wohnung entfallen. Er wird aber im allgemeinen bei entsprechender Marktlage für seine Wohnungen die üblichen Mietpreise fordern und erhalten, und so die Verringerung seiner Produktionskosten, wie sie in dem relativ geringeren Aufwand für den Grund und Boden gegeben ist, nicht zu einer Verbilligung der Mieten, sondern zu einer Vergrößerung seines Gewinns benutzen.

Mit andern Worten würde das bedeuten, daß auf den Außengeländen bei reichlichem Angebot an Bauland, entsprechenden Verkehrsbedingungen etc. die Mietpreise von der Bauweise ziemlich unabhängig sind. Einerlei, ob Hochbau oder Flachbau, werden die Mieten doch ziemlich die gleichen sein. Der Unterschied liegt nur in den Bodenwerten, die in dem ersteren Falle höher steigen, im letztern nieder bleiben. Die intensivere Grundausnützung würde also auf den Außengeländen nur dem Grundbesitzer in Gestalt höherer Bodenwerte zugute kommen, und dazu liegt keine Veranlassung vor. Dieses scheinbare Paradoxon, daß die an sich besseren Wohnungen beim Flachbau nicht teurer zu sein brauchen, als die an sich weniger guten beim Hochbau, erklärt sich daraus, daß einmal eine Verringerung der Produktionskosten keineswegs immer zu einer Verringerung der Mieten führt, sondern unter Umständen nur zu einer Vergrößerung des Unternehmergewinns und daß anderseits die Beurteilung und die Auffassung dessen, was die bessere Wohnung sei, beim Publikum eine sehr verschiedene ist. Es wurde schon mehrfach betont, daß die inneren hygienischen Wohnungsqualitäten annähernd gleichgroßer Wohnungen beim Hochbau sowohl wie beim Flachbau ziemlich gleich sein können, unter Umständen sogar beim Hochbau günstiger sind. Die große Masse des Publikums bewertet aber, vorläufig wenigstens, die Wohnungen fast nur nach diesen inneren Qualitäten, also nach Größe, Geschoßhöhe, Ausstattung, äußerer Aufmachung, die im Großhause oft pompöser ist als im Kleinhause, kümmert sich aber sehr wenig um die äußeren hygienischen Qualitäten, also die Zugehörigkeit von Gärten, Nähe von Freiflächen, die geringere Bebauungsintensität der Umgebung etc., die oft beim Kleinhause und Flachbau günstiger ist. Nur so ist dieser Widerspruch zu erklären, daß eine Etagenwohnung in einem ruhigen, stillen und weiträumig bebauten Wohnviertel mit niedern Häusern vielfach keineswegs höher im Preise steht, als eine solche in einem viel dichter besiedelten Wohnviertel und einem vielstöckigem großen Miethaus. Bei der Beurteilung dessen, was die bessere Wohnung sei, sind für das Publikum vielfach auch die hygienischen Momente überhaupt nicht ausschlaggebend, sondern die Vorteile der Lage, der Nähe von Verkehrsgelegenheiten, der Nähe des Stadtzentrums etc.

Gerade wegen dieser weitgehenden Unabhängigkeit der Mieten von den äußeren hygienischen Qualitäten der Wohnungen, wie sie im allgemeinen mit der Bebauungsintensität des betreffenden Stadtteils zusammenhängen, ist es auf den Außengeländen durchaus unbedenklich, bei rechtzeitigem Erlaß, solange sich also bestimmte Bodenwerte noch nicht herausgebildet haben, den Flachbau zur möglichst weitgehenden Anwendung zu bringen. Bis zu einem gewissen Grade wird das nicht zu einer Verteuerung der Wohnungen führen, sondern in einer entsprechenden Niederhaltung der Bodenwerte seinen Ausgleich finden, immer unter der Voraussetzung, daß die Wohnungsproduktion in anderer Weise erleichtert wird, und an andern, geeigneten Stellen der Hochbau in seine Rechte tritt.

Achter Abschnitt.

Dezentralisation und kommunales Bauverbot.

Wie die praktischen Erfahrungen lehren, wird nicht selten eine weitgehende Dezentralisation durch die strengen Bauverbote bezüglich der Außengelände erschwert. In Betracht kommt vor allem das Verbot des „wilden Bauens", mit andern Worten des Bauens an nicht anbaufertigen, d. h. den polizeilichen Anforderungen des betreffenden Ortes in irgend einer Weise nicht entsprechenden Straßen.

Um die Tragweite dieses Verbots richtig würdigen zu können, ist es nötig, sich etwas genauer über die gesetzlichen Grundlagen desselben zu orientieren, wobei ich der ausgezeichneten Darlegung dieser Verhältnisse von Katz [1] folge.

In Betracht kommt vor allem der § 12 des preußischen Fluchtliniengesetzes vom 2. Juli 1875, welcher lautet: „Durch Ortsstatut kann festgestellt werden, daß an Straßen oder Straßenteilen, welche noch nicht gemäß den baupolizeilichen Bestimmungen des Ortes für den öffentlichen Verkehr und den Anbau fertiggestellt sind, Wohngebäude, die nach diesen Straßen einen Ausgang haben, nicht errichtet werden dürfen."

„Das Ortsstatut hat die näheren Bestimmungen innerhalb der Grenze vorstehender Vorschrift festzusetzen."

In dem Kommissionsbericht des Abgeordnetenhauses wurde für die Einschaltung dieser Bestimmung folgender Grund angegeben. „Das Bauverbot soll die Gemeinden gegen den Nachteil schützen, der erfahrungsgemäß durch ein unregelmäßiges Bebauen unfertiger Straßen (sog. wildes Bauen) herbeigeführt wird und schließlich die Gemeinden zur Herstellung von Straßenzügen nötigt, die an sich hätten

---

[1] Dr. Katz, Ortsstatutarische Bauverbote in Preußen, Berlin, städtebauliche Vorträge 1911.

entbehrt werden können und in einem beträchtlichen Teile, zwischen den alten Straßen und den neuen Anlagen, vielleicht noch lange unangebaut bleiben.‘‘

Nach Katz (a. a. O., S. 13) darf sich dieses Bauverbot nur auf solche Straßen und Straßenteile beziehen, welche noch nicht für den öffentlichen Verkehr und den Anbau fertig hergestellt sind, und zwar gemäß den polizeilichen Bestimmungen des Ortes. Hieraus ergebe sich der Begriff der fertig hergestellten Straße mit seinem Korrelat, dem Begriff der unfertigen Straße. „Die fertig hergestellte Straße ist diejenige, welche den baupolizeilichen Bestimmungen des Ortes über die Anforderungen entspricht. die an sich mit Rücksicht darauf gestellt werden, daß sie für den öffentlichen Verkehr und den Anbau bestimmt sind. Die unfertige Straße ist diejenige, welche diesen Anforderungen noch nicht entspricht. Das Bauverbot bezieht sich nur auf die unfertigen Straßen.‘‘

Es ist wichtig, daß sich dieses Bauverbot nicht auf solche Straßen erstrecken kann. welche bei Zusammentreffen der beiden Voraussetzungen für das Eintreten des Bauverbots bereits nach dem bisherigen Recht als fertige Straßen anzusehen waren. Diese Straßen nennt man gewöhnlich „historische Straßen‘‘.

Nach Katz tritt ein solches Bauverbot erst in Kraft, wenn beide Voraussetzungen vorhanden sind, nämlich gültige baupolizeiliche Bestimmungen über die Beschaffenheit der Straßen und das betreffende Ortsstatut. Weiter als die baupolizeilichen Bestimmungen dürfe das Ortsstatut mit seinen Anforderungen an die Straße nicht gehen, wohl aber hinter den Anforderungen der baupolizeilichen Bestimmungen zurückbleiben. Es dürfe also das Ortsstatut nicht bloß das Verbot in beschränkterem Umfange anordnen, als sich aus den baupolizeilichen Bestimmungen ergibt, sondern das Statut könne auch Ausnahmen von dem als Regel hingestellten Verbot gestatten.

Wie man sieht, haben die Kommunalverwaltungen die Möglichkeit, die Bautätigkeit auf den Außengeländen innerhalb weiter Grenzen nach ihrem Ermessen zu regeln. insbesondere auch infolge des Umstands, daß der Straßenbau oder doch das Genehmigungsrecht zum Bau neuer Straßen in letzter Linie von ihnen abhängt.

Hierin liegt, so nützlich obige Bestimmungen in anderm Sinne auch sind, eine große Gefahr, die nämlich, daß eine Stadtverwaltung durch allzu strenge Handhabung dieses Bauverbots Hand in Hand mit einer entsprechenden Straßenbaupolitik jede weitergehende Ansiedelung auf den Außengeländen praktisch unmöglich machen kann. Meines Wissens hat v. Mangoldt[1]) zuerst auf diese Verhältnisse hingewiesen und damit zum Teil seine Theorie des „schmalen Rands‘‘ begründet.

Wie die Sache heutzutage gehandhabt wird, erfolgt die Besiedelung der Außengelände einer Stadt aber meist in der Art, daß die Stadtver-

---

[1]) Die städtische Bodenfrage, 1907, S. 232 ff.

waltung für eine völlig ausreichende Zahl von Straßen sorgt, welche in jeder Weise den baupolizeilichen Bestimmungen des Ortes genügen und so gemäß den ortsstatutarischen Bestimmungen das betreffende Gelände für die Bebauung rechtlich freigeben. Leider liegt der Fall in der Praxis aber meist so, daß infolge der hohen Straßenbaukosten, die meist auf den Anlieger abgewälzt werden, außerdem infolge der für diese Gebiete meist sehr weitgehenden Baubeschränkungen die jeweils zur Bebauung geeigneten Baustellen derart teuer geworden sind, daß sie sich nur zum Bau von Villen und herrschaftlichen Wohnhäusern eignen, Kleinwohnungen dagegen, welche hier außen am nötigsten wären, an diesen „Prachtstraßen" so gut wie unmöglich gemacht werden.

So darf man sich trotz des scheinbaren Überflusses an großen und breiten Straßenzügen, wie sie in vielen Städten heutzutage die Außengelände durchziehen, über die wirkliche Erschließung derselben keiner Täuschung hingeben. Erschlossen sind dieselben tatsächlich nur für Villen und Herrschaftswohnungen, also die obern Einkommenklassen, ganz abgesehen davon, daß auch für diese nur die direkt an die Straßenzüge angrenzenden Grundstücke als Baustellen in Betracht kommen, während das ganze zwischenliegende Terrain vorläufig von der Konkurrenz ausgeschaltet ist. Für die überwiegende Masse der städtischen Wohnungen, nämlich die kleinen und selbst noch die mittlern Wohnungen kommt dagegen eine derartige Erschließung der Außengelände kaum in Betracht. Da diese aber eben wegen ihrer überwiegenden Zahl vor allem wertbestimmend auf den städtischen Innenboden einwirken, so kann eine derartige Besiedelung der Außengelände absolut nicht zu der anzustrebenden Entlastung des innenstädtischen Wohnbodens führen, und muß demnach die erhoffte verbilligende Wirkung auf denselben ausbleiben oder sich doch nur sehr wenig fühlbar machen.

Nur so ist es möglich, daß trotz großer und scheinbar erschlossener Geländeflächen und trotzdem die Stadterweiterung sich scheinbar in ungehinderter Weise vollziehen konnte, doch in vielen Städten kaum etwas von der infolge dieses großen Angebots an Bauland zu erwarten den Verbilligung des Wohnbodens zu merken war. Große Geländeflächen und eine Erschließung derselben in der oben angegebenen Art genügen eben allein noch nicht, dieselben müssen vielmehr durch bescheidene Wohnstraßen und entsprechende Bauerleichterungen auch für die Hauptmasse der städtischen Wohnungen wirklich als Bauland in Betracht kommen, ganz abgesehen von der hier noch nicht zu behandelnden Regelung der Verkehrsverhältnisse.

So sagt auch Katz (a. a. O., S. 11): „Dadurch, daß von den Bauverboten ein besonders umfangreicher Gebrauch gemacht wird, wird die Auswahl der bebauungsfähigen Grundstücke so stark eingeschränkt, daß der Preis derjenigen Baustellen, welche den Bauverboten und Baubeschränkungen nicht unterliegen, übermäßig steigt. Denn es steht ihnen kein genügendes konkurrierendes Angebot gegenüber. Auch werden die Preise fertiger Wohnungen dadurch in die Höhe getrieben, darum sind die Bauverbote mit möglichster Milde zu handhaben."

Aus den angegebenen Gründen bin auch ich schon mehrfach für weitgehende Bauerleichterungen etc. auf den Außengeländen eingetreten[1]). Unbedingt muß in der jetzt meist geübten Erschließungspolitik, welche die Außengelände allerdings für einige wenige bevorzugte Wohnungskategorien erschließt, für alle andern aber zuschließt, gründlich Wandel geschaffen werden, vor allem dadurch, daß man auch hier besondere Geländeteile für den Bau von Kleinwohnungen bestimmt, sie durch entsprechende Behandlung im Bebauungsplan und der Bauordnung auch wirklich für diesen Zweck benutzbar macht und alle die S. 204 eingehend behandelten Bauerleichterungen schafft.

Es ist deshalb sehr zu begrüßen, daß der neue preußische Wohnungsgesetzentwurf im Artikel 1 I Nr. 4 als Zusatzbestimmung in den § 12 des preußischen Fluchtliniengesetzes vom 2. Juli 1875 folgende Vorschriften einstellt:

„Von dem Verbot ist Dispens zu erteilen, falls ein Wohnungsbedürfnis besteht, der Eigentümer Gewähr dafür bietet, daß diesem Bedürfnis durch den Bau entsprechender, gesunder und zweckmäßig eingerichteter Wohnungen Rechnung getragen wird, und falls dem Bau an der dafür gewählten Stelle des Weichbildes keine berechtigten Gemeindeinteressen entgegenstehen. Über die Erteilung des Dispenses beschließt im Streitfalle der Bezirksausschuß."

In der Begründung wird ausgeführt, daß die Vorschrift des § 12 bezüglich des den Gemeinden eingeräumten Bauverbots in das Fluchtliniengesetz vom 2. Juli 1875 aufgenommen sei, um den Gemeinden den erforderlichen Schutz gegen die ihnen durch das sogenannte wilde Bauen erwachsenden Nachteile zu sichern. „Seit längerer Zeit werden indes Klagen über eine willkürliche und daß Maß der berechtigten Gemeindeinteressen überschreitende Handhabung des Verbots in der Richtung laut, daß manche Gemeinden in dem Bestreben nur besonders steuerkräftige Mieter heranzuziehen, die Herstellung kleiner Wohnungen auf diese Weise absichtlich verhindern oder erschweren. Insbesondere sind wiederholt Fälle bekannt geworden, in denen Gemeinden an den bis auf geringe Lücken fertiggestellten Straßen die Anbauerlaubnis nur unter der Verpflichtung der Eigentümer erteilt haben, daß auf den Grundstücken ausschließlich große Wohnungen von 6 Zimmern und mehr errichtet würden. Um demgegenüber eine angemessene Befriedigung des Wohnbedürfnisses mehr als bisher sicherzustellen, sieht der Entwurf für den Fall, daß ein solches Bedürfnis besteht, in Artikel 1 I Nr. 4 vor, daß ein Dispens von dem Bauverbot dann zu erteilen ist, wenn der Eigentümer Gewähr dafür bietet, daß dem Bedürfnisse durch den Bau entsprechender, gesunder und zweckmäßig eingerichteter Wohnungen Rechnung getragen wird, und wenn dem Bau an der dafür gewählten Stelle des Weichbildes keine berechtigten Gemeindeinteressen entgegenstehen. Entsprechend der Absicht des Entwurfs, die Wohnungsverhältnisse im allgemeinen, wenn auch unter besonderer Berücksichtigung der Bedürfnisse der minderbemittelten Bevölkerungskreise zu verbessern, soll die Vorschrift für alle Fälle Verwendung finden, in denen ein Bedürfnis nach Wohnungen einer gewissen Art und Größe besteht, und diesem Bedürfnisse durch Errichtung von Wohnungen der in Betracht kommenden Art abgeholfen werden soll." Die Begründung betont dann weiter noch, daß die zu errichtenden Wohnungen aber den Anforderungen der Gesundheit,

---

[1]) Siehe Bodenfrage und Bodenpolitik, S. 194. Techn. Gemeindeblatt, Jahrg. 15, Nr. 11, S. 154.

insbesondere hinsichtlich ihrer Durchlüftbarkeit, und der Zweckmäßigkeit, namentlich in Beziehung auf Abgeschlossenheit und Zubehör, entsprechen müssen. Deshalb solle auch für Massenmiethäuser mit Seiten- und Hinterflügeln und dementsprechend nur ungenügend durchlüftbaren Wohnungen der Dispens vom Bauverbote nicht erlangt werden können.

Abgesehen von den im vorstehenden behandelten Punkten ist auch die Frage bedeutsam, ob und wie weit der Begriff der anbaufähigen Straße auf den Außengeländen davon abhängig gemacht werden solle, ob die für die innenstädtischen Straßen vorgeschriebenen Leitungen und namentlich Entwässerungsanlagen (Kanalisation) vorhanden sein sollen oder nicht. Auch bezüglich dieser Forderungen muß man in den Außengeländen wohl eine weitgehende Abstufung vornehmen. Vor allem sind diese Verhältnisse ganz anders zu beurteilen, je nachdem, ob es sich um Gebiete handelt, welche unmittelbar an die großstädtische Zentrale angrenzen, oder um solche, welche weiter abgelegen sind und die vorgeschobenen Dezentralisationsorte und Siedelungsgruppen umgeben.

Die ersteren nehmen infolge ihres direkten, räumlichen Zusammenhanges mit der Mutterstadt und des Umstandes, daß sie bei weiterem Wachstum derselben in nicht allzu ferner Zeit in das allseits zugebaute Terrain einbezogen werden, eine Sonderstellung ein. In der Regel handelt es sich hier um Bezirke, in denen die Bodenwerte bereits verhältnismäßig hoch sind, die deshalb, wenigstens später, eine entsprechende Besiedelungsdichte erforderlich machen und deshalb weitgehende Rücksichtnahme auf die hygienischen Interessen erheischen. So sind hier natürlich die strengen Anforderungen der innenstädtischen Straßenzüge bezüglich Wasserleitung, Spülklosett, Kanalisation, Straßenbefestigung etc. aufrecht zu erhalten, da sich sonst bei weiterem Ausbau sicherlich hochgradige Mißstände ergeben würden.

Unter wesentlich anderen Bedingungen vollzieht sich dagegen die Bebauung der fernab gelegenen Außengelände, wie sie insbesondere auch entlegene Vororte umgeben, die zwar durch irgendwelche Verkehrsverbindungen von der Mutterstadt in kürzester Zeit erreicht werden können, räumlich aber so weit von ihr getrennt sind, daß sie in absehbarer Zeit nicht in ihren Bannbereich einbezogen werden. Hier soll man die Ansiedelung auf etwas vorgeschobenen Grundstücken in jeder Weise erleichtern, da es sich meist um isoliert liegende Einfamilienhäuser und ganz ländliche Verhältnisse handelt. Deshalb kann man hier auch bezüglich des Anbaues an im Sinne der betreffenden ortsstatutarischen Vorschriften noch unfertigen und nicht entwässerten Straßen wesentlich geringere Anforderungen stellen, ohne dabei ernstliche hygienische Mißstände in Kauf nehmen zu müssen. Wenn sich z. B. jemand draußen im freien Felde ein kleines Landhäuschen bauen will, so kann man sich ganz damit zufrieden geben, wenn er einen bescheidenen Privatweg, der eben noch seinem Verkehrsbedürfnis genügt, zum nächsten öffentlichen

Weg herstellen läßt. Natürlich muß auch unter solchen Verhältnissen im Interesse eines sich später vielleicht vollziehenden dichteren Ausbaues das Wegenetz in großen Zügen durch einen Bebauungsplan festgelegt sein, aber gerade für die Außengelände derartiger Orte trifft der naheliegende Einwand, daß solch regelloses, wildes Bauen ein unüberwindbares Hindernis für eine spätere geregelte Bebauung bei günstiger Weiterentwickelung des betreffenden Ortes sei, in der Regel nicht zu. In diesen der City fern gelegenen Geländen handelt es sich meist um Gebietsteile, welche auch später immer als Kleinwohnungs- oder Gartenstadtviertel bestehen bleiben können, die abseits des großen Verkehrs gen und es deshalb wohl immer ermöglichen lassen, derartige isoliert liegende Gebäude dem Rahmen der späteren Bebauung einzufügen. Im schlimmsten Falle steht der betreffenden Gemeinde ja immer noch das Enteignungsverfahren zu Gebote, oder aber, wenn die geltenden Enteignungsgesetze nicht ausreichen, kann sie sich ausdrücklich bei der Bauerlaubnis ein solches für eventuelle Fälle vorbehalten.

Es müßten sich also für derartige Außengelände Mittel und Wege finden lassen, um die Nachteile des wilden Bauens für die spätere Entwickelung auf ein Minimum zu beschränken, wenigstens bei entsprechendem Ausbau des Enteignungsrechts, das anzustreben wäre. In derartigen Gebieten braucht man aber auch, solange es sich um völlig aufgelöste und zerstreute Siedelungen handelt, nicht den Anschluß an Kanalisation, Wasserleitung, Müllabfuhr etc. zu verlangen, sondern kann sich bei sachgemäßer Ausführung mit den auf dem Lande üblichen Methoden, also Abortgruben, Kompostierung und Untergrabung des Mülls im Garten und einwandfreien Kesselbrunnen zufrieden geben. Sollten sich bezüglich der Grundwasserbeschaffung oder seiner Qualität Bedenken ergeben, so ließe sich am ehesten noch mit relativ geringen Kosten die Wasserleitung hinausführen. Bei späterer dichterer Besiedelung und dementsprechend größerer Ansammlung der Schmutz- und Abfallstoffe auf die Flächeneinheit steht es ja immer noch frei, die betreffenden Einrichtungen zu vervollständigen.

Die Forderung, daß nur an entwässerten, d. h. kanalisierten Straßen gebaut werden dürfe, ist vor allem auf rein hygienische Gesichtspunkte zurückzuführen. Man wollte damit erreichen, daß von vornherein jede weitergehende Bodenverunreinigung und Bodenverschmutzung, wie sie in den ältern Städten mit ihrer primitiven Beseitigung der Schmutz- und Abfallstoffe überall vorhanden war und zu den bedenklichsten sanitären Mißständen führte (Versagen der selbstreinigenden Kraft des Bodens, Verseuchung des Grundwassers und damit der Brunnen, erhöhte Infektionsgefahr durch Verschleppung der in den Abfallstoffen etwa vorhandenen Infektionskeime usw.), in den neuerbauten Stadtteilen vermieden würde. In diesem zweifellos berechtigten Streben kann man aber auch zu weit gehen. Solange es sich um zerstreute und isolierte, also rein ländliche Siedelungen handelt, besteht die Gefahr einer derartigen Überladung des Bodens mit Schmutzstoffen, welche an seine selbstreinigenden Qualitäten zu hohe Anforderungen stellen würden, in keiner Weise. Auch die Infektionsgefahr durch Verschleppung etwaiger infizierter Abfallstoffe ist unter solchen Verhältnissen praktisch auf ein Minimum reduziert, da jede Familie ihre Abfallstoffe im eigenen Garten verwertet und sich im Erkrankungsfalle eines ihr Mitglieder viel leichter durch den direkten Kontakt mit diesem, als auf dem indirekten Wege über die die Infektionskeime enthaltenden Abfallstoffe infizieren kann. Schließlich darf man auch nicht vergessen, daß heutzutage die Infektionskrankheiten außerordentlich an Zahl abgenommen haben und die moderne Seuchenbekämpfung dafür sorgt, daß erheblich weniger Infektionskeime als früher in die Außenwelt gelangen.

So sehr es also auch berechtigt ist, für städtische Verhältnisse und entsprechend starke Besiedelungsdichte die strengste Durchführung der den modernen hygienischen Anschauungen entsprechenden Beseitigungsarten der Schmutz- und Abfallstoffe zu verlangen, so wenig kann man im Hinweis auf frühere Geschehnisse derartige Maßnahmen für die ganz vereinzelt bebauten Außengelände verlangen. Jedenfalls wird unter solchen Verhältnissen durch die Erleichterung des Anbaues auf den Außengeländen für das Wohnungswesen und damit in letzter Linie auch die hygienischen Verhältnisse der Bevölkerung erheblich mehr gewonnen, als durch allzu strenges Festhalten an den genannten, zunächst doch im Hinblick auf die städtische Siedelungsweise geforderten und geschaffenen Städtereinigungsmaßnahmen.

In der Praxis würden sich diese Verhältnisse also so gestalten, daß in der nächsten Nähe der städtischen Zentrale auf den direkt für ihre Vergrößerung in Betracht kommenden Geländen, unbedingt an den bisherigen Ansiedelungsbedingungen und Anforderungen bezüglich der Straßenherstellung und -ausstattung festzuhalten wäre, ·daß dagegen in den Außengebieten der Vororte und sonstiger vorgeschobener Siedelungsgruppen das Verbot des wilden Bauens in wesentlich milderer Form gehandhabt und weitgehendste Bauerleichterungen für Kleinwohnungsbauten gewährt werden müssen. Da diese Orte durch entsprechende Verkehrsverbindungen mit der städtischen Zentrale in Verbindung stehen, so steht der städtischen Bevölkerung wenigstens auf jenen, ihr leicht zugänglichen Gebieten das Verbot des wilden Bauens nicht mehr im Wege. Nur dann kann die Erschließung der Außengelände zu einer wirklichen Erleichterung des Anbaues daselbst auch für die bescheidensten Ansprüche und die untersten Einkommensklassen führen, nur dann ermöglicht die städtische Dezentralisation z. B. dem städtischen Arbeiter, in erreichbarer Nähe von seiner Arbeitsstätte ein kleines Landgütchen zu betreiben, wie das S. 166 für die belgischen Verhältnisse geschildert wurde.

Eine derartige auf unsere Großstädte und ihre sämtlichen Vororte und Siedelungen angewandte Dezentralisations- und Geländeaufschließungspolitik wird sicherlich mit der Zeit dazu führen, daß die Konkurrenz unter all den Tausenden von Grundstücken in dem ganzen weiten, nicht nur für einzelne begüterte, sondern alle Bevölkerungsklassen erschlossenen Gelände eine nachhaltige Rückwirkung auf die Bodenpreise ausübt. Natürlich nicht im Sinne einer absoluten Verbilligung, aber doch so, daß dieselben nur mehr ihrem reellen, durch die mehr oder weniger großen Vorzüge ihrer Lage bedingten Wert entsprechen. Gerade eine derartige Dezentralisation und zu ihrer Durchführung geschaffene tatsächliche und nicht nur auf dem Plan stehende Aufschließung weiter Geländeflächen erscheint als das beste, weil logischste Mittel gegen künstliche Steigerung der Bodenwerte, gegen spekulative Preistreibereien und spekulative Ausschreitungen. Soweit zurzeit überhaupt schon derartige Bestrebungen im Gange sind, scheinen mir die Verhältnisse Belgiens, Englands und Aachens ein nicht zu unterschätzendes Beweismaterial für diese von vielen sicher als „leere Behauptungen“ charakterisierte Auffassung zu liefern.

Neunter Abschnitt.

Dezentralisation und Verkehrspolitik.

Die Verkehrspolitik einer Stadt ist gewissermaßen die Grundlage und Voraussetzung, auf welche sich die Dezentralisationsbestrebungen aufbauen müssen. Alle Expansionsbestrebungen eines Teiles der städtischen Bevölkerung, ihr Wunsch nach einer Rückkehr zur Natur und ländlicher Siedelungsweise bleiben für die große Masse unerfüllbar, so lange nicht eine großzügige und in engster Anlehnung an einen generellen Bebauungsplan sich vollziehende Verkehrspolitik dem Menschenstrom Gelegenheit gibt, sich auf den Außengeländen und in den Vororten anzusiedeln.

1. Wer soll die Verkehrsgelegenheiten betreiben?

Die viel erörterte Frage, wer die Verkehrsgelegenheiten bauen und betreiben müsse, soll hier nur mit einigen Worten gestreift werden. Von der Verwaltung der betreffenden Stadt ist jedenfalls zu verlangen, daß sie die großen Richtlinien der Verkehrsentwickelung im Anschlusse an die bereits bestehenden Verkehrsgelegenheiten und in Rücksicht auf den generellen Bebauungsplan festlege und ein Programm entwerfe, wie etwa die Verkehrsverhältnisse zwischen den einzelnen Vororten und der städtischen Zentrale im besonderen auszubilden sind. Eine derartige Verkehrspolitik ist aber nur dann in wirklich zweckentsprechender Weise durchführbar, wenn das ganze Gebiet möglichst unter eine Verwaltung gebracht wird, wie es am vollkommensten durch die

Eingemeindung der betreffenden Vororte (s. S. 243) oder doch wenigstens im Rahmen eines Zweckverbandes sich erreichen läßt.

Sind die großen Richtlinien der Verkehrspolitik auf diese Weise festgelegt, so ist es weiter ziemlich gleichgültig, ob die Städte selbst die für nötig erachteten Verkehrsgelegenheiten schaffen oder ob staatliche Eisenbahnen und von privaten Gesellschaften betriebene Kleinbahnen, Schnellbahnen etc. einen Teil davon übernehmen. Besteht wirklich ein starkes Bedürfnis nach einer Verkehrsverbindung, so ist im allgemeinen die freie Konkurrenz verschiedener Verkehrsgelegenheiten das beste Mittel zur Entwickelung zweckmäßiger, billiger und dem Publikum denkbar weit entgegenkommender Einrichtungen. Allerdings müssen die betreffenden Kommunalverwaltungen verlangen, daß sich die neu zu gründenden Verkehrsverbindungen dem Rahmen des generellen Verkehrsplans soweit wie möglich einfügen

Es fehlt nicht an Mitteln für die Stadtverwaltungen, einen weitgehenden Einfluß auf derartige private Unternehmungen auszuüben. So können sie z. B. schon die Konzessionserteilung von der Innehaltung gewisser, im allgemeinen Interesse für gut befundener Forderungen abhängig machen, etwa bezüglich der Aufstellung der Fahrpläne, der Höhe des Fahrpreises, der Ausführung weiterer Linien im Falle eines nachweisbaren Bedürfnisses usw. Auch können sich die Stadtverwaltungen bei Abschluß der Verträge einen Anteil am Gewinn sichern. Sehr häufig geschieht das in der Weise, daß die betreffende Stadtverwaltung mit der Zeit möglichst viele Aktien des betreffenden Unternehmens aufkauft, wenn z. B. gerade der Kurs niedrig steht. Ich habe schon früher[1]) darauf hingewiesen, daß die Städte sich dadurch einmal den Vorteil einer meist recht guten Verzinsung ihrer Kapitalien und anderseits eine entsprechende Stimmenzahl und damit einen unter Umständen maßgebenden Einfluß in der Generalversammlung sichern. In den letzten Jahren hat sich dieser Gedanke des Zusammenarbeitens von privatem und kommunalem Kapital außerordentlich stark entwickelt. Eine reichhaltige und umfassende Darstellung dieser modernen Gesellschaftsform gibt ein kürzlich erschienenes Werk von Professor Dr. Passow: Die gemischt privaten und öffentlichen Unternehmungen auf dem Gebiete der Elektrizitäts- und Gasversorgung und des Straßenbahnwesens, Jena 1912.

Endlich existieren auch Verträge, welche das betreffende Unternehmen nach Ablauf einer bestimmten Zeit ganz in städtischen Besitz übergehen lassen, oder der Stadt von einem bestimmten Termin ab das Recht geben, die ganze Anlage käuflich zu erwerben, gegen irgend einen bereits im voraus bestimmten oder später auf Grund besonderer Abmachungen zu errechnenden Übernahmepreis.

Es brauchen daher die Stadtverwaltungen bezüglich der Konzessionserteilung an private Gesellschaften nicht allzu ängstlich zu sein.

---

[1]) Bodenfrage und Bodenpolitik, 1911, S. 218.

Im allgemeinen versteht es der private Unternehmungsgeist recht
gut, solche Verkehrslinien herauszusuchen, welche einem wirklichen
Bedürfnis entsprechen und deshalb wenigstens mit der Zeit eine genügende
Rentabilität versprechen, anderseits aber auch dem Publikum durch
entsprechendes Entgegenkommen die Benutzung ihrer Verkehrsgelegenheiten im eigenen Interesse so angenehm wie möglich zu machen. In
diesem Sinne wirkt stets die Konkurrenz verschiedener Verkehrsgelegenheiten sehr günstig, z. B. beim Vorhandensein einer elektrischen
Tramverbindung eine Motoromnibusverbindung mit entsprechend billigen
Preisen.

Übernimmt dagegen eine Stadtverwaltung selbst den Bau
und Betrieb einer Verkehrsgelegenheit, so liegt die Gefahr vor, daß sie
im Interesse ihres Unternehmens jede Konkurrenz auszuschalten sucht,
selbst wenn sie in uneigennützigster Weise zu verfahren glaubt. Im
andern Falle würde aber ein derartiges Unternehmen mit vielleicht
billigeren Preisen erst recht zur Belebung des Verkehrs führen und die
Ansiedelung in den betreffenden Vororten steigern. Es ist auch keineswegs richtig, daß staatliche oder kommunale Betriebe immer den Wünschen
des Publikums und den Interessen der Allgemeinheit mehr entgegenkommen als private Gesellschaften; letztere tun das vielmehr unter dem
Drucke genügender Konkurrenz oft in weit höherem Maße. So äußerte
sich auch einer der erfahrensten Persönlichkeiten auf dem Gebiete des
Verkehrswesens, R. Petersen [1]), zu dieser Frage wie folgt: „Theoretisch
kann man dem Bedenken gegen die Zulassung des Privatkapitals zustimmen, trotzdem sehen viele, die sich eingehend mit diesen Fragen
beschäftigen, große Bedenken darin, die Ausführung solcher Unternehmungen der Initiative von städtischen Deputationen und Kommissionen
zu überlassen, mit Rücksicht auf die Tatsache, daß große technische
Fortschritte stets an bestimmte Persönlichkeiten geknüpft waren.“

2. Die Berücksichtigung der Verkehrslinien im Bebauungsplan.

Sollen die Verkehrslinien ihren Zweck, eine Erschließung der Außengelände zu bewirken, voll erfüllen, so müssen sie bei Aufstellung des
Bebauungsplans von vornherein mitberücksichtigt werden. In einem
sehr beachtenswerten Aufsatze hat Wattmann [2]) eine Reihe wichtiger
diesbezüglicher Gesichtspunkte behandelt. Unter Hinweis auf diese
Arbeit sollen hier einige bedeutsame Punkte derselben herausgegriffen
und auf das im Vordergrund unserer Betrachtungen stehende Dezentralisationsproblem angewandt werden.

Wattmann betont zunächst gegenüber der oft erhobenen Behauptung, die als Hoch- und Untergrundbahnen betriebenen Stadt-

---

[1]) Kommunale Rundschau, 1907, Nr. 1, S. 329.
[2]) Straßenbahnen und Bebauungspläne, Techn. Gemeindeblatt, Jahrg. XIV,
Nr. 8, S. 110 ff.

bahnen seien das Verkehrsmittel der Zukunft in unsern wachsenden Großstädten, daß derartige Bahnen infolge ihrer außerordentlich hohen Herstellungskosten sich nur bei ganz starkem Verkehr rentieren können. Es erscheine demnach völlig ausgeschlossen, sie in mittleren Großstädten zur Anwendung zu bringen. Für Provinzialstädte bleibe deshalb als einzige wirtschaftliche Möglichkeit die Anlage und Ausgestaltung von Straßenbahnen, d. h. elektrisch betriebenen Niveaubahnen. Hinzuzufügen ist wohl, daß für die entlegeneren Außengelände der Städte auch die Volleisenbahnen ein außerordentlich bedeutsames Verkehrsmittel darstellen, wie namentlich die Verhältnisse Londons (s. S. 223) zeigen.

In kleineren Städten, die nicht über ein genügendes Netz von Volleisenbahnen verfügen, stellen allerdings die Straßenbahnen das einzige Beförderungsmittel dar. Wie bei allen Verkehrsmitteln ist auch bei diesen die Geschwindigkeit von ausschlaggebender Bedeutung. Von ihr hängt es vor allem ab, wie weit die Außengelände, jeweils verschieden nach der Größe der betreffenden Stadt und dem was man entsprechend als Fahrzeit zur Arbeitsstätte zu ertragen gewillt ist, praktisch für die Ansiedelung der großen Masse in Betracht kommen. Es ist deshalb sehr zu begrüßen, daß Wattmann in seinem erwähnten Aufsatz der Frage, wie die Geschwindigkeit der Straßenbahnen erhöht werden könne, große Beachtung geschenkt hat. So betont er, daß in neu anzulegenden Stadtteilen durch zweckmäßige Projektierung der Straßen für die Bahnen Wege geschaffen werden könnten, die es ermöglichen, künftig mit Geschwindigkeiten zu fahren, die heute im Straßenbahnbetriebe nicht zugelassen werden können.

Es müsse deshalb schon bei der Aufstellung des Bebauungsplans die Trace künftiger Straßenbahnen genau festgelegt und in der Gesamtanlage des Plans, sowie in der Ausgestaltung der Straßenquerprofile darauf gebührende Rücksicht genommen werden. Solche Bahnstraßen müssen möglichst geradlinig oder nur sanft geschwungen verlaufen, einmal wegen der mit jeder Abweichung von der Geraden verbundenen größeren Weglänge und des dadurch bedingten Zeitverlustes, anderseits weil das Befahren stärkerer Kurven nur mit verminderter Geschwindigkeit erfolgen kann.

Wenn möglich sei zur Verringerung der Betriebsgefahr diesen Bahnen ein besonderer Teil der Straße zuzuweisen, der nicht beliebig von Fuhrwerken befahren und von Fußgängern betreten werden dürfe. Bezüglich der Übergänge über dieses Bahnplanum sei möglichste Übersicht anzustreben. Besondern Wert legt Wattmann darauf, daß auf die künftigen Haltestellen der Straßenbahnen im Bebauungsplan Rücksicht genommen und im Hinblick darauf vor allem das Netz der die Bahnstraßen kreuzenden und auf sie einmündenden Straßen ausgestaltet werde. Jede Haltestelle sei als ein sekundärer Verkehrsknotenpunkt aufzufassen, nach dem hin die angrenzenden Straßen verlaufen sollen. Hier müssen im allgemeinen die Straßenkreuzungen liegen.

Dagegen sind solche außerhalb der Haltestellen im Interesse der Betriebs-
sicherheit möglichst zu vermeiden. Wattmann empfiehlt deshalb
möglichst lange Häuserblocks parallel den Bahnstraßen anzuordnen,
was deshalb auch ganz gut angeht, weil der Verkehrsstrom senkrecht zu
den Bahnstraßen, die gleichzeitig meist die großen Verkehrsstraßen
sind, erfahrungsgemäß sehr gering ist.

Wattmann glaubt, daß bei genügender Berücksichtigung dieser
und anderer a. a. O. nachzulesender Gesichtspunkte Geschwindigkeiten
von 35—40 km in der Stunde ohne erhöhte Betriebsgefahr durchführbar
seien. Bei einer durchschnittlichen Haltestellenentfernung von etwa
500 m würde man also Reisegeschwindigkeiten von 22—25 km erzielen
können und käme damit auf die doppelte Schnelligkeit, welche unsere
Straßenbahnen in der inneren Stadt heute im allgemeinen besitzen.

Eine derartige Verdoppelung der Reisegeschwindigkeit auf
den für gewöhnlich in Betracht kommenden lokalen Verkehrsmitteln
würde von ungeheurer Tragweite für das Dezentralisationsproblem und damit für die Gestaltung der Wohnverhältnisse unserer
Großstädte sein. Legt man eine bestimmte Maximalzeit zugrunde,
welche die von der Dezentralisation Gebrauch machende Bevölkerung
täglich für ihre Fahrt zur und von der Arbeitsstätte zu opfern bereit
ist, so würde sich dank des Umstandes, daß in der gleichen Zeit die doppelte Entfernung zurückgelegt werden könnte, der Radius des für die
Ansiedelung in Betracht kommenden Gebiets ebenfalls verdoppeln.
Bei entsprechender sonstiger Erschließung käme dann also für einen
erheblichen Teil der städtischen Bevölkerung ein viermal so großes Gebiet
als Wohnboden und Konkurrenz für den städtischen Innenboden in
Frage. Das ist eigentlich so selbstverständlich, daß es kaum Erwähnung
verdient, und doch findet man in der Wohnungsliteratur kaum je eine
entsprechende Würdigung der Verkehrspolitik als bodenpolitische
Maßnahme. Eine in obigem Sinne durchgeführte Verbesserung der
Verkehrsmittel würde weit mehr als die sonst vorgeschlagenen bodenpolitischen Maßnahmen und Bodenreformexperimente einem Monopol
des innenstädtischen Wohnbodens mit all seinen Folgezuständen entgegenarbeiten. Auch hier liegt einer der Schlüssel zur Lösung der Wohnungsfrage und je mehr eine Stadtgemeinde von demselben Gebrauch
macht, eventuell noch unterstützt durch eine entsprechende Boden-
ankaufs- und Bodenverwertungspolitik (s. S. 261), um so mehr kann sie
auf besondere Hilfsmittel zur Unterdrückung der Spekulation (Hergabe
ihres Besitzes nur in Erbbau, Vorbehalt des Wiederkaufsrechts etc.),
die ohnehin in ihrem Erfolg recht zweifelhaft sind, Verzicht leisten.

3. Die Verkehrsverhältnisse von London und Paris und Folgezustände.

Es erscheint in diesem Zusammenhange bedeutsam, an zwei
typischen Beispielen die Folgen einer grundverschiedenen Dezentrali-

sations- und Verkehrspolitik und im Zusammenhang damit einer durchaus andersgearteten städtebaulichen Entwickelung zu beleuchten. In mancher Beziehung stellen die beiden Millionenstädte Paris und London die beiden hier möglichen Extreme dar, wenn natürlich auch nicht in so schematischer Weise, wie das auf S. 198 eben des Schemas willen angedeutet wurde.

Befassen wir uns zunächst etwas mit den Verhältnissen Londons. Groß-London, der Polizeidistrikt London, das greater London, hatte 1910 auf einer Fläche von 179 500 ha = 1795 qkm 7 429 740 Einwohner, das sind rund 41 Personen auf 1 ha. Aber auch das engere London, die County of London, hatte 1910 auf einer Fläche von 30 200 ha 4 834 000 Einwohner, das sind auf 1 ha nur ca. 160 Personen. Die City von London selbst entvölkert sich infolge des bekannten „Aushöhlungsprozesses“ der großstädtischen Geschäftsviertel immer mehr und hatte 1910 auf einer Fläche von 270 ha nur mehr 26 932 Personen, auf 1 ha rund 100 Einwohner.

Ganz anders liegen die Zahlen für Paris. Paris ohne Vororte hatte 1910 auf einer Fläche von 7802 ha 2 763 000 Einwohner, das sind 354 Personen auf den ha. Diese Angaben entsprechen etwa dem engeren London, welches eine Bevölkerungsdichte von nur 160 Personen auf den ha aufweist.

Groß-Paris hatte 1907 etwa 3,9 Millionen Einwohner auf 47 000 ha = 470 qkm, das macht auf einen ha 83 Personen, gegenüber 41 Personen in Groß-London. Die Bevölkerungsdichte von Paris ist also in der eigentlichen Stadt ohne Vororte mehr als doppelt so groß und auch in Groß-Paris noch etwa doppelt so groß als die Groß-Londons.

Die Verschiedenheit dieser Zahlen, welche auch einen gewissen Anhalt für die Bebauungsintensität geben, wird ohne weiteres verständlich, wenn man die Entwickelung der Verkehrsverhältnisse und die Dezentralisationsbestrebungen an beiden Orten vergleicht. London hat bekanntlich unter allen Millionenstädten den Bau elektrischer Schnellbahnen am frühesten und ausgiebigsten betrieben. Vor allem hat hier die Entwickelung der Untergrundbahnen eine förmliche Umwälzung der städtischen Verkehrsverhältnisse hervorgerufen. Gegenwärtig umfaßt das Gesamtnetz der Londoner Schnellbahnen bereits 140 km. Ursprünglich hatte London an Untergrundbahnen nur die Metropolitan and Metropolitan District Railways, welche bereits 1861—68 eröffnet wurden. Diese Linien bilden einen vollständigen Ring um den inneren Teil von London mit verschiedenen Abzweigungen zu den Vororten. Dort ist die Verkehrsgelegenheit aber noch nicht zu Ende, weil verschiedene der großen Eisenbahngesellschaften ihre Züge in Verbindung mit den Metropolitan lines laufen lassen. Bis 1905 hatten diese ältesten Londoner Untergrundbahnen Dampfbetrieb; seit der Zeit ist der elektrische Betrieb eingeführt.

Additional material from *Die Grundlagen zur Besserung der städtischen Wohnverhältnisse,*
ISBN 978-3-642-89742-9 (978-3-642-89742-9_OSFO4),
is available at http://extras.springer.com

Seit 1890 begann dann der Bau der Tube Railways, der Röhren-
bahnen, deren Tunnels in erheblich größerer Tiefe unter der Oberfläche,
zwischen 20—180 englische Fuß schwankend, liegen, und die alle elektrisch
betrieben werden. Die City and South London Railway wurde
bereits 1890 eröffnet. die meisten andern Linien aber erst im letzten
Jahrzehnt gebaut. Auch von diesen Tube Railways laufen verschiedene
weit über die Innenstadt bis in die Vororte hinaus; so sind im Westen
die Vororte Hammersmith, Shepherds Bush, Kensington,
Brompton etc., im Norden die Vororte Hampstead, Highgate,
im Süden Clapham, Brixton usw. durch in den letzten Jahren erbauten
Untergrundlinien mit der City in direkte und schnellste Verbindung
gebracht worden; dadurch ist die Ansiedelung in diesen Vororten natürlich
außerordentlich erleichtert worden. Im Gegensatz dazu laufen in Paris,
ganz abgesehen davon, daß dort viel später mit der Anlage von Untergrundbahnen begonnen wurde, die sämtlichen Untergrundbahnen nur
bis zu der die Stadt umgürtenden Umwallung. Zur Erreichung der
Vororte bedarf es hier immer des Umsteigens in irgendwelche Trambahnen und Weiterbenutzung dieses viel langsameren Beförderungs-
mittels, was zeitraubender und kostspieliger ist.

Abgesehen von diesem weitverzweigten Netz der Untergrundbahnen
kommen für die Verkehrsverhältnisse Groß - Londons und seines
Dezentralisationsgebietes in außerordentlich großem Umfange auch die
vielen großen (privaten) Eisenbahnen in Betracht, welche alle einen
sehr frequenten Vorortverkehr betreiben. Man kann auf der
beigegebenen Verkehrskarte, ganz roh gezählt, mindestens 30 solcher
Linien nach den nächsten Orten der Umgebung zählen, später laufen
verschiedene derselben zusammen. Viele derselben haben ihre End-
stationen unmittelbar an der Peripherie der City und besondere Geleise für den Fernverkehr und den Vorortverkehr. Auf diese
Weise ist es ermöglicht, auch innerhalb des Vorortverkehrs eine Scheidung
in einen Schnellverkehr und in einen langsamer fahrenden und an
allen Stationen haltenden Lokalverkehr durchzuführen. Es ist
verschiedentlich in letzter Zeit auch für unsere deutschen Verhältnisse
betont worden. wie außerordentlich wichtig gerade im Vorortsverkehr
die Fahrtgeschwindigkeit ist. Solange der Vorortsverkehr nur in
der Weise gehandhabt wird, daß die Vorortszüge an jeder Station halten,
dadurch oft für Strecken von 10—20 km eine Zeit von $\frac{1}{2}$—1 Stunde
benötigt wird. stellt derselbe ein die städtische Dezentralisation nur sehr
wenig förderndes Moment dar. Es ist nötig, daß die größeren entlegenen
Vororte und Außenstädte, wo häufig große Massen städtischer Arbeiter
wohnen, durch Vorortsschnellzüge mit der Stadt und der City verbunden werden; was sich bei etwas stärkerem Verkehr nur durch die Anlage besonderer Geleise für diesen Vorortsschnellverkehr erreichen
läßt. Anderseits kann durch die dadurch bedingten höheren Anlagekosten
eine genügende Rentabilität nur bei entsprechend starkem Verkehr

erzielt werden, und es ist deshalb unbedingt nötig, wenigstens bei Millionenstädten, den Dezentralisationsstrom nicht regellos über die gesamten Außengelände zu verteilen, sondern in größeren und kleineren Siedelungen, selbst Städten mittlerer Größe anzusiedeln. Durch Einrichtung eines solchen Schnellverkehrs können unter Umständen auch entlegene, längst bestehende Orte, die sonst als Wohnsitz für die großstädtische Bevölkerung nicht recht in Frage kommen, in den Wohnbereich der Stadt einbezogen werden und einen Teil der Einwohnerschaft aufnehmen.

In London kommen außer den Stadtschnell- (Untergrund-)bahnen und den Volleisenbahnen noch zahllose andere Beförderungsmittel in Betracht. Einen ungefähren Begriff von der Größe dieses Verkehrs geben folgende Zahlen [1]:

	Zahl der beförderten Passagiere			
	local railways	Tramways approximate	Omnibus (principal Coys)	Journeys per head
1903	240 722 680	394 356 531	287 386 471	142.9
1909	410 744 610	687 138 908	311 000 000	189.6

Der Bericht bemerkt dazu, daß die Vorstellung über die Größe des Verkehrs, wie sie durch obige Zahlen hervorgerufen wird, nicht entfernt den gesamten Verkehr im Stadtbereich erfaßt, da sie weder den gesamten Omnibusverkehr, noch den Droschken- etc. Verkehr und vor allem nicht den sehr umfangreichen Vorortsverkehr einschließt, den die Volleisenbahnen bewältigen und der sich jährlich auf Hunderte von Millionen Passagieren belaufe.

In ein völlig neues Stadium wird trotz der schon jetzt vielfach mustergültigen Einrichtungen der Londoner Vorortsverkehr treten, wenn die weitblickenden Elektrifizierungspläne der Londoner Vorortbahnen einmal verwirklicht sein werden. Die „Times" berichtete darüber Ende des Jahres 1912, daß verschiedene große Eisenbahngesellschaften (vor allem die London and Northwestern Railway, die North London Railway, die West London und die London and Southwestern Railway) die Einführung des elektrischen Betriebs auf ihren bisher durch Dampfkraft betriebenen Vorortstrecken planen und es weiterhin ermöglichen wollen, daß die elektrischen Züge von einer Hauptbahnlinie direkt über die eine oder andere der Untergrundlinien geleitet werden können, daß die Passagiere also von weit entlegenen Punkten der Außengelände ohne Umsteigen und sonstigen Zeitverlust direkt bis zu fast jedem beliebigen Punkt der Stadt und der City fahren können. Das rollende Material soll sich alle Verbesserungen der Neuzeit zunutze machen und in bezug auf Anordnung der Plätze, Beleuchtung und Heizung den Passagieren den weitmöglichsten Komfort

---

[1] Report by the London Traffic Branch of the Board of Trade, London 1911.

Additional material from *Die Grundlagen zur Besserung der städtischen Wohnverhältnisse,*
ISBN 978-3-642-89742-9 (978-3-642-89742-9_OSFO5),
is available at http://extras.springer.com

bieten. Als Zugfolge ist während der Hauptgeschäftsstunden ein Fünf-minutenverkehr geplant; dabei sollen die Züge mit außerordentlicher Schnelligkeit fahren, die auf der freien Strecke noch erhebliche Steigerung erfahren wird. Daß nach Durchführung dieser Pläne der praktisch in Betracht kommende Wohnbereich Groß-Londons eine außerordentliche Erweiterung erfahren wird, braucht wohl kaum erwähnt zu werden.

Es ist selbstverständlich, daß nur eine solch **mustergültige und weitgehende Ausbildung der Verkehrsgelegenheiten** innerhalb eines so riesenhaften Bevölkerungskonzentrationspunktes, wie London ihn darstellt, eine verhältnismäßig so weiträumige Ansiedelung und damit im großen und ganzen relativ günstige Wohnverhältnisse ermöglicht hat. Mit seinen vorgeschobenen Vororten und Siedelungen nähert sich London als **offene Stadt** geradezu dem S. 198 gegebenen Schema einer dezentralisierten Stadt, indem es sich nicht nur durch Anlagerung neuer Stadtteile unmittelbar an das bereits bebaute Gebiet, sondern auch durch Vorschiebung von Ablegern und Tochterstädten weit hinaus in die Umgebung, die vor allem den Bevölkerungszuwachs aufnehmen, erweitert. Ob primär die andern Wohnsitten und Wohnansprüche der Bevölkerung hierfür maßgebend gewesen sind, und diese erst sekundär die Verkehrs-gelegenheiten herbeigeführt haben oder ob diese wieder fördernd auf jene zurückwirkten, ist ziemlich gleichgültig; jedenfalls geben uns diese beiden Erscheinungen zusammen eine völlig ausreichende Erklärung für die von den meisten deutschen Großstädten wesentlich abweichende Gestal-tung der Wohn- und damit auch der Bodenwertverhältnisse in den Außenbezirken und Wohnvierteln Londons und man hat wirklich nicht nötig, dieselbe auf eine andersartige Gestaltung der Bodenrechts-, Bodenbesitz- und Realkreditverhältnisse zurückzuführen.

In vieler Beziehung geradezu entgegengesetzt hat sich die **Ent-wickelung von Paris**[1]) vollzogen. Vor allem durch seinen Festungs-charakter bedingt, hat sich Paris jahrhundertelang bis fast in die neueste Zeit hinein nur nach dem S. 197 gegebenen Schema der zentrali-sierten, sich nur durch konzentrische Anlagerung an die Peripherie erweiternden Stadt vergrößert; eine nachhaltige Dezentralisation, Bildung größerer Vororte etc. hat sich erst spät herausgebildet, ist auch heute noch gering entwickelt und natürlich nicht imstande, die Folgen der früheren Entwickelung ohne weiteres wieder gut zu machen. Zum Teil läßt sich dieses konzentrische Wachstum der Stadt noch heute an seinen Straßen-zügen verfolgen. So bildeten die **Grands Boulevards**, oder kurz **Boulevards** genannt, den Umkreis des alten Paris. Das sagt schon ihr Name, welcher sich auf die wirklichen boulevards (d. h. Wälle) der befestigten Umschließung dieser Altstadt bezieht. Diese wurden bei weiterem Wachstum der Stadt zerstört und bei einer Vergrößerung der Stadt unter Louis XIV. in die **Grands Boulevards** umgewandelt. Ihr Name findet sich dann wieder in den **boulevards extérieurs**,

---

[1]) S. den beigehefteten Plan der Umgebung von Paris.

welche die Stadt bis 1860 umgaben, dann ebenfalls in Straßen umgewandelt wurden und in den boulevards d'enceinte oder nouveaux boulevards extérieurs, welche sich der jetzt noch stehenden Umwallung entlang um das Innere der Stadt herum erstrecken. Diese letztere Umwallung stammt aus den 1840er Jahren und wurde nach dem Kriege 1870/71 noch erheblich verstärkt. Bei der Beurteilung der dadurch der städtischen Weiterentwickelung gezogenen Schranken darf man nicht unberücksichtigt lassen, daß diese Festungswälle (enceinte und im Gegensatz zu den weiter vorgelegenen Festungswerken la Petite-Ceinture genannt) nach außen hin noch von einer Zone, zone militaire, umgeben sind, auf welcher aus militärischen Gründen nicht gebaut werden darf, ähnlich wie auf dem Festungsrayon deutscher Festungsstädte. Da die Fläche, welche diese Umwallung einnimmt, auf etwa 450, die der zone militaire auf etwa 800 ha berechnet wird, so umgibt auch heute das dichtbevölkerte Paris gerade an der Stelle, wo es am meisten Platz zur Entfaltung brauchte, eine unbebaute Fläche von mindestens 1250 ha. Erst weiter hinaus ist eine Besiedelung der Außengelände möglich und folgen die Vororte von Paris; aber vor allem wohl infolge der mangelhaften Verkehrsverbindungen (s. unten) ist diese Vorortentwickelung auch heute noch eine sehr bescheidene, die sich in keiner Weise mit der Londons, Berlins und anderer „offener" Großstädte vergleichen läßt.

So hat sich die ganze Entwickelung von Paris fast immer auf dem gleichen Boden vollzogen und daselbst zu einer immer stärkeren Bevölkerungskonzentration und Bebauungsintensität geführt. So ist denn Paris auch heute die typische Stadt der riesenhaften meist sechsgeschossigen oder noch höheren Mietkasernen, der hochgradigsten Bevölkerungsdichte, entsprechend hoher Bodenwerte und Mieten.

Einen Begriff von der durch diese Entwickelung hervorgerufenen enormen Mietwertsteigerung von Paris gibt ein Bericht des Pariser Gemeinderats Dausset für das Jahr 1910. Danach stieg der Mietwert von 24 Gebäuden der Place Vendome von 2 247 812 Fr. im Jahre 1901 auf 3 435 432 Fr. Ende 1910, das macht im Durchschnitt eine Erhöhung von 53 %. In fünf derselben sind die Mieten sogar in dieser Zeit von 410 230 auf 1 068 020 Fr. gestiegen, also um mehr als 160 %. Ein Viertel im Westen, die Plaine Monceau, zählte 1862 nur 439 Häuser, mit einem Mietertrag von 1½ Millionen Fr., am 1. Januar 1911 wurden in diesem Viertel 1517 Häuser mit einem Mietertrag von 27 535 078 Fr. registriert.

Auch in Paris ist man sich natürlich über den Hemmschuh, welchen die Umwallung für die städtische Entwickelung bedeutet, völlig im klaren und seit mehr als einem Vierteljahrhundert sind Vorschläge und Unterhandlungen über die Auflassung der Pariser Befestigungen und Freigabe des so gewonnenen Terrains für den weiteren Ausbau der Stadt erfolgt. Am 3. Januar 1913 ist dann durch die Annahme des Berichts und Vertragsentwurfs des Gemeinderats Dausset im Pariser Stadtrat endgültig die Niederlegung der Ringmauer beschlossen worden. Danach soll der Rayon in einer Breite von mindestens 250 m und etwa 35 km Länge (ca. 770 ha) dauernd in Gestalt von Parkanlagen und Promenaden als Freifläche bewahrt bleiben und so der Stadt ein riesiges Luftreservoir sichern, der durch Niederlegung der Ringmauern gewonnene Raum dagegen größtenteils als Baugrundstücke verkauft werden, zum Teil zur Anlage von Arbeiterwohnhäusern benutzt werden. Damit fällt dann das Haupthindernis, welches der räumlichen Entfaltung von Paris so lange im Wege gestanden hat; es wird aber Jahrhunderte dauern, ehe es gelingt, die Folgen des früheren Zustands, wie sie sich im Innern von Paris als übertrieben hohe Bebauungsintensität und Bodenwertgestaltung herausgebildet haben, wieder auszugleichen.

Was nun die Pariser Verkehrsverhältnisse anlangt, so ist bekannt, daß dieselben jahrzehntelang höchst rückständig waren und nur durch den Pferde-Omnibusverkehr im Stadtinnern bewältigt wurden. Viel später als London hat Paris auch mit dem Bau von Stadtschnellbahnen in Gestalt von Untergrundbahnen begonnen. Heutzutage ist derselbe allerdings sehr entwickelt, fehlt aber nach den Außengeländen und Vororten noch immer vollständig.

Die Pariser Untergrundbahn (Le Métropolitain, genannt Métro) wurde erst 1898 begonnen und die erste Linie 1900 eröffnet. Seit 1910 betreibt eine andere Gesellschaft ein ähnliches Verkehrsunternehmen, le Nord-Sud. Zum Teil sind diese Bahnen auch als Hochbahnen auf Viadukten durch das Häusermeer der Stadt hindurchgeführt. Zurzeit bilden diese jetzt alle elektrisch betriebenen Linien bereits das wichtigste Transportmittel im Pariser Verkehr. Bei der Besichtigung ihres Verkehrsplans fällt einem sofort auf, daß alle Linien (1911 waren es 7 der Métropolitain und 2 der Nord-Sud) an der Umwallung und ihren Toren enden. Entweder führen sie vom Innern der Stadt bis an diese heran, z. B. die Linie 3 (de la place Gambetta à la porte de Champerret), oder aber sie durchsetzen die Stadt von einem Tor bis zum entgegengesetzten auf der andern Seite, z. B. die Linie 1 (de la porte de Vincennes à la porte Maillot), keine aber führt außerhalb der Tore hinaus.

Auch Knipping[1]) ist dieser Umstand aufgefallen: „Leider führt aber kein Meter Geleis dieses aus Radial- und Ringlinien bestehenden Schnellbahnnetzes über das Weichbild von Paris in die Vororte hinaus. Ob hierfür die Festungswerke maßgebend waren oder die Rücksicht auf die Rentabilität des Unternehmens, das sich auf diese Weise nur über eng bebaute und stark bevölkerte Gebiete erstreckt, oder aber der lokalpolitische Gesichtspunkt der Vermeidung des Fortzugs steuerkräftiger Bürger in die Vororte, entzieht sich meiner Kenntnis. Vielleicht haben verschiedene dieser Gründe zusammengewirkt . . . . Tatsache ist ferner auch, daß die Pariser Schnellbahn im Gegensatz zu vielen andern sich trotz ihres Einheitstarifes von 15 Cents II. Kl. einigermaßen rentiert."

---

[1]) Techn. Gemeindeblatt, Jahrg. XV, Nr. 15, S. 223.

Auch der Vorortsverkehr von Paris, wie er durch die großen in Paris zusammenlaufenden Eisenbahngesellschaften unterhalten wird, läßt sich weder, was Zahl der Linien und Frequenz der Züge, noch Einführung eines besonderen Vorortschnellverkehrs anbelangt, mit den Londoner Verhältnissen vergleichen.

Es ist nicht meine Absicht, diese jedem Kenner Londons und Paris, bekannten und geläufigen Tatsachen noch weiter durch allerlei Zahlenmaterial zu belegen; zur Klarstellung der Verhältnisse, auf die es uns hier in erster Linie ankommt, dürften die gegebenen Hinweise und die Kartenbeilagen genügen; sie zeigen, daß das so grundverschiedene Verhalten dieser beiden Millionenstädte bezüglich Bevölkerungskonzentration, Bodenpreise, Hausformen, Mieten etc. sich in ungezwungendster Weise durch die gänzlich verschiedene Ausbildung der städtischen Dezentralisation, der Verkehrsmittel und einerlei, ob als Ursache oder Wirkung, die wesentlich andern Wohnsitten erklären läßt. Um so mehr kann man die andern künstlichen und geschraubten Erklärungsversuche für das abweichende Verhalten der englischen Städte zurückweisen.

4. Deutsche Verhältnisse und Ausblick.

In ähnlicher Weise könnte man auch innerhalb ein und desselben Landes, so auch Deutschlands, Städte der einen oder der andern Entwickelungsform ausfindig machen. Je nachdem, ob dieselben frühzeitig eine ausgiebige Dezentralisation begünstigt und sich demnach weiträumig und exzentrisch entwickelt haben, oder an der dichtgedrängten, konzentrischen und räumlich zusammenhängenden Entwickelungsform festhielten, ließe sich auch hier zeigen, daß sich durchaus andere Folgezustände für den städtischen Wohnboden und die Mietpreise entwickelt haben. Es würde zu weit führen, hier diesem Zusammenhang im einzelnen nachzugehen. An einem Beispiele, dem der Stadt Aachen habe ich bereits S. 180 die Folgen einer durch allerlei Verhältnisse begünstigten Dezentralisation nachgewiesen. Daß im übrigen die städtischen Siedelungsformen innerhalb des deutschen Reichs außerordentlich verschiedene sind, je nach den lokalen Verhältnissen, der geographischen Lage, dem Charakter als offene oder Festungsstadt und natürlich auch den betreffenden Verwaltungsmaßnahmen, lehrt schon eine flüchtige Betrachtung der betreffenden Stadtpläne. So zeigen Städte wie Metz, Straßburg, Köln, Königsberg, Danzig infolge ihres früheren oder noch bestehenden Festungscharakters in ausgesprochener Weise den Typ der zusammenhängenden, konzentrischen Stadtanlage. Bei Städten wie Elberfeld - Barmen und Stuttgart hat die Lage in einem engen Tal oder Talkessel ebenfalls eine starke Zusammendrängung und Geschlossenheit der Anlage hervorgerufen; erst neuerdings werden in zunehmendem Maße auch die angrenzenden Berghänge mit zur Bebauung herangezogen. Eine ziemlich dezentralisierte Siedelungsform

zeigen Städte wie Nürnberg, wobei man Fürth gewissermaßen als
große, weit vorgeschobene Tochterstadt auffassen kann, Essen mit
den umliegenden Orten Altendorf, Borbeck, Altenessen, weiter die
Städte Magdeburg, Hamburg, Bremen, namentlich auch Dresden
und Leipzig mit ihren weit vorgeschobenen Vororten und Siedelungen.
Die Reichshauptstadt Berlin verkörperte früher völlig den Typ der
dichtgedrängten konzentrischen Stadtanlage, wie auf älteren Stadtplänen sehr gut zu beobachten ist; neuerdings hat sie infolge des durch
die Verbesserung der Verkehrsmittel ermöglichten außerordentlichen
Wachstums der Vororte, namentlich der weit vorgeschobenen im Westen
und Südwesten, ein wesentlich anderes Aussehen erlangt und nähert
sich mit der weiteren Vervollkommnung seiner Verkehrsmittel immer
mehr dem Schema der offenen, dezentralisierten Stadt, ohne daß dadurch die Folgen der früheren Entwickelung ohne weiteres beseitigt
würden.

Man geht wohl nicht fehl in der Annahme, daß gegenwärtig alle
Großstädte in mehr oder weniger raschem Tempo diese Entwickelung
zur offenen dezentralisierten Stadt durchmachen. Wie rasch
sich dieselbe vollzieht, wird im wesentlichen von der Ausgestaltung
und Vervollkommnung der Verkehrsmittel abhängen. Daß man auf
diesem Gebiete bei uns in Deutschland bestrebt ist, die früher an manchen
Orten zu konstatierende Schwerfälligkeit und Rückständigkeit zu beseitigen, zeigt unter anderm das Beispiel der Stadt Berlin. Die verschiedenen Schnellbahnen (Untergrundbahnen), welche im letzten Jahrzehnt erbaut wurden, werden demnächst durch eine Untergrundbahn
von Norden nach Süden, welche bereits im Bau ist, und eine zweite,
welche von Nordwesten nach Südosten die Stadt durchqueren soll,
allerdings noch in Erwägung steht, ergänzt werden. Vor allem ist der
langgehegte Wunsch der Elektrisierung der Stadtbahn endlich
seiner Erfüllung nähergekommen, nachdem im April und Mai 1913
zunächst 25 Millionen Mark für die Einführung der elektrischen Zugförderung auf der Berliner Stadt- und Ringbahn und den damit unmittelbar zusammenhängenden Vorortlinien im Abgeordneten- und Herrenhaus
bewilligt wurden. Zunächst bleiben allerdings die Wannseebahn und
die vom Stettinerbahnhof ausgehenden Linien von der Elektrisierung
ausgeschlossen, aber es ist wohl anzunehmen, daß auch hier mit der
Zeit der elektrische Betrieb eingeführt wird, wenn die Großstadtbevölkerung sich der offensichtlichen Vorteile und Annehmlichkeiten desselben
so recht bewußt geworden ist. Hier dürften auch die weitgehenden
Elektrisierungspläne der Londoner Vorortbahnen (s. S. 224)
und die außerordentliche Bedeutung, welche ihnen für die Wohnverhältnisse der dortigen Bevölkerung zukommt, Beachtung verdienen und vorbildlich wirken. In ähnlicher Weise hat Hamburg in allerletzter
Zeit durch den Bau von Untergrundbahnen seine Verkehrsverhältnisse
außerordentlich verbessert, und andere Städte werden nachfolgen.

Abgesehen von dieser Ausbildung des Lokalverkehrs kommt auch die rapide Entwickelung der übrigen Verkehrsmittel dem Dezentralisationsgedanken fördernd entgegen. Besondere Beachtung verdienen da auch die Schnellbahnen oder entsprechenden Projekte, welche die Großstädte mit benachbarten größeren Städten in möglichst schnelle Verbindung setzen sollen, wie etwa die Rheinuferbahn zwischen Köln und Bonn, die vorgesehene, allerdings immer noch nicht definitiv beschlossene Städtebahn zwischen Köln und Düsseldorf, eventuell darüber hinaus zu den Städten des rheinisch-westfälischen Industriebezirks, die, Zeitungsnachrichten zufolge, zwischen Mannheim und Heidelberg geplante Schnellbahn usw. Je mehr durch derartige Bahnen die Großstädte sich mit benachbarten, wenn auch räumlich ziemlich entfernt gelegenen Städten in Verbindung setzen, um so mehr wird es einem Teil des Bevölkerungsstroms, namentlich manchen Geschäft- und Gewerbetreibenden, die eigentlich zur größten und zentral gelegenen Stadt hinstreben würden, möglich, sich auch in den kleineren und billigeres Leben ermöglichenden Städten der Umgebung anzusiedeln und doch infolge der günstigen Verkehrsverbindungen, Telephonanschlüsse etc. von der Kaufkraft der großstädtischen Bevölkerung mit zu profitieren. So ließe sich z. B. sehr gut denken, daß lediglich die Annahmebureaus oder Verkaufsläden mancher auf Bestellung arbeitender Geschäftszweige, z. B. Druckereien, Verlagsanstalten, Gärtnereien, in der Zentralstadt liegen, die betreffenden Betriebe aber weit draußen in den kleineren Städten der Umgebung untergebracht sind. All das muß dann immer wieder einem übertriebenen Anwachsen einzelner Millionenstädte auf Kosten kleinerer, in ihrer Nachbarschaft gelegener Städte entgegenarbeiten, und wirkt damit günstig auf die Gestaltung der Bodenwerte und dadurch auch der Wohnverhältnisse. Unter allen Umständen ist es leichter, die äußeren hygienischen Wohnungsqualitäten befriedigend zu gestalten, wenn die Bevölkerung auf verschiedene kleinere Städte verteilt ist, als wenn sie in einem einzigen großen Massenkonzentrationspunkte zusammengedrängt und dadurch von der umgebenden freien Natur weit mehr abgeschlossen ist.

In vieler Beziehung sind die Verhältnisse, wie sie sich im rheinisch-westfälischen Industriebezirk herausgebildet haben, außerordentlich lehrreich für die Beurteilung der städtischen Dezentralisation und ihrer Wirkungen. Man könnte diesen Industriebezirk, als Ganzes betrachtet, gleichsam als eine über eine Fläche von etwa 60 km Länge und im Mittel 20 km Breite ausgebreitete städtische Siedelung auffassen, welche allerdings durch die Einschaltung der zahllosen, großen Industriewerke ein ganz besonderes Gepräge erhält. Dadurch, daß sich viele der Siedelungen um die zerstreut liegenden Industriewerke herum bildeten, sich dann allmählich vergrößerten, teilweise zusammenflossen und zu großen Städten heranwuchsen, liegt hier eine große Zahl volkreicher Städte in unmittelbarster Nähe. Ich führe nur einige der größten mit ihren Einwohnerzahlen von 1910 an: Duisburg-Alt 120 931, Duisburg-Ruhrort 44 342, Duisburg-Meiderich 44 020, Oberhausen 61 812, Borbeck 70 079, Hamborn 95 148, Essen 274 769, Wanne 56 370, Mülheim 102 263, Gelsenkirchen 172 817, Herne 56 635, Bochum 136 807, Witten 36 925, Dortmund 215 194, Hagen 88 205, Haspe 23 856. Diese hier angeführten 16 Orte hatten zusammen 1910 bereits 1 590 173 Einwohner. Dazwischen liegen in dicht gedrängter Folge die vielen kleinern Orte und Landgemeinden, die in ihren Grenzen vielfach schon nahezu ineinander übergehen und die mehr oder weniger großen, vorläufig noch unbesiedelten Flächen, die von Jahr zu Jahr allerdings erheblich kleiner werden und zur Vergrößerung der angrenzenden Gemeinden herhalten müssen. Aber infolge dieser regellosen Durchdringung von Stadt und Land, des Umstands, daß selbst die größern Orte eine noch verhältnismäßig geringe Einwohnerzahl aufweisen, ferner als Folge der in vielen Teilen des Industriebezirks außerordentlich zerstreuten Bebauung sind die Wohnverhältnisse daselbst im ganzen genommen keineswegs so unbefriedigende, als man vielleicht a priori annehmen dürfte. Wenn auch gewiß die inneren hygienischen Wohnungsqualitäten vielfach sehr zu wünschen übrig lassen, so sind doch durch die Eigenart der Siedelungsform wenigstens die äußeren hygienischen Qualitäten, was Freilage der Gebäude, Überwiegen kleinerer Hausformen, zerstreute, weiträumige Siedelungsweise und die damit zusammenhängende Möglichkeit, von den Wohnungen bald das Freie erreichen und geeignete Spiel- und Tummelplätze für die Kinder finden zu können, in den meisten Teilen des Industriebezirks noch relativ günstig zu nennen. Zur Würdigung dessen braucht man sich nur einmal vorzustellen, wie diese Verhältnisse lägen, wenn hier im Industriebezirk die Bevölkerung sich etwa auch nur um einen oder einige Konzentrationspunkte, die etwa der Industrie ganz besonders günstige Bedingungen geboten hätten, zusammendrängte. Was sich bei dem rapiden Wachstum der Volkszahl im Industriebezirk dann in diesen Industrie-Millionenstädten für Wohnverhältnisse entwickelt hätten, namentlich in früheren Zeiten, wo man auf die hygienischen Verhältnisse noch wenig Wert legte, ist kaum auszudenken. Eine außerordentliche Steigerung der Bodenwerte, eine nicht minder weitgehende Zusammendrängung der Bevölkerung auf engstem Raume mit all ihren üblen Folgeerscheinungen für innere und äußere Wohnungsqualitäten wäre die unausbleibliche Folge gewesen. Glücklicherweise hat die Gunst der geographischen und sonstigen Verhältnisse, welche über ein relativ großes Gebiet der Industrieansiedelung annähernd gleich günstige Bedingungen gewährte, gewissermaßen von alleine und ohne daß man bewußt darauf hinarbeitete, eine weitgehende Dezentralisation der sich an diese Industrieniederlassungen ankrystallisierenden Orte hervorgerufen, dadurch der Bildung einzelner besonders großer Städte auf Kosten der andern entgegengearbeitet und so in vieler Beziehung geradezu entgegengesetzte Verhältnisse geschaffen, als sie die frühere Entwickelung unserer meisten Großstädte und Millionenstädte beobachten läßt. Natürlich war auch hier die Entstehung einer derartigen Dezentralisation aufs innigste mit der Entwickelung entsprechender Verkehrsbedingungen verknüpft. Schon ein flüchtiger Blick auf die Eisenbahnkarte zeigt, welch dichtes und verzweigtes Netz von Eisenbahnlinien gerade den rheinisch-westfälischen Industriebezirk durchzieht, von den einzelnen lokalen Verkehrsmitteln gar nicht zu reden.

Will man umgekehrt, von den Verhältnissen des Industriebezirks ausgehend, sich ein Bild davon machen, in welch anderer Weise sich etwa die Boden- und Wohnverhältnisse unserer Millionenstädte herausgebildet hätten, wenn auch sie von vornherein auf eine derart dezentralisierte Basis gestellt worden wären, so stelle man sich einmal vor, daß Berlin oder London sich nicht aus einem einzigen Konzentrationspunkt herausentwickelt hätten, sondern durch Zusammenfließen einer ganzer Reihe ursprünglich weit voneinander gelegener, dann sich allmählich vergrößernder und ineinanderfließender Städte entstanden wären. Die hochgradige und weit übertriebene Bebauungsintensität im Innern dieser Städte, die weitgehende Absperrung der zentralen Teile von der Natur und dem umgebenden offenen Lande hätten sich dann verhältnismäßig leicht vermeiden lassen. In einmal bestehenden Städten wird diese Erkenntnis nachträglich wenig mehr an dem Charakter der Innenstadt ändern können, aber es dürfte anzunehmen sein, daß sie der Entwickelung zukünftiger Millionenstädte zugute kommen wird. Hier wird der zukünftige Entwickelungsmodus wohl der sein, daß ursprünglich wenigstens räumlich relativ ferngelegene Städte durch Schaffung günstiger Verkehrsgelegenheiten zeitlich und geschäftlich nahegerückt werden, schließlich einen großen, gemeinsamen Organismus bilden, dessen einzelne Teile aber noch durch hinreichend große Strecken offenen unbebauten Landes voneinander getrennt werden. Es wird Sache entsprechender Bauordnungen und Bebauungspläne sein, möglichst große Teile dieser Gelände dauernd für weiträumigste Wohnviertel zu reservieren, andere genügend große ein für allemal als Frei- und Erholungsflächen für die großstädtische Bevölkerung von der Bebauung auszuschließen. Der Bau elektrischer Schnellbahnen zwischen benachbarten großen Städten bereitet eine solche Entwickelung vor. Man denke nur an die Beziehungen, wie sie sich bei weiterem Wachstum etwa zwischen den jetzt teilweise schon in Fühlung zueinander tretenden Städten Wiesbaden, Mainz, Frankfurt, Offenbach, Darmstadt, Worms, Ludwigshafen, Mannheim, Heidelberg und den zwischenliegenden kleineren Orten und Industriesiedelungen entwickeln werden.

So müssen im Zeichen der modernen Verkehrsverhältnisse der Beurteilung der Frage, was die natürliche Art der Besiedelung des städtischen Innenbodens, überhaupt der städtischen Bebauung sei, ganz andere Gesichtspunkte untergelegt werden als früher. Vor der Entwickelung der Verkehrsmittel war es natürlich und zweckentsprechend, wenn auch gewiß nicht im Sinne einer naturgemäßen Lebensweise, daß die städtische Bevölkerung sich eng um den geschäftlichen Mittelpunkt der Städte zusammendrängte, die dadurch gewonnene Zeitersparnis gerne mit dem Wohnen in der Mietkaserne und hochgradigster Bevölkerungsdichte erkaufte. Je mehr es die Entwickelung der modernen Verkehrsmittel ermöglicht, den Wohnbereich der Städte immer weiter zu ziehen und auch aufs offene, bisher unbebaute Land in der Umgebung hinauszuverlegen, um so unnatürlicher und widersinniger wird ein derartiger Zustand, um so mehr wird es möglich, eine weiträumigere Bauweise in den Wohnvierteln Platz greifen zu lassen, die Mietkasernen durch kleinere Hausformen, selbst Einfamilienhäuser zu ersetzen und sich so wieder mehr und mehr auch der naturgemäßen ländlichen Siedelungsweise zu nähern. Die Frage, ob zu den verschiedenen Zeiten der Hochbau oder der Flachbau, das Massenmiethaus oder das Kleinhaus die geeigneten Wohnformen waren, läßt sich also keineswegs lediglich aus dem freien Wunsch und Willen der betreffenden Bevölkerungskreise und der herrschenden Zeitströmung erklären; darüber hinaus waren größtenteils unbewußt und in ihrer Tragweite früher kaum gewürdigt, Faktoren wirtschaftlicher Art am Werke, die sich als weit einflußreicher und zwingender erwiesen als die Rücksichtnahme auf die früher zwar wenig genannten, aber doch immerhin dem menschlichen Instinkt naheliegenden und in einem gewissen, selbstverständlichen Gefühl für das Gesunde und Naturgemäße begründeten hygienischen Forderungen. Erst die Verschiebung der wirtschaftlichen Werte, wie sie durch die Entwickelung der Verkehrsmittel im städtischen Geschäfts- und Wohnboden bewirkt wurde, und der damit zusammenhängende, gänzlich andere Maßstab für die Entfernungen innerhalb des Weichbildes der Städte ermöglichten es, die Beachtung der hygienischen Forderungen mehr und mehr in den Vordergrund zu rücken, und ließen so schließlich die Hygiene zu dem dominierenden Schlagwort werden, wie es heutzutage die städtische Entwickelung beherrscht.

Zehnter Abschnitt.

Die städtische Dezentralisation in der Wohnungsliteratur.

Es ist sonderbar, wie wenig noch die Dezentralisation der städtischen Siedelungen mit ihren weittragenden Folgen in der sonst so reichhaltigen Wohnungsliteratur behandelt und entsprechend gewürdigt worden ist. Von den bekannteren Autoren ist wohl nur von Mangoldt (in seiner städtischen Bodenfrage, 1907) energisch für eine weitgehende Dezentralisation der Städte eingetreten und bezüglich derselben zu Schlußfolgerungen gelangt, die mit den hier entwickelten in vieler Be ziehung übereinstimmen. Aber der an sich vortreffliche und richtige Gedanke der Dezentralisation steht bei ihm noch völlig unter dem Einfluß der — man kann es kaum anders nennen — Furcht vor den üblen Folgen des privaten Grundbesitzes, und so verquickt er denselben mit einer Fülle belastender und beschwerender Forderungen, die die Dezentralisation praktisch bedeutungslos, zum Teil auch undurchführbar machen würden. Hierher gehört z. B. sein Vorschlag der sog. Stadterweiterungstaxe, zu dem ich in meiner „Bodenfrage und Bodenpolitik" (S. 249 ff.) eingehend Stellung genommen und gezeigt habe, daß derselbe auf eine völlige Konfiskation jedweden Wertzuwachses hinauslaufen würde, seine Forderung, man solle die Stadterweiterung wieder völlig zu einem öffentlich-rechtlichen Geschäft machen und dabei nur ausnahmsweise unter Auflegung besonderer Bedingungen auch private Stellen und Kräfte zu seiner Durchführung mit heranziehen [1]). Und dabei erfordert gerade die Durchführung der städtischen Dezentralisation mit ihren riesenhaften Aufgaben unbedingt eine weitgehende Mitwirkung privaten Unternehmungs- und Erwerbsgeistes, sowie des privaten Kapitals; anderseits ist eine Stadtverwaltung, welche die Aufgaben der Dezentralisation richtig erfaßt hat, auch durchaus in der Lage, durch Aufstellung sachgemäßer Bebauungspläne und Bauordnungen, sowie durch eine entsprechend gehandhabte Bodenpolitik, dafür Sorge zu tragen, daß die privaten Interessen nicht allzu rücksichtlos gegenüber den Interessen der Allgemeinheit geltend gemacht werden und die Auswüchse der „ungesunden" Spekulation, besser gesagt die ungesunden und schädlichen Folgen der Spekulation auf ein Minimum reduziert werden. Gerade deshalb braucht man aber auch nicht die Mitwirkung des privaten Grundbesitzes auszuschließen oder die völlige Konfiskation des sog. unverdienten Wertzuwachses zu fordern, was im Effekt auf dasselbe hinauskäme. Das zeigen unter anderm auch die vielgerühmten Bodenwertverhältnisse Belgiens, wo in sehr weitgehender Weise die private Unternehmung die Aufschließung und Aufteilung des Baugeländes und seine Überführung an die Baulustigen besorgt, und trotzdem die verbilligende Wirkung der Dezentralisation auf das Bauland sich überall bemerkbar macht, wenn nicht, wie in Brüssel, besondere Verhältnisse vorliegen.

Vor allem vermißt man bei von Mangoldt trotz seiner Erkenntnis, daß eine großzügige und mit entsprechenden Mitteln (Verkehrspolitik) betriebene Dezentralisation durch Schaffung einer großen Konkurrenz an Bauland auch auf den städtischen Wohnboden verbilligend einwirken könnte, die weitere Schlußfolgerung, daß man eben deshalb auf besondere Maßnahmen zur Verbilligung des Grund und Bodens verzichten dürfe — wie sie z. B. seine Forderung eines weitgehenden Enteignungsrechts und seine Stadterweiterungstaxe darstellen. So lehnt er auch die von

---

[1]) A. a. O., S. 464.

ihm sog. „reformierte private Stadterweiterung" mit der Begründung ab (S. 536), daß „das Verderben spekulativer Preisbewertung des Bodens und spekulativer Manöver mit ihm sich unter ihr jedenfalls sehr viel weiter hinaus erstrecken würden als gegenwärtig. Indem man weithin die Möglichkeit entfessele, Land als Bauland zu betrachten und zu verwerten, würden aller Wahrscheinlichkeit noch schnellstens und im weitesten Umkreis um unsere Städte die Bodenpreise auch da, wo sie jetzt noch gering sind, zwar nicht auf die jetzt für Bauland und Baustellen übliche geschraubte Höhe, doch aber auf eine Höhe steigen, die erheblich über dem landwirtschaftlichen und gärtnerischen Preisstande läge". Dabei vergißt er ganz, daß gerade die so bewirkte große Konkurrenz unter dem neu erschlossenen Bauland dafür sorgt, daß, die gewiß steigenden Bodenwerte trotz „spekulativer Manöver" etc. nur eine ihrem reellen Wert entsprechende Höhe erreichen, und daß das Ansteigen der Bodenwerte bei dem Übergang der Grundstücke vom Ackerboden zum Wohnboden an sich noch keineswegs bedauerlich, vielmehr durchaus natürlich und berechtigt und deshalb auch unvermeidlich ist. Es kann sich vielmehr auch bei der privaten Stadterweiterung nur darum handeln, durch abgestufte Bauordnungen und Bebauungspläne dafür zu sorgen, daß dieses Ansteigen nicht allzu rasch und in ungebührlich hohem Maße erfolge.

So bedeutet für von Mangoldt die städtische Dezentralisation eigentlich nur das Hinausführen eines Teils der städtischen Bevölkerung auf die Außengelände und das bisher noch unbebaute Neuland, weil er hier billige Bodenwerte erwartet, und er sucht weiter ängstlich nach besonderen Maßnahmen, die nun — wir können nur sagen — künstlich diese niedere Werthöhe festhalten sollen. Demnach erschöpft von Mangoldt die städtische Dezentralisation keineswegs. Dieselbe ist weit mehr als lediglich ein Hinausführen der städtischen Bevölkerung auf die noch billigen Außengelände; entsprechend zur Durchführung gebracht ist dieselbe eine bodenpolitische Maßnahme von weittragendster Bedeutung, die mit der Zeit alle übrigen bodenpolitischen Maßnahmen mehr oder weniger überflüssig machen wird und in diesem Sinne weit mehr zu leisten berufen ist als alle sog. bodenreformerischen Maßnahmen. Sie bedeutet aber weiter noch ein neues, durch die Eigenart der modernen Verhältnisse ermöglichtes Städtebau- und Stadterweiterungssystem, welches in vieler Beziehung einen völligen Bruch mit dem alten überlieferten System der räumlich zusammenhängenden, sich konzentrisch durch ständige Anlagerung an der Peripherie weiterentwickelnden Stadtanlage bedeutet und eben dadurch eine Fülle von Möglichkeiten für die räumliche Auseinanderziehung einzelner Stadtteile, die Durchdringung derselben mit Frei- und Grünflächen, die Bildung von Vororten und Tochterstädten bildet, wie sie bei der früheren Form der städtischen Entwickelung ausgeschlossen war. Dadurch wird dann auch schließlich jedwedes Monopol einzelner Grundbesitzer und ihre

Fähigkeit, willkürlich, lediglich durch ihren Willen zum Gewinn, eine künstliche Steigerung der Bodenwerte hervorzurufen, ausgeschaltet. Es muß als ein Hauptvorzug der in unserem Sinne dezentralisierten Stadtanlage angesehen werden, daß sie weitgehende Eingriffe in das private Grundeigentum — abgesehen von den durch Bauordnung und Bebauungsplan auferlegten Beschränkungen — überflüssig macht, im Gegenteil geradezu auf die Mitwirkung des privaten Unternehmungsgeistes und des privaten Kapitals angewiesen ist. Daß sich gerade bei ihr private und Allgemeininteressen durchaus vereinigen lassen, dürften vielleicht die Darlegungen dieser Schrift und meiner früheren Arbeiten gezeigt haben. So können wir dem Aufruf des Verbandes zum Schutze des Deutschen Grundbesitzes und Realkredits durchaus zustimmen, wenn er ausführt, daß es nur im Rahmen der bestehenden Wirtschafts- und Gesellschaftsordnung möglich sein wird, den Mißständen auf dem Gebiete des Wohnungswesens zu begegnen und daß alle Theorien von der Verstaatlichung und Verstadtlichung des Grundbesitzes die Lösung der gesamten Wohnungsfrage tatsächlich um keinen Schritt vorwärts gebracht haben.

Es ist übrigens bemerkenswert, daß auch von Mangoldt, dessen Ansichten man wohl mit denen des Deutschen Vereins für Wohnungsreform identifizieren kann, in neuerer Zeit gegenüber dem privaten Grundbesitz einen etwas andern Standpunkt einzunehmen scheint als früher. In einem Aufsatz: „Wandlungen in der Bodenfrage" im Berliner Tageblatt vom 22. und 25. Dez. 1912 betont er, daß der Deutsche Verein für Wohnungsreform das „evolutive" Prinzip in der Bodenfrage vertrete und gelangt dann zu folgenden Sätzen: „Unter diesen Verhältnissen wird die Terrainunternehmung, wie vor ihr bereits so viele andere Geschäftszweige das Motto befolgen müssen: Großer Umsatz, kleiner Nutzen! Das braucht ihr keineswegs zum Schaden zu gereichen, wie ja die andern Geschäftszweige dabei auch ganz gut gefahren sind. Einen großen Nutzen hätte die Terrainunternehmung jedenfalls von einer solchen Entwickelung: sie würde, in solchen für die Bevölkerung so viel gesünderen und besseren Bahnen wandelnd, längst nicht mehr dem Maße von Feindschaft begegnen wie jetzt, und damit würden auch die Hindernisse und Belästigungen wegfallen, die ihr jetzt von öffentlicher und privater Seite so vielfach in den Weg gelegt werden." Nach einer Mitteilung von Max Diefke [1]) soll von Mangoldt sogar auf einer Tagung in Dresden in engerem Kreise geäußert haben: „So, wie bisher vielfach gekämpft worden ist, geht es nicht weiter; wir Wohnungsreformer müssen damit aufhören, alle Schuld nur auf die Schultern der Vermieterpartei zu schaufeln", und in ähnlicher Weise soll er sich nach einer Mitteilung der „Neuen Badischen Landes-Ztg." vom 23. Jan. in Mannheim sogar in anerkennender Weise über die Wirksamkeit mancher Terraingesellschaften geäußert haben.

Wenn dem so ist, so wäre das ein erfreuliches Kennzeichen dafür, daß entsprechend den modernen Verhältnissen auch die Wohnungsreformer gegenüber den Wohnungsproduzenten eine wesentlich gemäßigtere Stellung einnehmen als früher, und es würde ihnen nunmehr nicht schwer fallen, sich mit denjenigen „Wohnungsreformern", wenn wir nun einmal dies Wort beibehalten wollen, auf einer mittleren Linie

---

[1]) Deutsche Hausbesitzerzeitung, 20. Jahrg., Nr. 6, S. 44.

zu einigen, die von Anfang an bei der Lösung der Wohnungsfrage nicht nur die Interessen der Wohnungskonsumenten, sondern auch die der Wohnungsproduzenten in gebührender Weise berücksichtigt wissen wollten. Damit wäre dann der jahrzehntelang geführte fruchtlose Streit in der Wohnungsfrage im wesentlichen beigelegt, und das auf diese Weise, wenn auch nicht völlige, so doch in prinzipiell bedeutsamen Fragen erzielte Einvernehmen berechtigt nunmehr, wo die früher getrennten Gegner Schulter an Schulter kämpfen, zu den optimistischsten Hoffnungen auch bezüglich der schließlich zu erreichenden Besserung der Wohnverhältnisse.

Noch mehr als aus den oben zitierten Äußerungen geht diese Umwandlung der Anschauungen aus den Darlegungen hervor, wie sie von Mangoldt auf der zweiten deutschen Wohnungskonferenz zu Frankfurt a. M.[1]) vorgebracht hat und die wohl im großen und ganzen die Zustimmung der Konferenz gefunden haben. In manchem bedeuten dieselben einen völligen Bruch mit den Anschauungen, wie er sie noch 1907 in seiner „städtischen Bodenfrage" vertreten hat, und scheinen mir, weil sie im allgemeinen wohl auch den gegenwärtigen Standpunkt des Deutschen Vereins für Wohnungsreform kennzeichnen, allgemeine Beachtung zu verdienen. Ich gebe sie daher im Wortlaut wieder:

„Daß auf dem Gebiete unserer Bodenfrage große Mißstände bestehen, ist offenkundig. Zur Abhilfe bieten sich grundsätzlich zwei verschiedene Wege dar: man kann entweder unser jetziges in der Hauptsache durch private Kräfte getragenes System der Stadterweiterung . . . durch ein in der Hauptsache öffentlich-rechtliches System (öffentliche Stadterweiterung) zu ersetzen suchen, bei dem dann die Beschaffung des Ansiedelungsbodens in erster Linie durch die Gemeinden und andere öffentlich-rechtliche Körperschaften zu erfolgen hätte; man kann aber auch versuchen, unter grundsätzlicher Beibehaltung der jetzigen privaten Stadterweiterung, von dem Boden dieser aus zu wesentlichen Verbesserungen zu gelangen. Die Vorschläge unseres dritten Abschnitts für die Gesetzgebung gehen im wesentlichen diesen zweiten Weg und zwar aus folgenden Gründen: Die öffentliche Stadterweiterung kann durch die Gesetzgebung zwar gewiß begünstigt und erleichtert werden, aber sie tatsächlich mehr und mehr zu verwirklichen ist in erster Linie doch nicht Sache der Gesetzgebung, sondern der Verwaltung. Weiter aber kann man sich bei nüchterner Betrachtung der Dinge doch der Erkenntnis nicht verschließen, daß eine allgemeine und umfassende Ersetzung der jetzigen Bodenbeschaffung, -aufschließung und -verwertung in unsern anwachsenden Orten durch die öffentliche praktisch kaum möglich wäre. Es handelt sich da doch um Flächen, deren Erwerb so gewaltige Summen von den Gemeinden usw. verlangen würde, daß im allgemeinen an die Aufwendung derartig großer öffentlicher Mittel nur ausnahmsweise gedacht werden könnte. Auch würden die Gemeinden zum großen Teil in absehbarer Zeit kaum zur Vornahme so umfassender Maßnahmen zu bringen sein. Endlich kann man auch angesichts der bisherigen Ergebnisse und der bisherigen so überaus fiskalischen und engherzigen Verwaltung des öffentlichen Grundbesitzes sehr zweifelhaft sein, ob die Alleinherrschaft der öffentlichen Stadterweiterung überhaupt wünschenswert ist. Natürlich sollen mit alledem der außerordentliche Wert, den öffentlicher Grundbesitz für die Wohnungsfrage haben

---

[1]) Die Forderungen der deutschen Wohnungsreformbewegung an die Gesetzgebung, herausgegeben vom Deutschen Verein für Wohnungsreform, Göttingen 1913.

kann und haben sollte, und die daraus entspringende Notwendigkeit für die Gemeinden usw., auch in diesem Sinne eine kräftige, wenn auch vorsichtige Bodenpolitik zu treiben, in keiner Weise bestritten werden."

Man geht wohl nicht fehl, wenn man diese Umwandlung der Anschauungen auf die „Frankfurter" Richtung der Volkswirtschaft zurückführt. In vieler Beziehung nähert sich von Mangoldt mit obigen Ausführungen auch dem Standpunkt, wie ich ihn in meiner Bodenfrage und Bodenpolitik, die in vielem eine Bekämpfung der öffentlichen Stadterweiterung und ein Eintreten für die private Unternehmung darstellt (s. insbesondere S. 192 ff., 225 ff.), vertreten habe. Je mehr auf diese Weise die früher gerade in der Bodenfrage stark divergierenden Ansichten sich nähern, je mehr an die Stelle fruchtloser Erörterungen über utopische, kommunalsozialistische Theorien die Behandlung praktischer und durchführbarer Reformfragen tritt, um so schneller werden wir auch in der Lösung des städtischen Wohnungsproblems vorankommen.

Elfter Abschnitt.

Die Einführung der ungeteilten Arbeitszeit.

In den vorstehenden Abschnitten wurde mehrfach darauf hingewiesen, daß sich die Dezentralisation der Städte im wesentlichen nur auf der Basis einer weitgehenden Trennung von Wohnstätte und Arbeitsstätte ermöglichen lasse. Gewiß wird es mit zunehmender Größe der Vororte und Siedelungen im Dezentralisationsgebiet einem immer größeren Teil der dort ansässigen Bevölkerung möglich werden, auch dort schon Arbeitsgelegenheit zu finden. Ein weiterer, wohl immer der größte Teil wird jedoch nach wie vor genötigt sein, sich Tag für Tag zur Ableistung der Berufsgeschäfte, zum Besuch der Schulen etc. in die städtische Zentrale und die City zu begeben. Je größer eine Stadt wird, je weiter sich ihr Dezentralisationsbereich hinauserstreckt, um so größer werden die mittelst irgendwelcher Verkehrsmittel zurückzulegenden Entfernungen und die dazu benötigten Zeiten. Auch die weitgehende Einführung des elektrischen Schnellverkehrs auf den Vorortlinien wird daran vermutlich für einen großen Teil der Bevölkerung nichts ändern, denn wenn dadurch auch die Fahrzeit verkürzt wird, so ist doch anzunehmen, daß ein Teil des Publikums diesen Umstand benutzen wird, um sich in weiter entlegenen Siedelungen mit entsprechend niedrigeren Mietpreisen anzusiedeln.

Die Frage, ob sich diese Trennung von Wohnstätte und Arbeitsstätte und die damit verbundene, täglich mehrmals zu wiederholende Benutzung irgendwelcher Verkehrsgelegenheiten für den größten Teil der großstädtischen Bevölkerung je vermeiden lassen werde, ist demnach überhaupt nicht diskutabel und alle dahinzielenden Wünsche gehören zu den Sentimentalitäten, an denen die Erörterung der Wohnungsfrage so reich ist. Demgemäß müssen sich hier die hygienischen Forderungen unbedingt dem zwingenden Charakter der wirtschaftlichen Verhältnisse anpassen: es ist direkt zwecklos, nachweisen zu wollen, daß diese mehrmalige tägliche Fahrt für die betreffenden Bevölkerungskreise einen gesundheitlichen Nachteil bedeute und deshalb vermieden werden müsse. Vielmehr kann das Streben nur dahin gerichtet sein, den Beteiligten durch entsprechende Ausgestaltung der Verkehrsmittel die Benutzung derselben so angenehm und erträglich wie möglich zu machen und alle gesundheitlichen Schäden, die damit zusammenhängen könnten, tunlichst zu verhindern. Im übrigen ist anzunehmen, daß sich die großstädtische Bevölkerung immer mehr mit diesem „Übel" abfinden und der täglichen Benutzung der Verkehrsmittel auch gute Seiten abzugewinnen lernt, indem sie die Fahrzeit zur Erholung und zum Ausruhen, zu leichter Lektüre etc. benutzt. Dazu bedarf es allerdings noch mannigfacher Verbesserungen.

So macht z. B. die zunehmende Trennung von Wohnstätte und Arbeitsstätte immer mehr das Bedürfnis nach einer andern Einteilung der Arbeitszeit, als sie zurzeit bei uns in Deutschland noch üblich ist, geltend. Solange die Arbeit auf den Vormittag und Nachmittag mit einer mehr oder weniger langen Mittagspause dazwischen verteilt ist, sind die betreffenden Personen entweder genötigt, den Weg zwischen Wohnstätte und Arbeitsstätte viermal am Tage zurückzulegen, dabei oft in großer Hast das Mittagsmahl einzunehmen, oder aber sie können während der Mittagspause ihre Wohnstätte überhaupt nicht aufsuchen. Infolgedessen stellt diese Zeit vielfach für sie eine völlig nutzlose dar, mit der sie nichts anzufangen wissen.

Aus diesen Gründen hat man sich bei uns schon lange bemüht, die sog. „englische" oder ungeteilte Arbeits- und Schulzeit einzubürgern. Es ist auch gelungen, sie in vielen Städten, namentlich Hamburg, das in dieser Beziehung wohl stark durch das englische Vorbild beeinflußt ist, teilweise auch schon in Berlin und andern norddeutschen Städten, weniger in Süddeutschland, einzuführen. Auch viele höhere Schulen, Gymnasien etc. haben bereits ihre Lehrpläne danach eingerichtet, dagegen arbeiten die Volksschulen wohl überall noch mit der geteilten Schulzeit, zum Teil wohl deshalb, weil hier die Eltern selbst dafür sind, um nicht den ganzen Nachmittag ihre Kinder zu Hause beaufsichtigen zu müssen. Auf kaufmännischen Bureaus etc. stößt die Durchführung der englischen Arbeitszeit meist auch auf keine Schwierigkeiten und erfreut sich zunehmender Beliebtheit, in der Regel wird von 8—4 oder 9—5 Uhr durchgearbeitet, mit einer entsprechenden kleinen Frühstückspause.

Abgesehen von der Ersparnis an Zeit und Geld und der Möglichkeit, sich auf den Außengeländen anzusiedeln, lassen sich für die Einführung der englischen Bureauzeit aber auch noch bedeutsame andere Gründe geltend machen. Nur bei der durch sie gegebenen Zeiteinteilung wird es vielen Personen ermöglicht, einen wenn auch bescheidenen Teil des Tages andern als ihren Berufsgeschäften zu widmen, kleine Spaziergänge zu machen, Sport, Leibesübungen zu treiben, vor allem auch sich der Familie und den Kindern zu widmen, eventuell im eigenen Garten zu arbeiten.

Im allgemeinen hat man da, wo die ungeteilte Arbeitszeit eingeführt wurde, auch günstige Erfahrungen damit gemacht. Wenn mancherorts geklagt wird, daß der freie Nachmittag die Schuljugend zu müßigem Herumlungern und Faullenzen veranlasse, so ist das kein Beweis gegen die ungeteilte Schulzeit, sondern eine Bestätigung der alten und selbstverständlichen Erfahrung, daß die Schule die häusliche Aufsicht und Obhut über die Kinder nicht entbehrlich machen kann. Für die Mehrzahl der jugendlichen und auch erwachsenen Personen wird man dagegen annehmen können, daß die Gelegenheit, sich tagtäglich in freier Luft zu bewegen, in den späten Nachmittagstunden durch Spiel und Sport ein Äquivalent gegen das Sitzen im Bureau und auf der Schulbank zu finden, ihre Gesundheit ·kräftigt und damit ihre Leistungsfähigkeit und Arbeitsfreudigkeit steigert. Es fehlt nicht an Erfahrungen, welche diese Annahme bestätigen.

Es wäre deshalb zu wünschen, daß das Interesse für die Einführung der ungeteilten Arbeitszeit noch mehr zunähme als bisher und eine entsprechende Propaganda von irgendwelchen gemeinnützigen Vereinen entfaltet würde. Im Februar 1911 fand in München [1] eine öffentliche, außerordentlich stark besuchte Versammlung statt, welche schließlich folgende, zunächst für Münchener Verhältnisse berechnete, aber auch allgemein in Betracht kommende und deshalb hier im Wortlaut angeführte Resolution faßte:

Die in München noch fast allgemein übliche geteilte Arbeitszeit entspricht nicht mehr den Verhältnissen der Großstadt.

Die Notwendigkeit des täglich viermaligen Verkehrs zwischen Wohn- und Arbeitsort auf so weite Entfernungen, wie sie in München heute die Regel bilden, ist Veranlassung, daß die zur Erholung, Kindererziehung, Fortbildung usw. unbedingt notwendige freie Zeit verloren geht.

Das Nebeneinanderlaufen der geteilten Arbeitszeit an den Volksschulen und der Durcharbeit an einem Teil der Mittelschulen in Verbindung mit einer, keiner der beiden Schulzeiten angepaßten Arbeitszeit in vielen Staats- und Privatbetrieben bringt neben schweren wirtschaftlichen Nachteilen dauernde Störungen und Schädigungen des Familienlebens hervor.

Die bei der heutigen Arbeitszeit unerläßliche Lichtarbeit und der späte Bureauschluß haben schwere hygienische Nachteile im Gefolge.

Die erstrebenswerte Ausbreitung der Bevölkerung auf ein größeres Gebiet und die Beschaffung gesundheitlich befriedigender Wohnverhältnisse ist behindert.

Insbesondere ist die so dringend erwünschte Ansiedelung in Einfamilienhäusern weiten Kreisen der Bevölkerung fast unmöglich gemacht.

Das geeignete Mittel, durch welches die geschilderten Mißstände beseitigt und die Vorbedingungen zu einer befriedigenden Lösung der Wohnungsfrage ge-

---

[1] Nach einer Mitteilung der Münchener Neuesten Nachrichten.

schaffen werden, ist die ungeteilte Arbeitszeit. Deren Einführung aus hygienischen, sozialen und wirtschaftlichen Gründen ist dringendes Erfordernis.

Der zur Zufriedenheit von Schule und Haus an den Mittelschulen eingeführte ungeteilte Unterricht ist als ein Fortschritt zu bezeichnen und daher beizubehalten und weiter auszugestalten.

Der ungeteilte Unterricht auch an den Volksschulen ist mit allen Mitteln zu erstreben.

Die ungeteilte Arbeitszeit kann nach den in staatlichen, städtischen und privaten Betrieben in München gemachten Erfahrungen, sowie nach den vorhandenen und veröffentlichten Gutachten aus allen Kreisen Deutschlands ohne Nachteil für den Arbeitgeber eingeführt werden.

Die Einführung bestätigt, daß dem Arbeitgeber durch Ersparung von Beheizungs- und Beleuchtungskosten, sowie durch intensivere Leistungen der Angestellten nicht unerhebliche materielle Vorteile erwachsen.

Die heute, den 10. Febr. 1911 im Münchener Kindl-Keller tagende Versammlung spricht sich daher trotz der zweifellos vorhandenen Schwierigkeiten, die eine so tief eingreifende Umwälzung hervorruft, entschieden für die Einführung der ungeteilten Schul- und Arbeitszeit aus und richtet an die zuständigen Stellen des Staates und der Gemeinde, sowie an die Inhaber der Privatbetriebe die dringende Bitte, die ungeteilte Schul- und Arbeitszeit in allen hierfür in Frage kommenden Schulen und Betrieben soweit irgend möglich einführen zu wollen.

Es fehlt also keineswegs an Stimmen, welche in jeder Weise die Einführung der ungeteilten Arbeitszeit befürworten, um die unter modernen Verhältnissen nun einmal nötige Trennung von Arbeitsstätte und Wohnstätte so erträglich wie möglich zu machen. Demgegenüber mag darauf hingewiesen werden, daß eine derartige Lösung der Wohnungsfrage gewiß nicht als eine ideale anzusehen ist, und in diesem Sinne kann man Graf Posadowsky zustimmen, wenn er auf dem Leipziger Wohnungskongreß [1]) ausführte: „Es ist sozialpolitisch und wirtschaftlich falsch, die minderbemittelten Klassen, deren Dienste die besitzenden Gesellschaftskreise doch fortgesetzt bedürfen, in weit entfernten Vororten zusammenzudrängen; durch die weiten Wege zur Arbeitsstelle ist deshalb für diese Bevölkerungsschichten ein unverhältnismäßiger Verbrauch von Kraft und Zeit verbunden.“

Aber abgesehen davon, daß diese Trennung von Wohnstätte und Arbeitsstätte nicht nur die minderbemittelten, sondern alle Bevölkerungsklassen trifft, drängt unsere ganze moderne, großstädtische Entwickelung mit ihrer Citybildung nun einmal auf eine derartige Lösung hin. Unter den vorliegenden Umständen erscheint es als direkter Widerspruch, im selben Atemzug zu verlangen, daß man dem Arbeiter etc. gute und billige Wohnungen bauen, ihm aber auch die zeitraubende und Kräfte verbrauchende Fahrt zur Arbeitsstätte ersparen solle. Es bleibt vielmehr nur die Möglichkeit, sich mit dieser Notwendigkeit abzufinden und sie den Beteiligten durch möglichst zweckentsprechende Ausgestaltung der Verkehrsmittel und der Arbeitseinteilung so erträglich wie möglich zu machen. In ersterem Sinne könnten unter anderm die Elektrisierungspläne der Londoner Vorortbahnen (s. S. 224) vorbildlich wirken.

---

[1]) Kongreßbericht, 1912, S. 66.

Übrigens läßt sich nicht verkennen, daß die großstädtische Bevölkerung sich bereits in hohem Maße an diese Trennung von Wohnstätte und Arbeitsstätte gewöhnt hat. Viele empfinden es sehr angenehm, daß sie sich dadurch zu Hause und im Familienkreis von allen Berufsgeschäften frei wissen; auch der tägliche Weg zur Bahnstation etc. erscheint ihnen als gesunde Bewegung in freier Luft, die Bahnfahrt wird regelmäßig zur Lektüre der Tageszeitungen etc. benutzt, die auch sonst irgendwelche Zeit in Anspruch nehmen würde. Auch daß die Arbeiter sehr unter dieser täglichen Fahrt von und zur Arbeitsstätte leiden, kann nicht ohne weiteres behauptet werden. Die jüngern sitzen meist recht vergnügt zusammen und vertreiben sich, entsprechend der geselligen Natur gerade der untern Volksklassen, die Zeit mit allerlei Spässen, die ältern betrachten die Bahnfahrt als willkommene Gelegenheit sich auszuruhen. Wenn die Arbeiterschaft unter diesen Fahrten leidet, so liegt das weniger an den Fahrten an sich, als an der Langsamkeit und den primitiven Einrichtungen der Beförderungsmittel; auf diesem Gebiet kann und muß zweifellos noch außerordentlich viel gebessert werden.

Auch eine entsprechende Verkürzung der Arbeitszeit in vielen Betrieben würde viel zur Besserung und Erträglichmachung dieser Verhältnisse beitragen.

Auch in Berlin wurde Ende des Jahres 1912 auf Veranlassung des Berliner Polizeipräsidiums eine Umfrage über die Einführung der sog. englischen Tischzeit abgehalten. Da dieselbe besonders die Detailgeschäfte, für welche in manchem besondere Verhältnisse vorliegen, betraf, so sei hier noch einiges über die Art und Weise, wie die beteiligten Kreise in der Presse etc. Stellung dazu nahmen, mitgeteilt. So wurde in einer Notiz des Berliner Tageblatts darauf hingewiesen, daß gleichzeitig mit der Einführung der englischen Arbeitszeit auch die Einrichtung billiger Frühstückrestaurants Hand in Hand gehen müsse. Man übersehe gewöhnlich, daß dadurch, daß der Familienvater das Mittagsmahl in der Stadt einnehme, die Ausgaben für die Ernährung der Familie sehr stark gesteigert würden, während es bei größeren Familien im Haushaltsbudget wenig ausmache, ob eine Person weniger am Mittagsmahl teilnehme. Dabei wurde die beachtenswerte Anregung gegeben, die großen kaufmännischen Organisationen sollten in der City geeignete Klubräume mieten und dort ein schmackhaftes und billiges Mittagessen zum Selbstkostenpreis verabreichen. Sehr verschieden wurde von den Geschäftsinhabern und Angestellten der mit der Einführung der durchgehenden Arbeitszeit nötig werdende frühere Ladenschluß, um 6 Uhr, eventuell schon um 5 Uhr, beurteilt. Einige wiesen darauf hin, daß in London und New-York bereits vor Jahren mit dem Siebenuhrladenschluß begonnen, dann der Sechsuhrladenschluß allgemein eingeführt wurde und im Hochsommer viele große Geschäftshäuser bereits um 5 Uhr schließen, während Kauflust und Umsätze ständig gestiegen seien. Andere befürchten, daß dann der Umsatz sinke, weil das Publikum erfahrungsgemäß seine Einkäufe in Detailgeschäften meist zwischen 5 und 8 Uhr vornehme. Bei einer allgemeinen Einführung der englischen Arbeitszeit würde sich das aber wohl auch ändern lassen. Nicht unpraktisch erscheint der Vorschlag eines Geschäftsinhabers, welcher zunächst begründete, daß, zurzeit wenigstens, die kleinen Detailgeschäfte nicht an den frühen Ladenschluß herangehen könnten, daß es aber vielleicht ganz vorteilhaft sei und auch den verschiedenen Bedürfnissen des Personals entspreche, wenn ein Teil der Angestellten auf Grund der bisherigen, der andere auf Grund der englischen Arbeitszeit beschäftigt werde. Dann stehe dem Geschäftsinhaber sowohl während der meist zweistündigen Mittagspause genügendes Personal zur Verfügung und ebenso in den späten Nachmittagstunden.

An manchen Orten stellt die meist noch aus früherer Zeit stammende sog. Residenzpflicht der Beamten, Lehrer etc. für diese Kreise eine außerordentlich drückende und ungerechtfertigte Maßnahme dar, welche ihnen die Ansiedelung in entlegenen, namentlich auch noch nicht eingemeindeten Vororten und auf den Außengeländen in vielen Fällen völlig unmöglich macht. Meist sind es wohl Erwägungen steuerpolitischer Art, welche ihre Einführung veranlaßt haben, manchmal werden zu ihrer Begründung aber auch andere, meist wenig stichhaltige Argumente hervorgesucht, z. B. darauf hingewiesen, daß durch die lange Bahnfahrt die Arbeitsfrische der betreffenden Personen, selbst ihre Gesundheit leide usw. Einerlei ob diese Gründe ernstgemeint sind, oder nur andere, die man nicht gerne öffentlich angeben will, verstecken sollen, so wäre es jedenfalls richtiger, den betreffenden Personen selbst die Beantwortung der Frage zu überlassen, wodurch ihre Arbeitsfrische und Gesundheit mehr leidet, ob durch die tägliche Benützung der betreffenden Verkehrsmittel oder das erzwungene Wohnen in einer nach ihren äußeren hygienischen Qualitäten meist sehr schlechten, außerdem noch sehr teuern und dadurch die sonstige Lebenshaltung stark belastenden innenstädtischen Wohnung in nächster Nähe der Arbeitsstätte.

Zwölfter Abschnitt.

Eingemeindungen.

Neben der Verkehrsfrage kommt auch der Eingemeindungsfrage eine außerordentliche Bedeutung für die Dezentralisationsbestrebungen zu. In dem Maße, wie sich die Städte zu Groß- und Millionenstädten entwickeln, macht sich immer mehr auch der Prozeß der Citybildung, d. h. die Bildung eines besondern Geschäftsviertels, und der verschiedensten, demselben mehr oder weniger nahgelegener Wohnviertel bemerkbar. Mit der zunehmenden Verbesserung der Verkehrsmittel schieben sich einzelne dieser Wohnviertel immer weiter hinaus, werden zu selbständigen Siedelungsgruppen und Vororten und ziehen auf diese Weise einen immer größern Teil der Einwohnerschaft aus der Mutterstadt, speziell dem Geschäftsviertel derselben heraus. Man pflegt diese sich in allen modernen Großstädten immer stärker aussprechende Erscheinung auch den „Aushöhlungsprozeß" derselben zu bezeichnen.

Ein augenfälliges Beispiel dafür hat die letzte Volkszählung für Berlin und seine Vororte ergeben. Während Berlin selbst von 1905 bis 1910 nur eine Zunahme von ca. 24 000 Einwohnern, das sind 1,18 %, zu verzeichnen hatte, haben die 67 Vororte zusammen einen Zuwachs von 468 510 Personen, das sind 40,03 %, erfahren. Ähnliche Zahlen lassen sich aus vielen andern Städten anführen [1]). An andern Orten macht sich diese Abwanderung in die Vororte allerdings weniger in dem Sinne bemerkbar, daß die Einwohnerzahl der städtischen Zentrale stille steht oder gar zurückgeht; es treten vielmehr an die Stelle der in die Vororte abwandernden Bevölkerung immer wieder Zuzüge von auswärts, aber das Wachstum der Zentrale vollzieht sich doch viel langsamer, als es ohne die weitgehende Dezentralisation der Fall sein würde. So umgibt sich denn die Großstadt nach und nach mit einem Kranz blühender und in lebhafter Entwickelung begriffener Vororte, die nach und nach zu Landstädtchen, Klein-, Mittel-, selbst Großstädten heranwachsen können.

Diese günstige Entwickelung verdanken solche Vororte natürlich ihrer Zugehörigkeit zur städtischen Zentrale. Als Einzelindividuen aufgefaßt, wären sie vielfach kleine und unbedeutende Provinzstädte; was sie groß und bedeutend werden ließ, was den Wohnsitz in denselben vielen Tausenden angenehm und begehrenswert macht, ist nur der Umstand, daß sie als unmittelbare Nachbarstädte der Großstadt ihren Einwohnern ermöglichen, an allen Vorteilen und Vergnügungen derselben in weitgehender Weise teilzunehmen, anderseits sich aber den Nachteilen des Wohnens in der Großstadt zu entziehen. In dem Maße, wie solche Orte zu größeren und selbständigen Stadtindividuen heranwachsen, geht allerdings sowohl bei der Bürgerschaft als den Verwaltungsorganen meist das Gefühl dieser Abhängigkeit von der Mutterstadt verloren. Nicht selten werden dann in rücksichtsloser Weise die lokalen und Sonderinteressen gegenüber denen der Mutterstadt vertreten und in keiner Weise darauf Rücksicht genommen, daß man in mannigfacher Beziehung von den Einrichtungen und der Nähe derselben profitiert.

In dem Sinne ergeben sich auf die Dauer ganz unhaltbare Zustände, wenn solche Orte nicht eingemeindet sind, also eigene Verwaltung, ein eigenes Finanz- und Steuerwesen besitzen. Sie nehmen dann an allen Vorteilen, welche ihnen aus der räumlichen Zugehörigkeit zur Zentralstadt erwachsen, teil, tragen aber nicht das geringste zu deren Lasten bei, obwohl viele der dadurch geschaffenen Einrichtungen auch den Bewohnern der Vororte zugute kommen, die Mutterstadt und ihre Tochterstädte überhaupt kulturell und sozial als Einheit aufgefaßt werden müssen. In einem weiteren Entwickelungsstadium wird dann der Mutterstadt durch den Kranz der sie umgebenden Vororte praktisch jede weitere Ausdehnung unmöglich gemacht. Das zeigt in augenfälliger Weise das Beispiel Berlins. Hier sind die dasselbe umgebenden Vororte vielfach räumlich schon völlig mit der Mutterstadt zusammengewachsen, selbst die Straßenzüge sind derart ineinander übergegangen, daß jemand, der mit diesen Geheimnissen der städtischen

---

[1]) Siehe Bodenfrage und Bodenpolitik, S. 196 ff.

Verwaltungen nicht bekannt ist, absolut nicht vermuten kann, daß es
sich hier um zwei administrativ völlig getrennte Gemeinwesen handelt.
Natürlich ist eine räumliche Weiterentwickelung der Mutterstadt an
all solchen Stellen ein für allemal ausgeschlossen, dieselbe könnte höchstens noch durch stärkere Bebauungsintensität eine Vergrößerung ihrer
Einwohnerzahl erreichen, ein Zustand, der sich in Berlin und ähnlich
liegenden Fällen von selbst verbietet und auch dem Empfinden der Bevölkerung, selbst wenn sie sich nicht über die hygienische Tragweite
Rechenschaft gibt, nicht mehr zu entsprechen scheint. Wenigstens
hat Berlin selbst von 1905—1910 nur um rund 24 000 Menschen, das
sind 1,18 % zugenommen.

Wenn die Vororte also nicht eingemeindet sind, ist die Mutterstadt
in der traurigen Lage, daß ihr durch ihre Tochterstädte, welche ihr ihre
blühende Entwickelung, ihre Volkszahl und Steuerkraft verdanken,
jede weitere Vergrößerung und Zunahme ihrer Einwohnerzahl unmöglich
gemacht wird. Mit der Zeit muß das auch eine Rückwirkung auf die
städtischen Finanzen ausüben. Einmal deshalb, weil keine neuen
Steuerzahler hinzukommen, anderseits, weil fortwährend Leute, die in
Berlin ein Vermögen gesammelt haben, in die Vororte und Villenkolonien
abwandern und dort Kommunal-, Grund- und Gebäudesteuern zahlen,
diejenigen Personen aber, welche an ihre Stelle treten, meist noch
wenig leistungsfähige Steuerzahler sind, die in Berlin erst reich werden
wollen.

Ähnlich liegen die Verhältnisse bezüglich des Wertzuwachses
des städtischen Bodens. Bei der heutigen hochgradigen Besteuerung
des Grund- und Hausbesitzes beruht das Steigen der Einnahmen einer
Stadt zum großen Teil auf dem Wertzuwachs, welchen die städtischen
Grundstücke bei der weiteren Entwickelung erfahren. Dabei ist es ziemlich gleichgültig, ob derselbe noch durch eine besondere Wertzuwachssteuer erfaßt wird oder nicht, da auf alle Fälle dadurch die Vermögens-
und Einkommensverhältnisse eines großen Teils der Bevölkerung
gehoben werden und ihre steuerlichen Leistungen entsprechend zu-
nehmen. Wendet man diese Überlegung wieder auf das Beispiel Berlins
an, so sieht man, daß auch diese Einnahmequelle mit der Zeit zu einem
Stillstand kommen muß. Da Berlin sich wegen seiner Vororte räumlich
nicht weiter entfalten kann, so kommt ein Wertzuwachs etwaiger noch
unbebauter Grundstücke nicht nennenswert in Frage. Gewiß werden
einzelne der in der City gelegenen Grundstücke mit der Zeit noch eine
erhebliche Wertzunahme erfahren; dieser steht aber vielleicht auch
eine gewisse Wertabnahme gegenüber, wie sie in manchen innenstädtischen
Wohnvierteln anzunehmen ist, wenn sich einmal durch energisch betriebene Dezentralisationsbestrebungen, bessere Ausgestaltung der Verkehrsmittel und andere Wohnsitten der Bevölkerung die Konkurrenz
des außenstädtischen Wohnbodens mehr und mehr bemerkbar machen
wird.

Dieser Wertabnahme oder diesem Wertstillstand des innenstädtischen Wohnbodens steht nun natürlich eine teilweise sehr weitgehende Wertzunahme der bebauten und unbebauten Grundstücke in den Vororten und auf den Außengeländen gegenüber, die bei Eingemeindung dieser Orte und einheitlicher Verwaltung kompensierend auf die städtischen Finanzen einwirken würden. Im andern Falle fällt der ganze Vorteil dieses Wertzuwachses wieder nur den Tochterstädten auf Kosten der Mutterstadt zu. Das ist um so ungerechter, als der große Wertzuwachs, wie er in einzelnen Grundstücken dieser Vororte auftritt, keineswegs durch die Verhältnisse dieses Ortes an sich, sondern nur durch seine Zugehörigkeit zur Mutterstadt hervorgerufen wird und in einer gleich großen, aber völlig isoliert irgendwo in der Provinz gelegenen Stadt unverhältnismäßig viel kleiner sein würde. Mit vollem Rechte könnte man deshalb verlangen, daß die Finanzen der Mutterstadt von der infolge dieses Wertzuwachses steigenden Steuerkraft der Bevölkerung profitieren. Schon allein aus diesem Gesichtspunkte heraus ist eine Eingemeindung der Vororte nötig.

Diese sich ergebenden Ungerechtigkeiten bezüglich der städtischen Einnahmequellen, insbesondere die Befürchtung, ihre besten Steuerzahler durch Abwanderung in die Vororte zu verlieren, ist nicht selten die Veranlassung, daß Gemeinden davon Abstand nehmen, durch eine großzügige Verkehrspolitik die Umgebung und die dort gelegenen Vororte für ihre Einwohnerschaft zu erschließen. Dem Dezentralisationsgedanken erweist sich eine solche Rücksichtnahme auf die eigenen Interessen, so begreiflich sie auch ist, keineswegs förderlich. Mit einem Schlage werden alle diese Schwierigkeiten beseitigt, wenn die betreffenden Vororte und Siedelungen eingemeindet werden, das ganze Gebiet also nicht nur räumlich mit der städtischen Zentrale zusammenhängt, sondern auch durch dieselbe Verwaltung, dasselbe Finanz- und Steuerwesen, dieselben Ausgaben und Einnahmen mit ihr verbunden wird.

Diesem Gedanken ist auch schon des öfteren von seiten der Verwaltungsorgane der Städte Ausdruck verliehen worden. Als Beispiel führe ich eine Verhandlung der Schöneberger Stadtverordnetenversammlung vom Februar 1913 (nach einem Bericht der Vossischen Zeitung, Nr. 62, erste Beilage) an. Diese befaßte sich auch mit der Frage, wie eine administrative oder mindestens steuerpolitische Vereinigung von Berlin mit seinen Vororten zu schaffen sei. Schließlich wurde ein Antrag gestellt und angenommen, wonach der Magistrat bei den andern Vororten und der Regierung in diesem Sinne wirken solle. Bei der Begründung des Antrages wurde darauf hingewiesen, daß die unmittelbare Veranlassung zu demselben die neuerlichen Steuerfragen in den Groß-Berliner Gemeinden seien. Alle Gemeinden sähen ein, daß die Steuern erhöht werden müßten, und überall bestrebten sich die Vertreter in den Gemeinden dem zuzustimmen, aber es sei ein Gemeinsamkeitsgefühl nicht zu erreichen gewesen.

Das Konkurrenzbedürfnis zeige sich immer mehr. Der fiskalische Geist, der sich jetzt bei den Verhandlungen, die Berlin wegen der Eingemeindung von Treptow führte, gezeigt habe, sowohl beim Kreise als beim Provinzialausschusse, müsse bekämpft werden. Der Zweckverband habe bis jetzt nichts geleistet. Er sei unorganisches Stückwerk. Der Staat treibe die Gemeinden durch ihre Zerrissenheit nicht zu einer vernünftigen Bodenpolitik, sondern zur Bodenspekulation, gerade dem Gegenteil, was notwendig sei, um mit Erfolg Wohnungspolitik zu treiben. Die Verbindung der Vorortgemeinden mit dem Kreise sei sehr gering, alle wären mit Berlin verbunden. Das ganze Leben der Vorortgemeinden sei aus Berlin hervorgegangen und deshalb sei es nötig, auch eine verwaltungstechnische oder steuerpolitische Einheit Groß-Berlins zu schaffen. Der Zweckverband sei nicht imstande, diese Aufgaben zu lösen, denn er sei ein Mißgebilde und bedeute nicht eine Erweiterung, sondern Verengerung des kommunalpolitischen Lebens der Reichshauptstadt.

Bei einer derartigen Eingemeindung handelt es sich allerdings zum Teil um recht einschneidende Maßnahmen, die um so schwerer durchführbar sind, je länger die betreffenden Vororte schon als selbständige Ortsindividuen bestanden haben; im allgemeinen wird es deshalb zweckmäßig erscheinen, möglichst früh zur Eingemeindung zu schreiten. Auch hier ist das Beispiel Berlins heranzuziehen. Schon vor längerer Zeit hatte hier die Staatsregierung eine umfassende Eingemeindung der Vororte angeregt, dabei aber wenig Entgegenkommen gefunden, so daß die Verhandlungen zu keinem Resultat führten. Inzwischen haben sich die Vororte zum Teil zu so großen und selbständigen Städten entwickelt, daß die Eingemeindung kaum mehr durchführbar erscheint oder doch wenigstens nur nach sehr schwierigen und langwierigen Verhandlungen. Neuerdings hört man wieder ziemlich viel von solchen Eingemeindungsplänen, die allerdings meist wieder in Vergessenheit zu geraten scheinen. Anderseits hat die Notwendigkeit, wenigstens bei gewissen Aufgaben ein gemeinsames Vorgehen zu erzwingen, zum Erlaß des Berliner Zweckverbandgesetzes vom 19. Juli 1911, welches am 1. April 1912 in Kraft getreten ist, geführt (s. S. 252).

Auch noch manche andere Gründe lassen sich für die Eingemeindung anführen, auf die hier nur kurz hingewiesen werden soll. Das ist z. B. die ungleiche Höhe der Kommunalsteuern, wie sie im Nichteingemeindungsfalle in der Mutterstadt und den Vororten erhoben werden. Einerseits muß es als ein geradezu ungeheuerlicher Zustand angesehen werden, daß manche Villen- und Rentnervororte dank der ihnen aus der Mutterstadt zuströmenden guten Steuerzahler diese Vorteile nur zur Festsetzung äußerst geringer kommunaler Lasten verwenden, ohne nun ihrerseits etwas zu den Lasten und Aufwendungen der Gesamtstadt beizutragen, anderseits gibt es Vororte, in denen nur Arbeiter und Kleinbürger wohnen und infolge der geringen Steuerkraft ihrer Anwohner Kommunalsteuern bis zu 200 und 300 % der Staatseinkommensteuer erheben müssen. Trotzdem sind die letzteren oft nicht in der Lage, diejenigen Einrichtungen hygienischer und sozialer Art zu beschaffen, welche unbedingt nötig sind, von wünschenswerten Verbesserungen oder Verschönerungen gar nicht zu reden. Auch darin liegen unhaltbare Zustände, denn all diese Orte gehören zum Gesamtorganismus der Großstadt, all die in den verschiedenen Vororten und Siedelungen untergebrachten, wenn auch durchaus verschiedenen Bevölkerungsklassen gehören wirtschaftlich, sozial und hygienisch zusammen, sind ständig aufeinander angewiesen und können nur als Gesamtheit existieren.

Ebendeshalb muß dieses Gebiet aber auch bezüglich der zu treffenden sozialen und hygienischen Einrichtungen einheitlich behandelt und dieselben aus den Einnahmequellen des ganzen Gebiets bestritten werden. Nur dann ist es möglich, auch den kleineren und ärmeren Vororten zu Wasserleitung, Kanalisation, Schulen, Krankenhäusern, einer entsprechend organisierten Verwaltung, Wohlfahrtseinrichtungen usw. zu verhelfen. Auch aus diesem Grunde ist es bedeutsam, daß eine Eingemeindung recht frühzeitig erfolge, womöglich zur Zeit, ehe der Dezentralisationsstrom sich in die Vororte ergießt. Im andern Falle ergeben sich oft die ärgsten Mißstände. In derartigen Orten herrschten früher oft ganz ländliche Verhältnisse; dann ließen sich Industriewerke dort nieder, Trambahnen führten von der Großstadt hinaus und der Menschenstrom kam. Die vorhandenen Wohnungen in den einfachen Bauernhäusern waren bald überfüllt, eine völlig regellose Bautätigkeit setzte ein und führte in vielen Fällen zu ästhetisch und hygienisch unhaltbaren Zuständen. Das alles läßt sich nur vermeiden, wenn schon vorher für entsprechende Verwaltung des betreffenden Orts, sachgemäße Bebauungspläne und Bauordnungen gesorgt wird, wie sie eben nur bei einheitlicher Verwaltung des gesamten Gebiets und Lösung all dieser Fragen von einer Zentralstelle aus möglich ist.

Im andern Falle bedeuten die elenden Zustände, wie sie sich in solch armen, lediglich von der Arbeiterbevölkerung bewohnten Industrievororten herausbilden, ernstliche gesundheitliche Schäden, nicht nur für die dort ansässige Bevölkerung, sondern auch für das angrenzende Stadtgebiet, welches mit ihr in ständigem Personenaustausch steht. Wenn wir auch heutzutage dank der Organisation unseres Gesundheitsdienstes und Sanitätswesens die Gefahr großer Epidemien nicht mehr in dem Maße zu fürchten brauchen wie früher, so zeigt sich doch auch heute noch, daß in unsern großen Städten gewisse von dem ärmsten und hygienisch indifferentesten Teil der Bevölkerung bewohnte Stadtviertel eine ständige Seuchengefahr für die ganze Stadt darstellen. Hier nehmen meist die verschiedenen größeren und kleineren Epidemien ihren Ausgangspunkt und breiten sich dann auf den Wegen des Verkehrs über das Stadtgebiet aus.

Unter den vielen Aufgaben, welche der Verwaltung eines solch großen Stadtgebiets nach der Eingemeindung der Vororte zufallen, sind einige so bedeutsam und im öffentlichen Interesse unerläßlich, daß sie besonders hervorgehoben werden müssen. Das ist die Aufstellung eines Bebauungsplans für das gesamte bereits bebaute und in absehbarer Zeit zur Bebauung gelangende Gebiet, der Erlaß einer zugehörigen abgestuften Bauordnung, die Regelung des Verkehrswesens im Sinne der S. 217 u. ff. gegebenen Ausführungen und die Schaffung geeigneter Freiflächen. Solange sowohl die städtische Zentrale als die Vororte alle für sich einen eigenen Bebauungsplan aufstellen, wird niemals die Straßenführung eine solche werden, wie sie dem großen Durchgangsverkehr und dem Gesamtinteresse dient. Ebensowenig wird sich das Prinzip der nach außen hin abnehmenden Weiträumigkeit, die Verteilung und Gliederung der einzelnen Stadtviertel je nach ihrem besondern Zweck in geeigneter Weise durchführen lassen.

Bezüglich der Freiflächen (Parks, Volksgärten, Spiel- und Sportplätze) ist zu betonen, daß die städtische Zentrale meist von früher her an einem Mangel oder ungenügender Größe derselben leidet, und durch die Umlagerung der Vororte immer mehr von der Natur entfernt wird. Um so wichtiger ist es also, daß in all diesen Vororten ein entsprechender Ersatz dafür geschaffen und bei der Anordnung der hier zu errichtenden Freiflächen darauf Rücksicht genommen wird, daß dieselben nun nicht nur für die Bewohner dieses Vororts selbst, sondern auch für die Bevölkerung der angrenzenden Mutterstadt bestimmt sind. Sie müssen also weit größer angelegt werden als für den betreffenden Vorort allein nötig wäre. Solange aber derselbe seine eigene Verwaltung und Stadtverordnetenversammlung, sein eigenes Finanz- und Steuerwesen besitzt, beliebt es seiner Verwaltung meist wenig, in dieser Weise für die Mutterstadt und die Allgemeinheit irgendwelche Opfer zu bringen; im Gegenteil, sie wird unter Umständen geneigt sein, dem Nachbarort die Sorge für solch kostspielige Einrichtungen zu überlassen in dem Gedanken, daß die eigene Bevölkerung davon profitieren könne.

So sehen wir, daß die Eingemeindungspolitik einer Stadt eines der wichtigsten und bedeutsamsten Mittel ist, um zusammen mit einer entsprechenden Verkehrs- und Bodenpolitik die Siedelungsverhältnisse in dem ganzen großen Dezentralisationsgebiet in zweckmäßiger und hygienischer Weise zu gestalten. Nur dann, wenn alle diese verschiedenen Maßnahmen in einheitlicher, großzügiger Weise zusammenwirken, kann eine nachhaltige Besserung der Wohnverhältnisse die Folge sein.

Dreizehnter Abschnitt.

Zweckverbände.

Im vorigen Abschnitt wurde erwähnt, daß die Eingemeindung größerer Vororte, welche bereits längere Zeit als selbständige Stadtindividuen bestanden haben, nicht selten auf beträchtliche Schwierigkeiten stößt, langwierige Verhandlungen erfordert und schließlich doch unausführbar bleibt, weil die entgegenstehenden Interessen sich nicht mehr vereinbaren lassen. Ein solcher Fall liegt anscheinend für Berlin und seine Vororte, das jetzige Groß-Berlin vor. Hier war schon im Jahre 1875 der Versuch gemacht worden, die Verhältnisse durch Aufstellung einer einheitlichen Verwaltung und Verfassung für die Provinz zu regeln und dem Landtag ein entsprechender Gesetzentwurf vorgelegt worden, aber ohne Erfolg. Im Jahre 1892 war dann von seiten der Regierung eine allgemeine Einverleibung der Vororte in die Stadt Berlin in Anregung gebracht worden, wäre damals wohl auch noch durchführbar gewesen, aber auch damals gelang es nicht eine Einigung herbeizuführen, weil eine derartige weitgehende Eingemeindung erhebliche finanzielle Opfer für Berlin mit sich brachte. So wurden die Vororte also nicht eingemeindet, entwickelten sich teilweise zu großen und bedeutenden Städten, von denen drei, Charlottenburg, Rixdorf und Schöneberg bereits Großstädte im Sinne der Statistik mit mehr als 100 000 Einwohnern geworden sind.

Je mehr diese Vororte sich entfaltet haben und mit Berlin zu einem räumlich teilweise völlig zusammenhängenden Stadtgebiet verschmolzen sind, um so mehr machten sich auch hier die im vorigen Abschnitt behandelten Mißstände bemerkbar. Auch hier wurde es immer fühlbarer, daß diese Orte trotz der Gemeinsamkeit ihrer wirtschaftlichen, sozialen, verkehrstechnischen und hygienischen Interessen gesonderte Stadtindividuen darstellen, von denen jedes eine eigene Verwaltung, ein eigenes Finanz- und Steuerwesen hat. Als Folge davon sind dann auch die Sonderinteressen der einzelnen Gemeinden sehr oft in rücksichtslosester Weise gegenüber denen des Gesamtorganismus vertreten worden, zum mindestens eine Reihe von Einrichtungen, welche im Interesse Groß-Berlins dringend wünschenswert gewesen wären, unterblieben oder unnötig verzögert worden.

Schließlich hat sich dann die Staatsregierung der Sache angenommen und, nachdem wenigstens vorderhand an eine freiwillige Zusammenschließung dieser vielen Gemeinwesen mit ihren widerstreitenden Interessen nicht zu denken ist, versucht, auf dem Wege der Gesetzgebung dieselben zur Lösung der wichtigsten gemeinsamen Aufgaben zu zwingen, indem sie die Bildung eines Zweckverbandes zur Lösung der aus der Gemeinsamkeit der Interessen Groß-Berlins erwachsenden Aufgaben anregte. Der Entwurf dieses Zweckverbandgesetzes für Groß-Berlin ist am 20. Januar 1911 dem Abgeordnetenhause zugegangen, am 8. Februar erstmalig beraten und am 19. Juli 1911 schließlich endgültig angenommen worden.

Die Begründung des Gesetzentwurfs, welcher bereits am 1. April 1912 in Kraft getreten ist, führte aus:

Die Einwohnerzahl des Gebietes, welches die Städte Berlin, Charlottenburg, Schöneberg, Rixdorf, Deutsch-Wilmersdorf, Lichtenberg und Spandau, sowie die Landkreise Teltow und Niederbarnim umfaßt, ist auf rund 4 Millionen angewachsen. In demselben Maße, in welchem die Ansiedelung dieser Bevölkerungsmassen an vielen Stellen des Gesamtgebietes die Gemarkungsgrenzen der einzelnen Gemeinden und Kreise hat verschwinden lassen, ist die Gemeinsamkeit der wirtschaftlichen Interessen in dem umschriebenen Gebiete hervorgetreten. Der sich immer schärfer ausprägende wirtschaftliche Vereinheitlichungsprozeß drängt naturgemäß zu Formen kommunalrechtlicher Organisation. Als eine solche Form konnte vor zwei Jahrzehnten eine umfassende Eingemeindung in Frage kommen und ist damals von der Staatsregierung, freilich ohne Erfolg, angeregt worden. Seitdem hat die Entwickelung aus den Vororten zum Teil blühende Gemeinwesen geschaffen, die eine Reihe selbständiger kommunaler Einrichtungen getroffen und ausgestaltet haben; ihre Einverleibung in die Stadt Berlin würde heute ohne Vergewaltigung nicht mehr durchführbar sein. Unter diesen Umständen erscheint die Bildung eines Zweckverbandes als der einzige gangbare Weg zur Lösung der aus der Gemeinsamkeit der Interessen in „Groß-Berlin" erwachsenen Aufgaben . . . .

Wenn der Entwurf des allgemeinen Zweckverbandgesetzes die freiwillige Zusammenschließung einzelner Gemeinden als den normalen Fall zu behandeln und für diesen die geeigneten Rechtssätze festzustellen hatte, so ergaben die Verhandlungen zwischen der Stadt Berlin und den umliegenden Kommunalverbänden über die Bildung eines Verkehrszweckverbandes die Unmöglichkeit einer freiwilligen Vereinigung auf diesem wichtigen interkommunalen Gebiete. Wenn der Zweckverbandsgesetzentwurf für den Ausnahmefall des zwangweisen Zusammenschlusses von Gemeinden sich auf bestimmte Fingerzeige für die Durchführung des behördlichen Eingriffs beschränken durfte, so zeigten sowohl die Verhandlungen über den Verkehrszweckverband als auch die Erörterungen über die wünschenswerten Bebauungsreformen und über die Sicherung der Waldumgebung Berlins die Notwendigkeit einer weitergehenden Spezialisierung der für eine Verbandsbildung um Berlin erforderlichen Bestimmungen.

Von der Erwägung ausgehend, daß bei einem gesetzgeberischen Eingreifen in derart schwierige kommunale Fragen mit der größten Vorsicht vorgegangen werden müsse, hat sich das Gesetz darauf beschränkt, von den vielen kommunalpolitischen Aufgaben nur die Verkehrsfrage einer einheitlichen Lösung zuzuführen, die Schaffung von Baufluchtplänen und den Erlaß von Bauordnungen für das gesamte Gebiet zu veranlassen und für die Beschaffung und Erhaltung der nötigen Freiflächen wie Wälder, Parks, Spielplätze usw. in dem ganzen Gebiet die Direktiven zu geben. Bei der großen und grundsätzlichen Bedeutung, welche diesem Berliner Zweckverbandsgesetz nicht nur für die momentanen Verhältnisse Berlins, sondern darüber hinaus für alle rasch wachsenden Großstädte zukommt, sollen im folgenden die wichtigsten Paragraphen des Gesetzes im Wortlaut oder im Auszug wiedergegeben werden, soweit sie die in diesem Buch behandelten Fragen und nicht die Organisation des Verbandes selbst betreffen.

§ 1.

Die Stadtkreise Berlin, Charlottenburg, Schöneberg, Rixdorf, Deutsch-Wilmersdorf und Spandau, sowie die Landkreise Teltow und Niederbarnim werden zu einem Zweckverbande vereinigt, dem die Erfüllung der unter Ziffer 1—3 bezeichneten kommunalen Aufgaben obliegt:

1. Regelung des Verhältnisses zu öffentlichen, auf Schienen betriebenen Transportanstalten mit Ausnahme der Staatseisenbahnen (§ 4);

2. Beteiligung an der Feststellung der Fluchtlinien- und Bebauungspläne für das Verbandsgebiet und Mitwirkung an dem Erlaß von Baupolizeiverordnungen (§ 5 bis 8);

3. Erwerbung und Erhaltung größerer, von der Bebauung frei zu haltender Flächen (Wälder, Parks, Wiesen, Seen, Schmuck-, Spiel-, Sportplätze usw.) (§ 9).

§ 3.

Der Zweckverband bildet einen Kommunalverband zur Selbstverwaltung seiner Angelegenheiten mit den Rechten einer Korporation. Er erhält die Bezeichnung „Verband Groß-Berlin". Sein Sitz ist die Stadt Berlin.

§ 4.

I. Der Verband kann Bahnen der im § 1 Ziffer 1 bezeichneten Art erwerben, bauen, betreiben oder durch Dritte betreiben lassen. Soweit der Verband Bahnen herstellt, ändert, erweitert, betreibt oder betreiben läßt, ist er berechtigt, die hierzu erforderlichen Wege, welche von den Kreisen oder Gemeinden (Gutsbezirken) des Verbandsgebiets zu unterhalten sind, oder ihnen eigentümlich gehören, gegen Entschädigung zu benutzen . . . . .

II. Die Kreise und Gemeinden (Gutsbezirke) des Verbandsgebiets sind verpflichtet, dem Verband auf dessen Erfordern nach einer mit einjähriger Frist voraufgegangenen Ankündigung ihnen gehörige Bahnen mit allen damit verbundenen Rechten und Pflichten gegen Entschädigung als Eigentum zu überlassen . . . .

V. Die Anlage, der Ausbau und der Betrieb von Bahnen durch Kreise oder Gemeinden (Gutsbezirke) des Verbandsgebiets bedarf, sofern bei dem Inkrafttreten dieses Gesetzes die staatliche Genehmigung hierzu noch nicht erteilt war, der Zustimmung der Verbandsversammlung. Die Zustimmung darf nur versagt werden, wenn das Unternehmen den Interessen des Verbandes zuwiderläuft . . . . .

§ 5.

Der Verband kann für Teile des Verbandsgebiets Fluchtlinien festsetzen, insoweit dies für die Schaffung oder Ausgestaltung von Durchgangs- oder Ausfallstraßen, für die Herstellung von Bahnen oder für die Ausgestaltung der Umgebung von Freiflächen erforderlich erscheint. Für letzteren Zweck können auch Bebauungspläne festgesetzt werden. Auch über den vorstehend bestimmten Umfang hinaus kann der Verband aus wichtigen Gründen des Verkehrs, der Gesundheits- und der Wohnungsfürsorge in den noch nicht bebauten Teilen des Verbandsgebiets Fluchtlinien- und Bebauungspläne festsetzen . . . . .

Solange und insoweit Fluchtlinienpläne durch den Verband nicht endgültig festgesetzt sind, bleibt als Fluchtlinienwesen Sache der Einzelgemeinden mit der Maßgabe, daß neue oder abgeänderte Fluchtlinienpläne der Einzelgemeinden dem Verbandsausschusse vor der Auslegung der Pläne zur Begutachtung vorzulegen sind. Der Vorlegung bedarf es nicht, wenn die Pläne nur die Aufteilung einzelner Baublöcke oder die Verbreiterung bestehender Straßen betreffen . . . .

§ 6.

Die Entwürfe der Fluchtlinienpläne des Verbandes sind mit der Angabe über die durch sie bedingten Abänderungen der bestehenden Pläne zunächst den beteiligten Gemeinden und Kreisen zur Äußerung und sodann dem Minister der öffentlichen Arbeiten zur grundsätzlichen Zustimmung vorzulegen. Einer Zustimmung der Ortspolizeibehörde bedarf es nicht . . . . .

Nach erfolgter Zustimmung sind die auf die einzelnen Gemeinde-(Gutsbezirks-)gebiete bezüglichen Planteile unter Kenntlichmachung der Abweichungen von den früheren Plänen in diesen Gemeinden (Gutsbezirken) zu jedermanns Einsicht offen zu legen . . . . .

Sind Einwendungen nicht erhoben oder ist über sie endgültig beschlossen, so hat der Verbandsausschuß die Pläne förmlich festzusetzen, zu jedermanns Einsicht offen zu legen, und, wie dies geschehen soll, öffentlich bekannt zu geben.

§ 7.

Die Durchführung der vom Verband festgesetzten Fluchtlinienpläne liegt den Einzelgemeinden (Gutsbezirken) ob.

Zu den Kosten der Herstellung und Unterhaltung der nach seinen Fluchtlinienplänen ausgeführten Straßen hat der Verband jedoch den Einzelgemeinden einen von der Verbandsversammlung festzusetzenden einmaligen oder laufenden Zuschuß zu leisten, bei dessen Bemessung die Vorteile der Straßenherstellung für den Verband sowie die Vorteile und

Nachteile für die Einzelgemeinden (Gutsbezirke) entsprechend zu berücksichtigen sind.

Der Verband kann solche Straßen mit Zustimmung der beteiligten Gemeinden (Gutsbezirke) auch selbst herstellen und unterhalten. In Gutsbezirken liegt ihm dies auf Antrag derselben ob. Als Gegenleistung haben die beteiligten Gemeinden (Gutsbezirke) einen von der Verbandsversammlung festzusetzenden, ihren Vorteilen, insbesondere der Verminderung ihrer Unterhaltungslast entsprechenden Zuschuß zu entrichten . . . . .

§ 8.

Vor Erlaß neuer oder Abänderung bestehender Baupolizeiordnungen hat die zuständige Behörde den Verbandsausschuß unter Bestimmung einer der Lage des Einzelfalls entsprechenden Frist gutachtlich zu hören.

§ 9.

Der Verband kann über die Erwerbung größerer von der Bebauung ganz oder zum überwiegenden Teile freizuhaltender Flächen (Wälder, Parks, Wiesen, Seen, Schmuck-, Spiel-, Sportplätze usw.), sowie über die dauernde Erhaltung, Ausgestaltung, Benutzung und Unterhaltung solcher von ihm erworbener Flächen Bestimmung treffen; der Erwerbung ist die Pachtung oder Sicherung von Rechten gleichzuachten.

Der Verband kann von ihm erworbene Freiflächen einzelnen Verbandsgliedern zur Unterhaltung gegen angemessene Entschädigung im Vertragsweg übertragen.

§ 11.

Der Verband ist berechtigt, in sinngemäßer Anwendung der für Provinzialabgaben geltenden Bestimmungen des Kreis- und Provinzialabgabengesetzes vom 23. April 1906 Gebühren und Beiträge zu erheben.

Soweit die eigenen Einnahmen des Verbandes, die Gebühren und die Beiträge zur Bestreitung der Verbandsausgaben nicht ausreichen, wird der Fehlbetrag durch die Verbandsversammlung gemäß besonderen [1]) Bestimmungen auf die Verbandsglieder umgelegt.

§ 14.

Die Organe des Verbandes sind die Verbandsversammlung, der Verbandsausschuß und der Verbandsdirektor.

Die folgenden Paragraphen (§ 15—39) regeln im wesentlichen die Befugnisse und die Tätigkeit dieser Verbandsorgane.

---

[1]) Hier nicht weiter angeführt.

§ 40.

Dieses Gesetz tritt am 1. April 1912 in Kraft; indessen sind die Organe des Verbandes auf Anordnung des Ministers des Innern schon vor diesem Zeitpunkte zu bilden. Sie haben gleichfalls vor diesem Zeitpunkte alle Maßregeln zu treffen, welche die rechtzeitige Ausführung des Gesetzes sicherstellen.

Im übrigen sind die Minister des Innern und der öffentlichen Arbeiten mit der Ausführung dieses Gesetzes beauftragt.

Die Durchsicht der vorstehenden Paragraphen zeigt, daß dem Berliner Zweckverband aus der Fülle der kommunalpolitischen Aufgaben, wie sie sich bei der Umlagerung einer Millionenstadt durch einen Kranz nicht eingemeindeter Vororte ergeben, einige der bedeutsamsten zur Behandlung überwiesen sind. Es sind das im allgemeinen die gleichen, welche wir in den vorstehenden Abschnitten als die bedeutsamsten im Sinne einer den modernen Anschauungen entsprechenden Dezentralisation bezeichnet haben. So wurde vor allem immer wieder darauf hingewiesen, wie wichtig das Aufstellen eines einheitlichen Bebauungsplanes und der Erlaß dementsprechender Bauordnungen für das ganze Dezentralisationsgebiet sei, wie bedeutsam weiterhin, daß bezüglich der Freiflächen große und das ganze Gebiet einheitlich berücksichtigende Gesichtspunkte maßgebend würden, und endlich, daß eine großzügige Verkehrspolitik überhaupt erst die Voraussetzungen und Möglichkeiten einer weitgehenden Dezentralisation schaffe. So kann man kaum bezweifeln, daß sich bei entsprechender Durchführung der durch das Berliner Zweckverbandsgesetz festgelegten Aufgaben in den Dezentralisationsgebieten Groß-Berlins eine weitgehende Besserung der Wohnverhältnisse erreichen lassen wird. Immer mehr muß es dann gelingen, daselbst für einen ständig wachsenden Teil der großstädtischen Bevölkerung hygienische Siedelungsverhältnisse, namentlich auch, was die äußeren Wohnungsqualitäten anlangt, zu schaffen, und immer mehr wird auch die Bevölkerung bei günstiger Ausgestaltung des Vorortverkehrs davon Gebrauch machen können.

Immerhin bleiben trotz des Zweckverbandes noch viele bedeutsame Fragen, wie sie in Groß-Berlin auftreten, ungelöst. Hier will ich nur noch einmal an die Ungerechtigkeiten auf dem Gebiete des Steuerwesens erinnern. Je mehr durch die durch das Zweckverbandsgesetz bewirkten Bedingungen die Ansiedelung in den Außengeländen erleichtert wird, um so stärker und schneller wird sich auch die Dezentralisation der Reichshauptstadt und mit ihr im Gefolge die „Aushöhlung" der City bemerkbar machen, die Einwohnerzahl von Berlin selbst, die jetzt bereits nahezu stille steht, vielleicht sogar zurückgehen. Es ist ferner nicht unmöglich, daß mit der Zeit eine gewisse Entwertung der Grundstücke in einzelnen Teilen der Mutterstadt eintritt, dagegen werden große Gebiete der Außengelände und dort gelegenen Vororte einen entsprechenden Wertzuwachs erfahren. Der ungerechte Zustand, der darin liegt, daß die zufällig an der Peripherie, wo der größte Wertzuwachs auftritt, gelegenen Vororte diesen ganzen Wertzuwachs für sich und ihre Einwohner beanspruchen dürfen, während Berlin, welches in letzter Linie die Ursache desselben ist, selbst leer ausgeht, wird sich immer mehr verschärfen; ebenso der Umstand, daß in zunehmendem Maße gerade die besten Steuerzahler Berlin verlassen und sich in den begünstigten Villenvororten ansiedeln werden. So wäre es denkbar, daß sich die Finanzlage Berlins in Zukunft immer ungünstiger entwickelt, während die umliegenden Vororte sich einer mächtigen und blühenden Entwickelung erfreuen und all die pekuniären Vorteile, die ihnen auf Kosten und Veranlassung der Mutterstadt zufallen, für sich allein in Anspruch nehmen.

Für das gesamte Gebiet von Groß-Berlin mit seinen bald 4 Millionen Einwohnern liegen diese Verhältnisse schließlich nicht wesentlich anders, als für eine kleinere Stadt mit etwa 400 000 Einwohnern. Jedermann würde es in einer solchen Stadt als einen unglaublichen Zustand betrachten, wenn die Bewohner einzelner Stadtteile, in denen zufällig die wohlhabende Bevölkerung zusammenwohnt, lediglich zu den Aufwendungen, die für ihren Stadtteil gemacht werden, beitragen wollten, sich dagegen weigern würden, daß die von ihnen zu zahlenden Steuern auch für die ärmeren Stadtteile verwandt würden und der ärmeren Bevölkerung zugute kommen. Keinem Menschen würde es hier einfallen, die lokalen Verschiedenheiten einzelner Stadtteile als Grund dafür anzusehen, daß dieselben nun auch bezüglich des Finanz- und Steuerwesens gesondert behandelt werden. In Groß-Berlin mit seinen 4 Millionen Einwohnern liegen die Verhältnisse ähnlich, nur in entsprechend größerem Maßstabe. Hier ist die lokale Verschiedenheit der einzelnen Stadtteile, als welche hier die nicht eingemeindeten Vororte auftreten, noch viel stärker entwickelt und deshalb erst recht nötig, daß die sich daraus ergebenden Ungleichheiten der steuerlichen Belastung und der für die einzelnen Stadtteile zu machenden Aufwendungen in möglichst gleichmäßiger Weise auf die zusammengehörige und aufeinander angewiesene Gesamtbevölkerung verteilt werden. Den Zustand, daß einzelne begünstigte Villenvororte nur 60 oder 70 %, andere arme Arbeitervororte 200 und mehr Prozent der Staatseinkommensteuer als Kommunalumlagen erheben, ist auf die Dauer als unhaltbar zu bezeichnen und widerspricht aufs gröbste dem Prinzip einer gerechten Verteilung der Steuerleistungen auf die Einwohnerschaft.

So wäre es sehr zu begrüßen, wenn im Laufe der Zeit der Zweckverband dazu führen würde, daß sich zunächst einzelne der Vororte vereinigten oder eine Eingemeindung derselben nach Berlin vollzogen würde, wie es in letzter Zeit mehrfach geplant und auch schon ausgeführt wurde. Immer mehr würde dadurch die Voraussetzung für die schließliche Eingemeindung all dieser Orte zu einem einzigen Groß-

Berlin geschaffen. Nur eine derartige großzügige Eingemeindungs-
aktion könnte all die mannigfachen Schwierigkeiten und Ungerechtigkeiten, welche auch jetzt nach Inkrafttreten des Zweckverbandgesetzes
noch fortbestehen, restlos beseitigen. In neuerer Zeit scheinen auch andere
Großstädte an die Bildung von Zweckverbänden herangehen zu wollen.
So ist Zeitungsnachrichten zufolge die Bildung eines Zweckverbandes
Groß-Dresden geplant. Das Aachener Politische Tageblatt brachte
darüber folgende Notiz:

Ein Zweckverband Groß-Dresden. Die Nachricht über den in Aussicht
genommenen Zweckverband Groß-Dresden hat sich nun doch als zutreffend heraus-
gestellt. Die starke Zunahme der Bevölkerung macht es der Stadtverwaltung
zur Pflicht, für die spätere Entwickelung den notwendigen Raum zu sichern. Die
Stadt hat in den letzten Jahren schon in ausgedehnter Weise Grundbesitz erworben
und auch hierdurch ihre Interessen eng mit denen zahlreicher Vorortgemeinden
verknüpft. Die Beziehungen zwischen diesen und Dresden sind so eng geworden,
daß die ganze Entwickelung auf die Gründung eines Zweckverbandes Groß-Dresden
hindrängt, zu dem Dresden jetzt die ersten Schritte getan hat. Es sollen durch
diesen Verband 44 volkreiche Gemeinden zusammengefaßt werden, die bis etwa
eine Wegstunde von der gegenwärtigen Stadtgrenze entfernt liegen. Es leuchtet
ein, daß von einem derartigen Zweckverband die Vorortgemeinden mindestens
den gleichen Vorteil haben wie Dresden. Viele dieser Gemeinden sind heute in
arger Bedrängnis. Sie haben ihre Steuerkraft besonders für die Schulen stark an-
spannen müssen und können heute nur sehr schwer die Mittel für die notwendigsten
hygienischen Einrichtungen wie Beleuchtung, Beschleusung, Wasserleitung, Ab-
fuhrwesen usw. aufbringen. Der Zweckverband würde diese Lasten auf breitere
Schultern legen. Er würde auch einen einheitlichen Bebauungsplan schaffen,
der gleichfalls ebenso sehr für die Vorortgemeinden wie für die ihren sozialen und
wirtschaftlichen Mittelpunkt bildende Großstadt wünschenswert ist. So darf man
wohl annehmen, daß dieses Ziel einer großzügigen und notwendigen Gemeindepolitik sowohl bei den Gemeinden wie auch bei der Regierung Verständnis und
Unterstützung findet. Versäumte hier die Gegenwart die Schaffung einer derartigen Gemeinschaft, so würde die Zukunft den Schaden tragen und die Kurzsichtig-
keit einer Zeit beklagen müssen, die bei aller sozialen Stimmung eine ernste Aufgabe weitblickender Gemeindepolitik nicht zu lösen verstanden hätte.

Die Ausführungen dieses und der vorhergehenden Abschnitte
haben gezeigt, daß die Dezentralisationsbestrebungen für die
Entwickelung unserer Städte große Vorteile mit sich bringen,
vor allem für eine hygienische Gestaltung der Wohnverhältnisse. Sie sind zweifellos die großzügigste Wohnungsreform, wenn
wir dieses Wort einmal festhalten wollen, die in Angriff genommen
werden kann. Immer mehr Bauland und Neuland wird als
städtischer Wohnboden erschlossen, immer mehr lassen sich
moderne hygienische Grundsätze in diesen Gebieten zur Anwendung
bringen und immer mehr wird es dann auch gelingen, die alten, verwahrlosten Stadtteile zu sanieren; der mit der Dezentralisation fortschreitende
Prozeß der City bildung besorgt das gewissermaßen schon alleine, indem
die alten und unsern modernen hygienischen Ansprüchen nicht mehr genügenden Gebäude niedergerissen werden und entweder Geschäfts- und
Kontorhäusern oder entsprechend disponierten Wohnvierteln Platz machen.

So wird es bei entsprechendem Vorgehen der Stadtverwaltungen einem immer größeren Teile der städtischen Bevölkerung ermöglicht werden, sich entweder draußen auf dem billigeren Gelände ein Eigenheim zu erwerben, den Genuß eines kleinen Gärtchens zu verschaffen und wieder Fühlung zur Natur zu nehmen, oder aber in modernen Wohnvierteln unter weit hygienischeren Bedingungen als bisher den Wohnsitz innerhalb der Städte beizubehalten. Auf diese Weise läßt sich dann das Prinzip der Verteilung der Bevölkerung nach ihrer wirtschaftlichen Leistungsfähigkeit, welches wir S. 118 als eines der wichtigsten Mittel zur Lösung der Wohnungsfrage erkannten, immer mehr zur Geltung zu bringen. Dann wird der Satz, daß der hohe Preis städtischer Wohnungen eine Art Prämie ist, die nur der zahlen kann und soll, der durch seine Fähigkeiten, seine Intelligenz und Arbeitskraft in der Lage ist, die großen Vorteile eines solchen Wohnsitzes auch auszunutzen, seine Härte verlieren. Es bedeutet dann auch keinen Nachteil mehr, wenn in den bevorzugten Lagen der Städte die Boden- und Wohnungspreise immer noch eine relativ große Höhe aufweisen werden. Dieser Platz an der Sonne, im Sinne des Erwerbslebens gesprochen, gebührt eben nur den fähigsten Köpfen, der Elite der Geschäftswelt und Arbeiterschaft. Alle übrigen werden in immer steigendem Maße Gelegenheit finden, ihren Wohnsitz in kleineren Orten und Vororten mit billigeren und gleichwohl hygienischen Wohnungen zu nehmen, trotzdem aber infolge der günstigen Verkehrsverhältnisse an dem Erwerbsleben der Großstadt teilzunehmen.

Fünfter Teil.

Die städtische Bodenpolitik.

———

Erster Abschnitt.

Die Dezentralisation als bodenpolitische Maßnahme.

Unter städtischer Bodenpolitik versteht man diejenigen Maßnahmen der städtischen Verwaltungen, welche den offensichtlichen Zweck haben, die wirtschaftlichen Verhältnisse des städtischen Bodens zu beeinflussen. Gewöhnlich denkt man dabei nur an solche Maßnahmen, die den Preis des Bodens herabzusetzen geeignet sind; es mag aber auch schon vorgekommen sein, daß eine allzu „fiskalisch" vorgehende Verwaltung bezüglich des städtischen Grundbesitzes die umgekehrte Politik verfolgte.

Fragt man sich zunächst, ob es auf Grund der hier vertretenen „natürlichen" Wertbildung des Bodens möglich sei, ein weiteres oder allzu rasches Ansteigen der Bodenpreise zu verhindern, namentlich in den Außenbezirken und Stadterweiterungsgebieten, so kann man diese Frage wohl bejahen. Wir sahen, daß die Bodenwerte im allgemeinen in den rasch wachsenden und dicht besiedelten großen Städten ihre größte Höhe erreichen. daß sie dort wieder da am höchsten stehen, wo die Bebauungsintensität am größten ist. als Ausdruck dafür, daß hier die meisten Menschen zu wohnen oder Geschäfts- und Arbeitslokalitäten zu mieten verlangen. Das sind dann die gesuchtesten Wohnviertel oder die sog. besten Lagen der Geschäftsviertel.

Die Bodenwerte stehen also. ohne im übrigen hier die Frage der Bodenwertbildung nochmals aufrollen zu wollen, dort am höchsten, wo auf einem durch allerlei Verhältnisse vorgezeichneten oder räumlich beschränkten, dem Geschäfts- und Erwerbsleben die günstigsten Bedingungen gewährenden städtischen Boden möglichst viele Menschen wohnen und arbeiten wollen. Sie hängen demnach im wesentlichen ab: 1. von der Größe der Stadt und der Bevölkerungsmasse, 2. von der Entwickelungstendenz der Stadt. ihrem wirtschaftlichen Aufschwung, dem mehr oder weniger raschen Wachstum derselben, 3. der Bebauungs-

17*

intensität, als Ausdruck der baulichen Ausnutzbarkeit des Bodens und damit seiner Ertragsfähigkeit.

Demnach könnte man auch in dreifacher Hinsicht dem natürlichen Ansteigen der Bodenwerte entgegenzuarbeiten versuchen. Einmal durch das Bestreben, ein weiteres Wachstum der Großstädte durch allerlei Maßnahmen, welche der Landflucht steuern (innere Kolonisation) oder den Bevölkerungsstrom mehr in die kleinen und Mittelstädte führen sollen, aufzuhalten. Es ist sehr fraglich, ob sich viel in diesem Sinne erreichen lassen wird, sofern es sich um völlig isoliert liegende und selbständige Klein- und Mittelstädte handelt. Etwas anderes ist es aber, wenn dieselben räumlich oder wenigstens, was ihre Verkehrsgelegenheiten anbelangt, zum Bannbereich einer Großstadt gehören. Hier bietet die moderne Entwickelung der Verkehrsmittel ja noch allerlei Möglichkeiten, die sich jetzt kaum übersehen lassen (s. S. 230).

Ferner könnte man daran denken, das geschäftliche und gewerbliche Leben einer Stadt nicht wie bisher nur in einem einzigen Stadtteil, der City, kulminieren zu lassen, sondern dasselbe auf verschiedene sekundäre Geschäftsviertel in Außenteilen und Vororten zu verteilen, eine Entwickelungstendenz, die sich gegenwärtig schon in vielen Großstädten beobachten läßt, und naturgemäß zunächst nur dem weiteren Ansteigen der Bodenwerte in dem bisher einzigen Geschäftsviertel entgegenarbeitet, dadurch dann aber auch auf den umliegenden Wohnboden zurückwirken wird.

Den meisten Erfolg verspricht jedenfalls das Bestreben, auf dem städtischen Boden eine geringere Bevölkerungsdichte und geringere Bebauungsintensität zu erzielen, wie es sich in neu entstehenden Stadtteilen und Städten ohne weiteres durch entsprechend abgestufte Bauordnungen erzwingen läßt. Besonders günstig liegen die Verhältnisse, wenn sich gleichzeitig damit eine Dezentralisation des Geschäftsviertels im vorgenannten Sinne und eine Ablenkung eines Teils der großstädtischen Bevölkerung in Vororte und Nachbarstädte erreichen läßt. Im wesentlichen decken sich die hier angedeuteten Möglichkeiten, einem weiteren Ansteigen der städtischen Bodenwerte entgegenzuarbeiten, mit den Aufgaben, wie sie in den vorhergehenden Abschnitten der städtischen Dezentralisation zugewiesen wurden, besonders wenn man dieselbe im weiteren Sinne als ein den modernen Verhältnissen Rechnung tragendes Städtebau- und Stadterweiterungssystem auffaßt.

Dabei ist der Hinweis angebracht, daß man bei der Beantwortung der Frage, wie weit man heute mit der Bevölkerungsdichte und der Bebauungsintensität auf dem städtischen Boden gehen könne und müsse, von ganz anderen Voraussetzungen ausgehen muß als früher. Man findet manchmal in der Wohnungsliteratur Betrachtungen darüber, ob der Hochbau oder der Flachbau, die intensive oder extensive Bauweise den natürlichen Zustand der städtischen Siedelungen darstelle, mit anderen Worten den dort einmal vorhandenen und gegebenen Bedingungen am meisten entspreche. Gerade, wenn man die Frage so auffaßt, muß unbedingt berücksichtigt werden, welche außerordentliche Änderung in diesen Bedingungen die Entwickelung der Verkehrsmittel hervorgerufen hat. Früher war in den vielfach umwallten und lokaler Verkehrsmittel fast völlig entbehrenden Städten eine weit hochgradigere Bebauungsintensität berechtigt und natürlich als heutzutage, wo die zunehmende Besiedelungsmöglichkeit der Außengelände und die Ausbildung des Lokalverkehrs eine viel weitgehendere Flächenentfaltung der Städte ermöglicht.

Dabei darf man allerdings nicht außer acht lassen, daß die auf diese Weise erzielte Weiträumigkeit der ganzen Stadtanlage und die entsprechend geringere Bebauungsintensität gewiß die Ertragsfähigkeit der städtischen Grundstücke schmälern und demnach die städtischen Bodenwerte weniger hoch werden lassen, daß man diesen Umstand aber keineswegs ohne weiteres mit einer Verbilligung der Wohnungsmieten identifizieren darf. · Das ist vielmehr wieder eine Frage für sich, s. S. 57. Auf alle Fälle aber werden sich bei einer derartigen Siedelungsweise die äußeren hygienischen Wohnungsqualitäten wesentlich verbessern, und dieser Umstand allein, auch ohne gleichzeitige Verbilligung der Mieten, macht ihre Durchführung erstrebenswert.

Diese kurzen Überlegungen zeigen, daß es im allgemeinen Aufgabe der Bodenpolitik und zum Teil auf ihr beruhenden Wohnungsreform sein müsse, zu versuchen, „durch die Dezentralisation der Großstädte das übermäßige monopolartige Ansteigen der Bodenpreise in dem sonst einzigen geschäftlichen Mittelpunkt zu verhüten, daß sie bestrebt sein müsse, durch Erleichterung des Vorortverkehrs, durch Anlage von Villenkolonien, Gartenstädten usw. solche Personen, die nicht unbedingt in der Stadt wohnen müssen, aus derselben herauszuziehen, so die Stadt zu entlasten und hier die Wohnungsnachfrage geringer zu machen. Das wirkt bis zu einem gewissen Grad der weiteren Preissteigerung entgegen“[1]).

In dem Sinne kommt also den Dezentralisationsbestrebungen eine ausgesprochen bodenpolitische Tendenz zu, und es ist nötig, daß die Stadtverwaltungen auch von diesem Gesichtspunkte aus an die mannigfachen Aufgaben der Dezentralisation herantreten.

Abgesehen davon gibt es aber auch noch eine Reihe weiterer bodenpolitischer Maßnahmen, von denen die wichtigsten hier besprochen werden sollen.

Zweiter Abschnitt.

Die städtische Bodenankaufs- und Bodenverwertungspolitik.

So sehr auch die Anschauungen der Wohnungsreformer und Wohnungspolitiker sonst auseinander gehen, darin besteht jedenfalls völlige

---

[1]) Siehe Gemünd, Die Stellungnahme des Arztes zur Bau- und Bodenpolitik. Soziale Medizin u. Hygiene, 1906, S. 428.

Einmütigkeit, daß es zu den bedeutsamsten Aufgaben der Stadtverwaltungen gehöre, möglichst beträchtliche Teile der städtischen Bodenfläche, vor allem in den Außengeländen, denen noch der größte Wertzuwachs bevorsteht, in ihren Besitz zu bringen. Diesen Grundsatz haben auch schon eine Reihe von Städten in umfangreicher Weise befolgt und nicht unerhebliche Teile des städtischen Grund und Bodens, manche bis zu 50 % und mehr, in ihren Besitz gebracht. Der wichtigste Grund für eine derartige Bodenankaufspolitik liegt wohl darin, daß die Gemeinden für alle möglichen Zwecke selbst Bodenflächen benötigen, z. B. für öffentliche Bauten, wie Schulen, Krankenhäuser, Friedhöfe, je nachdem Elektrizitäts-, Gas-, Wasserwerke, zur Anlage von öffentlichen Plätzen und Freiflächen, also Promenaden, Parks, Spiel-, Sportplätzen, Wald- und Wiesengürteln. Es ist eines der erfreulichsten Ergebnisse der letzten Städtebauausstellungen, insbesondere der dort gezeigten Pläne mancher moderner und in dieser Beziehung mustergültiger englischer und amerikanischer Städte, daß die Erkenntnis von der Notwendigkeit solcher Freiflächen nicht nur in der weiteren Umgebung, sondern auch unmittelbar an der Peripherie und soviel als möglich auch innerhalb der Städte sich immer mehr Geltung und allgemeine Anerkennung verschaffen. Insbesondere legt man heute mit großem Recht ganz besonderen Wert auf die Beschaffung geeigneter Spiel- und Tummelplätze für die Schul- und schulentlassene Jugend.

Eine Stadt kann diese verschiedenen Aufgaben um so mehr erfüllen, einen je größeren Teil des Geländes sie selbst besitzt, je unbeschränkter sie also in der Wahl von Grundstücken für die angegebenen Bedarfsfälle ist und je früher und billiger sie die betreffenden Grundstücke erworben hat. Aber auch abgesehen von diesen besonderen Aufgaben ist die Durchführung eines geeigneten, die Außenflächen erschließenden Bebauungsplans, die Schaffung geeigneter Verkehrsstraßen und Verkehrslinien, mag die Stadt sie nun selbst betreiben oder andern überlassen, überhaupt die ganze bedeutsame Erschließung der Außengelände um so wirksamer und ohne allzu große finanzielle Opfer möglich, wenn die Stadt einen möglichst großen Teil der Bodenfläche in eigenem Besitz hat, über den sie ohne irgendwelche Rücksichtnahme auf entgegenstehende private Interessen und ohne langwierige und kostspielige Enteignungen frei verfügen kann. Im anderen Falle werden die Kosten der benötigten Freiflächen etc. oft so hoch, daß sie sich nur unter großen finanziellen Opfern bereitstellen lassen, zu deren Bewilligung die Stadtverordnetenversammlungen sich oft nicht bereit finden werden.

Ein derartig großer Grundbesitz sichert der Gemeinde aber auch einen entsprechenden Anteil am Wertzuwachs des städtischen Geländes, ohne daß es dazu besonderer Wertzuwachssteuern bedürfte. Ich will hier die Frage, ob und wieweit eine derartige Wertzuwachssteuer berechtigt oder zweckmäßig ist, nicht weiter behandeln und nur darauf hinweisen, daß gerade in letzter Zeit eine sehr lebhafte Agitation gegen die Wertzuwachssteuer von seiten der verschiedensten und keineswegs nur ihren Interessentenstandpunkt vertretenden Körperschaften eingesetzt hat. Unter anderm wurde auch in der Reichstagssitzung vom 16. Januar 1913 von seiten eines der Redner, Dr. Wendlandt angeführt, daß die Reichswertzuwachssteuer ein dilettantischer Gedanke war, denn sie rüttele an den Grundfesten unserer Kapitalbildung, unserer landwirtschaftlichen und gärtnerischen Produktion und treibe wieder Tausende in die Opposition gegen Staat und Gesellschaft. Auf alle Fälle übt die Wertzuwachssteuer, mag man im übrigen über sie denken, wie man will, eine lähmende und verteuernde Wirkung auf den Grundstückmarkt aus und das trifft in letzter Linie wieder die Wohnungsproduktion und die Wohnungskonsumenten.

Ein großer städtischer Grundbesitz dagegen verschafft der Stadt ohne all diese nachteiligen Wirkungen einen erheblichen Anteil am Wertzuwachs, allerdings unter der Voraussetzung, daß sie einen Teil des erworbenen Terrains, soweit sie dasselbe nicht selbst zu eigenen Zwecken benötigt, auch wieder mit entsprechendem Gewinn verkauft. Solange eine Stadt dagegen ängstlich an ihrem Besitz festhält, die Grundstücke lieber brach liegen läßt und ertraglos im städtischen Besitz zurückhält, als zu entsprechenden Preisen zu verkaufen, steht dieser Wertzuwachs nur auf dem Papier; erst wenn er wenigstens teilweise realisiert wird, hat die Allgemeinheit einen finanziellen Nutzen davon. Die übrigen Vorteile des kommunalen Grundbesitzes werden dadurch im übrigen keineswegs aufgehoben.

Es soll nicht verschwiegen werden, daß über diese Frage des Verkaufs städtischer Grundstücke die Meinungen sehr weit auseinandergehen, und es dürfte deshalb angebracht sein, zu den verschiedenen Anschauungen Stellung zu nehmen. Wenn man sich in der Praxis umschaut, findet man jedenfalls, daß fast überall die oben befürwortete Bodenverwertungspolitik geübt wird, daß nämlich die Stadtverwaltungen den Boden möglichst billig kaufen und ihn später, soweit sie ihn nicht selbst benötigen, als baureifes Land mit entsprechendem Gewinn zu verkaufen suchen. Diesem Verfahren treten allerdings viele „Theoretiker" der Wohnungsfrage mit dem Bemerken entgegen, daß es in erster Linie Grundsatz einer kommunalen Bodenpolitik sein müsse, ohne zwingenden Grund ihren Besitz nicht zu veräußern, oder doch nur in einer Form, die jeden spekulativen „Mißbrauch" des Bodens dauernd ausschließe. Es sind das im allgemeinen die Kreise, welche an der Meinung festhalten, daß die Spekulation der hauptsächlichste preistreibende Faktor des städtischen Grund und Bodens sei. Bezeichnend für diese Richtung ist folgende Bemerkung:

„Wenn die Gemeinden Grund und Boden kaufen und einfach wieder, wie jeder Private verkaufen, dann gewinnen sie freilich viel Geld, genau wie der Bauspekulant, aber sie wirken dann direkt mit an der Verteuerung des Grund und Bodens, und es ist kein Segen dabei und ist ganz genau dasselbe, wie wenn die Spekulanten verkaufen. Will also die Gemeinde sich von den Spekulanten unterscheiden, und will sie gemeinnützig sein, dann muß sie mit dem Verkauf städtischen Bodens außerordentlich vorsichtig sein" (Adickes auf der 25. Versamml. des Deutschen Vereins für öffentliche Gesundheitspflege zu Trier 1900).

Wir haben S. 155 diese Anschauung von der preissteigernden Wirkung der Spekulation für heutige Verhältnisse, abgesehen von besonderen Fällen, als nicht mehr zutreffend befunden, und damit entfallen auch die Bedenken, welche man gegen die befürwortete Bodenverkaufspolitik meist vorgebracht hat. Vor allem läßt es sich heute durch entsprechende Dezentralisation der städtischen Siedelungen und eine wirkliche und weitgehende Erschließung der Außengeländes im Sinne früherer Ausführungen erreichen, daß eine besondere Monopolstellung einzelner Grundbesitzer nahezu unmöglich erscheint und damit der einzige, wirklich stichhaltige Grund für die preisdiktatorischen Fähigkeiten der Grundbesitzer beseitigt wird. Die so geschaffene Konkurrenz unter den Terrainbesitzern in den verschiedensten Lagen und Stadtteilen bringt dann auch für den Boden das Gesetz zur Geltung, daß sich die Preise durch das Verhältnis von Nachfrage und Angebot ganz von selbst regulieren und eine dem reellen Wert entsprechende Höhe annehmen. Unter solchen Voraussetzungen braucht man dann bezüglich des Verkaufs von städtischem Grund und Boden nicht mehr so ängstlich zu sein. Wenn auch dadurch wieder einige Grundstücke der „Spekulation" ausgeliefert werden, so kommen diese neben dem übrigen noch in kommunalem Besitz verbleibenden Terrain kaum in Betracht, können höchstens das Angebot an Bauland vermehren und dadurch eher verbilligend wirken.

Am weitesten gingen in der entgegengesetzten Meinung wohl die Bodenreformer, wenigstens die ursprüngliche radikale Richtung derselben. Getreu ihrer Auffassung von der verderblichen Wirkung des „Bodenschachers" vertraten sie stets den Grundsatz, daß das einmal in den Händen der Stadtgemeinde befindliche Bauland dem Stadterweiterungsgeschäft nur in einer Form nutzbar gemacht werden dürfe, bei welcher die Stadt dauernd einen Einfluß auf den einmal durch ihre Hand gegangenen Boden und seine Preisentwickelung behalte. Als solche Veräußerungsformen befürwortet sie vor allem das Erbbaurecht und das Wiederkaufsrecht. In letzter Zeit scheint auch hier eine etwas andere Auffassung Platz zu greifen. Wenigstens ist es auffallend, daß in der öfters erwähnten Propagandaschrift: Die Bodenreform auf der Städteausstellung Düsseldorf 1912 [1]) Dr. Strehlow unter anderem auch den Wiederverkauf städtischer Grundstücke befürwortet und hervorhebt, daß eine Stadt durch ein solches Terraingeschäft den Grundstückmarkt mäßigend zu beeinflussen und trotzdem erhebliche Gewinne zu erzielen imstande sei. Ob Strehlow selbst dem Bunde der Bodenreformer angehört, ist mir nicht bekannt, aber jeden-

---

[1]) A. a. O., S. 17/18.

falls ist der Bund mit diesen Ausführungen einverstanden, sonst würden sie in der betreffenden Schrift keine Aufnahme gefunden haben.

Es scheint also, als ob sich selbst bei dieser früher so extremen Richtung dank dem Umstande, daß heutzutage die städtische Terrainunternehmung unter wesentlich andern Bedingungen steht als früher, eine allmähliche Umwandlung der Anschauungen vollzieht. So wird man erst recht in den auch früher schon andersdenkenden Kreisen immer mehr zu der Auffassung gelangen, daß eine Stadtverwaltung bei der Verwertung ihres Grundbesitzes unter anderm auch von kaufmännischen Gesichtspunkten ausgehen soll. Eine städtische Unternehmung, die in diesem Sinne betrieben wird und auf völlig wirtschaftlicher Grundlage beruht, braucht deshalb noch keineswegs gegen die Interessen der Allgemeinheit gerichtet zu sein. Im Gegenteil kann und soll auch eine von solchen Gesichtspunkten geleitete Bodenpolitik gemeinnützig sein. Unter anderm ist ja dem Gemeinwohl schon dadurch gedient, daß bei einer derartigen kaufmännisch betriebenen Bodenverwertungspolitik die Gemeinden sich einen erheblichen Anteil am Wertzuwachs sichern, ihn nicht nur auf dem Papier stehen lassen, sondern auch tatsächlich realisieren und dadurch den städtischen Finanzen nutzbar machen. Diese Einnahmen können unter anderm zur Verbesserung und Verschönerung der Stadterweiterungsanlagen, insbesondere Beschaffung und Ausschmückung von Freiflächen benutzt werden, und dadurch in hohem Maße dem Gemeinwohl nutzbar gemacht werden.

Ganz abgesehen von diesen „theoretischen" Gesichtspunkten sind es aber auch rein praktische Erwägungen, welche mit der Zeit eine solche Verwertung des städtischen Grundbesitzes gebieterisch fordern. Die Gemeinden sind im allgemeinen genötigt, auf Vorrat zu kaufen, schon deshalb, weil sie bei dem im Interesse eines niederen Erwerbspreises möglichst frühzeitigen Ankauf noch gar nicht übersehen können, was sie später selbst in dem betreffenden Geländeteil an Grundstücken benötigen. Wird der betreffende Stadtteil dann ausgebaut, so wird die Stadt wohl immer Terrains überschüssig haben, welche sie selbst nicht benötigt. Dann tritt die Frage auf, was mit diesen Zinsen fressenden Grundstücken geschehen soll. Man mag über Erbbau und Wiederkaufsrecht (s. S. 285) denken, wie man will, unter den gegenwärtigen Verhältnissen sind diese Veräußerungsformen noch so wenig beim Publikum eingeführt und beliebt, daß sich jedenfalls nur ein verschwindend kleiner Bruchteil der Grundstücke in dieser Form verwerten lassen wird. So bleibt kaum etwas anderes übrig als diese Grundstücke einfach freihändig zu verkaufen, sobald sie baureif geworden sind.

Nun läge allerdings noch die Möglichkeit vor, daß die Stadt den Boden behält, ihn selbst bebauen läßt und die erstellten Häuser vermietet. Aber auch das ist eine Form der städtischen Bodenverwertungspolitik, die gewiß in einzelnen Fällen geübt werden kann, im allgemeinen aber für den gesamten städtischen Besitz kaum in Frage kommen kann (s. S. 107), und deshalb an den obigen Schlüssen nichts ändert.

Ich möchte daher die **Vorteile** der befürworteten Bodenverwertungspolitik in einige Sätze zusammenfassen, entsprechend früheren Ausführungen[1]).

1. Die Stadt sichert sich einen erheblichen **Anteil am Wertzuwachs** des städtischen Geländes, und zwar in einer Form, die für die übrigen Grundbesitzer viel weniger hart und störend wirkt, wie eine hochgeschraubte Wertzuwachssteuer.

2. Die erzielten Einnahmen, die zweckmäßigerweise einem besonderen **Grundstückfond** zugeschrieben werden, können zu einer **Verbesserung und Verschönerung der Stadterweiterungsanlagen**, Schaffung von Freiflächen, Verkehrsgelegenheiten und sonstigen der Allgemeinheit dienlichen Anlagen benutzt werden.

3. Die Stadt hat jederzeit billig erworbenen Boden in genügender Auswahl **für ihren eigenen Bedarf** für öffentliche Bauten, städtische Industriewerke, Friedhöfe usw. zur Verfügung und kann demnach bei der Auswahl der Plätze für solche Bauten in weitgehendster Weise auch den ästhetischen Interessen Rechnung tragen.

4. Die Stadt kann bei ausgedehntem Grundbesitz insbesondere in viel billigerer und deshalb meist ausgedehnterer Weise als sonst **große Freiflächen**, Spielplätze, Parks, Promenaden usw. in den Stadterweiterungsgebieten schaffen.

5. Die Stadt hat gegebenenfalls Terrains zur Verfügung, welches sie gemeinnützigen Baugesellschaften, natürlich gegen entsprechende Bezahlung, aber zu kulanten Bedingungen, zur Verfügung stellen kann, oder auf welchen sie selbst in besonderen Fällen für die städtischen Arbeiter und Beamten Wohnungen errichten kann (s. hierzu S. 110).

Das alles sind recht erhebliche Vorteile für die städtische Einwohnerschaft und das allgemeine Wohl, die es durchaus rechtfertigen, eine solche Bodenpolitik der Städte als **gemeinnützig** zu bezeichnen, selbst wenn sie, „wie jeder Spekulant" an- und verkaufen. In letzter Zeit mehren sich auch unter den Wohnungsreformern die Stimmen, welche entgegen früheren Anschauungen diese Form der Bodenverwertungspolitik befürworten.

So kommt Landeswohnungsinspektor Gretzschel in der Praxis der Wohnungsreform[2]) zu ziemlich ähnlichen Ergebnissen, wie sie oben entwickelt wurden: „Den dauernden, rentenlosen Besitz größerer Geländeflächen kann keine Gemeinde vertragen und es wäre auch sinnlos. Die Gemeinden sind also wohl oder übel gezwungen, ihr Gelände zu veräußern. Und das ist auch ganz unbedenklich". Auch Beigeordneter Schmid (Essen) hat in seinem Vortrag: „Ein modernes Stadt-

---

[1]) Deutsche Vierteljahrsschrift f. öffentl. Gesundheitspflege, 44. Bd. 1912, S. 657.

[2]) Darmstadt, Alex. Koch, 1912, S. 43.

gebilde — die Industrie- und Wohnstadt" auf dem Düsseldorfer Kongreß für Städtewesen 1912 an dem Beispiel der wegen ihrer bau- und bodenpolitischen Erfolge viel beachteten Stadt Essen entwickelt, daß die städtische Bodenpolitik dort durchaus kaufmännisch und praktisch betrieben wird und gleichwohl in hohem Maße dem Allgemeinwohl dient. So werde durch den Ausbau ganzer Stadtteile aus besonderen Baukassen, die von der Grundstücksverwaltung getragen werden, der Anbau und die Auswahl hübsch und gesund gelegener Baustellen möglichst gefördert. Die Grundstückskasse habe bisher aus dem Gewinne der angrenzenden Grundstücke die Kosten der ausgedehnten Grünanlagen getragen und außerdem noch die Hälfte der Straßenkosten übernommen, welche nach dem Gesetz von den Anliegern längs dieser Grünanlagen zu tragen sind, während der private Anlieger die andere Hälfte der Straßenbaukosten trug. Diese Anlagen hätten also den Etat nicht belastet und der ausgedehnte städtische Grundbesitz habe es auch ermöglicht, daß in dem Bebauungsplan die öffentlichen Gebäude an die dazu ausersehenen Stellen kommen.

Es fehlt allerdings nicht an Stimmen, die auch heute noch an der früheren Auffassung festhalten. So bemerkt Stübben [1] in einer Besprechung meines Buches „Bodenfrage und Bodenpolitik" zu dieser von mir dort vertretenen Verwertungsform des städtischen Grundbesitzes, es sei bedauerlich, daß die Aufgaben, welche ich in bezug auf die kommunale Bodenpolitik den Gemeinden zuweise, sich nicht wesentlich von dem Verfahren der privaten Bodengesellschaften unterscheiden. Seines Erachtens sei die Übermacht, welche die Gemeinde durch den Ankauf umfangreicher Bauländereien über die Privattätigkeit erlange, nur dann gerechtfertigt, wenn sie die Verwertung des Bodens zu Bebauungszwecken im sozialen Sinne betreibe.

Wie ersichtlich, kommt die Meinungsverschiedenheit darauf hinaus, was man unter „sozialer" Bodenpolitik, das soll in diesem Sinne doch heißen einer im Sinne des Allgemeinwohls betriebenen „gemeinnützigen" Bodenpolitik, zu verstehen habe. Meines Erachtens sucht man auch hier die Gemeinnützigkeit vielfach in sehr einseitigem Sinne. Manche glauben, wenn eine Stadt sich bei der Verwertung ihres Grundbesitzes vom Streben nach Gewinn und kaufmännischen Gesichtspunkten leiten lasse, so sei dadurch ihre Bodenpolitik schon eo ipso das Gegenteil von „gemeinnützig". Demgegenüber erscheint es wichtiger, zum mindesten praktischer, den gemeinnützigen Charakter vor allem in den Leistungen, dem tatsächlichen Erfolg für die Allgemeinheit zu suchen. Wenn also eine Stadt durch die oben skizzierte Bodenpolitik in die Lage versetzt wird, in den Stadterweiterungsgebieten eine Bebauung zu erzielen, die in weitgehender Weise den gesundheitlichen, sozialen und ästhetischen Interessen entspricht, wenn sie dadurch außerdem noch zu einer Bereicherung der städtischen Finanzen und entsprechender Schonung der Steuerkraft ihrer Einwohner gelangt, so verdient eine solche Bodenpolitik sicher das Prädikat „gemeinnützig" weit mehr als eine solche, bei der die Stadt aus „sozialen" Rücksichten und Angst vor der schädlichen Wirkung der Bodenspekulation jedweden Verkauf ihrer Grundstücke unterläßt, so mit der Zeit enorme Kapitalien oft jahrzehntelang unverzinst liegen läßt und außerdem den

---

[1] Zentralblatt der Bauverwaltung. Jahrg. 32, Nr. 5, S. 28.

Grundstückmarkt durch die Zurückhaltung und Ausschließung dieser Ländereien immer mehr lahm legt.

Die Frage scheint mir bedeutsam genug, um sie an einem der Praxis entnommenen Beispiel zu beleuchten. In einer Versammlung der Frankfurter Stadtverordneten im Januar 1912 sprach der Stadtverordnete Dr. Heilbrunn über die Ergebnisse der dortigen städtischen Bodenpolitik. Er äußerte dazu unter anderem[1]):

„Der wunde Punkt ist die Straßenneubaukasse und die Spezialkasse für Grundbesitz. Hier die Zahlen für 1912: Die Spezialkasse hat Mk. 846 000 Einnahmen, denen 3 Millionen Ausgaben gegenüberstehen. Das Defizit von 2 Millionen muß aus Anleihen bestritten werden. Diese Schuldenwirtschaft auf Separatkonto wird immer unhaltbarer, weil sie die Wirklichkeit verschleiert." . . . . „Ein Mitglied der Stadtkämmerei hat kürzlich in einem sehr interessanten Vortrag gesagt, der Endzweck der städtischen Grundstückspolitik müsse sein, zu verkaufen und anzukaufen und die Bautätigkeit in Fluß zu halten; das spekulative Zuwarten sei gefährlich, denn die Zinsen fressen den Gewinn." . . . . „Man kann der Behörde den Vorwurf nicht ersparen, daß sie zu wenig nach kaufmännischen Grundsätzen arbeite. Der Betrieb einer Behörde ist ohnedies durch allerhand Hemmungen erschwert, während Privatpersonen oft in wenigen Stunden einig werden können." . . . . „Die Folge all dieser Verhältnisse ist, daß der Verkauf des städtischen Grundbesitzes sich sehr schleppend vollzieht und daß eine Stagnation auf dem Grundstückmarkt eingetreten ist, die ihre Rückwirkung auch auf die Steuereinnahmen ausübt."

„Abhilfe kann natürlich nicht mit einem Mal geschaffen werden. Wir können nicht große Terrains auf den Markt werfen und Gelände um jeden Preis verkaufen. Aber wir müssen einen neuen Weg einschlagen, auf dem sich die finanzpolitischen mit den sozialpolitischen Bestrebungen treffen. In der Theorie hatte man von der kommunalen Grundstückspolitik alle möglichen Wunder erwartet. Man glaubte, die Spekulation vernichten und der Gemeinde die Preisdiktatur auf dem Grundstückmarkt sichern und damit die Wohnungsfrage lösen zu können. In der Praxis ist das gerade Gegenteil eingetreten. Es ist eine Stagnation auf dem Grundstückmarkt erfolgt und die Preise sind höher denn je. So kommt es, daß wir auf der einen Seite im Überfluß an Grundbesitz ersticken, während wir auf der andern Seite in Wohnungsnot verdursten . . . ."

„Die wichtigste der sozialpolitischen Aufgaben scheint uns die Wohnungsfrage zu sein. Hier muß man den Mut finden, im gegebenen Augenblick theoretische Irrtümer einzugestehen, und neue Wege einzuschlagen. Wir sind der Meinung, daß die Gegenwart nicht aufgeopfert werden darf für die Zukunft. Wir haben uns redlich um die Aussaat bemüht, jetzt muß allmählich auch die Zeit der Ernte kommen, deren Früchte nicht nur der Steuerkraft zugute kommen, sondern vor allem auch der großen Masse des hart ringenden Volkes."

Die hier zitierten und den Ergebnissen der Praxis entnommenen Anschauungen eines in der praktischen Verwaltungstätigkeit stehenden Mannes decken sich in vielem mit den Darlegungen, wie ich sie, mehr von theoretischen Gesichtspunkten ausgehend, bereits in früheren Arbeiten[2]) entwickelt habe. Derartige Beobachtungen der Ergebnisse einer städtischen Bodenpolitik, wie sie hier für Frankfurt vorliegen, geben doch, selbst wenn man mit der Möglichkeit einer subjektiven Färbung der Kritik

---

[1]) Nach einem Berichte der Frankfurter Zeitung vom 5. Jan. 1912, Nr. 4, S. 3.
[2]) S. Bodenfrage und Bodenpolitik.

rechnet, Anlaß zu allerlei im übrigen keineswegs mehr nur auf diesen besonderen Einzelfall anzuwendenden Überlegungen und Zweifeln an der Richtigkeit der bisher meist befürworteten Bodenpolitik.

Hält eine Stadt ihre eigenen Terrains entweder völlig oder doch sehr vorsichtig und zögernd vom Verkauf zurück, oder verkauft sie dieselben nur unter so erschwerenden Bedingungen, daß die praktische Verwertbarkeit der Grundstücke leidet, so hat das zunächst große finanzielle Nachteile zur Folge. Durch die jährlichen, bei großem Besitz oft enormen Zinsverluste steigert sich entsprechend der Einstandspreis und der Buchwert der betreffenden Grundstücke. Außerdem geht die Steuerfähigkeit derselben, wie sie nach einem Verkauf einträte, völlig für die Stadt verloren. Aber man könnte immerhin der Meinung sein. daß diese Verluste durch eventuell bei späteren glücklichen Verkäufen zu erzielende Riesengewinne wieder ausgeglichen werden. Wie steht es aber weiter mit den Folgen für den spekulativen Umsatz des übrigen, privaten Grundbesitzes, also der Beeinflussung der „Bodenspekulation?" Meist wird behauptet, daß die Stadt durch ihren Grundbesitz eine preisregulierende Wirkung auf den Grundstückmarkt ausüben könne. Das scheint sich aber keineswegs immer zu bestätigen. Hält eine Stadt ihre Grundstücke völlig vom Verkauf zurück oder verkauft sie dieselben nur unter solchen Bedingungen, wie sie für die Mehrzahl der Reflektanten unannehmbar erscheinen, so scheidet ihr Grundbesitz praktisch aus dem städtischen, der privaten Terrainunternehmung zur Verfügung stehenden Gelände aus und kommt für die Mehrzahl der Käufer nicht in Betracht. Es wird dadurch also die Zahl der verfügbaren und jederzeit zu normalen Bedingungen käuflichen Grundstücke je nachdem erheblich reduziert und dadurch womöglich erst ein Monopol des in den Händen der privaten Spekulation befindlichen Grundbesitzes erzeugt. Ganz abgesehen von der dadurch ermöglichten Preissteigerung kann durch diese Zurückhaltung städtischer Terrains aber auch eine von privater Seite in Angriff genommene Geländeaufschließung und Stadterweiterung unnötig erschwert oder fast unmöglich gemacht und damit die Wohnungsproduktion auf den Außengeländen erheblich geschädigt werden. Gewiß kommt es ferner auch vor, daß eine Stadtverwaltung durch sehr zahlreiche Ankäufe in irgend einem Geländeteil selbst die Grundstückspreise in die Höhe treibt, indem die dortigen Grundbesitzer mit diesen städtischen Ankäufen rechnen und entsprechend höhere Preise fordern. Auch diese Gefahr wird um so größer, je zäher die Stadtverwaltung an ihrem eigenen Besitz festhält und je weniger sie bereit ist, eventuell auch mit geringem Nutzen wieder einzelne der erworbenen Grundstücke zu veräußern und so einem übertriebenen Ansteigen der Bodenwerte entgegenzutreten.

All das zeigt immer wieder. daß eine Stadtverwaltung, sofern sie sich in ausgedehntem Maße mit dem Ankauf und der Verwertung städtischer Terrains befassen will, bei diesem Geschäft nach den gleichen kaufmännischen Gesichtspunkten verfahren muß, wie eine gutorganisierte und rationell betriebene private Terraingesellschaft. Nur dann wird es ihr möglich sein, einen entsprechenden Anteil am Wertzuwachs des städtischen Geländes zu erzielen und so eine Verbesserung und nicht eine Schädigung der städtischen Finanzen zu bewirken. Da unter den gegenwärtigen Verhältnissen auch private Terraingesellschaften keineswegs so einfach und leicht große Gewinne mit ihrem Terraingeschäft erzielen, wird das im allgemeinen auch für die Städte nicht viel leichter sein. Gewiß hat sie manche Vorteile vor der privaten Terrainunternehmung voraus, dem steht aber die Schwerfälligkeit des ganzen Verwaltungsapparates und die Rücksichtnahme auf allerlei öffentliche Interessen gegenüber, die bei der privaten Terrainunternehmung fortfallen.

Auch die Rücksichtnahme auf die nicht zu entbehrende private Terrainunternehmung macht es den Städten zur Pflicht, bei ihren Terraingeschäften nach ähnlichen kaufmännischen Gesichtspunkten zu verfahren wie diese, um nicht den Vorwurf einer unlauteren Konkurrenz auf sich zu laden. Ohnehin wird ja darüber geklagt, daß man heutzutage zwar dem privaten Terrainunternehmer in jeder Weise das spekulative Zurückhalten von Bauland erschwere, daß die Städte selbst aber ungestraft eine derartiges Zurückhalten von Bauland jahrzehntelang in großem Stil betreiben dürfen. Manche mögen diese Gründe mit dem Hinweis entkräften, daß die Stadt eben gemeinnützig vorgehe, die private Terrainunternehmung nicht; aber auch abgesehen davon fallen die Fehler einer nicht kaufmännisch betriebenen Bodenverwertungspolitik in den meisten Fällen auf die Städte und ihre Finanzen selbst zurück und führen zu einem kläglichen Mißerfolg.

So soll man auch hier die Gemeinnützigkeit der städtischen Bodenverwertungspolitik vor allem in den Leistungen, in diesem Falle der Art und Weise, wie die in eigene Verwendung genommenen Grundstücke bebaut, zu Parkanlagen, Freiflächen etc. benutzt werden, erblicken und auf diese Weise mustergültige und für die private Unternehmung vorbildliche Anlagen schaffen. Wenn sich damit womöglich noch eine Bereicherung der städtischen Finanzen verbinden läßt, so ist das durchaus erfreulich.

Gewiß hat die befürwortete Bodenpolitik auch ihre Gefahren, aber diese liegen nicht in einem Mangel an Gemeinnützigkeit, vielmehr daran, daß umgekehrt unter Umständen das Interesse der Kommune, d. h. der Allgemeinheit in allzu rücksichtsloser Weise gegenüber den privaten Interessen der Grundbesitzer betont wird. Es liegt ja nahe, daß eine Stadtverwaltung ihre wirtschaftliche Übermacht auch einmal in dem Sinne benutzen könne, daß sie durch die Maßnahmen der Stadterweiterung etc. in erster Linie nur ihre eigenen Terrains erschließt und solche Terrains, die ihr unbequeme Konkurrenz machen können, von der Bebauung ausschließt. Auch die sog. „Vexierstreifen“ sind in der

Hand der Stadtverwaltung natürlich viel eher möglich als in privaten Händen, wo die Stadt ja jederzeit in der Lage ist, diesem Treiben ein Ende zu machen. So werden von privaten Terrainunternehmern auch des öfteren den städtischen Verwaltungen derartige Manipulationen vorgeworfen; ob mit Recht oder Unrecht, soll hier nicht geprüft werden. Es genügt, auf diese Gefahr eines allzu fiskalisch vorgehenden städtischen Grundstückgeschäftes hinzuweisen. Hier liegt ebenfalls eine Möglichkeit „gemeinnütziger" Betätigung für die Stadtverwaltung vor, indem sie sich die Berücksichtigung aller Interessen, also auch der der privaten Unternehmer und demnach strengste Unparteilichkeit bei ihren Stadterweiterungsmaßnahmen zur Pflicht macht. Man sollte glauben, daß das einer von redlichem Wollen getragenen Stadtverwaltung möglich sein müsse. Dabei darf man nie vergessen, daß jede dauernde Benachteiligung der privaten Unternehmung über kurz oder lang doch ungünstig auf die städtischen Wohnungsverhältnisse zurückwirken muß.

Dritter Abschnitt.

Die städtische Bodenpolitik und das private Unternehmertum.

Die Frage, wie sich die befürwortete städtische Bodenpolitik mit den Interessen der privaten Grundbesitzer vereinen läßt, wurde bereits im vorigen Abschnitt gestreift. Es ist gewiß richtig, daß bei jeder energisch und umfangreich betriebenen städtischen Bodenpolitik die Gefahr naheliegt, daß mit der Zeit der private Grundbesitz und die private Terrainunternehmung immer mehr in den Hintergrund gedrängt werden, und ebenso richtig, daß diese Begleiterscheinungen vermieden werden müssen. Denn selbst bei einem noch so weitgehenden Erwerb städtischen Bodens durch die Gemeinden fallen doch dem privaten Unternehmertum immer noch hochbedeutsame Aufgaben bezüglich der Erschließung und Verwertung der städtischen Terrains zu. Gerade im Interesse eines genügend großen Angebots an baureifem Land und entsprechenden Wohngelegenheiten erscheint es wichtig, in weitgehender Weise die private Unternehmung, insbesondere auch Terrain- und Baugesellschaften für die Erschließung der Außengelände zu interessieren.

Dazu ist allerdings erforderlich, daß die Stadtverwaltungen bei den Stadterweiterungsmaßnahmen in völlig unparteiischer Weise vorgehen und nicht ihren eigenen Besitz bevorzugen, des weiteren, daß auf dem Wege der übertriebenen steuerlichen Belastung des Grund- und Bodens nicht weiter fortgeschritten wird.

Siehe hierzu den stenographischen Bericht über die Protestversammlung am 25. Nov. 1912 in Berlin: „Die steuerliche Überlastung des deutschen Haus- und Grundbesitzes" (Schriften des Verbandes zum Schutze des Deutschen Grundbesitzes und Realkredits, Berlin, Heft Nr. 4), die Berichte über die ähnlichen Zwecken dienende Versammlung der Ortsgruppe Köln des deutschen Grundbesitzes und

Realkredits am 12. Jan. 1913 (Grundbesitz und Realkredit, 1913, Nr. 3, Beilage zu Nr. 13 des Tags). Niemand, der unbefangen das hier vorgebrachte Tatsachenmaterial prüft, wird sich der Überzeugung verschließen, daß es sich hier keineswegs nur um eine agitatorische Hetze gegen steuerliche Belastung von seiten der Interessenten handelt, sondern wirkliche Notstände diesen Abwehrprotest hervorgerufen haben.

Auch in der Landtagsverhandlung vom 18. Jan. 1913 ist gelegentlich der Interpellation über die Kreditnot des ländlichen und städtischen Grundbesitzes von Dr. Crüger - Hagen betont worden, daß die allgemeine Steuerpolitik dringend der Nachprüfung bedürfe, da sie eine einseitige Tendenz gegenüber dem städtischen Hausbesitz angenommen habe. Das habe auch der Allgemeinheit recht schweren Schaden zugefügt. Ähnliche Äußerungen von im öffentlichen Leben stehenden Personen ließen sich noch mehr anführen, die alle dartun, daß es sich hier um grundsätzlich bedeutsame Fragen und nicht um die Klagen von Steuerquerulanten handelt.

Ich habe schon früher[1]) darauf hingewiesen, daß man nicht vergessen dürfe, daß die Aufschließung des Baulandes, wie sie durch die Terraingesellschaften betrieben werde, eine für die Allgemeinheit wichtige und bedeutsame Aufgabe darstelle. Zu ähnlichen Ergebnissen kommt auch Dr. Conert in seiner Arbeit: Die sächsischen Terraingesellschaften und ihr Einfluß auf die Stadterweiterung, Leipzig 1911. Hier sagt er S. 134 von der Terrainspekulation, daß sie, so viele Fehler sie auch habe und so oft sie auch zum Schaden anderer ihre eigenen Vorteile suche, doch das eine für unser modernes Wirtschaftsleben überaus wichtige Ziel erreicht habe, nämlich den Boden zu schaffen, auf dem sich unser Wirtschaftsleben entwickeln könne. Dabei sei sie ohne Zaudern vorgegangen und habe damit das voraus, was eine öffentliche Stadterweiterung sich nie zu eigen machen könne, die Schnelligkeit des Entschlusses usw., Ausführungen, die sich in jeder Weise mit den auch von mir vertretenen decken.

Man könnte bei dieser Würdigung der Aufgaben und Leistungen der privaten Terrainunternehmung ruhig noch einen Schritt weiter gehen und versuchen, die Interessen der Terraingesellschaften noch mehr mit denen der Allgemeinheit in Einklang zu bringen. So habe ich an angegebener Stelle (a. a. O., S. 225) den Vorschlag gemacht, man könne daran denken, derartige Unternehmungen, soweit sie die Erschließung der Außenterrains, eventuell auch ihre Bebauung und selbst die Schaffung entsprechender Verkehrslinien in zweckdienlicher und den Interessen der Bevölkerung entgegenkommender Weise betreiben, als gemeinnützige aufzufassen; man solle ihnen von diesem Gesichtspunkte aus die Kapitalbeschaffung möglichst erleichtern, indem man ihnen den billigen Kredit der Städte zugänglich mache, natürlich auf vollkommen wirtschaftlicher Grundlage. Dafür könne man dann gewisse Gegenleistungen verlangen, z. B. weitgehendste Rücksichtnahme auf die Stadterweiterungspläne der betreffenden Verwaltung, Schaffung der

---

[1]) Bodenfrage und Bodenpolitik, 1911, S. 85.

Wohnformen, für welche besonderes Bedürfnis besteht usw. Ob es ratsam ist, die Höhe der Dividenden nach oben zu begrenzen, erscheint fraglich, um das private Kapital, auf das man angewiesen bleibt, nicht von der Beteiligung abzuschrecken. Weiterhin habe ich in Anregung gebracht, die Stadt könne sich bei solchen Gesellschaften durch besondere Abmachungen, vor allem durch Ankauf n.öglichst vieler Aktien einen Anteil am Gewinn und unter Umständen einen maßgebenden Einfluß in der Generalversammlung, beim Besitz von mehr als der Hälfte der Aktien die Majorität in derselben sichern. Auf diese Weise beteilige sich die Allgemeinheit am Gewinn der betreffenden Unternehmungen, ohne daß man die lähmende Wirkung, welche allzu hohe Wertzuwachs- und andere Steuern auf solche Unternehmungen ausüben, in Kauf nehmen müsse.

Es scheint mir bezeichnend für die Entwickelungstendenz, die sich auf dem besprochenen Gebiet vollzieht, daß in letzter Zeit mehrfach ähnliche Gedanken von führenden Persönlichkeiten in die Öffentlichkeit gelangten. So hat Ministerialdirektor Freund[1]) in einem Vortrag in der neugegründeten Akademie für kommunale Verwaltung (W. S. 1911/12) in ähnlicher Weise einem Zusammenwirken von Kommunen und Privatkapital das Wort geredet. Er zeigte am Beispiel des rheinisch-westfälischen Elektrizitätswerkes, wie wichtig es sei, daß bei derartigen großen, direkt das Allgemeinwohl berührenden Aktiengesellschaften die Kommune sich in den Besitz einer möglichst großen Zahl von Aktien setze. Da die Aktiengesellschaften auf dem System der Mehrheit der Aktienbesitzer aufgebaut sei, so könne die Mehrheit der Aktionäre in der Generalversammlung über die Zukunft des Unternehmens bestimmen. Es sei deshalb für die Kommune von größter Bedeutung, eventuell die Mehrheit der Aktien in Händen zu haben. Insbesondere befürwortete er die Bildung gemischter Unternehmungen, bei denen Kommune und Privatkapital derart organisch miteinander arbeiteten, daß die Kommune als Aktienbesitzerin zunächst einmal Sitz und Stimme im Aufsichtsrat und Vorstand bekomme, um die Beschlüsse auch dieser beiden Organe der Aktiengesellschaft kontrollieren zu können, und daß sie ferner das Recht erhalte, gegen die Beschlüsse eines dieser Organe oder des letzten Organs, der Generalversammlung, Einspruch zu erheben, wenn sie gegen das öffentliche Wohl gerichtet sind. Des weiteren betonte auch Freund, daß ein derartiges Zusammengehen des Privatkapitals und der Kommunen namentlich im Interesse einer gesunden Bodenpolitik bei Terraingesellschaften durchgeführt werden solle.

In der Schrift: „Die Wohnungsnot in Frankfurt a. M., ihre Ursachen und Abhilfe“[2]) stellt Amtsrichter Prigge ähnliche Gesichtspunkte für die Bebauung der Außengelände Frankfurts auf. Er befürwortet zur

---

[1]) Nach einem Bericht der Kölnischen Zeitung vom 11. Januar 1912.
[2]) Selbstverlag des sozialen Museums, Frankfurt a. M. 1912.

Hebung der Ansiedelung in den Vororten die Organisation einer Gesellschaft, die sich die Erstellung von Wohnungen für Arbeiter und kleinere Angestellte zur Aufgabe mache. Dieselbe könne sich nicht auf das Bauen allein beschränken, müsse vielmehr die Aufschließung von Bauland, die Parzellierung, die Bebauung, demnächst den Verkauf und schließlich die Vermittelung der Beleihung im großen betreiben. Bei derartigen Aufgaben könne eine kapitalkräftige Gesellschaft gegenüber dem bei Kleinunternehmern üblichen Aufschlusse wesentlich rationeller wirtschaften. Auch Prigge betont, daß das Ziel einer derartigen Gesellschaft, Wohnungen zu billigem Preis für Minderbemittelte zu schaffen, sie zu den gemeinnützigen stelle. Gleichwohl wäre es nicht richtig, die Gesellschaft in allem den auf gleichen Gebieten tätigen gemeinnützigen Gesellschaften nachzubilden, insbesondere die Dividende auf die sonst üblichen 4 % zu beschränken. Denn dadurch beschränke sich die Gesellschaft auf das Arbeiten mit dem sog. gemeinnützigen Kapital, d. h. dem ohne Rücksicht auf Verzinsung und teilweise à fond perdu gegebenen. Der Sache werde aber mehr gedient, je mehr Wohnungen erstellt werden; deshalb solle man dem privaten, auf gute Verzinsung angewiesenen Kapital nicht den Weg zur Beteiligung durch Beschränkung der Rentabilität verlegen. Vielmehr solle die Erzielung eines angemessenen Gewinns, verbunden mit Sicherheit und honoriger Geschäftsführung für das anlagesuchende Privatkapital ein Anreiz sein, sich einem in seinem Erfolge gemeinnützigen Unternehmen zuzuwenden.

Vierter Abschnitt.

Bodenreform und Wohnungsreform.

Unter den Wohnungsreformbestrebungen nimmt die Bodenreformbewegung eine so eigenartige Stellung ein und zählt einen so großen Kreis von Anhängern unter Angehörigen aller Stände, daß sie hier besonders behandelt werden muß. Der Bund deutscher Bodenreformer wurde im Jahre 1888 gegründet, 1898 übernahm Damaschke seine Führung. Ursprünglich strebte die Bodenreform wohl eine völlige Kommunalisierung des Grund und Bodens bzw. der Grundrente an. Später hat man eingesehen, daß die Ausführung dieses Gedankens, wenigstens in unsern alten Kulturländern, wo der Boden bereits so hohe Werte angenommen und entsprechend hypothekarisch belastet ist, eine völlige Utopie darstellt und will nur die „unsozialen Auswüchse des bestehenden deutschen Bodenrechts" bekämpfen. Gegenwärtig kleidet der Bund deutscher Bodenreformer sein Programm in die Worte: „Der Bund deutscher Bodenreformer tritt dafür ein, daß der Boden, diese Grundlage aller nationalen Existenz unter ein Recht gestellt werde, das seinen Gebrauch als Werk- und Wohnstätte befördert, das jeden Mißbrauch mit ihm ausschließt und das die Wertsteigerung, die er ohne die Arbeit des einzelnen erhält, möglichst dem Volksganzen nutzbar macht." Dabei zählt und wirbt der Bund Freunde in allen politischen Parteien.

Mit diesem Programm wird sich im allgemeinen jeder zufrieden geben und demselben zustimmen können, wenn man auch im besonderen über die Wertzuwachssteuer anderer Meinung sein kann. Zu den in diesem Programm vertretenen Ansichten wird sich sogar jeder bekennen, der das Wohnungswesen zu fördern bestrebt ist, auch solche Personen, welche nicht ausdrücklich dem Bunde der Bodenreformer angehören. Es sind das Anschauungen, wie sie die gesetzgebenden Körperschaften in Reich, Staat und Kommunen bezüglich der Bodenfrage und des Wohnungswesens schon lange eingenommen haben. Insofern ist nicht recht ersichtlich, warum man auf Grundlage dieses Programms, wenn man sich wirklich an seinen Wortlaut hält, noch immer von Bodenreform spricht. In dem Worte Reform liegt doch ausgedrückt, daß man etwas Neues und den jetzigen Zuständen in vielem Entgegengesetztes schaffen, eben „reformieren" wolle. Das Programm enthält aber keinerlei neue und von den allgemein anerkannten grundsätzlich abweichende Forderungen. So hielt ich mich schon früher[1] berechtigt, zu fragen, „was es dann für einen Zweck habe, in unserer ohnehin von politischen Leidenschaften durchwühlten Zeit einen neuen Streitpunkt dadurch zu schaffen, daß man im Bunde der Bodenreformer einen großen Teil der Bevölkerung zusammenfasse, ihn dadurch in ausgesprochenen Gegensatz zu der übrigen am Gemeinwohl und der Förderung des Wohnungswesens interessierten Bevölkerung setze und den Anschein erwecke, als wollten nur diese Bodenreformer der Bevölkerung gute und billige Wohngelegenheiten beschaffen, als brauche man nur die Forderungen der Bodenreformer zu erfüllen und alles würde schöner und besser werden".

„So lange die Bodenreform noch an ihrem ursprünglichen Programm festhielt, daß aller Grund und Boden verstaatlicht werden solle, hatte das Wort Reform noch eine Berechtigung. Mochte man über diese Bestrebungen denken wie man wollte, man war sich wenigstens klar darüber, inwiefern die Anhänger dieser Bewegung Reformen anstrebten und worin diese begründet waren. Nunmehr, da die Bodenreform all diese utopischen Ideen abgestreift und sich im wesentlichen zu den Ideen bekannt hat, die die andern Wohnungsreformer, wenn wir das Wort hier einmal beibehalten wollen, schon längst vertreten haben, hat der Name Bodenreform doch keine innere Berechtigung mehr."

Es war zu erwarten, daß diese Stellungnahme zur Bodenreform mir keine Schmeicheleien von seiten solcher Autoren, welche dieser Bewegung angehören oder nahestehen, eintragen werde, und auf lebhaften Widerspruch stoßen würden. So schrieb Dr. J. Albrecht[2]: „Aber sind denn die Sozialpolitiker, die mit ernsten und wohlüberlegten Forderungen den arbeitenden Klassen eine der kulturellen

---

[1] Bodenfrage und Bodenpolitik, 1911, S. 245 und ff.
[2] Techn. Gemeindeblatt, 5. Jan. 1912, S. 288.

Weiterentwickelung der anderen Bevölkerungsklassen entsprechende Hebung
materieller und geistiger Art zu schaffen trachten, Sozialisten, die gleichmachen
wollen, was nur ausgeglichen werden soll, die statt moderner Moral entsprechender
Überbrückung von Gegensätzen eine den Fortschritt hemmende Gleichmacherei
fordern?" und weiter führt er aus, ich scheine bei der Ablehnung der bodenreformerischen Maßnahmen zu vergessen, daß die „ruhigen Bodenreformer" mit diesen
keinen Umsturz herbeiführen wollen, sondern der Kleinwohnungsnot zu steuern
bestrebt sind. — Dieses edle Ziel streitet gewiß niemand der Bodenreform ab,
auch ich nicht, die Meinungsverschiedenheit besteht nur darüber, ob der dazu ein-
geschlagene Weg, die „Bodenreform", der richtige sei.

Auf der Tagung des 1. ostdeutschen Hausbesitzerkongresses
(Oktober 1912) wies der Vorsitzende der Ortsgruppe Posen des Boden-
reformbundes darauf hin[1]), daß man das Wesen der Bodenreform verkenne,
daß er die Bodenreform auffasse als einen Kampf gegen alle Mißstände im Bodenrecht und Wohnungswesen, nicht aber als eine
Bestrebung zur Verstaatlichung des Bodens oder der Bodenrente. Die
Bodenreformbewegung sei eine soziale, aber nicht eine sozialistische.

Diese Bemerkungen scheinen mir typisch für die Auffassung
vieler Bodenreformer; man wird ihnen auf das Wort glauben, daß sie
die Bestrebungen ihres Bundes in diesem Sinne beurteilen und sich über
die weiteren Konsequenzen der Bodenreformbewegung nicht klar sind,
und es liegt absolut kein Grund vor, auf die Förderung, welche unsere
Bestrebungen zur Verbesserung der Wohnverhältnisse durch solche
Personen erfahren, verzichten zu wollen; im Gegenteil wird man ihre
Mitarbeit gerne und freudig begrüßen. Es kann aber kaum bezweifelt
werden, daß andere Bodenreformer in den Mitteln, welche sie zu diesem
guten Zweck anwenden möchten, weit über den Rahmen ihres offiziellen
Programms hinausgehen wollen. Wertvolles Material zur Beurteilung
dieser extremeren bodenreformerischen Richtung liefern eine Reihe von
Aufsätzen, welche in dem Organ des am 1. April 1912 neugegründeten
Verbandes zum Schutze des deutschen Grundbesitzes und Realkredits[2])
veröffentlicht wurden, z. B.: Was ist Bodenreform?, von Dr. Schiele,
Bodenreform ist eingeschränkter Sozialismus (Nr. 22), Schule und
Bodenreform, von Dr. Görnaudt (Nr. 21), Unpolitisch?, von Dr. Gör-
naudt (Nr. 27), Wohin führt der Weg?, von Dr. Görnaudt (Nr. 28), usw.
Bezeichnend für die darin vertretene Auffassung der Bodenreform-
bewegung sind die folgenden Ausführungen van der Borghts in einem
Artikel: Nochmals Bodenreform und Lehrerschaft[3]): „Im Jahrbuch der
Bodenreform 1910 hat der Bodenreformer Kumpmann ausdrücklich
erklärt: „So lange man nicht mit dem Prinzip des Privateigentums bricht,
ist eben eine ganz befriedigende Lösung nicht zu erwarten" . . . . Hier
zeigt sich deutlich, daß, wenn auch von einem Teil der Bodenreformer

---

[1]) Grundbesitz und Realkredit, Nr. 31, 31. Oktober 1912.
[2]) Grundbesitz und Realkredit (Beilage zum „Tag"), auf welches sich die
angegebenen Nummern beziehen.
[3]) Tag, Nr. 272 vom 19. Nov. 1912.

nicht erkannt und nicht gewollt, doch die Verwirklichung der bodenreformerischen Lehren in den Sozialismus ausmünden muß.“ Ähnlich äußerte sich im Abgeordnetenhaus am 18. Januar 1913 Graf Spee (Ztr.): „Die Bodenreformer ziehen mit den Sozialdemokraten am selben Strang. Die von den Bodenreformern angestrebte Verstaatlichung der Grundrente ist durch und durch sozialdemokratisch.“

Mag man die Unterschiebung derart bodensozialistischer Tendenzen für eine Übertreibung halten oder nicht und annehmen, daß die Mehrzahl der Bodenreformer sich über diese Tendenzen selbst absolut nicht im klaren sind, so ist doch sicher, daß die bodenreformerische Propaganda gegen den „Bodenschacher“, i. e. die Terrainspekulation und die von ihnen geforderte Besteuerung des Bodens in weiten von ihnen beeinflußten Kreisen ein Vorurteil und eine Gehässigkeit gegen die Terrainunternehmung geschaffen haben, die nicht ohne Rückwirkung auch auf den „gesunden“ Terrainhandel und die Wohnungsproduktion bleiben konnte. Diesem „bodenreformerischen Geist“ ist zum Teil sicherlich die außerordentlich hohe steuerliche Belastung des städtischen und ländlichen Grundbesitzes zuzuschreiben, über deren nachteilige Folgen auch für das Wohnungswesen man sich jetzt immer mehr klar wird.

In diesem Sinne habe ich schon früher[1]) ausgeführt: „Man kann sicherlich nicht behaupten, daß das Grundstückgewerbe und das zugehörige Baugewerbe sich von seiten der Gesetzgebung, der städtischen Verwaltungen usw. einer guten Behandlung zu erfreuen gehabt hätte, im Gegenteil, man kann ohne Übertreibung sagen, daß vom gesamten Unternehmerstand gerade diese vielfach als Stiefkinder im wirtschaftlichen Leben behandelt werden. Das ist um so bedauerlicher, als sie doch für die Produktion eines der für die Gesundheit unseres Volkes wichtigsten und unentbehrlichsten Güter, der Wohnungen, das ausschlaggebende Moment darstellen. Zwar hat es durchaus nicht an Stimmen gefehlt, die für diese private Unternehmung eintraten, aber meist blieb es bei den Worten; in den Geist der städtischen Verwaltungen, der Mitglieder der Körperschaften und Kommissionen, die bei diesen Aufgaben der städtischen Verwaltungstätigkeit mitzureden haben, sind diese Anschauungen nicht gedrungen. Allzu tief wurzelt da das Mißtrauen gegen den Spekulanten, speziell den Bodenspekulanten, und so war man immer gerne bereit, in wohlmeinendster Absicht dem Grundbesitz und Grundstückgeschäft neue Lasten und Steuern aufzuhalsen. Diese sollten, wie man sagt, die „ungesunde“ Spekulation zurückdämmen und dadurch dem Wohnungswesen nützen. In Wirklichkeit haben sie alle, wie die Umsatzsteuer, die Steuer nach dem gemeinen Wert, die Wertzuwachssteuer etc. eine Erschwerung des gesamten Grundstückhandels mit sich gebracht, nicht nur der Tätigkeit der „ungesunden“ Spekulation, und damit eine Erschwerung und Verteuerung der Wohnungsproduktion. Und das ist doch gerade das, was man verhindern soll.“

„Gewiß mag es bei diesen Steuern gehen wie bei andern, nach einiger Zeit stellen sich die früheren Umsatzverhältnisse wieder her, aber erst dann, wenn es den Besitzern der betreffenden Ware, in diesem Falle der Grundstücke, gelungen ist, die Steuern auf das Publikum, d. h. die Mieter abzuwälzen. Die sind es, die dann schließlich die Steuern in Gestalt höherer Mieten zahlen müssen.“

---

[1]) Bodenfrage und Bodenpolitik. 1911, S. 80.

In ähnlicher Weise hat am 12. Jan. 1913 Professor Adolf Weber auf einer Protestversammlung gegen die steuerliche Überlastung des Haus- und Grundbesitzes in Köln[1]) über das Thema: „Die Steuerpläne der Bodenreformer, ein Hemmnis der Wohnungsreform" gesprochen. Er charakterisierte das Vorgehen der Bodenreformer an der Hand eines bekannten Ausspruchs: „Schelme und Betrüger braucht man nicht zu fürchten, über kurzem zeigen sie ihr wahres Gesicht; aber hüten müssen wir uns vor dem Rechtschaffenen, wenn ihn ein Wahn befangen hält. Er will das Beste, alle Welt glaubt ihm, aber unglücklicherweise irrt er sich in den Mitteln, die er zum Wohle der Menschheit anwenden möchte." Weiter erklärte er die Bodenreformbewegung als die zurzeit praktisch gefährlichste Reformbewegung, weil sie in sich inkonsequent und sozialpolitisch durchaus unzweckmäßig sei. Sie sei nichts anderes als ein inkonsequenter Sozialismus und trage einen antisozialen Charakter."

Nun ist gewiß zuzugeben, daß auch in solchen Kreisen des Volkes, die nichts von Bodenreform wissen wollen, eine durchaus falsche Auffassung der gemeinhin als „Bodenspekulation" gekennzeichneten, privaten Terrainunternehmung besteht, daß sich namentlich bei der besitzlosen oder wenigstens nicht am Grundbesitz selbst beteiligten Bevölkerung ganz übertriebene Vorstellungen von märchenhaften Gewinnen der Bodenspekulanten gebildet haben, die den Haß gegen den Grund- und Hausbesitzer erklären.

Aber man geht wohl nicht fehl in der Annahme, daß zu dieser Auffassung die Propaganda der Bodenreformer in hohem Maße beigetragen und für ihre Weiterverbreitung gesorgt hat. Wie muß es z. B. auf den Laien, der sich nie mit diesen Fragen befaßt hat, wirken, wenn auf der Düsseldorfer Städteausstellung 1912 auf den von der Bodenreform ausgestellten Tafeln unter Bezugnahme auf die Verhältnisse des Dortmunder Spar- und Bauvereins gezeigt wurde[2]), daß die Grunderwerbskosten vom Jahre 1893 bis zum Jahre 1906 um mehr als das Dreifache gestiegen sind, daß die durch höhere Baumaterialpreise und Arbeitslöhne entstandenen Mehrkosten ziffermäßig weit hinter den Beträgen zurückstehen, welche der Grunderwerb für den einzelnen Bauplatz in den letzten Jahren mehr verursacht hat als im Jahre 1893, wenn berechnet wird, daß ein Arbeiter in Dortmund als Mieter des Spar- und Bauvereins für die Verzinsung der in den letzten Jahren erworbenen Bauplätze jährlich fast den dreifachen Betrag der Staats- und Gemeindeeinkommensteuer in der Miete mehr aufzubringen hat als für die Verzinsung der im Jahre 1893 erworbenen Bauplätze, wenn darauf hingewiesen wird, daß für die Bauplätze im Jahre 1893 bereits ca. 25 000 Mk. für den Morgen zu zahlen waren, während er einen landwirtschaftlichen Wert von ca. 1000 Mk. hatte? Billigerweise müßte doch auch darauf hingewiesen werden, daß in der Zeit von 1893—1906 die Konjunktur- und Erwerbsverhältnisse in Dortmund sich außerordentlich gehoben haben, daß jetzt dort ganz andere Löhne gezahlt werden als 1893; es

---

[1]) S. Grundbesitz und Realkredit vom 16. Jan. 1913, Nr. 3.
[2]) S. auch: Die Bodenreform auf der Städteausstellung Düsseldorf, 1912, S. 26 ff.

müßte gefragt werden, ob denn der obige Arbeiter selbst Lust hätte, in einem Hause zu wohnen, welches weit außerhalb Dortmunds auf einem Boden stände, der noch zum landwirtschaftlichen Wert zu haben ist, selbst wenn er dort eine den geringeren Grunderwerbskosten entsprechend niedere Miete zu zahlen hätte. Es müßte überhaupt dem Laien, der diese Tafeln sieht, ein Begriff von der natürlichen Wertsteigerung des Bodens mitgegeben werden, es müßte ihm gezeigt werden, daß den höheren Grunderwerbskosten in Dortmund auch ein entsprechender Vorzug der Lage der dort errichteten Wohnungen entspricht, daß es die Bevölkerung selbst ist, welche in ihrem Wunsch dort zu wohnen und durch die gegenseitige Konkurrenz, welche sie sich um den Besitz dieses für sie wertvollen Bodens macht, die Mieten und damit die Bodenwerte in die Höhe treibt. All das unterbleibt aber, und so verläßt ein großer Teil der Ausstellungsbesucher diese Tafeln mit dem unbefriedigenden Gefühl, wie schön es wäre, wenn man nicht nur in der Stadt Dortmund, sondern überall auf Grund und Boden wohnen könnte, der noch zum landwirtschaftlichen Wert zu haben wäre, daß aber die bösen Grundspekulanten das unmöglich gemacht hätten. Und ihr Herz ist voll Dankbarkeit für die Bodenreformer, die sie von diesem Übel befreien wollen, und sie glauben gerne, daß dieselben sie auch wirklich davon befreien könnten, wenn man nur ihre Forderungen erfüllte.

Nun liegt mir nichts ferner, als den Bodenreformern irgendwelche absichtliche Irreführung der öffentlichen Meinung unterschieben zu wollen; jeder wird ihnen aufs Wort glauben, daß ihr Ziel die Besserung der Wohnverhältnisse, namentlich der unteren Einkommenklassen, also ein denkbar edles und gemeinnütziges ist, aber die Mittel, die sie zu diesem Zweck angewandt wissen wollen, sind, was die Bodenbesteuerung und die Bekämpfung der Spekulation anlangt, mehr als fraglich, zum mindesten theoretisch nicht bewiesen und praktisch nicht erprobt. Und ebenso liegt sicherlich vielen Bodenreformern nichts ferner als irgendwelche sozialistische, überhaupt politische Tendenzen. Warum aber, muß man dann weiter fragen, kommt das dann nicht auch in der Benennung des Bundes zum Ausdruck. Wenn es den Bodenreformern wirklich nur um die Besserung der Wohnverhältnisse zu tun ist, warum nennen sie sich nicht einfach Wohnungsreformer, Verein zur Besserung der Wohnverhältnisse? In ihrem Programm ist doch kaum mehr etwas enthalten, das den Namen Bodenreform rechtfertigt. Man braucht auch nur die erwähnte Propagandaschrift von der Düsseldorfer Ausstellung durchzusehen, um sich zu überzeugen, daß die Bodenreformer in vielen Bestrebungen durchaus mit den Wohnungsreformern und all den sonstigen Personen und Körperschaften, die an der Besserung der Wohnverhältnisse interessiert sind, übereinstimmen. Sicherlich hat ihre Propaganda auch viel Gutes in dem Sinne gewirkt, daß viele Personen dadurch überhaupt erst veranlaßt wurden, dem Problem der Wohnungs- und Kleinwohnungsfrage ihre Aufmerksamkeit zuzuwenden; diese günstige Seite der Bodenreformbewegung darf man keineswegs außer acht lassen.

Dieselbe käme aber in viel günstigerer und einwandfreierer Weise zur Geltung, wenn man sich entschlösse, das Wort Bodenreform fallen zu lassen. Mag das Programm lauten, wie es wolle, für jeden diesen Fragen etwas Fernerstehenden hat das Wort Bodenreform die ursprüngliche Bedeutung im Sinne einer völligen Verstaatlichung oder Kommunalisierung des Grund und Bodens oder zum mindesten der ganzen Grundrente. Je mehr die Bodenreform sich von diesem Gedanken entfernt, und das scheint nach dem jetzigen Wortlaut des Programms und den Äußerungen mancher Bodenreformer, die entschieden jede sozialistische Tendenz zurückweisen, doch immer mehr der Fall zu sein (s. a. die S. 264 zitierten Äußerungen von Dr. Strehlow in der mehrfach erwähnten Propagandaschrift), um so weniger Grund liegt vor, diese Benennung beizubehalten. Sicherlich würde die Bodenreformbewegung sich dadurch am ehesten und wirksamsten von den neuerdings von den verschiedensten Seiten gegen sie erhobenen Vorwurf bodensozialistischer Tendenzen frei machen können. Mit um so größerem Eifer und um so größerer Konzentration könnte sie sich dann ihrem neuerdings immer mehr betonten Ziel, der Verbesserung der Wohnungs- und Kleinwohnungsverhältnisse zuwenden, ohne Kraft und Zeit zur Zurückweisung der gegen sie, bzw. ihre bodensozialistischen Tendenzen gerichteten Angriffe zu verlieren. Für diesem Kampfe Fernerstehende hat ohnehin das gehässige und persönliche Moment, welches neuerdings in demselben mehrfach zum Ausdruck gekommen ist, etwas Abstoßendes und mit wissenschaftlicher Polemik kaum mehr Vereinbares.

Im übrigen will es mir scheinen, als ob von mancher Seite die Gefahr, welche dem Privateigentum im Grund und Boden und schließlich dann allem Privateigentum überhaupt von seiten der Bodenreform und ihrer „sozialistischen" Tendenzen drohe, mit allzu düsteren Farben geschildert werde. Wenn man in vorurteilsloser Weise verfolgt, wie die Bodenreformbewegung von ihren anfänglichen, zweifellos ausgesprochen sozialistischen, auf eine Verstaatlichung des gesamten Grund und Bodens hinzielenden Forderungen mehr und mehr gestrichen hat, wie sie in jedem neuen, von ihr veröffentlichtem Programm immer weniger von dieser ursprünglichen und utopischen Idee zum Ausdruck bringt, wie sie neuerdings immer mehr die Wohnungsreform als das Ziel ihrer Bestrebungen hinstellt, und die eigentliche Bodenreform zurücktreten läßt, ist die Annahme berechtigt, daß sie auf diesem Wege der „reformierten" Bodenreform fortschreiten und sich so mehr und mehr dem Standpunkt der übrigen Wohnungsreformer nähern wird. Es mag allerdings manchem Bodenreformer schwerfallen, einzusehen, daß die Ziele, wie sie jetzt vielfach als die ihrigen bezeichnet werden, von andern längst angestrebt wurden. So schreibt auch ein G. A. gezeichneter Referent[1]) in einer

---

[1]) Techn. Gemeindeblatt, Jahrg. XV, Nr. 21, S. 331.

Besprechung der Schrameierschen Schrift „Die deutsche Bodenreformbewegung": „Wer sie liest, wird freilich nicht das Bewußtsein haben, sofern sich seine Kenntnis nur aus Schriften der Bodenreformer herschreibt, daß es neben ihnen auch noch eine andere Richtung gegeben hat und gibt, die, ohne je von dem Boden der Wirklichkeit abgewichen zu sein, von vornherein das Erreichbare im Auge gehabt und mit Energie verfolgt hat; neben den Bodenreformern stehen die Wohnungsreformer, die mehr in der Stille, ohne die gewaltige Reklame und teilweise unangenehme Anmaßung der Bodenreformer gewirkt haben; diesen mag man es zugute halten, daß schließlich jede große Idee zu ihrer Verwirklichung neben der stillen Arbeit die Propaganda nötig hat."

Nicht zu verwechseln mit dem Bund Deutscher Bodenreformer ist der Deutsche Verein für Wohnungsreform. Sein Zweck wird in § 1 der Satzungen in folgender Weise angegeben: „Der am 25. Mai 1898 als Verein Reichs-Wohnungsgesetz gegründete Deutsche Verein für Wohnungsreform, eingetragener Verein, hat den Zweck durch wissenschaftliche Tätigkeit, durch Agitation, Schaffung und Förderung von Organisationen und durch andere geeignete Mittel auf eine durchgreifende Verbesserung der Wohnungs- und Ansiedelungsverhältnisse im ganzen Reiche hinzuwirken." Es verdient ausdrücklich hervorgehoben zu werden, daß in diesem Programm in keiner Weise etwas von Bodenreform und bodenreformerischen Ideen gesagt ist. Früher mag der Deutsche Verein für Wohnungsreform vielleicht diesen Ideen in manchem etwas näher gestanden haben als gegenwärtig. Wenigstens ist dem 1907 erschienenen, vom Deutschen Verein für Wohnungsreform herausgegebenen und von Dr. von Mangoldt, dem Generalsekretär dieses Vereins geschriebenen Buche: „Die städtische Bodenfrage" eine gewisse bodenreformerische Tendenz, wie sie unter anderm in der dort befürworteten Stadterweiterungstaxe, die auf eine völlige Konfiskation jeden Wertzuwachses hinauslaufen würde, der Befürwortung der öffentlichen Stadterweiterung etc. zum Ausdruck kam, wohl kaum abzusprechen. In neuerer Zeit hat der genannte Verein sich aber völlig von diesen Anschauungen emanzipiert, wie die Forderungen der Deutschen Wohnungsreformbewegung an die Gesetzgebung, welche auf der 2. Deutschen Wohnungskonferenz zu Frankfurt a. M. (9. Nov. 1912) aufgestellt und angenommen wurden[1]), zeigen. Hier ist von irgendwelchen bodenreformerischen Ideen nicht mehr die Rede, im Gegenteil zeigen die bereits S. 237 zitierten, dort vorgebrachten Ausführungen von Mangoldts, daß man mehr und mehr auch dort die Bedeutung der privaten Stadterweiterung und der privaten Unternehmung dabei würdigt und glaubt, auch auf dem Boden des bestehenden Systems der Stadterweiterung zu einer Verbesserung der Wohnungsverhältnisse gelangen zu können. Damit ist dann eine mittlere Linie

---

[1]) Herausgegeben vom Deutschen Verein für Wohnungsreform, Göttingen 1913.

geschaffen, auf der sich alle, welchen eine praktisch durchführbare Wohnungsreform am Herzen liegt, einigen können. Das zeigen auch die dort
angenommenen Vorschläge, über deren Bedeutung und Wirksamkeit
man gewiß im einzelnen abweichender Meinung sein kann, die aber kaum
Anlaß zu grundsätzlicher Gegnerschaft geben und in vielen Punkten
völlig mit den Forderungen übereinstimmen, wie ich sie hier und in früheren
Arbeiten begründet habe. Gerade diese Annäherung, welche sich gegenwärtig unter den früher so divergierenden Anschauungen der an der Lösung
der Wohnungsfrage, i. e. der Verbesserung der Wohnverhältnisse, interessierten Kreise vollzieht, ist eine der erfreulichsten Erscheinungen auf
diesem so heißumstrittenen Gebiete und berechtigt zu der Hoffnung,
daß sich nunmehr, wo über die Grundlagen des Vorgehens eine gewisse
Einigung erzielt ist, auch mehr und mehr praktische Erfolge erzielen
lassen.

Außer dem genannten Deutschen Verein für Wohnungsreform
haben noch zahlreiche andere Vereine und Verbände an der Lösung
der Wohnungsfrage mitgearbeitet und teilweise große Erfolge erzielt.
Es sind das unter anderm der Rheinische und der Westfälische
Verein zur Förderung des Kleinwohnungswesen, der Hessische
Zentralverein für Errichtung billiger Wohnungen, der Deutsche
und der Niederrheinische Verein für öffentliche Gesundheitspflege. Alle diese Körperschaften betreiben teils ausschließlich, teils
neben anderen Aufgaben die Besserung der Wohnverhältnisse, also
praktische Wohnungsreform, wenn man es so nennen will. Sie alle
haben sich in keiner Weise auf irgend ein theoretisch ausgeklügeltes
Reformprogramm, erst recht nicht auf irgend ein bodenreformerisches
Programm festgelegt, sondern von vornherein auf praktisch durchführbare Forderungen beschränkt und teilweise mit großem Erfolg
an ihrer Verwirklichung gearbeitet. Nicht vergessen darf man dabei
auch der vorbildlichen Wirkung, die sie durch ihre Bauten, oder die
Behandlung, die sie einzelnen bedeutsamen Fragen des Wohnungswesens — man denke z. B. an die Entwickelung des Bauordnungswesens
im Deutschen Verein für öffentliche Gesundheitspflege — angedeihen
ließen, ausgeübt und die Anregung und das Beispiel, das sie dadurch
weiteren Kreisen gegeben haben. Dabei stehen sie alle völlig auf dem
Boden der jetzigen Besitzverhältnisse, also des Privateigentums im
Grund und Boden, wie denn überhaupt die zweifellosen Fortschritte
des Städtebaues und des Wohnungswesens im letzten Jahrzehnt gezeigt
haben, daß sich das Allgemeinwohl durchaus mit den Interessen des
privaten Haus- und Grundbesitzes vereinigen läßt.

Man brauchte also keineswegs immer gleich von Reformbestrebungen, von
Wohnungsreform, Bodenreform usw. zu reden. Das, was sich von diesen Bestrebungen bewährt und in der Praxis eingeführt hat, stellt keineswegs wirkliche
Reformen im eigentlichen Sinne, also Abänderungen und Neuerungen grundlegender, vorher kaum dagewesener Natur dar, sondern die Ergebnisse ruhiger,
stetiger Fortentwickelung, unter völliger Anpassung an die in vieler Beziehung

veränderten Entwickelungsbedingungen städtischer Siedelungen und ihres Wohnungswesens. In diesem Sinne habe ich früher das Wort Wohnungsreform bekämpft, nicht aber die mit ihm bezeichneten Bestrebungen. Dieses Vorgehen ist aber so gedeutet worden, als wolle ich überhaupt von einer Verbesserung der Wohnverhältnisse nichts wissen, und stritte jedem dahinzielenden Versuch, eben den Reformbestrebungen, seine Berechtigung ab. Das ist natürlich eine Verdrehung des Sinnes, welchen ich meinen Ausführungen und der Bekämpfung des heute so viel ge- und mißbrauchten Wortes Reform unterlegte. Immerhin ist zuzugeben, daß das Wort sich einmal eingebürgert hat, kürzer und deshalb zweckmäßiger ist als die langgezogenen Verdeutschungen desselben, wie „Verbesserung der städtischen Wohnverhältnisse" und ähnliche, und deshalb kaum mehr zu umgehen ist. So habe auch ich mich hier, trotz meiner früheren Bekämpfung dieses Wortes, veranlaßt gesehen, dasselbe, dem allgemeinen Brauche folgend, zu verwenden, auch schon deshalb, um nicht wieder in den Verdacht zu geraten, als wolle ich keine Verbesserung der Wohnverhältnisse anstreben. Dadurch wird aber meine frühere Auffassung, „daß wir nicht Reformen brauchen, die alles Bestehende für falsch und unrichtig erklären, alles von Grund auf neu aufbauen wollen, sondern ruhige, stetige Weiterentwickelung", in keiner Weise geändert. Richtiger würde es mir allerdings erscheinen, die Wohnungsreformbestrebungen einfach den wohnungshygienischen Bestrebungen einzureihen, da sie doch weiter nichts darstellen als einen Teil der Bemühungen, zu einer hygienischen Gestaltung der Wohnverhältnisse zu gelangen. In dem Sinne sind auch in den Lehrbüchern der Wohnungshygiene, auf den wohnungshygienischen Kongressen etc. stets die Wohnungsreformbestrebungen, mag man sie sonst nennen, wie man will, mitbehandelt worden. Jedenfalls wäre das den Zweck der Bestrebungen kennzeichnende Wort „Wohnungshygiene" angebrachter als die gewaltsame Hervorhebung des Reformcharakters derselben.

Bei einer kritischen Würdigung der Fortschritte, welche gerade in letzter Zeit auf dem Gebiete des Wohnungswesens unserer Städte erzielt wurden, ist es übrigens gerecht und billig, des großen Einflusses zu gedenken, den unsere Technischen Hochschulen auf die Gestaltung der städtischen Siedelungen und ihrer Wohnverhältnisse ausgeübt haben. Es wird in Laienkreisen und auch in den Kreisen der sog. Wohnungsreformer wohl kaum genügend gewürdigt, welche Summe von Anregungen und fortschrittlichen Ideen hier von den Lehrern des Städtebaues, der bürgerlichen und landwirtschaftlichen Baukunde, der Bau- und Wohnungshygiene in ihren Vorlesungen und Schriften gegeben wurde. Dazu gesellen sich die seit vielen Jahren an den meisten Technischen Hochschulen abgehaltenen Ferienkurse und Seminare über Städtebau, Wohnungswesen, Bau- und Wohnungshygiene, kommunalpolitische Fragen etc., die alle die bedeutsamen Fragen des Wohnungswesens und Kleinwohnungswesens mitbehandelt haben. Die hier vermittelten Anregungen und Ideen haben um so größeren Einfluß auf die Praxis ausüben können, als die Hörer sich überwiegend aus in der staatlichen oder kommunalen Praxis stehenden Architekten, Ingenieuren und Verwaltungsbeamten zusammensetzten, welche dadurch in die Lage versetzt waren, die in den Kursen empfangenen Anregungen in die Praxis umzusetzen und dort den Verhältnissen entsprechend weiter zu entwickeln. Um diese Verhältnisse genügend würdigen zu können, braucht man sich nur zu erinnern, zu welcher Vollendung heutzutage die

Kunst und Wissenschaft des Städtebaues gediehen ist, überwiegend wohl auch dank der Tätigkeit berühmter, auf diesem Gebiet arbeitender und eine autoritative Stellung einnehmender Hochschullehrer. Dabei kommen die auf diesem Gebiet gemachten Fortschritte ohne weiteres auch dem Wohnungswesen der Städte zugute. Allerdings weiß das große, dem akademischen Leben fernstehende Publikum sehr wenig von der intensiven Arbeit, die hier auf diesen Gebieten, also auch auf dem der „Wohnungsreform", geleistet wird, schon deshalb, weil hier die bei manchen Boden- und Wohnungsreformern so beliebte Propaganda und das agitatorische Eintreten für die für richtig befundenen Ideen in der breiten Öffentlichkeit nicht üblich ist. So kann es kommen, daß sich das große Publikum und die genannten Boden- und Wohnungsreformer selbst, namentlich wenn sie sich nicht über den engen Kreis ihrer Vereinsschriften und Vereinsversammlungen hinaus mit der Wohnungsfrage befaßt haben, in dem Glauben wiegen, als seien alle die erzielten Fortschritte nur ihrer Aufklärungsarbeit und Propaganda zu verdanken; als seien überhaupt nur sie diejenigen, welche die Wohnverhältnisse bessern wollten und könnten. Solchen Selbsttäuschungen gegenüber mag hier einmal darauf hingewiesen werden, wo in letzter Linie die Anregungen und die Ursache der wirklich gemachten Fortschritte zu suchen sind.

Im übrigen soll hier noch besonders betont werden, daß die in vielen Städten zweifellos erzielten Fortschritte ohne eingreifende Änderungen der Bodenbesitzverhältnisse im bodenreformerischen Sinne bewirkt wurden. Was übrigens diese auf eine Reform der Bodenbesitzverhältnisse hinarbeitenden Bestrebungen der Bodenreformer anlangt, so ist in letzter Zeit in ihren Schriften eine merkwürdige Inkonsequenz zu konstatieren. So weist die erwähnte Propagandaschrift der Bodenreformer auf der Düsseldorfer Ausstellung S. 4 auf die Verhältnisse im rheinisch-westfälischen Industriegebiet hin, wo sich die kühnsten und hoffnungsreichsten Ansätze zur Besserung zeigten, erwähnt rühmend das vorbildliche Wirken der Riesenstadt Essen, während der für dessen bauliche Entwickelung vor allem verantwortliche Beigeordnete Schmid in seinem Düsseldorfer Vortrag (s. S. 267) schilderte, daß die dortige Bodenpolitik keineswegs in bodenreformerischem Sinne erfolgt; in der gleichen Schrift befürwortet Dr. Strehlow (s. S. 264) eine Bodenverwertungspolitik, die ebenfalls größtenteils nicht den früher von der Bodenreform allein gebilligten Grundsätzen entspricht. Es scheinen sich also auch da allmählich die entgegenstehenden Anschauungen auf einer mittleren Linie einigen und selbst die ursprünglich so extremen und abseits stehenden Bodenreformer den Forderungen der übrigen Wohnungsreformer anpassen zu wollen.

Man darf schließlich nicht vergessen, daß es mit der völligen Erhaltung des Privateigentums und Eigentumsrechts im Grund und Boden, wie sie von der der Bodenreform entgegengesetzten Richtung gefordert

wird, auch seine eigene Bewandtnis hat. Unsere gesamten Bauordnungen
und ortsstatutarischen Vorschriften stellen in ihrer Gesamtheit eine
teilweise außerordentlich weitgehende Einschränkung des Eigentumsrechts im Grund und Boden und seiner Nutznießung dar,
die auch hier befürwortete Form der städtischen Bodenpolitik wird immer
größere Geländeflächen teils vorübergehend, teils dauernd in kommunalen Besitz bringen, die gemischt-wirtschaftlichen Unternehmungen
führen, wenn sie vielleicht später einmal auf die Terraingesellschaften
ausgedehnt werden, ebenfalls zu einer Einschränkung des privaten
Grundbesitzes. kurz, unsere ganze städtische Entwickelung läuft zurzeit darauf hinaus. einerseits zwar das Interesse der privaten Grundbesitzer zu wahren. anderseits aber durch Bauordnung und Bebauungsplan denselben weitgehende Beschränkungen im Interesse der Allgemeinheit aufzuerlegen. Man könnte darüber streiten, ob es nicht ein Spiel
mit Worten sei. bei einer auf diese Weise oft denkbar weitgehenden Beschränkung der freien Verfügungsgewalt und Nutznießung eines Besitzes
noch von freiem und uneingeschränktem Privateigentum zu reden,
während man bei manchen gar nicht sehr viel weitergehenden Forderungen
der Bodenreformer gleich von einer Gefährdung und Vernichtung des
Privateigentums spricht. Die Gerechtigkeit verlangt, daß man auch da
in seinen Anklagen nicht allzu weit geht. Mag man im übrigen die durch
die baupolizeilichen Beschränkungen bewirkten Eingriffe in das Verfügungsrecht des Besitzers nennen wie man will, so viel ist sicher, daß
die Bauordnungen. im modernen Sinne angewandt und ausgebaut, den
Behörden ein völlig ausreichendes Mittel in die Hand geben, einer allzu
rücksichtslosen Betonung der Sonderinteressen der privaten Grundbesitzer. der Bodenspekulanten usw. entgegenzutreten. Um so mehr
können wir unter heutigen Verhältnissen auf noch weitergehende Beschränkungen des Privateigentums und besondere Formen des „Bodenrechts" verzichten. wie sie die völlige Kommunalisierung und Verstaatlichung des Bodens bedeuten würden.

Fünfter Abschnitt.

Erbbaurecht und Wiederkaufsrecht.

Bei der Besprechung der städtischen Bodenankaufs- und Bodenverwertungspolitik trat die Frage auf, wie die Städte, welche große
Teile des städtischen Bodens in ihren Besitz gebracht haben, dasjenige
Terrain, welches sie nicht zu eigenem Gebrauch benötigen, später verwerten
sollen. Entsprechend dem ganzen Gedankengang dieser Schrift, welcher
darauf hinausläuft. zu zeigen, daß die allgemein gültigen Wirtschafts-
gesetze sich bei entsprechendem Vorgehen der Stadtverwaltungen auch
auf den Boden anwenden lassen. kamen wir zu dem Schluß, daß es sich
im allgemeinen empfiehlt. denselben zu marktgängigen Preisen

mit entsprechendem Gewinn wieder zu verkaufen. Wenigstens könnte das unbedenklich überall da geschehen, wo man bestrebt ist, durch sachgemäße, die Bebauungsintensität entsprechend den hygienischen Anforderungen einerseits, den wirtschaftlichen Möglichkeiten anderseits regelnde Bauordnungen, durch entsprechende Pflege der Dezentralisation und Verkehrspolitik die unvermeidlichen Auswüchse der Bodenspekulation auf ein Minimum zu reduzieren.

Wenn man nun auch unter solchen Umständen keinen Nachteil in der befürworteten Bodenverkaufspolitik erblicken kann, im Gegenteil eine Reihe nicht unerheblicher Vorteile, so soll damit keineswegs gesagt sein, daß man nun nicht auch den Versuch machen könne, einen mehr oder weniger großen Teil des betreffenden Geländes in anderer Weise, wie sie mehr den Anschauungen der Bodenreformer entspricht, zu verwerten. Das Wesentliche dieser Maßnahmen läuft darauf hinaus, daß die Gemeinde einen dauernden Einfluß auf das einmal durch ihre Hand gegangene Terrain behalten soll. Damit will man vor allem verhindern, daß der Boden wieder der privaten Preistreiberei und der „Spekulation" ausgeliefert wird, und weiter der Gemeinde den späteren Wertzuwachs sichern. Als solche Veräußerungsformen kommen vor allem in Betracht die Hergabe des Landes in Erbpacht (Erbbaurecht) und das vorgemerkte Wiederkaufsrecht. Da viele von dieser Art der städtischen Grundbesitzverwertung eine völlige Umwälzung in den Bodenrecht- und Bodenbesitzverhältnissen und im Anschlusse daran eine weitgehende Bessergestaltung unserer Wohnverhältnisse nach englischem Beispiel erhoffen, wo der Boden öfters in Erbpacht vergeben wird, so wäre der Frage näherzutreten, wieweit diese Erwartungen berechtigt erscheinen.

Bei der Verwertung des Bodens auf Grund des Erbbaurechtes wird bekanntlich der Boden nicht in der üblichen Weise mit definitiver Eigentumsübertragung verkauft, sondern dem Erbpächter nur seine Benützung gegen einen jährlichen Pacht- oder Erbbauzins für eine bestimmte Reihe von Jahren, meist 99, aber auch nur 70, 60 und noch weniger, übertragen. Während dieser Zeit steht dem Erbpächter das Nutzungsrecht am Boden zu, insbesondere darf er auf demselben ein Bauwerk, Haus etc. errichten; auch ist dieses Recht veräußerlich und vererblich. Ist die vereinbarte Frist, die Erbbaufrist abgelaufen, so fällt der Boden mitsamt den darauf errichteten Gebäuden an den Grundeigentümer (oder seine Erben) zurück.

Ist der Wert des Bodens inzwischen ein höherer geworden, so kann der Boden zu entsprechend höherem Erbbauzins wieder von neuem in Erbpacht vergeben werden usw. Der Grundeigentümer oder seine Erben bleiben also auf diese Weise dauernd im Besitz des Bodens und im Genuß der steigenden Grundrente, wenn auch die Steigerung in entsprechend großen Zeitintervallen auftritt.

Bei der Beurteilung dieser Verwertung des Bodens auf Grund des Erbbaurechts kommt es vor allem darauf an, was man damit erreichen will. Sehr häufig findet man den Hinweis, daß dadurch der Boden dauernd der spekulativen Preistreiberei entzogen werde und damit das ursächlichste Moment für die andauernde Steigerung der Bodenwerte fortfalle. Es ist das die Anschauung derer, welche in der Spekulation die wesentlichste Ursache der Bodenwertsteigerung erblicken. Sie folgern dann weiter, daß auf diese Weise der Boden immer seinen niederen Wert behalten könne und es infolgedessen immer möglich sein werde, billige Wohnungen auf ihm zu errichten. Hier läuft der Trugschluß unter, daß der Wert des Bodens durch die Bodenbesitzverhältnisse bedingt werde, nicht durch seinen wirklichen inneren und reellen Wert. Auch bei Hergabe des Bodens im Erbbau erfährt derselbe eine Wertsteigerung, wenn etwa die ganze Stadtgegend, in der das Grundstück liegt, sich hebt, die ganze Lage eine bessere und begehrtere wird. Allerdings kann diese Wertsteigerung für den Grundeigentümer erst nach Ablauf der Erbbaufrist in einem höheren Bodenpreis oder entsprechend höherem Erbbauzins in Erscheinung treten, dann aber auch gleich um einen entsprechend höheren Betrag. Nun könnte gewiß der Grundeigentümer, also z. B. auch eine Kommune, auch in diesem Fall mit dem neuen Erbpächter den gleichen Erbbauzins vereinbaren, also freiwillig auf die höheren Einnahmen verzichten. Der private Grundbesitzer wird das nie tun: der Fall wäre höchstens denkbar bei einer Kommune oder gemeinnützigen Genossenschaft, Gartenstadtgesellschaft etc., die den Boden ihren Mitgliedern oder Mietern für ewige Zeiten zum gleichen Wert in Rechnung setzen will. Aber auch hier würde ein derartiges Verfahren gegen die elementarsten Grundsätze einer vernünftigen Bodenverwertungspolitik verstoßen. Nehmen wir einmal an, der betreffende Boden wäre nach Ablauf der Erbbaufrist wirklich wertvoller geworden, d. h. biete den auf demselben wohnenden Personen infolge der inzwischen eingetretenen Vergrößerung und wirtschaftlichen Weiterentwickelung der zugehörigen Stadt, günstigerer Verkehrsverhältnisse etc. erheblich größere Vorteile und Annehmlichkeiten als früher. In einem solchen Fall wäre das Festhalten an dem früheren niederen Erbbauzins ein unverdientes Geschenk an die zufälligen, glücklichen Benutzer desselben; viel richtiger wäre es in diesem Fall, die Höhe des Erbbauzinses nach der inzwischen eingetretenen Wertsteigerung des Bodens zu bemessen und den erzielten Wertzuwachs lieber in dem Sinne zu verwenden, daß die betreffende Gesellschaft weiter draußen auf noch weniger wertvollem Gelände neue Wohnungen zu entsprechend niederem Preis erstellt. Die Vergebung des Bodens im Erbbau kann also die Wertsteigerung desselben nicht hintanhalten, wenn es auch gewiß möglich ist, dieselbe künstlich zu unterdrücken oder nicht in Erscheinung treten zu lassen.

Wesentlich anders muß das Erbbaurecht beurteilt werden, wenn dasselbe in der Absicht verwandt wird, dem Grundeigentümer den späteren Wertzuwachs in Gestalt eines entsprechend höheren Erbbauzinses oder bei späterem freihändigen Verkauf eines entsprechenden Verkaufspreises zu sichern. Das läßt sich mit demselben natürlich unter allen Umständen erreichen, und insofern empfiehlt sich dasselbe gewiß gerade auch für die Verwertung kommunalen Grundbesitzes; immer unter der zurzeit allerdings meist noch nicht zutreffenden Voraussetzung, daß das Publikum auch entsprechendes Interesse für diese Bodenbenutzungsform an den Tag legt.

Strehlow macht in seinem Aufsatze in der schon mehrfach erwähnten Schrift: „Die Bodenreform auf der Städteausstellung" (Düsseldorf 1912, S. 16) darauf aufmerksam, daß öfters große Flächen von Industriegelände, welche sich die Werke für spätere Vergrößerungen rechtzeitig gesichert haben, jahrzehntelang brach liegen und daß gerade da das Erbbaurecht die geeignetste Handhabe biete, um diesen Besitz bis zur endgültigen, eigenen Verwertung der Bebauung zuzuführen. Dieser Vorschlag ist gewiß sehr beachtenswert, nur müßten die Erbbaufristen aus naheliegenden Gründen sehr kurz bemessen sein. Strehlow bemerkt dazu, die Industrie könne sich im Erbbauvertrage die jederzeitige Ablösung gegen Ersatz des zeitlichen Bauwertes sichern. Gewiß kann sie das, was ihren Standpunkt und ihre Interessen anbelangt, es fragt sich nur auch hier wieder, ob sich unter diesen Bedingungen sehr viele Erbbaulustige finden werden. Der Vorteil des Erbbaues für den Erbpächter besteht doch darin, daß für ihn für eine möglichst lang bemessene Frist die in der Zwischenzeit eintretende Wertsteigerung des Bodens bedeutungslos bleibt. Im vorliegenden Fall muß er aber immer damit rechnen, daß ihm jederzeit auf Grund der Vertragsbestimmung der Erbpachtvertrag gekündigt werden kann, wenn auch unter völliger Schadloshaltung, und daß er dann wieder von neuem nach einem geeigneten, jetzt meist schon höher im Preise stehenden Grundstück Umschau halten muß.

Ähnlich wie bei den Industriewerken liegen vielfach auch die Verhältnisse bei den Kommunen. Auch hier gibt es, namentlich in den Außenbezirken, eine Reihe von Grundstücken, von denen sich schon jetzt auf Grund der Bebauungspläne und der voraussichtlichen Weiterentwickelung der Stadt annehmen läßt, daß sie später für städtische Zwecke (Gebäude, Straßen, Plätze, Freiflächen) Verwendung finden werden. Auch hier hat die Stadtverwaltung das größte Interesse daran, diese Grundstücke in der Zwischenzeit einerseits nicht brach und unverzinst liegen, andererseits aber doch auch nur in einer Form benutzen zu lassen, welche ihr den späteren Wertzuwachs und das spätere freie Verfügungsrecht über diese Terrains sicherstellt. Zweifellos wäre auch hier das Erbbaurecht, womöglich mit kurz bemessenen Fristen oder unter ausdrücklichem Vorbehalt der jederzeitigen Ablösung eine sehr zweckmäßige und geeignete Verwertungsform, wenigstens, was die Interessen der Stadt anbelangt. Aber auch hier wird es schwer halten, unter solchen Bedingungen den Erbbau der städtischen Bevölkerung sympathisch zu machen. Bis jetzt wenigstens hat man vielerorts die Erfahrung gemacht, daß, abgesehen von ganz bestimmten Berufsklassen (städtische Beamte etc.), das Publikum wenig Interesse für den Erbbau zeigt, selbst dann nicht, wenn ihm dazu städtisches Gelände unter recht günstigen Bedingungen angeboten wird. Erst recht wird das der Fall sein, wenn unter den angegebenen Verhältnissen die Hauptvorteile der Erbpacht für das Publikum, nämlich die lange Pachtzeit und die Unkündbarkeit fortfallen.

Unter den besonderen, hier angedeuteten Verhältnissen, bei denen es sich also um die vorübergehende bauliche Verwertung von Industriegelände oder kommunalem Besitz handelt, verdient ein Vorschlag Beachtung, den Nußbaum [1]) kürzlich gemacht hat, indem er der Gründung von Wander - Gartenstädten im nächsten Umkreise der Großstädte das Wort redete. Die Mittel dazu bietet seiner Meinung nach der Bau fortbeweglicher Baracken, und zwar könnten Gruppen von drei, vier und mehr Eigenheimen in je einer Baracke zusammengefaßt werden; selbst an Reihenhäuser ließe sich denken. An angegebener Stelle gibt Nußbaum eine eingehende Darstellung, in welcher Weise sich die üblichen Barackenbauten, Holzhäuser etc. zu genannten Zwecken verwenden und verbessern ließen. Namentlich die verschiedenen Ausbildungen des „Holzhauses" würden sich recht gut dazu eignen. Nußbaum dachte bei seinem Vorschlag zunächst an die umfangreichen Gebiete im Umkreis großer Städte, die jetzt oft jahrelang völlig ungenutzt liegen, weil die Besitzer mit der Möglichkeit eines jederzeitigen Verkaufs als Baustelle rechnen und deshalb die Grundstücke nicht mehr landwirtschaftlich bebauen lassen. Infolge unvorherzusehender Zufälligkeiten kann sich ein solcher Verkauf aber noch um Jahre, selbst Jahrzehnte hinausschieben, und so lange bleiben die Grundstücke dann völlig ohne Ertrag, werden aber zu Steuern und Abgaben herangezogen. Auf solchem Gelände will Nußbaum die Wander-Gartenstädte unterbringen; bei späterer definitiver Benutzung der betreffenden Terrains sollen dieselben aber nicht verschwinden, sondern immer weiter nach außen auf Grundstücke ähnlicher Beschaffenheit hinausgeschoben werden und so ständig an der jeweiligen unmittelbaren Grenze des Stadtumfanges bestehen bleiben. Diese Verwendungsart brach liegender späterer Bauterrains würde sich ganz besonders gut für solch städtisches und industrielles Gelände eignen, welches wegen der Unberechenbarkeit seiner endgültigen Verwendung aus vorher genannten Gründen nicht gut in Erbbau vergeben werden kann. Im übrigen bleibt abzuwarten, ob sich die Vorschläge Nußbaums in der Praxis bewähren und es gelingt, eine genügende Zahl von Mietern für derartige Wander-Gartenstädte zu gewinnen. Im allgemeinen dürfte das, entsprechende Ausführung der Baracken-

---

[1]) Ein Vorschlag zur Gründung von Wander-Gartenstädten im nächsten Umkreis der Großstädte, Gesundheits-Ingenieur, 36. Jahrg., 1913, Nr. 15. S. 277.

bauten und günstige Mietbedingungen vorausgesetzt, nicht allzu schwer fallen.

Dagegen stößt die weitere Verbreitung des Erbbaurechts bei uns aus allerlei Gründen noch immer auf große Schwierigkeiten, und müssen besondere Mittel angewandt werden, um seine Einführung zu erleichtern. So haben z. B. manche Städte versucht, das Erbbaurecht dem Publikum dadurch sympathischer zu machen, daß sie den Baulustigen gleichzeitig öffentliche Mittel als Baugeld zu vorteilhaften Bedingungen gewährten. So ist z. B. in Frankfurt a. M. eine städtische Hypothekenbank errichtet worden, welche zur Herstellung der Häuser Baugeld bis zu 90 % mit 3½ % Verzinsung gewährt.

Gleichwohl ist es erklärlich, daß der Gedanke, sich ein Haus zu bauen, wobei der Boden kein persönliches Eigentum ist und das Haus später mit dem Grund und Boden zurückgegeben werden muß, den meisten Personen, welche ein Eigenheim anstreben, wenig verlockend erscheint. Um so weniger, je mehr eigenes Kapital sie besitzen und je mehr die Beschaffung auch der zweiten Hypothek durch besondere städtische Hypothekenbanken erleichtert wird. In diesem Sinne haben sich in letzter Zeit eine ganze Reihe von Städten betätigt. Dadurch wird es mit der Zeit auch dem kleinen und mittleren Bürgerstand ermöglicht werden, sich ohne erhebliche eigene Kapitalien in den Besitz eines eigenen Häuschens zu setzen, und um so weniger werden die betreffenden Personen dann Lust haben, zum Erbbausystem zu greifen. Begünstigend wirkt auch da sicher wieder eine entsprechende Pflege der Dezentralisationsbestrebungen und das dadurch bewirkte Angebot relativ billigen Geländes in der Umgebung der Städte.

Man darf nicht vergessen, daß auch für den soliden Baulustigen der Gedanke eines eventuellen Wertzuwachses, dem das bebaute Grundstück mit der Zeit voraussichtlich entgegengeht, etwas sehr Verlockendes hat. Es ist das eine Zukunftschance, die er sich gerne offen hält, auf die er aber beim Erbbau verzichten muß.

Wollte man also trotz alledem das Erbbaurecht dem großen Publikum begehrenswert gestalten, so müßte man schon Bedingungen gewähren, welche dem Erbbauberechtigten außerordentliche Vorteile einräumen, dafür aber auch das Prinzip einer Verwertung nach wirtschaftlichen Grundsätzen ganz außer acht lassen. Auf diese Weise würde man dem Erbpächter also ein völlig unverdientes Geschenk machen, indem man ihm den Grund und Boden zu einem billigeren Erbbauzins überläßt als man eigentlich zu fordern berechtigt wäre. In einzelnen Fällen, sofern es sich um besondere Berufsklassen, wie z. B. städtische Beamte etc. handelt, mag das noch angehen, im allgemeinen und auf weitere Kreise angewandt, würde es aber zu einer außerordentlichen finanziellen Belastung der Städte führen und hat auch prinzipielle Bedenken gegen sich, da die Städte nicht das Recht haben, auf Kosten der Allgemeinheit, d. h. der Steuerzahler, einzelnen Personen, die oft nicht einmal besonders bedürftig sind, Unterstützungen in Gestalt zu billig berechneter Wohnungen oder Baugrundstücke zu gewähren.

So wie die Verhältnisse zurzeit liegen, besteht demnach wenig Aussicht, daß die weitgehenden Hoffnungen, welche man von seiten mancher Boden- und Wohnungsreformer in Deutschland an das Erbbaurecht knüpft, in Erfüllung gehen. Damit soll natürlich keineswegs gesagt sein, daß man nicht weitere Versuche in dieser Richtung anstellen solle. Viele glauben ja, daß es mit der Zeit doch gelingen werde, auch bei uns in Deutschland das Publikum an das Erbbaurecht zu gewöhnen, wenn dasselbe seine Vorteile erst einmal näher kennen und würdigen gelernt habe, insbesondere den Umstand, daß man beim Erbbau keinen Kapital- oder Kreditaufwand für den Boden nötig hat, vielmehr nur alljährlich den sich stets gleich bleibenden Erbbauzins zu entrichten braucht; ähnlich wie ja auch in England das Baugewerbe selbst aus diesem Grunde die Form der Lease-hold vorzieht, selbst dann, wenn der Boden als Free-hold erhältlich ist. Es fragt sich nur, ob diese Vorteile, welche zum Teil durch eine erleichterte Kreditgewährung für kleine und mittlere Wohnungsbauten wieder überflüssig werden, hinreichend sind, die mannigfachen Mängel des Erbbaurechts zu kompensieren.

Zurzeit stehen einer weiteren Verbreitung des Erbbaurechts auch noch die Rechtsunsicherheit und Schwierigkeiten, welche sich bei seiner Beleihung ergeben, im Wege. Es hat deshalb nicht an Vorschlägen zur Lösung dieses Problems gefehlt. So führt Pesl[1]) aus, daß sich die Zurückhaltung der Banken bei der Beleihung des Erbbaurechtes sehr leicht erkläre, weil für das Darlehen das Recht und nicht das Grundstück hafte; in den meisten Verträgen sei aber dem Erbbaurechtsgeber das Recht gegeben, bei der geringfügigsten Vertragsverletzung das Erbbaurecht aufzuheben, und das genüge völlig, das Erbbaurecht als ein zweifelhaftes Wertobjekt anzusehen. Selbstverständlich könne das Darlehen auch nur in Form einer Amortisationshypothek gegeben werden mit dem Rechte des Erbbaunehmers, jederzeit auch größere Beträge als bloß die Tilgungsquoten zurückzuzahlen. Unter allen Umständen müsse aber die völlige Tilgung vor Beendigung des Erbbaurechts erfolgt sein.

Pesl scheint anzunehmen, daß die Besitzer von Kleinhäusern und besonders Eigenhäusern im allgemeinen das Bestreben haben, die auf dem Hause lastenden Schulden zu beseitigen. Für die meisten Fälle trifft das aber wohl kaum zu. Gerade die für das Erbbaurecht besonders in Betracht kommenden Beamtenkategorien sind meist auf ein relativ geringes Jahreseinkommen angewiesen, welches eben zur Deckung ihrer Auslagen hinreicht und nicht außerdem noch die Rückzahlung der jährlichen Tilgungsquote gestattet. Außerdem haben die meisten auch gar kein besonderes Interesse daran, ihr Haus schuldenfrei zu be-

---

1) A. a. O., S. 259.

kommen, weil Erbbauzins samt Hypothekenzinsen zusammen ungefähr dem entsprechen, was andere für ihre Wohnungsmiete auszugeben pflegen, eher meist einen geringeren Betrag ausmachen und deshalb nicht als besonders drückend empfunden werden. So hat z. B. auch der Oberbürgermeister von Dresden, Dr. Beutler, erklärt[1]), daß sich in Dresden die Vergebung des städtischen Grund und Bodens im Wege des Erbbaurechts bisher nicht als ausführbar erwiesen habe, weil Versuche dieser Art an der Schwierigkeit der Beschaffung des Hypothekenkredits gescheitert seien. Dieses Scheitern sei weniger auf einen Mangel an Angebot, als vielmehr auf die bemerkenswerte Abneigung der Darlehensnehmer gegen Amortisationshypotheken, welche bei der Beleihung des Erbbaurechts allein in Betracht kämen, zurückzuführen. Diese Ablehnung der Tilgungshypotheken, die allerdings eine beträchtliche Last für den Grundstückseigentümer bedeuten könnten, ließe sich nicht nur beim städtischen Eigentümer, sondern fast noch mehr beim ländlichen feststellen.

Wenn trotz dieser an den verschiedensten Orten der weiteren Verbreitung des Erbbaues sich entgegenstellenden Schwierigkeiten immer noch so viele Wohnungsreformer in der Hergabe des Bodens in Erbbau die alleinseligmachende Bodenverwertungsform erblicken, und von ihr eine weitgehende Besserung der Wohnverhältnisse erwarten, so kann das nur darin liegen, daß sie in ganz einseitiger Weise nur die Vorteile des Erbbaues für den Grundeigentümer oder die Kommune (die „Allgemeinheit") ins Auge fassen und ganz außer acht lassen, daß seine Einführung vor allem davon abhängt, ob dasselbe der großen Masse der Wohnungssuchenden angenehm und erwünscht erscheint. Davon scheinen wir zurzeit aber noch weit entfernt zu sein. Viele befürworten den Erbbau aber auch deshalb, weil sie noch immer der Meinung sind, daß die Bodenspekulation die Ursache der hohen städtischen Bodenwerte sei und durch die Hergabe des Bodens in Erbpacht dieselbe ausgeschaltet werde. Daß diese Meinung irrig sei, wurde in Übereinstimmung mit vielen anderen Autoren an den verschiedensten Stellen dieses Buches nachzuweisen versucht. Man hat diesen Standpunkt, wie ich ihn hier und bereits früher gegenüber dem Erbbaurecht eingenommen habe, eine „bedingungslose Ablehnung" desselben genannt[2]), aber doch zu Unrecht. Die Ablehnung des Erbbaurechtes liegt nicht auf meiner Seite, sondern auf der des Publikums, welches von ihm Gebrauch machen soll; auf diese Tatsache und die Gründe derselben glaubte ich allerdings aufmerksam machen zu müssen. Nicht weniger auch darauf, daß selbst bei noch so weitgehender Einführung das Erbbaurecht niemals imstande sein werde, eine durchgreifende Änderung der Bodenverwertungs- und Wohnverhältnisse herbeizuführen. Nur der Besitzer, nicht der Besitz würde sich ändern,

---

[1]) Nach einer Mitteilung des Berliner Tageblatts vom 10. Nov. 1912.
[2]) Albrecht, Techn. Gemeindeblatt, Jahrg. XIV, Heft 19, S. 289.

die Erträgnisse und der Wert des Bodens blieben dieselben und müßten in gleicher Weise ausgenutzt werden wie bisher.

Ähnlich wie beim Erbbaurecht liegen die Verhältnisse beim Wiederkaufsrecht. dessen Wesen bei seiner hauptsächlichen Anwendungsform in Ulm darin besteht, daß die Stadt auf ihrem städtischen Grund und Boden Wohngebäude errichtet, Ein- oder Zweifamilienhäuser, die sie dann zu günstigen Bedingungen verkauft. Dabei läßt sie sich ein ausdrückliches Vor- und Rückkaufsrecht einräumen, ursprünglich für den Fall. daß das Gebäude innerhalb 15 Jahren veräußert werden sollte; später wurde diese Frist erheblich, bis zu 100 Jahren verlängert. Außerdem behält sich die Stadt vor, von ihrem Wiederkaufsrechte auch dann Gebrauch zu machen, wenn der interimistische Besitzer den Verpflichtungen, die ihm bezüglich der Benutzung der Gebäude, der Instandhaltung desselben, der Tilgung des Kaufpreises usw. auferlegt wurden, nicht pünktlich nachkommt. In all diesen Fällen muß er gewärtigen, daß die Stadt sofort von ihrem Wiederkaufsrechte Gebrauch macht. Zur besseren Kontrolle behält die Stadt sich auch das Recht vor, jederzeit das Gebäude einer Besichtigung und Prüfung zu unterziehen.

Aus all dem geht hervor, daß für den zeitweiligen Besitzer von einem tatsächlichen und uneingeschränkten Besitz, dem Gefühl der Freiheit und Unabhängigkeit, welches sonst der Besitz eines eigenen Hauses in vieler Beziehung gewährt, keine Rede sein kann. Außerdem muß der Besitzer auf jeden Wertzuwachs verzichten, wenigstens, wenn er das Haus innerhalb der ausbedungenen Wiederkaufsfrist veräußert. So wird es eines sehr weitgehenden Entgegenkommens von seiten der Stadtverwaltungen bedürfen, um weiteren Kreisen die Benutzung des städtischen Bodens mittelst des vorgemerkten Wiederkaufsrechtes sympathisch zu machen. Aber auch dann wird jeder, der über etwas eigenes Kapital verfügt, lieber auf die übliche Weise ein Grundstück erwerben und sein Häuschen darauf bauen. um so mehr, wenn durch Errichtung städtischer Hypothekenbanken zur Beschaffung zweiter Hypotheken die Geldbeschaffung keine Schwierigkeiten mehr machen wird. Deshalb können wir auch von der Rechtsform des vorgemerkten Wiederkaufsrechtes keine grundlegenden Änderungen in den jetzigen Besitz- und Verwertungsformen des Grund und Bodens erwarten.

Im Zusammenhang mit den hier besprochenen Rechtsformen des Erbbaurechtes und Wiederkaufsrechtes erscheint es zweckmäßig, auch die Gartenstadtbewegung zu behandeln, weil sie vielfach von diesen Rechtsformen Gebrauch macht. Das Wesentliche einer Gartenstadt liegt allerdings nicht in diesen Bodenverwertungsformen, sondern in der gartenmäßigen, weiträumigen Anlage, der Zuteilung größerer oder kleinerer Gärten an jedes einzelne Haus, der möglichst ausgiebigen Verwendung von Freiflächen und Parkanlagen und dergleichen. In diesem Sinne kann jedes ausgedehntere und in sich abgeschlossene

Wohnviertel einer Großstadt, welches auf diese Weise ausgebaut ist, auf den Namen einer Gartenstadt Anspruch erheben, also auch alle die in neuerer Zeit nach ähnlichen Gesichtspunkten ausgebauten Wald- und Villenkolonien und gartenstadtmäßig besiedelten Vororte unserer Städte. Es ist natürlich in jeder Weise anzustreben und zu fördern, daß solche Gartenstädte in möglichster Ausdehnung rund um die City entstehen und einem großen Teil der städtischen Bevölkerung gesunde und schöne Wohnstätten gewähren, und eines der Hauptziele der städtischen Dezentralisation, welche im Vordergrunde der Ausführungen dieser Schrift steht, ist ja auch die Anlage derartiger, gartenmäßig besiedelter Wohnviertel auf den Außengeländen der Städte. All das, was also über die Pflege und Förderung der städtischen Dezentralisation durch entsprechende Gestaltung der Bauordnungen und Bebauungspläne, Begünstigung des Kleinwohnungsbaues, Schaffung von Verkehrsgelegenheiten, möglichst weitgehende Erschließung der Außengelände etc. gesagt wurde, zielt ohne weiteres auch auf die Anlage derartiger Gartenstädte hin. Ihre Ausführbarkeit hängt im übrigen, wie ersichtlich, in keiner Weise von besonderen Bodenverwertungsformen ab, im Gegenteil werden dieselben eine um so größere Verbreitung finden, je mehr es gelingt, privates Kapital und die private Terrainunternehmung dafür zu interessieren.

Zum Unterschied von derartigen Gartenstädten nun, wie sie bereits in allen nach modernen Grundsätzen ausgebauten Städten vorhanden oder im Entstehen begriffen sind, geht die Deutsche Gartenstadtgesellschaft von dem Gedanken aus, mit der Erschließung und Ansiedelung des Geländes eine gemeinnützige Regelung der Wohnungs- und Bodenpreise anzustreben[1]). Diese Regelung könne dadurch erreicht werden, daß ein größerer Teil der Wohnungen dauernd im Besitz der Gesellschaft oder Körperschaft verbleibt und an die Bewerber nur vermietet wird. Ferner dadurch, daß zum Eigenbau von Häusern das Bauland nur in Erbbaurecht und beim Verkauf unter Eintragung des Rückkaufrechtes, das gleichfalls die Spekulation verhindern könne, abgegeben werde. Auf diese Weise könne der Boden dauernd in einer Preislage erhalten werden, die ein gesundes Wohnen in Einfamilienhäusern und die Beibehaltung ausreichender Gartenflächen ermögliche.

Es ist hier also der zur Anlage gartenstadtmäßig besiedelter Vororte führende Dezentralisationsgedanke mit einer den Forderungen der Bodenreformer entsprechenden Verwertungsart des Grund und Bodens vermengt worden; ob zum Vorteil der Gartenstadtbewegung, darüber kann man nach dem, das sich über die Verbreitung und Anwendbarkeit des Erbbaurechts und Wiederkaufsrechts bei uns bisher kon-

---

1) Über Gartenstädte, Vortrag von H. Kampfmeyer, Berlin, internat. Hygiene-Kongreß 1907.

statieren ließ, recht geteilter Meinung sein. Es liegt kein Grund vor, anzunehmen, daß die geringe Gegenliebe, welche diese Rechtsformen bis jetzt beim Publikum finden, bloß deshalb größer werden wird, weil es sich um die Lage des betreffenden Grundstücks in einer Gartenstadt handelt, und ebensowenig entspricht es der Neigung vieler Wohnungssuchenden, durch das Wohnen in einer derartigen, von irgend einer Genossenschaft gegründeten Gartenstadt in eine, wenn auch schließlich zunächst nur äußerliche Zugehörigkeit zu den übrigen Bewohnern derselben zu treten. Die überwiegende Mehrzahl der Leute, welche sich auf den gartenmäßig besiedelten Außengeländen ansiedeln wollen, wird es deshalb bei weitem vorziehen, sich dort irgendwo ein Stückchen Land k ä u f l i c h z u e r w e r b e n und zu bebauen. Dann haben sie auch den Vorteil des eigenen Heims mit Garten, dazu aber die F r e u d e d e s w i r k l i c h e n u n d u n e i n g e s c h r ä n k t e n B e s i t z e s mit dem entsprechenden Unabhängigkeitsgefühl und der Möglichkeit, an der steigenden Grundrente zu profitieren.

Es würde deshalb das gewiß in jeder Weise anzustrebende Ziel der Gartenstadtbewegung vor allem dadurch gefördert, daß nicht nur an einigen wenigen, sondern an möglichst verschiedenen und ausgedehnten Stellen der Stadtperipherie und Außengelände die Ansiedelung ermöglicht würde in der Weise, wie es bei der Besprechung der städtischen Dezentralisation behandelt wurde. Auch die G a r t e n s t a d t g e s e l l s c h a f t e n würden wohl besser auf die bodenreformerische Verwertung ihres Grund und Bodens verzichten, die G e m e i n n ü t z i g k e i t ihres Unternehmens lieber darin suchen, daß sie m u s t e r g ü l t i g e Anlagen ins Leben rufen, die dort geschaffenen Häuschen aber unter bescheidenen Gewinnansprüchen an Liebhaber definitiv verkaufen oder auch nur vermieten. Die so erzielten Gewinne können sie dann zu einer Erweiterung und Ausschmückung ihrer Siedelungen benutzen.

Es mag sein, daß in früheren Zeiten, wo die Bodenspekulation ja tatsächlich in manchem unter für sie günstigeren Verhältnissen stand, der Gedanke nahe lag, daß derartige Gartenstadtgesellschaften dauernd ihren Boden in ihrem Besitz behalten wollten. Unter modernen Verhältnissen, wo sich infolge der ausgedehnten Erschließung und Besiedelung der Außengelände und der Entwickelung der lokalen Verkehrsmittel die Spekulation unter gänzlich anderen Bedingungen befindet, entbehrt dieser Gedanke aber der inneren Berechtigung. Gegenwärtig läßt sich durch Erleichterung der Ansiedelungsbedingungen, Schaffung einer größtmöglichen Konkurrenz unter privaten Terrainunternehmern und Terraingesellschaften jedenfalls weit mehr auch zur Durchführung des Gartenstadtgedankens tun, als durch das zähe Festhalten an den bodenreformerischen Verwertungsarten des Grund und Bodens, die für die große Masse der Bevölkerung nicht zweckentsprechend scheinen.

Sechster Teil.

Rückblick und Ausblick.

———

Erster Abschnitt.

Die Lage des städtischen Haus- und Grundbesitzes in Vergangenheit und Zukunft.

Schon an früherer Stelle wurde mehrfach die Rückwirkung der modernen Dezentralisationsbestrebungen auf den städtischen Innenboden, speziell Wohnboden, erwähnt. Hier soll dieser Gedanke noch etwas weitergeführt und verallgemeinert werden.

Wir sahen, daß für viele unserer jetzigen Großstädte in einem gewissen Stadium ihrer Entwickelung eine durch Wohnsitten und allerlei sonstige besondere Verhältnisse begünstigte und durch ungenügende Bauordnungen nicht gehemmte hochgradige Bevölkerungskonzentration charakteristisch wurde. Dementsprechend gestaltete sich auch die Bebauungsintensität, welche dann wieder infolge der dadurch gegebenen hohen Ertragsfähigkeit des Bodens zu entsprechenden, teilweise außerordentlich hohen Bodenwerten führte; zunächst natürlich nur in den besten Lagen im Innern der Städte. Aber bei den früheren einheitlichen Bauordnungen war die Möglichkeit einer derartigen Bebauungsintensität auch in den äußeren Stadtteilen und selbst auf den Außenbezirken gegeben. Wenn auch infolge der geringeren Wohnungsnachfrage hier zunächst nicht davon Gebrauch gemacht wurde, so konnten die dortigen Grundbesitzer doch für spätere Zeiten, wenn die Stadt einmal bis dorthin ausgebaut sein würde, mit einer solchen Bebauungsintensität und der damit gegebenen Ertragshöhe der bebauten Grundstücke rechnen.

So hat sich denn bei uns im Lauf der Entwickelung als Maßstab für die Wertbemessung eines als dereinstiger städtischer Wohn- oder Geschäftsboden in Betracht kommenden Grundstückes jene übertriebene Werthöhe herausgebildet, wie sie auf Grund der hochgradigen Bebauungsintensität der alten Stadtteile ermöglicht wurde. Auf Grund früherer Beobachtungen an anderen Grundstücken rechneten die Grundbesitzer allgemein mit dem gleichen Entwickelungsgang auch ihres Besitzes, also einem von Jahrzehnt zu Jahrzehnt sich steigernden Mehrertrag, bis dann schließlich bei einer die Grenze des Zulässigen weit überschreitenden Bebauungsintensität die erhoffte Höchstgrenze erreicht würde. Voraussetzung für diese Rechnung war allerdings, daß die einmal in der Innenstadt geduldete, intensivste Raumausnutzung später auch überall auf den zurzeit noch brach liegenden Außengeländen erlaubt würde. daß man also auch weiterhin bei der einheitlichen Gestaltung der Bauordnungen verharren werde. Eine weitere Voraussetzung war die. daß die Bevölkerung selbst bezüglich ihrer Wohnsitten und Wohnansprüche die gleiche bleiben und sich für alle Zeiten und auch in den neu zu besiedelnden Stadtteilen die gleiche Zusammendrängung wie früher gefallen lassen werde, daß endlich auch die Entwickelung der Städte selbst sich in der gleichen, konzentrischen Form wie früher durch stets gleichmäßige. keine Lücken lassende Vergrößerung an der Peripherie vollziehen werde. daß insbesondere weder Eisenbahnen, noch sonstige lokale Verkehrsmittel auch weit entlegene Gelände in den Wohnbereich der Großstädte einbeziehen und so eine scharfe Konkurrenz für diejenigen Grundbesitzer bedeuten würden, die nach langem, geduldigen Warten glücklich an die Stadtperipherie herangekommen waren und ihre Ernte einheimsen wollten.

Diese Voraussetzungen scheint man früher meist als selbstverständlich angenommen zu haben, und sicherlich ist der auf Grund derselben berechnete Zukunftswert der Grundstücke bei unzähligen spekulativen Grundstückumsätzen in Erscheinung getreten und dem Kaufpreis zugrunde gelegt worden. Zweifellos hat derselbe auch bei der Entwickelung unseres Taxwesens unzähligen Taxen als Maßstab gedient und wird es auch heute noch in vielen Fällen von seiten solcher Personen tun, welche sich über den Umschwung, der sich in der städtischen Entwickelung vollzieht. und seine Folgen für den Grundstücksmarkt noch nicht klar geworden sind.

Für denjenigen, welcher aufmerksam die Entwickelung unserer Städte im letzten Jahrzehnt verfolgt hat, kann es keinem Zweifel unterliegen, daß ein solcher Umschwung sich teilweise schon vollzogen hat, teilweise im Werden begriffen ist, vor allem durch die Gesamtheit der Faktoren, welche ich als Dezentralisationsbestrebungen zusammengefaßt habe. Und damit ergeben sich teilweise erhebliche Änderungen in den Zukunftsaussichten und der Wertbemessung der städtischen Grundstücke und derer, welche es einst werden sollen. Von außerordentlicher Bedeutung ist da vor allem die Abstufung der Bauordnungen im Sinne einer sich nach außen hin stets steigernden Weiträumigkeit und abnehmenden Bebauungsintensität, das Bestreben aller Stadtverwaltungen. eine derart intensive Raumausnutzung, wie sie früher im Innern unserer Städte vielfach anzutreffen war und noch ist, in neueren Stadtteilen unter keinen Umständen mehr zu dulden, erst recht nicht auf den Außengeländen und in den Wohnbezirken. Von nicht minder großer Tragweite auch der Umstand, daß sich die Wohnsitten und Wohnansprüche der Bevölkerung selbst teilweise schon recht erheblich geändert haben und dank der Aufklärungsarbeit, wie sie jetzt in mannigfacher Weise, unter anderm auch durch die Wohnungsämter und Wohnungsinspektoren geleistet wird, noch immer mehr ändern werden. Ausschlaggebend ist aber vor allem der Umstand, daß sich gegenwärtig die städtische Entwickelung unter wesentlich andern Formen vollzieht als früher, daß eben an Stelle der früheren konzentrischen und dichtgedrängten Stadtanlage die exzentrische, dezentralisierte und nach außen hin immer weiträumiger werdende Anlage teilweise schon getreten ist, teilweise treten wird. Des weiteren, daß durch die außerordentliche Entwickelung der Verkehrsmittel ein ganz anderer Maßstab für die Entfernungen von der City eingeführt wurde, daß dadurch weit entlegene Vororte und Gelände, an welche früher niemand als Wohngelegenheiten dachte, auf einmal in den Wohnbereich der Städte einbezogen werden und als Konkurrenz für den innenstädtischen Wohnboden in Betracht kommen, daß eben dadurch wieder große Lücken unbebauten Terrains an der Stadtperipherie zwischen dieser und den Vororten verbleiben und kein Grundbesitzer mehr mit Sicherheit berechnen kann, wohin der Lauf der städtischen Weiterentwickelung führen wird und wann sein Grundstück voraussichtlich zur Bebauung gelangt. Das alles sind Umstände, welche schon jetzt auf die Wertchancen eines Grundstücks in der Umgebung unserer Städte von weitgehendem Einfluß sind und es in Zukunft wohl noch mehr sein werden, die aber im allgemeinen sicherlich die Aussichten für das einzelne Grundstück gegen früher erheblich verschlechtern, wenn sie vielleicht auch die mit der Entwickelung der Städte zusammenhängende Wertsteigerung auf eine größere Zahl von Grundstücken verteilen.

Nun haben ja gewiß die Terrainunternehmer bei der Wertbemessung ihres Besitzes im Lauf der Jahrzehnte dieser sich vollziehenden Neuordnung der Dinge in etwas Rechnung getragen, wenigstens die Vorsichtigen und Voraussehenden. Es muß aber bezweifelt werden, ob das allseitig und in genügendem Maße geschehen ist. Dafür sind die Momente, welche zurzeit die wesentlich veränderte städtische Entwickelung bedingen, noch viel zu wenig in ihrer ganzen Tragweite gewürdigt worden, selbst die Wohnungsliteratur enthält nur hier und da einen Hinweis darauf, und so werden sich zurzeit noch die wenigsten Terrainbesitzer und Terrainunternehmer darüber im klaren sein, worauf unsere moderne städtische Entwickelung eigentlich hinausläuft und was die Summe der Dezentralisationsbestrebungen für sie selbst wirtschaftlich bedeuten wird. Man denke beispielsweise nur daran, wie lange es gedauert hat, bis die für richtig erkannten Grundsätze der Staffelbauordnungen in die Praxis Eingang gefunden haben und sich die Grundbesitzer über die Konsequenzen derselben für sich selbst klar geworden sind. Und ähnlich liegt es mit all den andern aufgeführten Faktoren, z. B. der zunehmenden Besiedelung der Außengelände und ihrer Rückwirkung auf den innenstädtischen Wohnboden. Meist sind die Grundbesitzer auf die durch derartige Verhältnisse für sie sich ergebenden Folgen erst aufmerksam geworden, wenn sie vor der vollendeten Tatsache standen, während sie als weitschauende Geschäftsleute diese Dinge hätten voraussehen müssen. Und so wird man wohl in der Annahme nicht fehlgehen, daß schwere Zeiten für den städtischen Grundbesitz kommen werden, wenn erst einmal all die genannten Umstände in weiterer Ausbildung zusammenwirken werden. Die Wertbemessung, Taxierung und Beleihung der städtischen und außenstädtischen Grundstücke ist eben meist noch im Hinblick auf das alte System der städtischen Entwickelung erfolgt, das neue im Werden begriffene und kommende System muß zu einer ganz andern Wertbemessung führen. Und eben deshalb ist zu befürchten, daß die Übergangsperiode zwischen dem alten und neuen System, in der wir uns jetzt befinden, und die damit sich vollziehende Umwertung des Terrainbesitzes für viele Grundbesitzer verhängnisvoll werden und zur Katastrophe führen wird. Um so mehr, als in den letzten Jahrzehnten die steuerliche Überlastung des Grundbesitzes immer größer geworden und auch schon dadurch eine Entwertung desselben eingetreten ist.

Wenn man sich diese Sachlage vor Augen hält, möchte es fast scheinen, als ob schon jetzt die dargelegten Verhältnisse sich auf dem Terrainmarkte bemerkbar gemacht und zu einer entsprechenden Wertminderung mancher städtischen Grundstücke geführt hätten. Insbesondere scheint manches von dem, was im Jahre 1912 als ungünstige Konjunktur auf dem Terrainmarkte aufgefaßt und im wesentlichen auf die ungünstige Gestaltung des Geldmarktes zurückgeführt wurde, keineswegs nur die Folge einer vorübergehenden, überall im Wirtschaftsleben vorkommenden, periodischen Schwankung zu sein, der dann wieder günstigere Verhältnisse folgen, sondern teilweise auch die bleibende Folge der oben dargelegten Verhältnisse, welche beginnen, in immer fühlbarerer Weise den Terrainmarkt zu beeinflussen. Nur daß sie sich jetzt noch unter der allgemeinen Depression des Immobilienmarktes verstecken. Es kann aber gar nicht ausbleiben, daß sich bei vielen der aus obigen Gründen übertaxierten und überbewerteten (bebauten und unbebauten) Grundstücke über kurz oder lang die Folgen der Übertaxierung bemerkbar machen werden, auch dann, wenn sich die Verhältnisse auf dem Terrainmarkt im übrigen wieder gebessert haben, und daß es erst nach mehrfachen Preissenkungen und Abschreibungen gelingen wird, die Taxen und Preise mit dem der veränderten Sachlage entsprechenden niederen Wert ins Einvernehmen zu setzen.

Gerade im Jahre 1912 lagen die Verhältnisse auf dem Terrainmarkt fast allgemein sehr ungünstig. Ohne auf diese bekannten und vielbesprochenen

Dinge näher eingehen zu wollen, will ich doch einiges in diesem Zusammenhang bedeutsame Material hier anführen. So schildert der „Zentralmarkt für Grundstücks-, Hypotheken- und Geldverkehr" in der Nr. 599 vom 24. Nov. 1912 die Verhältnisse des Berliner Terrainmarkts, wie folgt:

„Noch gegen Ende des vorigen Jahres konnte man die Meinung hören, die Ungunst der Verhältnisse auf dem Berliner Immobilienmarkt werde nur vorübergehender Natur sein, und es sei nicht jede Aussicht auf Besserung für absehbare Zeit genommen. Die damals bekannt werdenden Ergebnisse Berliner Terraingesellschaften, die fast durchweg ungünstig waren, konnten zwar im allgemeinen nicht überraschen, da die Gesellschaften zumeist ihre Aktionäre schon auf das Resultat vorbereitet hatten; sie enthielten aber noch vielfach Vertröstungen auf das nächste Jahr und die Versicherung, daß es bald besser werden würde. Nur wenige Verwaltungen erklärten, trübe in die Zukunft zu sehen, aber in den Generalversammlungen konnte man nicht selten hören, wie gegen die Schwarzseherei zu Felde gezogen wurde.

Dabei sollten sie recht behalten. Das Jahr 1912, das sich in seinen geschäftlichen Ergebnissen heute im ganzen schon übersehen läßt, hat dem Immobilienmarkt nicht nur keine Besserung, sondern vereinzelt noch eine fühlbare Verschlechterung der Gesamtlage gebracht, und es ist bemerkenswert, daß in dem jetzt zu Ende gehenden Jahr zu der Stockung des Terrain- und Hypothekengeschäfts auch eine solche im Baugewerbe und demgemäß im Baumaterialiengeschäft hinzugetreten ist."

In noch schärferer Weise kommt die Ungunst der Verhältnisse in dem Jahresbericht des Vereins Berliner Grundstücks- und Hypothekenmakler für das Jahr 1912 zum Ausdruck. In ihm finden sich folgende Ausführungen [1]):

„Der Grundstücks- und Hypothekenmarkt kämpft um seine Existenz. Wird er aus diesem Kampfe siegreich hervorgehen? Diese Frage stellten wir am Schlusse unseres vorjährigen Berichts, und heute ist es noch nicht abzusehen, wie sie entschieden wird. Die Auffassung, daß es nicht schlechter werden könne, war leider irrig. Die allgemeinen Verhältnisse auf dem Grundstücks-, Hypotheken- und Baumarkt haben im Verlaufe des ganzen Jahres 1912 krisenhafte Erscheinungen gezeigt und müssen an seinem Schlusse als trostlos bezeichnet werden. Der seltsame Gegensatz dieser Entwickelung zu der fast das ganze Jahr anhaltenden Prosperität aller übrigen Wirtschaftsgebiete weist zwingend darauf hin, daß sie eine Folge von nur besonders den Grundbesitz treffenden Maßnahmen ist, vor allem einer

ungerechten Steuergesetzgebung,

die zu einer unerhöhten und einzig dastehenden Überbürdung geführt hat. Es konnte auch ferner nicht ausbleiben, daß die Kriegswirren mit ihren Komplikationsmöglichkeiten lähmend auf den Grundstücksmarkt wirkten. Der unter dem Druck der gesetzgeberischen Maßnahmen nun schon seit 1907 (mit vorübergehender Erholung im Jahre 1909) anhaltende

Rückgang der freiwilligen Veräußerungen

in Groß-Berlin hat Ende 1912 einen Rekord gezeigt. Er betrug gegen das Vorjahr 60 Millionen Mk., und zwar wurden veräußert 626 gegen 688 Millionen. Wir konnten bei diesem Vergleich leider nur die Ergebnisse von 29 Groß-Berliner Gemeinden, von denen uns das amtliche Material zur Verfügung stand, heranziehen. Aber dieser Rückgang ist nur deshalb nicht größer geworden, weil im Berichtsjahre in Berlin und Charlottenburg Millionenobjekte in den Geschäftsvierteln ihren Besitzer gewechselt hatten, welche für diese beiden Gemeinden sogar ein Plus erbrachten.-

---

[1]) Nach einer Mitteilung der Vossischen Zeitung.

Die Verkaufsmöglichkeit sog. Rentengrundstücke schwindet immer mehr. Die erhöhten laufenden Abgaben für Kanalisation, Grundwertsteuer, sowie die fast unerschwinglichen Besitzwechselabgaben und die ganz erhebliche Verteuerung des Realkredits macht den bisher schon geringen Überschuß illusorisch.

Auch die Schwierigkeit der Hypothekenbeschaffung in ausreichender Höhe, sowie die Belästigung durch die Wertzuwachssteuer und die ungerechte Besteuerung des Einkommens aus dem Grundbesitz, hält die Interessenten fern und mindert so das Einkommen vieler. Die Überproduktion von Wohnungen dürfte nicht mehr die ausschlaggebende Rolle spielen. So erhellt aus einzelnen Mitteilungen, daß z. B. die

Zahl der leerstehenden Wohnungen

in Charlottenburg nur 3,1 % und in Schöneberg nur 3,5 % betrug. In Charlottenburg sind sie von 4900 auf 2800 zurückgegangen. Wir begrüßen diesen Rückgang als den Anfang der Besserung des Grundstücks- und Baumarktes, wobei allerdings der Vorbehalt zu machen ist, ob die unerhörte Teuerung aller Lebensbedürfnisse die Aufrechterhaltung der Mieten und teilweise Besserung der Mietpreise ermöglicht.

Das zweite in die Augen springende Moment in unserm Bericht ist die geradezu

ungeheuerlich gewachsene Zahl der Zwangsversteigerungen.

Diese sind in 27 Gemeinden von 918 des Jahres 1911 auf 1299 im Jahre 1912 mit einem Ertrage von 257 749 000 Mk. gegen 190 995 000 Mk. im Jahre 1911 gestiegen. Das Jahr 1912 zeigt aber eine Zunahme von 381 Zwangsversteigerungen mit einem Plus von $66\frac{3}{4}$ Millionen.

Die Forderungen des Tages zur Gesundung des Grundstücks- und Hypothekenmarktes sind der Abbau der übermäßigen Steuer- und Abgabenbelastung sowie Gesetzesänderung zum besseren Schutz der Hypothekengläubiger. Dann wird auch wieder das Vertrauen zum städtischen Grundbesitz zurückkehren."

Am Schlusse des Berichts gibt der Verein noch einen Überblick über den

Hypothekenmarkt.

Wie dort ausgeführt wird, gestaltete sich der Hypothekenmarkt äußerst ungünstig. Schon in der ersten Hälfte des Jahres, in der noch einigermaßen von einem Pfandbriefabsatz der Hypothekenbanken gesprochen werden konnte, war derselbe so gering, wie seit 1907 nicht. Die Geldversteifung in der zweiten Hälfte des Jahrs, die kriegerischen Verwicklungen und die damit verbundene Zurückhaltung des Publikums hatten zur Folge, daß der Pfandbriefabsatz bei den Hypothekenbanken fast ganz stockte, daß infolgedessen diese nur ganz vorübergehend in der Lage waren, neue Darlehensbewilligungen zuzusagen. Weit schwerer jedoch als erststellige Beleihungen waren zweitstellige Darlehen zu erhalten. Hier stockte das Geldangebot zeitweilig vollständig, und fast während des ganzen Jahres ist es den Geldsuchern sehr schwer und oft nur unter erheblichen Opfern möglich geworden, Geld für zweite Stellen zu beschaffen. Hingegen war für wirklich feine Abschnitte Geld angeboten, doch fehlte es häufig an geeignetem Material. Das Baugeldgeschäft war im ganzen Berichtsjahre schlecht. Im ersten Semester war noch Baugeld, wenn auch unter erschwerten Bedingungen, angeboten, doch kam es im zweiten Semester vollständig ins Stocken, da die Darleiher bei dem verschlechterten Hypothekenmarkt auf Ablösung durch feste Hypotheken nicht rechnen konnten und auch die schwebenden Baugelderdarlehen zum allergrößten Teil prolongiert werden mußten.

Ähnliche Berichte kommen aus den meisten andern Großstädten, wenn sich auch natürlich an manchen Orten die Ungunst der Verhältnisse weniger stark bemerkbar machte. Überall ging Hand in Hand mit diesen schwierigen Verhältnissen des Terrainmarkts, dokumentiert durch Dividendenlosigkeit, geringfügige Umsätze, Unverkäuflichkeit zu entsprechendem Preis, die Ungunst der Verhältnisse auf dem Hypothekenmarkt: Sie äußerte sich je nachdem in mannigfacher Weise, z. B. in Reduzierung der Hypothekengelder der Banken, Herabrücken der Beleihungsgrenze, selbst bei erststelligen Hypotheken, einer stets zunehmenden Zurückziehung des privaten Kapitals vom Bau- und Hypothekenmarkt. Kapitalien für zweite Eintragungen waren vielfach überhaupt nicht, oder doch nur sehr schwer zu sehr hohem Zinsfuß und gegen hohe Abschlußprovisionen zu haben; diese Not der zweiten Hypotheken machte sich besonders schwer für solche städtische Hausbesitzer bemerkbar, denen die zweiten Hypotheken gekündigt waren und die trotz ungewöhnlich hoher Vergütungen froh sein mußten, wenn sie überhaupt Ersatzhypotheken bekamen.

So gestaltete sich auf Grund der vorstehend geschilderten Verhältnisse auch die Lage des gewerbsmäßigen, städtischen Hausbesitzes äußerst schwierig und ungünstig, und das kann auf die Dauer auf die Verhältnisse des Wohnungsmarktes und die städtischen Wohnverhältnisse nicht ohne Einfluß bleiben. Es hat deshalb auch die prekäre Lage des städtischen Hausbesitzes, insbesondere die Kreditnot desselben mehrfach die öffentlichen Körperschaften beschäftigt, z. B. das Abgeordnetenhaus am 13. Dez. 1912 und am 18. Jan. 1913 in der Besprechung des Antrages Dr. Arendt, der die Staatsregierung ersucht, eine Untersuchung herbeizuführen, auf welchem Wege durch Maßnahmen der Gesetzgebung den Notständen des städtischen Realkredits ein Ende gemacht werden könne, die Berliner Stadtverordnetenversammlung am 26. September 1912 auf Grund des Antrages Dr. Knauer, der Magistrat möge beraten, wie durch geeignete Maßnahmen der Stadtgemeinde den großen wirtschaftlichen Schäden begegnet werden könne, die aus den seit längerer Zeit herrschenden überaus schwierigen Verhältnissen auf dem städtischen Realkreditmarkt entspringen etc.

Als geeignetes Mittel wurde dabei meist die Errichtung städtischer Hypothekenämter, speziell zur Hergabe zweiter Hypotheken in Anregung gebracht, allerdings meist mit dem Verlangen, daß nur Amortisationshypotheken gewährt würden. Es dürfte aber sehr fraglich sein, ob der gewerbsmäßige städtische Hausbesitzer, der in den Großstädten oft Objekte von mehreren 100 000 Mk. „besitzt", d. h. verwaltet, in der Lage ist, die dann recht hohen jährlichen Tilgungsquoten aufzubringen. Wenigstens spricht die recht prekäre pekuniäre Situation vieler städtischer Hausbesitzer nicht dafür. Gerade dieser gewerbsmäßige Hausbesitzerstand ist es aber, der die große Masse der städtischen Mietwohnungen dem Publikum anbietet, und ihm müßte vor allem geholfen werden. Mit Amortisationshypotheken wird das kaum möglich sein, oder es müßten die Tilgungsquoten sehr gering und erschwinglich sein.

Als Beispiel für das Vorgehen und die Satzungen derartiger städtischer Hypothekenbanken, wie sie jetzt an den verschiedensten Orten geplant sind, mögen die nachfolgenden Ausführungen, welche dem Aachener Politischen Tagblatt vom 11. Febr. 1913 entnommen sind, dienen.

Wiesbaden, 6. Febr. Demnächst wird hier eine städtische Hypothekenbank ins Leben gerufen werden, die Hypotheken zur 1. und 2. Stelle beleihen soll. Für erststellige Hypotheken ist ein Zinsfuß von $4\frac{1}{2}$ Prozent und $\frac{1}{4}$ bis $\frac{1}{2}$ Prozent Abschlußprovision, für 2. Hypotheken ein solcher von 5 Prozent in Aussicht genommen. Die Beleihungsgrenze erststelliger Hypotheken beträgt 60 Prozent der gerichtlichen Taxe, der Höchstbeleihungssatz für 2. Hypotheken 30 bis 35 000 Mk. und 1 Prozent Tilgung. Ist die 1. Hypothek eine Amortisationshypothek, dann fällt die Abtragungspflicht für die zweite fort. Die Hypotheken sollen durch die Stadt nicht gekündigt werden. Aus Tilgungen und Abschlußprovisionen wird ein Garantiefonds gebildet. Beliehen werden in der Regel Wohnhäuser und nur ausnahmsweise Häuser mit gewerblichem Charakter. Von dem Zinserträgnis der zweiten Hypotheken werden $\frac{3}{4}$ Prozent mit den bei den ersten Hypotheken erzielten Reingewinn zu einem Reservefonds zurückgelegt, der zur Deckung etwaiger Verluste verwandt wird. Soweit die $\frac{3}{4}$ Prozent der zweiten Hypotheken zur Deckung von Verlusten nicht reichen, werden die sämtlichen Hausbesitzer herangezogen, soweit sie von der Einrichtung Gebrauch machen. Die Haftung ist solidarisch, aber nicht unbegrenzt, denn sie erstreckt sich für jeden Schuldner bis auf $\frac{1}{10}$ seiner Hypothek.

Im allgemeinen werden sich die Hausbesitzer deshalb lieber an die privaten Geldgeber wenden, welche meist auch kein besonderes Interesse für Tilgungshypotheken haben. Zurzeit hält das Privatpublikum aber seine Kapitalien fast völlig vom Terrain-, Hypotheken- und Häusermarkt zurück. Nun dürfte ja gewiß anzunehmen sein, daß bei einer Besserung der Konjunktur auf dem Terrainmarkt und einer besseren Gestaltung des Geldmarktes das Publikum wieder Vertrauen faßt und in höherem Maße als zurzeit sein Kapital den immobilen Werten zuwendet. man kann aber doch im Zweifel sein, ob die derzeitige Abneigung desselben wirklich nur eine vorübergehende, durch die schlechte Konjunktur auf dem Terrainmarkt und die günstige auf dem Industriemarkt — dem sich naturgemäß dann das Privatkapital zuwendet — bedingte ist, und ob nicht darüber hinaus auch das große Publikum das unbestimmte Gefühl hat. daß sich auf dem städtischen Grundstückmarkte bedeutsame Wandlungen vollziehen, die viele der früheren Wertschätzungen über den Haufen werfen und zur Vorsicht mahnen.

Wenn ja auch gewiß das anlagesuchende Publikum nicht in der Lage ist, sich im einzelnen über die oben dargelegten Verhältnisse, welche mit der Zeit nicht unerhebliche Wertverschiebungen des städtischen Grundbesitzes herbeiführen müssen, Rechenschaft zu geben, so hat es doch im allgemeinen notgedrungen im Interesse der Sicherheit seiner Anlagen ein feines Gefühl dafür, ob die betreffenden Objekte und Kapitalsanlagen genügende Sicherheit bieten; die Ergebnisse der Zwangsversteigerungen der letzten Jahre haben ihm in vielen Fällen augenfällig gezeigt, daß viele ‥.tische Hausgrundstücke erheblich übertaxiert und überbeliehen sind. So hat das Publikum nicht Unrecht mit der Abneigung, seine Gelder zurzeit dem Immobilienmarkte zufließen zu lassen; es wird noch mancher Zusammenbrüche, vieler Abschreibungen und Niederbewertungen bedürfen, bis sich die Wertbemessung und schließlich auch die Preise zahlreicher städtischer bebauter und unbebauter Grundstücke mit den wesentlich geänderten Gewinnmöglichkeiten, wie sie durch die Summe der Dezentralisationsbestrebungen, insbesondere die zunehmende Erschließung der Außengelände, die Entwickelung der Verkehrsmittel und die weit strengeren Bauordnungen geschaffen werden, ins Gleichgewicht setzen. Auch die geplante Einführung amtlicher Taxämter in Preußen (nach dem Vorbild mancher süddeutscher Bundesstaaten, z. B. Württemberg) dürfte von Einfluß sein. Während bei dem jetzigen Modus zweifellos vielfache Übertaxierungen vorkommen, ist verschiedentlich darauf hingewiesen worden, daß das System der amtlichen Taxation zu Untertaxierung neige, und wenn auch da die Taxen für das Publikum keineswegs bindend sind, so kann sich doch der Übergang vom einen zum andern System nicht ohne ernste Beunruhigung des Grundstückmarktes vollziehen, schon allein deshalb, weil dann weiteren Kreisen die Haltlosigkeit der bisherigen Taxen klar vor Augen geführt wird.

Es dürfte hier der Hinweis angebracht sein, daß es keineswegs nur eine Benachteiligung der städtischen Haus- und Grundbesitzer darstellt, wenn sich das private Kapital vom Terrain-, Bau- und Häusermarkt zurückzieht. Die Folgen gehen viel weiter und betreffen die gesamte Wohnungsproduktion und damit auch die Wohnverhältnisse der Städte. Es ist an zahlreichen Stellen dieser Schrift darauf hingewiesen worden, welch große und bedeutsame Aufgaben der privaten Unternehmung bei der städtischen Wohnungsbeschaffung zufallen und daß dieselbe niemals völlig durch öffentliche Faktoren ersetzt werden könne. Sollte sich das private Kapital in der jetzt zu beobachtenden Weise weiter vom Baumarkte etc. zurückziehen, so würde das mit der Zeit bei der bekannten Mittellosigkeit der betreffenden Unternehmer zu einer völligen Stagnation der Wohnungsbeschaffung, einer bedauerlichen Abnahme der Unternehmungslust und der privaten Initiative, die gerade hier unentbehrlich ist, führen. Daß unter solchen Verhältnissen nicht eine nachhaltige Besserung der städtischen Wohnverhältnisse erzielt werden kann, dürfte jedem, der über die Natur der städtischen Wohnungsproduktion einigermaßen orientiert ist, einleuchten. Das Vertrauen des Publikums und seine Bereitwilligkeit, seine Kapitalien dem Immobilienmarkt wieder zufließen zu lassen, dürfte aber erst dann zurückkehren, wenn es sich vor nachträglichen und unerwarteten Grundstückentwertungen sicher fühlt.

Am augenfälligsten sind auch für weitere Kreise die Grundstückentwertungen, wie sie durch den nachträglichen Erlaß strengerer

Bauvorschriften für solche Gelän.. ..eile, denen ursprünglich weniger weitgehende Baubeschränkungen auferlegt waren, bewirkt werden. Um zunächst ein typisches Beispiel dafür anzuführen, entnehme ich dem Zentralmarkt für Grundstücks-, Hypotheken- und Geldverkehr, Nr. 619 vom 5. Dez. 1912 folgende Ausführungen über einen derartigen Fall auf dem Berliner Terrainmarkte, der von allgemeiner Bedeutung sein dürfte:

„Der Grundbesitz von „Schloß Ruhwald" hat eine Größe von etwa 10 000 Quadratruten. Für Nord-Westend galt bis vor einem Jahre das sogenannte Berliner Baurecht, d. h. es konnten 75 % der Grundstücke baulich ausgenutzt und Gebäude mit fünf zum dauernden Aufenthalt von Menschen bestimmten Geschossen errichtet werden. Durch eine Polizeiverordnung vom 6. September 1911 ist das Baurecht geändert und an Stelle der geschlossenen Bauweise eine Art Villenbau vorgeschrieben worden. Hierdurch hat eine erhebliche Entwertung des Terrainbesitzes stattgefunden. Die hypothekarische Belastung des Terrains von Schloß Ruhwald beträgt zurzeit 257,50 Mk. für die Quadratrute. In dieser Belastung sind die Zinsen enthalten, die nach und nach in Form neuer Hypotheken dem alten Hypothekenstande zugeschlagen worden sind. Da der Wert des Terrains bei dem jetzt geltenden Baurecht auch nicht annähernd seiner hypothekarischen Belastung gleichkommt, so ergibt sich hieraus die Unmöglichkeit, weitere Zinsen dem Objekte zuzuschlagen, und der Zwang, einen großen Teil der Hypothekendarlehen herauszuzahlen. Als die neue Bauordnung für Nord-Westend erlassen wurde, erhoben sich Stimmen, die ihrer Freude über die überraschende Maßnahme der Polizeibehörde Ausdruck gaben; hoffte man doch, die Terrainspekulation hierdurch zu unterbinden und die Mietkasernen von dem landschaftlich hervorragend schönen Gelände fernzuhalten. Dennoch waren im vorliegenden Falle die Maßregeln der Regierung verfehlt. Man hat das Kind mit dem Bade ausgeschüttet. Die an sich recht verständige Änderung des Baurechts kam zu spät, nämlich zu einer Zeit, zu der eine legitime Preisbildung für das Terrain sich bereits vollzogen hatte. Wenn für den Bezirk niemals das Berliner Baurecht bestanden haben würde, sondern von vornherein nur die Landhausbauweise zulässig gewesen wäre, so hätte für das Terrain von Ruhwald niemals ein Preis gezahlt werden können, wie er von dem Besitzvorgänger verlangt worden ist. Ebenso würden die Hypothekengläubiger vor Verlusten geschützt gewesen sein, wenn die Villenbauordnung einige Jahrzehnte früher erlassen wäre. Denn die hypothekarische Belastung des Geländes erfolgt nach seinem Taxwerte, der wiederum seine Grundlage in der Ausnutzungsmöglichkeit des Terrains hat."

Man kann es den betreffenden Grundstückseigentümern gewiß nicht verübeln, wenn sie sich gegen solche Maßnahmen auflehnen, welche nicht künftigen Spekulationsgewinn, sondern bereits bestehende und einmal festgelegte Werte treffen, und man kann dem Verband zum Schutze des Deutschen Grundbesitzes und Realkredits durchaus beistimmen, wenn er in seinem „Aufruf" darauf hinweist, daß neben den durch die vermehrten Lasten herbeigeführten Erscheinungen der Grundbesitz vielfach durch Baupolizeiverordnungen beunruhigt werde, für welche eine einheitliche Regelung und ein wirklicher Rechtszug fehle. So willig man anerkennen müsse, daß die Behörden die Pflicht haben, durch Polizeiverordnungen die hygienischen und sicherheitspolizeilichen Anforderungen in ausreichender Weise zu fördern, so wenig scheine es angemessen, durch stetig wechselnde Bauordnungen in die Verhältnisse von Grundbesitz und Realkredit wertverändernd einzugreifen.

Die Sache hat aber natürlich auch eine andere Seite. Vielfach liegen die Verhältnisse so, daß durch den Erlaß von Bauordnungen für bisher noch unbebaute Gebiete nicht bereits durch eine vorhergehende Bauordnung festgelegte Ertragsmöglichkeiten und Werte herabgesetzt werden, sondern nur die Zukunftserwartungen solcher Grundbesitzer, welche ohne stichhaltigen Grund mit einer weniger strengen Bauordnung rechneten, getäuscht und die erhofften Spekulationsgewinne herabgesetzt werden. In einem solchen Falle kann man gewiß diejenigen, welche auf solch unbestimmte Zukunftsaussichten hin sich verleiten ließen, Grundstücke zu entsprechend hohem Preis zu erwerben, bedauern, aber wenn sie auf diese Weise Verluste erleiden, so ist das schließlich ihre Sache; sie hätten eben bei ihrer Gewinnberechnung vorsichtiger zu Werke gehen müssen.

Es läßt sich nicht leugnen, daß man neuerdings im Interesse einer hygienischeren Gestaltung des Wohnungswesens in vielen Fällen wesentlich strengere, die Bebauungsintensität herabsetzende Bauvorschriften erlassen hat. Das liegt ja ohne weiteres in der Abstufung der Bauordnungen gegenüber der früheren einheitlichen Bauordnung ausgedrückt. Notgedrungen muß damit eine Auseinanderziehung der Stadtanlage, eine räumlich größere Flächenentfaltung derselben Hand in Hand gehen. Aber die gewaltige Ausbildung der Verkehrsmittel, die noch immer im Fortschritt begriffen ist, ermöglicht eine solche auch in ganz anderer Weise, als das früher der Fall war. Es ist deshalb auch durchaus berechtigt, wenn man im Interesse einer Verbesserung der äußeren hygienischen Wohnungsqualitäten von dieser Möglichkeit weitgehenden Gebrauch machen und demnach durch entsprechende Bauvorschriften eine wesentlich größere Weiträumigkeit der Stadtanlage erzwingen will, als das bei den früheren Verkehrsverhältnissen möglich war. Und in diesem, im Interesse eines gesundheitlichen Ausbaues der Städte und des Wohnungswesens derselben wünschenswerten Bestreben kann man sich nicht durch die Rücksichtnahme auf eine Reihe von Grundbesitzern, deren Gewinne dadurch geschmälert, eventuell in einen Verlust verwandelt werden, beeinflussen lassen. Es erscheint mir auch ziemlich müßig, darüber zu streiten, was nun die „natürliche" Bebauungsart irgend eines Städteteils sei, der Hochbau oder der Flachbau oder irgendwelche Kombinationen, weil sich der Maßstab für die Beurteilung dieses naturgemäßen Zustandes je nach Umständen außerordentlich verschiebt. So natürlich es uns erscheint, daß in der verkehrslosen oder -armen Zeit die Bevölkerung sich eng in den Städten und um die Geschäftsviertel zusammendrängte, weil alle Wege zur City zu Fuß zurückgelegt werden mußten, so unnatürlich muß es uns vorkommen, wenn man heutzutage in der Zeit der Hoch- und Untergrundbahnen, des elektrischen Schnellverkehrs und des Automobils noch ebenso dichtgedrängt zusammenwohnen wollte. So kann und muß die Bauordnung, welche heutzutage fast allein die Bauweise bestimmt, dieser Verschiebung in dem Maßstab der naturgemäßen Bebauung Folge leisten, auch wenn dadurch einzelne Grundbesitzer geschädigt werden. Es wäre schließlich ihre Sache gewesen, diese Veränderungen, welche sich unter dem Druck der Verhältnisse in dem Ausbau unserer Städte, im Bauordnungswesen etc. vollzogen haben, vorauszusehen und ihre Gewinnberechnungen danach einzurichten, um so mehr, als sich diese Änderungen nicht von heute auf morgen, sondern im Lauf vieler Jahre, selbst Jahrzehnte vollzogen. Wenn sie dieselben gleichwohl unbeachtet ließen, so sind sie in derselben Lage, wie irgend ein anderer Geschäftsmann, der die Zukunftschancen seines Gewerbes nicht richtig berechnet hat und nun plötzlich eine neue, unerwartete Konkurrenz auftauchen sieht, die seinen Gewinn schmälert. Aber in einem solchen Falle muß er allein den Verlust tragen, und ähnlich liegt der Fall auch bei den städtischen Hausbesitzern, für welche sich die Konkurrenz der auf den Außengeländen erbauten Häuser immer fühlbarer bemerkbar machen wird. So gut früher viele städtische Hausbesitzer von der räumlichen Zusammendrängung der Stadtanlage und der damit zusammenhängenden größeren Ertragsfähigkeit des einzelnen Grundstücks profitierten, so gut werden jetzt andere, wo die Verhältnisse wieder eine in mancher Beziehung weiträumigere Bauweise ermöglichen und erstrebenswert machen, den Schaden haben.

Etwas kompliziert werden die Verhältnisse durch die Wertzuwachssteuer. Es ist schon oft in der Literatur verlangt worden, man müsse für den Fall, daß man den unverdienten Wertzuwachs besteuere, die Grund- und Hausbesitzer auch für den unverdienten, d. h. unverschuldeten Vermögensverlust entschädigen, wie er durch ein verändertes Stadterweiterungssystem oder durch andere Bauordnungsvorschriften herbeigeführt werde. Was die Schädigungen durch eine nachträgliche Änderung von Bauordnungen, welche bereits viele Jahre in Gültigkeit waren, anbelangt, so kann man dieses Verlangen wohl als richtig anerkennen; anders sind dagegen die Verluste zu beurteilen, wie sie durch die sich als Folge der Dezentralisationsbestrebungen einstellende Entwertung des städtischen Innenbodens hervorgerufen werden. Ich habe schon an anderer Stelle[1] darauf hingewiesen, daß von einem Schadenersatz von seiten der Städte für die auf diese Weise entstehenden Vermögensverluste schon deshalb keine Rede sein könne, weil die Städte bzw. ihre Verwaltungen gar nicht die treibende Ursache der veränderten städtischen Entwickelung sind, sondern nur dem Druck der Verhältnisse, wie sie durch die anderen Wohnsitten und Wohnansprüche der Bevölkerung und die Entwickelung des Verkehrswesens bedingt werden, Folge leisten und im Interesse ihrer Schutzbefohlenen auch Folge leisten müssen. Hier ist ja auch von einem nachträglichen Erlaß irgendwelcher baupolizeilichen Bestimmungen, durch welche die

---

[1] Bodenfrage und Bodenpolitik, S. 181.

Ertragsfähigkeit der Grundstücke im Innern der Stadt herabgesetzt
werden könnte, keine Rede. Es bleiben dieselben Bauvorschriften
und derselbe Grad der baulichen Ausnutzbarkeit bestehen; das Publikum
selbst ist es, welches manche der alten innenstädtischen Wohnungen
auf Grund der Konkurrenz, welche diesen die neueren, schöneren und
oft noch billigeren Wohnungen auf den Außengeländen machen, im Werte
herabsetzt und so eine geringere Ertragsfähigkeit derselben veranlaßt.
Gegen eine derartige Niederbewertung seines Produkts auf Grund
besserer Konkurrenzprodukte ist der städtische Wohnungsproduzent
ebensowenig gefeit wie der Produzent irgendwelcher anderer Güter.
Und erst recht kann er dafür keine Entschädigung beanspruchen. Umgekehrt dürfte man ihm dann aber auch nicht einen Teil eines etwaigen,
wenn auch „unverdienten" Wertzuwachses abfordern.

So kann man nur hoffen und wünschen, daß die durch das neue
Stadterweiterungssystem und die Summe der Dezentralisationsbestrebungen bedingte Änderung im Wert der bebauten städtischen
Grundstücke sich möglichst langsam und allmählich vollziehe,
in den meisten Fällen in einem weniger großen Gewinn, als in einem
direkten Verlust in Erscheinung trete und so von den meisten Hausbesitzern ohne nachhaltige Schäden überwunden werden kann. In
rasch sich weiter entwickelnden Städten ist das schon deshalb anzunehmen,
weil hier die alten Häuser in der Innenstadt meist niedergerissen werden
und modernen Geschäftshäusern Platz machen, für welche die Konkurrenz
der Außengelände und Vororte kaum in Frage kommt. Weniger günstig
liegen die Verhältnisse in solchen Städten, die nur eine relativ geringe
Weitentwickelung aufzuweisen haben und gleichwohl dem Zuge der Zeit
folgend eine weitgehende Erschließung und Bebauung der Außengelände
betreiben. Hier kann die so neugeschaffene Konkurrenz für die innenstädtischen Hausbesitzer höchst verlustbringend werden, namentlich in
stillen Seitenstraßen der Altstadt, die für Geschäftsstraßen nicht recht
in Frage kommen und als Wohnstraßen modernen Ansprüchen nicht
mehr genügen.

Was ferner die in der Umgebung der Städte gelegenen,
noch unbebauten Terrains anlangt, so wird es sich auch hier kaum
vermeiden lassen, daß manche derselben infolge der besprochenen Änderungen im Stadterweiterungssystem und Bauordnungswesen gegenüber
der früheren Taxe nicht unerheblich an Wert verlieren. Zum Teil dürfte
sich das schon in den seit Jahren zu beobachtenden Kursrückgängen
vieler Terrainaktien und ihrer Dividendenlosigkeit aussprechen. Es
wird sich aber kaum berechnen lassen, ob das jetzige Kursniveau nun
schon genügend dem durch die erwähnten Verhältnisse geänderten wirklichen Wert der Aktien entspricht, oder ob es noch weiterer Kurssenkungen
bedarf; relativ günstig ist es noch, daß sich in der Umgebung der Großstädte ein großer Teil der demnächst zur Bebauung kommenden Terrains

in den Händen von großen Terraingesellschaften befindet, so daß sich die auf diese Weise eintretenden Verluste auf viele Aktionäre verteilen und für den einzelnen weniger fühlbar werden. Eine wirkliche Gesundung der Verhältnisse auf dem Terrainmarkte dürfte erst dann eintreten, wenn die Wertbemessung und Preisfestsetzung der Terrains nicht mehr im Hinblick auf die früheren Verhältnisse, sondern unter Berücksichtigung der durch die neueren Grundsätze im Städtebau und Bauordnungswesen gegebenen Nutzungsmöglichkeiten erfolgt. Dieser für manche Grundbesitzer recht unangenehme und verlustbedeutende Umwertungsprozeß dürfte durch die jetzige Krisis auf dem Terrainmarkt beschleunigt und damit wieder stabilere Verhältnisse geschaffen werden.

Die jetzige, höchst ungünstige Lage des städtischen gewerbsmäßigen Hausbesitzerstandes, die aus vielen Städten berichtete Unverkäuflichkeit der Rentenhäuser, die zahlreichen Zwangsversteigerungen, die Kreditnot des städtischen Hausbesitzes etc. sind übrigens ein glänzender Gegenbeweis gegen viele der Eberstadtschen Behauptungen. Nach ihm[1]) ist es bei den Verhältnissen, wie sie im städtischen Grundbesitz gegeben sind, möglich, „Wert und Ertrag einseitig zu steigern“, ... „die spekulativen Gewinne zu realisieren und durch eine auf 90 bis 100 % des gesteigerten Wertes getriebene Verschuldung auf die Bevölkerung fortzuwälzen in der Kette Bodenspekulant, Bauunternehmer, Hausbesitzer, Mieterschaft“. Zurzeit scheint diese Kette und die den Hausbesitzern zugeschriebene Machtstellung gegenüber ihren Mietern aber völlig zu versagen. Warum benutzen andernfalls die Hausbesitzer nicht ihre Übermacht, um durch Abnahme höherer Mieten ihre pekuniäre Situation zu bessern und der eventuellen Zwangsversteigerung aus dem Wege zu gehen? Nach Eberstadt ist den Mietern „jeder individuelle Einfluß auf die Entwickelung der Bodenwerte genommen. Nur als objektive Voraussetzung der Wertbewegung kommen sie in Betracht“ (a. a. O., S. 122). Zurzeit sind aber die Mieter offenbar nicht gewillt, sich eine willkürliche Preisdiktatur von seiten der Hausbesitzer bieten zu lassen und ebensowenig gefallen sie sich in der Rolle rein passiver Objekte der Wertbewegung; im Gegenteil weiß auch die Mieterschaft überall da, wo im Verlauf der Dezentralisationsbestrebungen ein reichlicher Vorrat von Wohnungen jeder Größe und Preislage auf den Außengeländen und in den Vororten geschaffen wurde, in höchst aktiver Weise dieses Moment zu ihrem Vorteile auszunutzen, indem sie entweder diese billigeren Wohnungen bezieht, oder aber die ihrem Hausbesitzer erwachsende Konkurrenz dazu benutzt, um von ihm eine Herabsetzung der Mieten zu erlangen oder sich zum mindesten keine Mieterhöhung gefallen zu lassen. Wäre die den Hausbesitzern zugeschriebene Machtstellung wirklich so groß, wie vielfach behauptet wird, so wäre es doch höchst sonderbar, wenn sie dieselben nicht dazu benutzten, ihre jetzige, keineswegs günstige Situation aufzubessern. Dabei geht man in der Annahme wohl nicht fehl, daß sich für viele innenstädtische Hausbesitzer diese Situation im Verlauf der Jahre auf Grund der stets zunehmenden Besiedelung der Außengelände noch verschärfen wird, ohne daß sie irgend etwas dagegen tun können.

---

[1]) Handbuch des Wohnungswesens, 2. Aufl., S. 298.

Zweiter Abschnitt.

Das Wohnungswesen und die Wohnungshygiene im Unterricht der Technischen Hochschulen und Universitäten.

Die Ausführungen dieser Schrift machten den Versuch, die mannigfachen Erscheinungen, wie sie im Wohnungswesen unserer Städte auftreten, insbesondere auch die dabei mitlaufenden wirtschaftlichen Fragen auf verhältnismäßig einfache und natürliche Ursachen zurückzuführen und von dem so gewonnenen Standpunkte aus die zahlreichen vorgeschlagenen Reformmaßnahmen zu beurteilen. Dabei zeigte sich, daß wohl auf keinem andern Gebiete der Sozialwissenschaften die Anschauungen der Autoren so weit auseinandergehen wie gerade auf dem der Wohnungsfrage und mit ihr zusammenhängenden Bodenfrage. Was ist nicht alles an Theorien über die Ursache der hohen Bodenwerte und der Wohnungsmißstände vorgebracht worden. Bald waren es die Grund- und Hausbesitzer, bald die Terrainspekulation, die Hypothekenspekulation, dann die Institutionen unseres Realkredits, die Kette vom Bodenspekulanten über den Hausbesitzer zur Mieterschaft, endlich ein ungenügendes Bodenrecht usw., welche für die beobachteten Mißstände, insbesondere die hohen Bodenwerte, verantwortlich gemacht wurden. An der einfachsten und natürlichsten Erklärung, die Bodenwerte als direkte und logische Folge der durch die jeweiligen Bauordnungen und die herrschenden Wohnsitten ermöglichten Ertragsfähigkeit des Bodens aufzufassen und die beobachteten Verschiedenheiten vor allem durch die Verschiedenheit dieser Faktoren zu erklären, ist man fast immer vorübergegangen; nicht minder daran, die beobachteten Wohnungsmißstände hauptsächlich auf die Mangelhaftigkeit der früheren Bauordnungen und Bebauungspläne zurückzuführen, welche durch Zulassung einer übertriebenen und teilweise die unhygienischsten Verhältnisse verursachenden Bebauungsintensität einerseits für zahlreiche der auch jetzt noch bestehenden bau- und wohnungshygienischen Mängel unserer Städte verantwortlich zu machen sind, anderseits durch die damit gegebene hohe Ertragsfähigkeit der so bebauten Grundstücke die übertriebene Höhe der Bodenwerte erzeugt haben.

So kann man sich des Eindrucks nicht erwehren, daß die Erkenntnis der das Wohnungswesen betreffenden Fragen bisher keineswegs mit dem großen und allseitigen Interesse, welches man von seiten der Öffentlichkeit und aller möglichen Körperschaften demselben entgegenbrachte, gleichen Schritt gehalten hat. Es gibt wohl wenige Gebiete des öffentlichen Lebens, welche gerade in letzter Zeit so oft auf Kongressen und in großen Volksversammlungen behandelt wurden, wie die Wohnungsfrage und die mit ihr zusammenhängenden Probleme. Das hat gewiß in mancher Beziehung sein Gutes. Das öffentliche Interesse wird auf diese Gebiete hingelenkt, die bestehenden Zu-

stände werden untersucht und klargestellt, und schließlich die Verwaltungsorgane veranlaßt, irgend etwas zur Beseitigung der erkannten Mißstände
zu tun.   Aber da zeigen sich auch sofort die Nachteile der Behandlungsweise derartiger Fragen, welche gewiß praktischer Natur sind, zu ihrem
völligen Verständnis aber wissenschaftliche Vertiefung erfordern,
in der breiten Öffentlichkeit und vor einem keineswegs immer genügend
sachverständigem Publikum. An die Stelle der ruhigen und nüchternen,
rein objektiv und wissenschaftlich vorgehenden Prüfung der zu unter-
suchenden Fragen tritt allzu leicht die voreilige, auf vorgefaßten Meinungen und einseitiger Stellungnahme beruhende subjektive Gefühls-
äußerung, namentlich dann, wenn die Redner und Vortragenden sich
nicht scheuen. in agitatorischer Weise durch Übertreibungen, Schilderung einzelner besonders krasser Fälle etc. an das Gefühl ihrer Zuhörer
zu appellieren und durch den dann meist leicht erreichbaren Beifall die
Mängel und Schwächen ihrer Beweisführung zu verdecken.

Diese Eigenart und Schwäche großer Volksmassen schildert A. Moll
sehr schön in einem Aufsatz über Massenpsychologie[1]), indem er ausführt:
„Die Seele der Masse ist nicht die Summe der Seelen der einzelnen,
sondern besitzt besondere Eigenschaften . . . .   Sie ist zu vielen Hand-
lungen geneigt, denen der einzelne widerstehen würde . . . Das charakteristische Moment der Masse ist aber, daß die Logik und Intelligenz
erheblich gegenüber dem Gefühls- und Affektleben zurücktreten . . .
Die schärfsten Gründe wirken in der Masse nicht überzeugend, und
deshalb wird sich ein guter Agitator . . . auch nicht darauf einlassen,
mit Gründen seine Gegner zu bekämpfen; vielmehr wird er an das Gefühlsleben und die Affekte appellieren.“   Gerade bei der Behandlung
der Wohnungsfrage ist es einem „geschickten“ Redner leicht möglich,
sich auf diese Weise einen billigen Erfolg für sein Auftreten und seine
Beweisführung zu sichern. Der so gewonnene Beifall wird dann benutzt,
um die Zustimmung der Volksmassen auch für die vom Redner geforderten
Maßnahmen und Reformen zu gewinnen, einerlei ob sie wirklich sachlich
begründet sind oder nicht, und entsprechende Resolutionen zu veranlassen. Was ist auf diese Weise in der Boden- und Wohnungsfrage nicht
schon alles gefordert worden: Aufhebung des Privateigentums im Grund
und Boden, Verstaatlichung und Kommunalisierung der Grundrente,
jede nur denkbare Bekämpfung der Spekulation, Änderung des Hypothekenrechts, des Bodenrechts, alle möglichen, den spekulativen Grundstückumsatz erschwerenden Steuern etc. An den einfachsten und natürlichsten Mitteln, der übertriebenen Höhe der städtischen Bodenwerte
und den daraus folgenden Wohnungsmißständen entgegenzutreten,
nämlich der städtischen Dezentralisation, entsprechender Ausbildung
des Verkehrswesens, der Aufstellung besserer Bauordnungen und Bebauungspläne ist man bei der Behandlung der Wohnungsfrage in der

---

[1]) Handwörterbuch der sozialen Hygiene, Leipzig 1912, Bd. 2, S. 26.

breiten Öffentlichkeit fast immer vorübergegangen. Das ließ sich
weniger leicht agitatorisch verwenden und zu einem Angriff gegen
irgendwelche mißliebige und politisch zu verdächtigende Berufsklassen,
wie die sog. Hausagrarier, Grundbesitzer, Bodenspekulanten etc. verwenden.

Pohle[1]) hat uns in seinen Betrachtungen über das Verhältnis zwischen
Politik und nationalökonomischer Wissenschaft gezeigt, wohin es führt,
wenn wirtschaftspolitische Urteile und Forderungen im Namen der
Wissenschaft ausgesprochen werden: „Wer an die Untersuchung des
Seienden mit bestimmten Vorstellungen und Wünschen in bezug auf das,
was auf dem fraglichen Gebiet eigentlich sein sollte, herangeht, der
läuft immer Gefahr, von den Theorien, die zur Erklärung der Erscheinungen sich bieten, unbewußt diejenigen zu bevorzugen, die zugleich
zur Begründung seiner wirtschaftspolitischen Ziele verwendet werden
können, und zugleich von dem Seienden, von den Tatsachen, nur das zu
sehen, was zur Begründung seiner Forderungen zu dienen geeignet
ist.“ Auf keinem Gebiete treffen diese Ausführungen mehr zu, als auf
dem der Wohnungsfrage.

So ist es gewiß bedauerlich, daß auf die geschilderte Weise noch
so viele Irrtümer und unklare Vorstellungen über die wichtigsten Fragen
des Wohnungswesens verbreitet werden, welche auch den Reformmaßnahmen hindernd im Wege stehen. Es wäre deshalb sicherlich höchst
bedeutsam, wenn man endlich einmal daran ginge, dem Wohnungswesen und verwandten Gebieten, insbesondere auch der
Summe der wohnungshygienischen Bestrebungen in dem
Lehrplane der Technischen Hochschulen und Universitäten
den ihnen gebührenden Platz einzuräumen und hier Institute
für Wohnungswesen und Wohnungshygiene zu schaffen, welche
die Aufgaben hätten, alles hierher gehörige Material zu sammeln, die
nötigen Untersuchungen statistischer, auch experimenteller Art in Angriff zu nehmen und sich so zu Zentralstellen für eine wissenschaftliche Behandlung dieser Gebiete herausbilden könnten.
Meines Erachtens dürfte es zweckmäßig sein, derartige Institute einfach
als bau- und wohnungshygienische Institute zu bezeichnen.
Definiert man die Wohnungshygiene als die Summe der Bestrebungen,
durch entsprechende Materialverwendung, Bauweise, Bauordnungen,
Bebauungspläne und die Maßnahmen der städtischen Bau- und Bodenpolitik eine hygienische Gestaltung der Wohnverhältnisse herbeizuführen,
so gehört natürlich auch das Wohnungswesen, als Ausgangspunkt und
Objekt der Besserungsbestrebungen mit dazu. Auch die sog. Wohnungsreformbestrebungen sind weiter nichts als ein Teil der wohnungshygienischen, eben auf eine Besserung der Wohnverhältnisse hinzielenden

---

[1]) Die gegenwärtige Krisis in der deutschen Volkswirtschaftslehre, Leipzig
1911, S. 97.

Bestrebungen. Es ist nicht recht ersichtlich, warum man in diesem Falle das längst eingebürgerte und das Wesen der Sache sehr gut kennzeichnende Wort Hygiene durch das ziemlich unpassend gewählte Wort Reform ersetzen soll. Von einer wirklich grundlegenden und auf einer völligen Umänderung beruhenden „Reform" kann bei diesen Bestrebungen doch gar keine Rede sein. Selbst die radikalsten Wohnungsreformer haben eingesehen, daß es sich dabei nur um eine allmähliche und im Laufe der Zeit zu immer größerer Vollendung zu bringende Weiterentwickelung bereits bestehender Institutionen, wie etwa des Bauordnungswesens, des Verkehrswesens, der Aufstellung geeigneter Bebauungspläne handeln kann. In diesem Sinne bewegen sich auch die Vorschläge des neuen preußischen Wohnungsgesetzentwurfs; auch da werden keine Reformen gefordert, sondern Dinge, die teils an vielen Orten längst bestehen und eingeführt sind, teils aus vorhandenen Anfängen heraus entwickelt und zu höherer Vollendung geführt werden sollen. Der Endzweck, das große Ziel all dieser Bestrebungen ist es aber, die Wohnverhältnisse zu bessern, und da es sich bei dieser Besserung vor allem um die gesundheitliche Seite der Wohnungen, ihre Rückwirkung auf das körperliche und geistige Wohl der Bewohner handelt, sie hygienischer zu gestalten. So scheint es mir überflüssig neben den wohnungshygienischen noch von besonderen Wohnungsreformbestrebungen zu sprechen. Im übrigen stellt die Wohnungshygiene einen Teil der die hygienischen Verhältnisse aller Bauten umfassenden Bauhygiene dar und ist zweckmäßigerweise mit ihr zu vereinigen.

So stehen also Bau- und Wohnungshygiene, Wohnungswesen und Wohnungsreform in engem Zusammenhang und müssen demnach auch als Wissenschaft und Lehrfach einheitlich und von einer Stelle aus behandelt werden. Gewiß handelt es sich dabei teilweise um recht verschiedenartige Gebiete, schon allein, wenn man das Wohnungswesen in Betracht zieht. Aber auf keinem Gebiete wäre auch das verfluchte Spezialistentum unserer Zeit schädlicher, als gerade hier. Neben seiner rein technischen, architektonischen und städtebaulichen Seite, die im Lehrplane der Technischen Hochschulen in genügender Weise in den betreffenden Fachvorlesungen behandelt wird, hat das Wohnungswesen noch eine weitere Seite, die ein einheitliches Ganze bildet, obschon sie sich aus hygienischen, sozialen und wirtschaftlichen Fragen zusammensetzt. Diese ist es, an welche man gewöhnlich denkt, wenn man schlechthin von dem Wohnungswesen und der Wohnungsfrage spricht. Es dürfte eine ziemlich zwecklose Erörterung sein, sich darüber zu streiten, ob der Bau- und Wohnungshygieniker, der Nationalökonom oder der Sozialpolitiker der berufene Mann zu einer derartigen einheitlichen Behandlung dieser Materie sei, es wird sich immer darum handeln, ob der Betreffende sich zur Genüge in diese verschiedenen Gebiete eingearbeitet hat, um aus dem daraus zu ent-

nehmenden Material ein einheitliches Ganze bilden zu können. Immerhin
liegt der Schwerpunkt der Behandlung der Wohnungsfrage in der
hygienischen Seite; die Besserung der Wohnverhältnisse in hygienisch-
technischer Beziehung, wenn auch im Rahmen der wirtschaftlichen
Möglichkeiten, ist das letzte Ziel dieser Bestrebungen; und so dürften
sich das Wohnungswesen und die Wohnungsreformbestrebungen noch am
ehesten dem Rahmen der Bau- und Wohnungshygiene — eventuell
auch der weiteren, diese Gebiete einschließenden sozialen Hygiene —
einfügen lassen. Auch mit der Methodologie und Arbeitsweise
dieser Disziplinen[1]) läßt sich das sehr gut vereinbaren. Die soziale
Hygiene sowohl wie die Bau- und Wohnungshygiene haben nicht ein
eigenes Forschungsgebiet und eine eigene Arbeitsweise für sich, wie etwa
die Botanik, die Physik usw. Ihre Aufgabe ist es vielmehr, aus den
verschiedensten technischen, naturwissenschaftlichen und gesellschafts-
wissenschaftlichen Disziplinen das herauszugreifen, was sie für ihre
Ziele für geeignet halten und benötigen. Wenn auch diese Bausteine
den verschiedensten Gebieten entlehnt sind, so ist doch das Gebäude,
welches die Hygiene und ihre Unterabteilungen daraus formen, ein
durchaus selbständiges, und je nachdem, wie diese Bausteine verwertet
und dem Rahmen des ganzen Gebäudes eingefügt werden, durchaus
wissenschaftliches. Die einzelnen Ergebnisse, wie sie den verschiedensten
Wissensgebieten entnommen sind, bedeuten im Sinne der Hygiene zunächst nichts, sind zusammenhanglose Einzeltatsachen. Erst dadurch,
daß die Hygiene sie zusammenfaßt, dieselben auf den Menschen und seine
Umgebung anwendet, daraus Forderungen und Maßnahmen zu einer
hygienischeren Gestaltung irgendwelcher ihn beeinflussenden Faktoren
ableitet, werden sie ein einheitliches Ganze, das von keiner der benutzten
Einzelwissenschaften überflüssig gemacht wird. So liegt gerade in der
Zusammenfassung vieler Einzeltatsachen, der prägnanten Zielvorstellung
und Zweckbestimmung das Wesen und der wissenschaftliche Charakter
der Hygiene begründet. Daher ist der Hygieniker in direktem Gegensatz zu den Vertretern der meisten andern Disziplinen gezwungen, sich
nicht an die engen Grenzen eines bestimmten, scharf definierten Faches
zu halten, erst recht nicht sich innerhalb desselben zu spezialisieren,
sondern genötigt, sich auf den verschiedensten Gebieten einzuarbeiten,
die Resultate derselben auf die Verwendbarkeit für seine Zwecke zu
prüfen und eventuell zu übernehmen. Gerade deshalb dürfte der Bau-
und Wohnungshygieniker aber auch berufen sein, die verschiedenartigen
und auf den verschiedensten Gebieten liegenden Probleme des Wohnungswesens mitzubehandeln. Im übrigen ist es schließlich einerlei, von wem
dasselbe bearbeitet wird, es wird doch vor allem auf die Persönlichkeit,
den speziellen Studiengang und die Art und Weise ankommen, wie
die Sache angepackt wird.

---

[1]) S. dazu: A. Grotjahn, Soziale Hygiene im Handwörterbuch der Hygiene,
Leipzig 1912.

Den hier befürworteten Lehrstühlen für Wohnungshygiene und Wohnungswesen an den Technischen Hochschulen, eventuell auch solchen Universitäten, an denen die Sozialwissenschaften besonders gepflegt werden, fielen große und bedeutsame Aufgaben zu. Bisher lag die Behandlung der Fragen des Wohnungswesens und der Wohnungshygiene fast nur in den Händen von Körperschaften und Vereinen, die sich größtenteils aus Laien zusammensetzten, oder doch aus Leuten, welche der wissenschaftlichen Forschung ziemlich fern standen, deshalb auch bei besten Absichten nicht immer rein sachlich vorgingen, sondern mehr oder weniger von der öffentlichen Meinung beeinflußt wurden. Einer exakten, nüchternen Klarstellung strittiger Fragen wird sich das stets als hinderlich erweisen. Nun liegt ja gewiß der Einwand nahe, daß auch der akademische Lehrer und Forscher keineswegs derartigen Einflüssen entrückt sei, aber immerhin gibt doch hier die völlige Unabhängigkeit seiner Position, der Umstand, daß er in keiner Weise materiell mit der Sache, die er bearbeiten soll, verknüpft ist, noch am ehesten die Gewähr für eine völlig unparteiische und sachliche Behandlung seines Faches. Keinesfalls dagegen ist eine solche Unparteilichkeit bei denjenigen sich mit der Wohnungsfrage befassenden Korporationen zu erwarten, die sich von vornherein auf ein bestimmtes, den Köpfen ihrer Führer entnommenes Programm festgelegt haben und nur auf dessen Verwirklichung hin arbeiten, demnach auf ihren Versammlungen nur diese eine Auffassung hören wollen und jede andere Meinung niederschreien.

So wäre es höchste Zeit, daß sich unsere Hochschulen der Wohnungshygiene und des Wohnungswesens etwas mehr als bisher annähmen. Es genügt nicht, irgend einen Dozenten im Nebenamt mit der Abhaltung der einen oder andern Vorlesung aus diesem Gebiet zu beauftragen, demselben muß vielmehr durch Schaffung vollbesoldeter, etatsmäßiger Stellen die nötige materielle und ideelle Unabhängigkeit, auch gegenüber dem übrigen Lehrkörper gegeben werden; außerdem muß demselben durch Einrichtung und entsprechende Ausstattung wohnungshygienischer Institute Gelegenheit gegeben sein, sein Fach in wissenschaftlicher Weise auszubauen. Bei der außerordentlichen Bedeutung, welche diesen Fächern für das Volkswohl und die Volksgesundheit zukommt, dürfte es geradezu als Ehrenpflicht unserer Hochschulen, die doch sonst in allen bedeutsamen Fragen unseres Kulturlebens die Führung übernommen haben, bezeichnet werden, auch auf diesen Gebieten bahnbrechend und tonangebend voranzugehen.

Gerade in letzter Zeit ist auch in der Literatur und sonstwie mehrfach eine stärkere Betonung der Wohnungshygiene und des Wohnungswesens im Lehrplan der Technischen Hochschulen gefordert worden. Ich selbst hatte in früheren Arbeiten schon verschiedentlich darauf hingewiesen, so unter anderm in dem Aufsatz: „In welcher Beziehung steht die Hygiene zur Technik und was soll die Hygiene als Lehrfach an den Technischen Hochschulen?", Techn. Gemeindeblatt, Jahrg. XII, 1910, Nr. 20, und in der Arbeit: „Wohnungshygiene und Hochsommerklima nebst kritischen Bemerkungen zur Entstehung wohnungshygienischer Theorien", Zeitschrift für Sozialwissenschaft 1912, Heft 7/8 und 9.

Ferner hat die 10. Hauptversammlung der Deutschen Gartenstadtgesellschaft (1912) einstimmig folgende Entschließung gefaßt:

„Die 10. Hauptversammlung der Deutschen Gartenstadtgesellschaft gibt dem Wunsche Ausdruck, daß an den technischen Unterrichtsanstalten das Wohnungswesen gründlicher als bisher behandelt werden möge.

1. In Vorträgen und Übungen über die wirtschaftliche, soziale und gesundheitliche Seite des Wohnungswesens, damit die technischen Beamten des Staates, der Gemeinden und der Industrie Gelegenheit und Anregung erhalten, sich diejenigen Kenntnisse anzueignen, die für eine verständnisvolle Förderung des Wohnungswesens nötig sind und damit die Architekten und Techniker einen Einblick in die wirtschaftlichen Grundlagen erhalten, auf denen sich der größte Teil ihrer dereinstigen Arbeit aufbaut.

2. In Vorträgen und Übungen über die technisch künstlerischen Aufgaben des Kleinwohnungswesens in Würdigung der Tatsache, daß mehr als 85 % der deutschen Bevölkerung auf Kleinwohnungen angewiesen sind, daß demnach die bauliche Entwickelung unserer Städte und Dörfer im wesentlichen durch Kleinwohnungsbau bestimmt wird oder doch werden sollte und daß es zu den größten und schwierigsten Aufgaben der Gegenwart gehört, die Hunderttausende von Kleinwohnungen, deren Bau das Wachstum unseres Volkes alljährlich erfordert, in einer technisch und künstlerisch befriedigenden Weise zu gestalten."

In seiner bereits S. 173 erwähnten Schrift: „Können die in den heutigen großstädtischen Wohnverhältnissen liegenden Schäden behoben werden" tritt auch Stadtbaurat Weiß sehr energisch für eine stärkere Betonung des Wohnungswesens im technischen Unterrichtswesen ein, indem er sagt: „Das ganze Gebiet des Wohnungswesens muß Lehr- und Prüfungsfach sowohl an den Hochschulen als auch an den Baugewerkschulen werden. Der Staatstechniker muß schon bei der ersten Hauptprüfung den Nachweis erbringen, daß er sich wenigstens mit den Hauptpunkten des gesamten Gebiets vertraut gemacht hat und gleiche Ansprüche, wenn auch allgemeinerer Natur, muß man bei den Absolventen der Baugewerkschulen stellen."

In allerletzter Zeit hat dann der Vorstand des Verbandes Deutscher Architekten- und Ingenieur-Vereine an die Rektoren und Senate der deutschen technischen Hochschulen in Ausführung der Beschlüsse der Abgeordnetenversammlung zu München ein Schreiben gerichtet, in dem auf die Notwendigkeit hingewiesen wird, den jungen Architekten schon auf der Hochschule über die Frage des Kleinwohnungswesens zu belehren. Der Kleinwohnungsbau werde zwar heute schon in den Kollegs und Übungen des Stadt- und Landbaues behandelt, diesen seien aber so viele andere Aufgaben zugewiesen, daß eine eingehendere Behandlung des Kleinwohnungswesens sich gleichzeitig nicht werde ermöglichen lassen. Weiter wird darauf hingewiesen, daß die Wohnungsfrage als technische Frage letzten Endes nur vom Techniker zu lösen sei, daher sei eine geeignete Vorbildung des Technikers durchaus notwendig. Das Gebiet sei aber als soziales und technisches Problem so umfangreich geworden, daß nur eine zielbewußte Belehrung jene Vorbildung gewährleisten könne; dabei müßten auch die sozialen Fragen, die durch das Wohnungsproblem berührt werden, auf der Hochschule mitbehandelt werden. Aus diesen und andern Gründen regt der genannte Verband die Schaffung von Lehrstühlen für Kleinwohnungswesen an den Technischen Hochschulen an, wobei er eine Zusammenfassung mit den Industriehochbauten als zweckmäßig befürwortet.

Um zu den hier zitierten Äußerungen mit einigen Worten Stellung zu nehmen, so sei darauf hingewiesen, daß die rein formale, architektonische und technische Seite des Kleinwohnungswesen, das ist mit andern Worten der Bau der Kleinwohnungen, gegenwärtig wohl schon zur Genüge in den verschiedensten Vorlesungen und Übungen, z. B. der bürgerlichen und landwirtschaftlichen Baukunst und des Städtebaues behandelt wird und kaum einer Ergänzung bedarf. Dieser Kleinwohnungsbau ist mit dem Kleinwohnungswesen und der Wohnungsfrage aber auch keineswegs identisch. Bei diesen letzteren handelt es sich überwiegend um die hygienische, soziale und wirtschaftliche Seite des Problems, welche bisher auf den wenigsten Hochschulen im Zusammenhang und in direkter Anwendung auf die Fragen der Praxis behandelt wurde. Eine Ergänzung der architektonischen Vorlesungen nach dieser Richtung ist also höchst wünschenswert, rechtfertigt aber kaum ein besonderes Lehrfach, sondern fällt als spezielle Aufgabe den bau- und wohnungshygienischen Vorlesungen zu. Die auch aus vielen andern Gründen wünschenswerten Lehrstühle für Bau- und Wohnungshygiene machen demnach solche für Kleinwohnungswesen überflüssig, schließen dasselbe vielmehr als eines ihrer Hauptarbeitsgebiete mit ein.

Dritter Abschnitt.

Die Besserung der Wohnverhältnisse und die Wohnungsgesetzgebung.

Die Frage, ob und wieweit es möglich ist, auf dem Wege der Gesetzgebung die Wohnungsmißstände zu beseitigen, beantwortet sich am leichtesten, wenn man prüft, wieweit gesetzgeberische Maßnahmen die Ursachen derselben zu beeinflussen imstande sind. Wir haben verschiedentlich festgestellt, daß die schwerwiegendsten und krassesten Wohnungsmißstände, wie sie sich am augenfälligsten in den Großstädten und Millionenstädten finden, nicht etwa in der Mangelhaftigkeit unserer jetzigen Institutionen begründet sind, sondern sich vor allem auf die Fehler der früheren städtebaulichen Entwickelung, der alten Bauordnungen und Bebauungspläne zurückführen lassen. Diese in ihrer Gesamtheit haben die übertriebene Bebauungsintensität, die fehlerhafte Bodenparzellierung, den ungünstigen Ausbau der Baublöcke etc. hervorgerufen, Erscheinungen, wie sie für viele der alten Stadtteile charakteristisch sind. Es ist selbstverständlich, daß die damit zusammenhängende Mangelhaftigkeit der Bauweise, der inneren und äußeren hygienischen Wohnungsqualitäten durch gesetzgeberische Maßnahmen nur sehr wenig gebessert werden kann. Was hier helfen kann ist nur die Zeit, der Umstand, daß es bei weiterem Ausbau der Städte und weiterer günstiger wirtschaftlicher Entwickelung derselben gelingen wird, diese alten und unhygienischen Wohnquartiere nach und nach entweder in Geschäftsviertel umzuwandeln oder aber abzureißen und durch bessere, nach modernen hygienischen Grundsätzen gebaute

Wohnviertel zu ersetzen. Es ist kaum anzunehmen, daß sich dieser Sanierungsprozeß durch gesetzgeberische Maßnahmen wesentlich beschleunigen lassen wird. Seine Durchführung ist vor allem von der wirtschaftlichen Weiterentwickelung der betreffenden Stadt abhängig, auf welche wieder die Gesetzgebung ohne Einfluß ist.

Etwas anderes ist es dagegen mit den Grundsätzen, nach welchen nun die zum Abbruch kommenden Stadtteile und vor allem die Neuanlagen in den Stadterweiterungsgebieten erbaut werden sollen. Hier ist es natürlich möglich, diejenigen Forderungen und Maßnahmen, welche im Laufe der letzten Jahrzehnte für richtig befunden wurden und sich in der Praxis bewährt haben, auf dem Wege der Gesetzgebung festzulegen und auf diese Weise den Stadtverwaltungen ihre Durchführung zur Pflicht zu machen. Es ist anzuerkennen, daß der neue preußische Wohnungsgesetzentwurf[1]) die wichtigsten und bedeutsamsten dieser Forderungen in zweckentsprechender, wenn auch gewiß in manchem zur Kritik Anlaß gebender Weise berücksichtigt und verwertet hat. Prüft man aber die betreffenden Verwaltungseinrichtungen unserer Großstädte, in denen ja am meisten über die Beschaffenheit der Wohnverhältnisse geklagt wird, so muß man zugeben, daß dieselben die im Wohnungsgesetzentwurf zusammengestellten Grundsätze und Forderungen größtenteils schon seit vielen Jahren, selbst schon Jahrzehnten zur Anwendung und Ausführung gebracht haben. Man denke nur an die Abstufung der Bauordnungsvorschriften, wie sie im Entwurf vorgesehen ist, die Einrichtung von Wohnungsämtern und Wohnungsinspektionen und dergleichen. Trotzdem läßt sich aber auch in diesen Städten nur eine sehr langsame und allmähliche Besserung der Wohnverhältnisse konstatieren, weil es eben nicht möglich ist, diese längst für richtig befundenen Grundsätze nun auch sofort und überall in die Praxis umzusetzen und vor allem auf die alten, längst ausgebauten Stadtteile anzuwenden.

So kann man kaum annehmen, daß nun dadurch, daß diese Grundsätze, die in den meisten Städten längst freiwillig befolgt wurden, jetzt gesetzlich vorgeschrieben werden, der Sanierungsprozeß des städtischen Wohnungswesens schneller verlaufen wird; vermutlich wird es die gleiche Zeit in Anspruch nehmen. So darf man sich bezüglich einer Wohnungsreform großen Stils, einer plötzlichen und durchgreifenden Besserung der Wohnverhältnisse, wie sie von vielen als Folge der Wohnungsgesetzgebung erhofft wird, keiner Täuschung hingeben. Im allgemeinen wird die Besserung der Wohnverhältnisse, wie sie auch jetzt schon als Folge einer ruhigen und stetigen Weiterentwickelung fast überall zu konstatieren ist, ungefähr im selben Tempo weiterschreiten, auch nach Annahme des Wohnungsgesetzentwurfs. Gleichwohl ist demselben eine

---

[1]) Veröffentlicht am 25. Jan. 1913 im Deutschen Reichsanzeiger und Kgl. preußischen Staatsanzeiger.

große Bedeutung nicht abzusprechen. Sie liegt einmal darin, daß durch denselben auch solche Städte und Stadtverwaltungen, welche sich bisher in Fragen des Bauordnungs- und Wohnungswesens wenig fortschrittlich, um nicht zu sagen rückständig gezeigt haben, gezwungen werden, die modernen hygienischen Grundsätze zur Anwendung zu bringen. In vielen Fällen wird es auch den Stadtverwaltungen leichter sein, die mitberatenden Körperschaften, insbesondere die Stadtverordnetenversammlungen zur Annahme entsprechender Einrichtungen zu bewegen, wenn sie sich dabei auf das Wohnungsgesetz berufen können. Ein weiterer nicht zu unterschätzender Vorteil desselben liegt auch darin, daß durch die Zusammenstellung der wichtigsten und in der Praxis erprobten Maßnahmen zur Besserung der Wohnverhältnisse auch weiteren und dieser Bewegung fernstehenden Kreisen des Volkes gezeigt wird, daß auf diesem Gebiete Staat und Gemeinden in eifriger Arbeit begriffen sind, daß man längst zu positiven Besserungsvorschlägen und Maßnahmen gelangt ist, und gleichzeitig in der Begründung auf die Schwierigkeiten hingewiesen wird, die der Durchführung dieser Maßnahmen entgegenstehen. Auf diese Weise wird den ewigen und oft durchaus unsachlichen Nörgeleien über die Tatenlosigkeit auf dem Gebiete der kommunalen und staatlichen Wohnungsfürsorge wohl ein Ende gemacht werden. Erfreulich ist auch, daß der vorliegende Entwurf sich durchaus auf dem Boden der jetzigen Eigentumsverhältnisse im Grund und Boden bewegt und in keiner Weise extremen, auf eine weitere Einschränkung des Privateigentums hinzielenden bodenreformerischen Forderungen entgegenkommt. Dadurch werden alle dahingehenden Bestrebungen von vornherein der staatlichen Autorität entkleidet.

Zu den einzelnen Artikeln des Entwurfs wurde an den verschiedensten Stellen dieses Buches bereits Stellung genommen. An einer Stelle der Begründung des Entwurfs wird ausgeführt, daß man nicht verkennen dürfe, daß es sog. „große Mittel", welche ohne fortgesetzte planmäßige und den Verhältnissen angepaßte Kleinarbeit zum Ziele führen, nicht gebe. Hier könnte man vielleicht noch einwenden, daß im allgemeinen alle die Maßnahmen, welche ich in der Einleitung als Grundlagen der Besserungsbestrebungen bezeichnet habe und die im wesentlichen auf ein neues und modernen Ansprüchen genügendes Stadterweiterungssystem hinauslaufen, als solch große Mittel zu bezeichnen sind. Es sind das die Dezentralisationsbestrebungen, unterstützt durch entsprechende Gestaltung der Bauordnungen, Bebauungspläne und des Verkehrswesens. Auf ihre Durchführung gründet sich die Hoffnung, zunächst in den Stadterweiterungsgebieten und in den neu zu erbauenden Städten zu einer besseren Gestaltung der Wohnungsverhältnisse gelangen und dadurch dann schließlich auch auf die alten Stadtteile zurückwirken zu können. Diesen großen Mitteln gegenüber dürfte man die vor allem auf eine Beseitigung der Mißstände in den vorhandenen, einmal ausgebauten Stadtteilen hinarbeitenden Maßnahmen, wie etwa die Wohnungs-

pflege, als die unterstützende, im Entwurf so genannte „Kleinarbeit"
bezeichnen.

Im übrigen ist darauf hinzuweisen, daß ein Wohnungsgesetz seine
Aufgabe nicht nur in der Zusammenstellung solcher Maßnahmen erblicken darf, welche eine positive Förderung und Besserung des Wohnungswesens bewirken sollen, sondern umgekehrt auch bestrebt sein
muß, solche Momente zu beseitigen, welche bisher der Wohnungsproduktion
schädigend und hindernd im Wege gestanden haben. Wie
häufig haben zwar gutgemeinte, aber von irrigen Voraussetzungen aus-
gehende gesetzliche Bestimmungen, das Festhalten an althergebrachten,
auf moderne Verhältnisse aber nicht mehr passenden Grundsätzen, in
manchen Fällen auch Zopf und Bureaukratismus, zu einer außerordentlichen Erschwerung der Wohnungsproduktion und einer Hemmung
und Benachteiligung der dieselbe vornehmlich bewirkenden privaten
Unternehmung geführt. Ich erinnere nur an das Verbot des wilden
Bauens, die Erschwerung der Besiedelung der Außengelände, wie sie
früher vielfach durch ungenügende Erschließung, fehlerhafte Bauordnungen etc. verursacht wurde, rückständige Verkehrsverhältnisse, das
zähe Festhalten an der Residenzpflicht der Beamten, die engherzigen
Gesichtspunkte, von welchen aus häufig die so bedeutsamen Einge-
meindungsfragen behandelt wurden, die steuerliche Überlastung des
städtischen Haus- und Grundbesitzes und andere die private Unternehmung und den Grundstückumsatz, damit dann auch die Wohnungsproduktion erheblich schädigende Maßnahmen der Steuergesetzgebung.

Zu mancher dieser Maßnahmen mag die früher von vielen Wohnungsreformern vertretene Anschauung, daß man die private Mithilfe
bei der Stadterweiterung immer mehr entbehren könne und dieselbe
mehr und mehr zu einem öffentlich-rechtlichen Geschäft machen
müsse, beigetragen haben. Jetzt scheint sich in dieser Auffassung aber
auch in früher andersdenkenden Kreisen (s. S. 237) ein Umschwung
vorzubereiten oder bereits eingetreten zu sein. Man hat anscheinend
einsehen gelernt, daß es ohne die private Unternehmung, den privaten
Unternehmungsgeist und die private Initiative doch nicht geht. Daraus
folgt, daß man aber auch die weiteren Konsequenzen ziehen und all das
beseitigen muß, was auf Grund der früheren Auffassung und mißver-
standener kommunal-sozialistischer Ideen zur Hemmung und Unterdrückung der privaten Unternehmung im Terrain- und Baugewerbe
geschehen ist. Die immer mehr hervortretende Abneigung weiter
Kreise, sich dem Baugewerbe zuzuwenden, die Abneigung der Kapitalistenkreise, ihre Gelder dem Immobilienmarkt zufließen zu lassen,
die Hypotheken- und Kreditnot des städtischen Grundbesitzes, die elende
Lage des städtischen Hausbesitzes, die immer wiederkehrenden Klagen
über steuerliche Überbelastung des städtischen Grundbesitzes dokumen-
tieren zur Genüge die Folgen dieser früheren Auffassung und der sich
darauf gründenden Maßnahmen, auch dann, wenn man diese Zustände

zum Teil durch die momentanen Verhältnisse des Geldmarktes erklären zu können glaubt.

So liegt eine Hauptaufgabe der Wohnungsgesetzgebung auch in der Beseitigung derjenigen gesetzgeberischen Maßnahmen, die früher die private Unternehmung und die Wohnungsproduktion oft außerordentlich geschädigt haben. Der neuerdings immer mehr in der Wohnungsliteratur auftauchende Leitsatz: „Nicht Hemmung, sondern Förderung der privaten Unternehmertätigkeit" muß in immer höherem Maße auch das Leitmotiv der Gesetzgebung werden. Auf diesem Gebiet ist noch mancher alte Schutt zu beseitigen.

Alles in allem genommen, zeigen aber die Fortschritte, die in den letzten Jahren an den verschiedensten Orten überall auf dem Gebiete der städtebaulichen Entwickelung und des Wohnungswesens gemacht wurden, der rastlose Fleiß, mit dem von den verschiedensten Seiten und Fachrichtungen und auch der Gesetzgebung an der Lösung dieser Fragen gearbeitet wird, daß der Pessimismus, wie er vielfach noch in der Beurteilung der Wohnverhältnisse zutage tritt, unberechtigt ist, wir vielmehr durchaus optimistisch in die Zukunft sehen können. Wenn schon in der Gegenwart nicht noch mehr erreicht wurde, so liegt das vor allem daran, daß wir nun einmal die alten Stadtteile mit ihren elenden Wohnungen und die sonstigen Folgen der früheren Entwickelung, übertriebene Bebauungsintensität, übertriebene Höhe der Bodenwerte etc. nicht ohne weiteres und mit einem Schlage beseitigen können. Die Hauptsache ist aber, daß man aus den Fehlern der Vergangenheit die richtigen Konsequenzen gezogen und aus ihnen gelernt hat, wie man es jetzt schöner und besser machen kann, und daß man auch gewillt ist, bei Neuanlagen und Umbauten diese Erkenntnis in die Tat umzusetzen. Ob sich dann schließlich die Früchte dieser Erkenntnis etwas früher oder später zeigen werden, das ist schließlich nicht so wesentlich. Was bedeuten denn einige Jahre, selbst Jahrzehnte im Leben eines Volkes, im Laufe der Generationen, die vor uns gelebt haben und nach uns leben werden.

Daher scheint mir die Wohnungsfrage in dem Moment gelöst, wo man weiß, daß man bei ihrer Behandlung nach mancherlei Irrfahrten auf dem richtigen Wege ist und die Gewißheit hat, daß dieser Weg zum Ziele führen wird, mancherorts auch schon zum Ziele geführt hat. Es will mir scheinen, als seien wir von diesem Ziele nicht mehr weit entfernt. So wird es nicht ausbleiben, daß all die Arbeit und Sorgfalt, welche man gegenwärtig auf die Lösung der Wohnungsfrage verwendet, in immer höherem Maße Früchte tragen und zum Teil schon der jetzigen, erst recht aber den späteren Generationen zugute kommen wird. Schon vor Jahren konnte ich darauf hinweisen, daß derjenige, der sehen wolle, schon jetzt die Saat aufgehen sehe, trotz aller gegenteiligen Behauptungen, und seitdem scheint der Lauf der Dinge dieser „optimistischen" Auffassung recht zu geben.

Verlag von Julius Springer in Berlin.

Früher erschien:

Bodenfrage und Bodenpolitik

in ihrer Bedeutung für das Wohnungswesen und die Hygiene der Städte.

Eine Untersuchung über die wirtschaftlichen Vorausetzungen der Städtehygiene
für Architekten, Ingenieure, Verwaltungsbeamte, Hygieniker und alle Interessenten
der städtischen Wohnungsfrage.

Von

Professor Dr. W. Gemünd,

Dozent an der Technischen Hochschule in Aachen.

Preis M. 8,—; in Leinwand gebunden M. 9,—.

Frankfurter Zeitung, No. 97, 7. April 1912.

In seinem Buche will der Verfasser „vom Standpunkte des Wohnungs- und Städtehygie-
nikers die wirtschaftlichen Vorausetzungen seiner Tätigkeit behandeln", nicht aber „neue Wahr-
heiten zu entdecken und diesbezügliche Theorien aufzustellen" versuchen.

Nach einem kurzen Überblick über die Entwicklung der Städte und der Städtehygiene im
letzten Jahrhundert setzt er sich mit der städtischen Bodenfrage und den verschiedenen Theo-
retikern dieses vielumstrittenen Problems auseinander. Sein Gedankengang ist in Kürze folgender:

Die Entwicklung der Städte, „welche dem einen lohnenden Erwerb, ein blühendes Geschäft,
einen großen Kundenkreis versprochen, dem anderen bessere gesellschaftliche Beziehungen, großstädtische Vergnügungen usw." bieten, veranlaßt die Menschen, vom Lande oder aus der Klein-
stadt in die Großstadt zu ziehen. Der Preis und die Güte der Wohnungen regelt sich nun nach
dem Gesetz von Angebot und Nachfrage. Die starke Nachfrage wird durch die oben erwähnten
Vorteile bedingt, die den nach der Stadt Übersiedelnden die Nachteile einer teuren und schlechteren Wohnung aufzuwiegen scheinen. Die Boden- und Wohnungsspekulation kann auf die Boden-
und Wohnungspreise nur einen ganz vorübergehenden Einfluß ausüben. Wenn wirklich einmal
durch die Spekulation die Preise weit über den reellen Wert hinausgetrieben werden, so reguliert
sich das doch immer wieder nach einiger Zeit von selbst durch irgendwelche Krisen auf dem
Grundstückmarkt." Das Mietskasernensystem mit allen seinen Schäden war die notwendige Folge
von der überraschen Entwicklung unserer Städte. Der einzige Weg, der aus den gegenwärtigen
unleidlichen Wohnungsverhältnissen herausführt, ist eine planvolle und weitgehende Dezentralisation unserer Städte.

Zeitschrift für Sozialwissenschaft. 11. Jahrgang 8/9.

Das Geschick und die Geduld, mit der sich der Verfasser hier in den Dienst einer der
schwierigsten aller wissenschaftlichen Aufgaben gestellt hat, nämlich „dem Unsinn zu beweisen,
daß er Unsinn ist", verdienen Anerkennung, zumal die Polemik des Verf. eines durchaus ruhigen
und vornehmen Tones sich befleißigt. Neben den schon von A. Vogt, Ad. Weber und L. Pohle
aufgeführten Argumenten bringt der Verf. auch noch manche neuen Gedanken und Materialien zur
Widerlegung dieser Irrlehren bei, die soviel Verwirrung in der Bodenreformbewegung angerichtet
haben. Sehr treffend ist auch das, was der Verf. im fünften Abschnitt über den gewerbsmäßigen
Hausbesitzer- und Bauunternehmerstand sagt; nach den verschrobenen, überall besondere Gefahren witternden Anschauungen, die auch bei akademischen Nationalökonomen über diesen Stand
öfter zu finden sind, berührt es ordentlich wohltuend, wieder einmal einer unbefangenen, von
gesunden volkswirtschaftlichen Vorstellungen getragenen Auffassung des Hausbesitzertums zu
begegnen . . . . . Im ganzen stellt die Arbeit eine höchst verdienstliche Leistung dar, die um so
mehr Beachtung auch von seiten der Nationalökonomen verdient, als es ein Vertreter der Hygiene
ist, der hier die wirtschaftlichen Voraussetzungen der Wohnungshygiene unbefangen und vorsichtig prüft.

Deutsche Hausbesitzer-Zeitung, No. 50. 15. Dezember 1911.

Dies Buch ist ein erwünschtes Gegengewicht gegen das bekannte Buch über das Wohnungswesen von Prof. Eberstadt, welches trotz seiner phantastischen Ideen von der Regierung zum
Studium empfohlen und verbreitet worden ist. Hier wird auf eine wunderbare Weise mit diesen
Ideen aufgeräumt. Das Buch ist auch fließend geschrieben und darum leicht und angenehm zu lesen,
nicht nur mühsam zusammengetragenen Stoff, sondern ein logischer klar vorgetragener Gedankengang. Darum eignet es sich auch zur Verbreitung in weiteren Kreisen, es könnte das Lesebuch des
Laien über die Wohnungsfrage werden.

Kleinhaus und Mietskaserne.

Eine Untersuchung der Intensität der Bebauung vom wirtschaftlichen
und hygienischen Standpunkte.

Von

Dr. A. Voigt, und **P. Geldner,**

Professor   Architekt.

Mit Textabbildungen und 1 lithographierten Tafel.

Preis M. 6,—.

Zu beziehen durch jede Buchhandlung.

Verlag von Julius Springer in Berlin.

Gesundheit und weiträumige Stadtbebauung. Insbesondere
hergeleitet aus dem Gegensatze von Stadt zu Land und von Mietshaus zu
Einzelhaus samt Abriß der städtebaulichen Entwickelung Berlins und seiner
Vororte. Von **Th. Oehmcke,** Regierungs- und Baurat a. D. in Gr.-Lichter-
felde bei Berlin. Mit 8 Abbildungen und einem Plan.   Preis M. 2,—.

Gesundheitswidrige Wohnungen und deren Begut-
achtung vom Standpunkte der öffentlichen Gesundheitspflege und mit
Berücksichtigung der deutschen Reichs- und preußischen Landesgesetzgebung.
Von Medizinalrat **Dr. Hugo Haase,** Kgl. Kreisarzt in Danzig.   Preis M. 1,60.

Hygienische Winke für Wohnungssuchende. Von Dr.
Erwin von Esmarch, Geh. Medizinalrat, o. ö. Professor der Hygiene an der
Universtät Göttingen.   Preis M. 1,—.

Bericht über den II. internationalen Hausbesitzer-
kongreß Berlin 5. bis 9. Mai 1912. Herausgegeben vom Arbeitsauschuß
des Kongresses. In vier Bänden. Preis zusammen M. 10,—.

   I. Band: Organisation des Kongresses, Eröffnungssitzung, Verzeichnis
         der Mitglieder und sonstiges.   Preis M. 2,—.

  II. Band: Heimstättenrecht.   Preis M. 3,—.

 III. Band: Die Realkreditfrage und ihre beste Lösung für den Haus-
         besitzer.   Preis M. 5,—.

 IV. Band: Vergleichende Wohnungs-Statistik.   Preis M. 3,—.

Die Besteuerung nach dem Wertzuwachs, insbesondere
die direkte Wertzuwachssteuer. Von Bürgermeister **H. Weißenborn,** Halber-
stadt.   Preis M. 3,60.

Unerwünschte Folgen der deutschen Sozialpolitik.
Von **Ludwig Bernhard,** ord. Professor der Staatswissenschaften an der Uni-
versität Berlin. **Vierte,** unveränderte Auflage.   Preis M. 1,60.

Soziale Medizin. Ein Lehrbuch für Ärzte, Studierende, Medizinal- und
Verwaltungsbeamte, Sozialpolitiker, Behörden und Kommunen. Von Dr. med.
Walther Ewald, Privatdozent der sozialen Medizin an der Akademie für
Sozial- und Handelswissenschaften in Frankfurt a. M., Stadtarzt in Bremer-
haven. Erster Band. Mit 76 Textfiguren und 5 Karten. 1911.

        Preis M. 18,—; in Halbleder gebunden M. 20,—.

Der zweite (Schluß-)Band erscheint im Herbst 1913.

Grundriß der sozialen Hygiene. Für Mediziner, Nationalöko-
nomen, Verwaltungsbeamte und Sozialreformer. Von Dr. med. **Alfons
Fischer,** Arzt in Karlsruhe i. B. Mit 70 Abbildungen im Text.

        Preis M. 14,—; in Leinwand gebunden M. 14,80.

Zu beziehen durch jede Buchhandlung.